真空热处理技术

ZHENKONG RECHULI JISHU

王忠诚　编著

化学工业出版社

·北京·

U0285350

本书主要介绍了真空热处理技术的基础、工艺、设备、质量控制、实例以及该技术的进展，内容翔实，实用性强，在生产实践中具有重要的参考价值，可供从事热处理的技术人员与管理人员参考，亦可作为热处理专业师生的参考书籍。

图书在版编目 (CIP) 数据

真空热处理技术/王忠诚编著. —北京：化学工
业出版社，2015.10（2018.10重印）
ISBN 978-7-122-24935-7

Ⅰ.①真… Ⅱ.①王… Ⅲ.①真空热处理 Ⅳ.
①TG156.95

中国版本图书馆 CIP 数据核字（2015）第 190921 号

责任编辑：邢　涛　　　　　　　　文字编辑：余纪军
责任校对：吴　静　　　　　　　　装帧设计：韩　飞

出版发行：化学工业出版社（北京市东城区青年湖南街 13 号　邮政编码 100011）
印　　装：北京虎彩文化传播有限公司
787mm×1092mm　1/16　印张 21　字数 520 千字　2018 年 10 月北京第 1 版第 2 次印刷

购书咨询：010-64518888　　　　　　售后服务：010-64518899
网　　址：http://www.cip.com.cn
凡购买本书，如有缺损质量问题，本社销售中心负责调换。

定　　价：88.00 元

前 言

　　真空热处理具有无氧化、无脱碳、有脱脂、表面质量好、畸变小，热处理零件综合性能好，以及无污染、无公害、自动化程度高等一系列特点，处理后的零件具有使用寿命长与可靠性强、力学性能好、变形小等特点，50余年来成为国内外热处理设备制造商与热处理专业厂家重点发展与应用的技术热点。

　　进入20世纪90年代，国内外真空热处理设备制造商与热处理企业迅速增多，这与对金属与非金属零件的性能要求的提高是密切联系的，在航空航天、兵器、船舶、化工、仪表、工模具、冶金、电子器件、轴承、铁路、汽车零部件、纺织机械、标准件、工程机械等领域，需要进行真空热处理的零件数量增加，因其具有一系列其他热处理设备无法与之抗衡的优势，故真空热处理技术发展迅速，并成为国际、国内重点投资的重要技术领域。

　　真空热处理技术作为热处理技术的一个分支，目前从事该领域的专业人员不多，为了帮助真空热处理行业的从业人员掌握专业知识，提高业务技能和操作水平，从而充分发挥真空热处理技术的作用，作者编写了本书。

　　本书共6章，主要介绍了真空热处理基础、真空热处理工艺、真空热处理设备、真空热处理质量控制、真空热处理典型应用实例以及真空热处理技术发展，本书系统全面，具有极强的实用性，本书可供从事热处理的工程技术人员与管理人员参考，可作为真空热处理企业职工的培训教材，亦可作为金属材料与热处理专业师生的用书。

　　本书在编写过程中得到国内真空热处理设备制造商、热处理企业工程技术人员与管理人员、高校教师的大力支持和帮助，在此表示感谢。

　　由于作者水平有限，本书难免有不妥之处，敬请广大读者和专家批评指正。

王忠诚

2015. 5

目 录

第 1 章

真空热处理基础

1.1 有关真空的基本概念

1.1.1 真空

真空是一种不存在任何物质的空间状态，是一种物理现象。在"真空"中，声音因为没有介质而无法传递，但电磁波的传递却不受真空的影响。事实上，在真空技术里，真空系针对大气而言，一特定空间内部之部分物质被排出，使其压强远小于一个标准大气压，则我们通称此空间为真空或真空状态。真空常用帕斯卡（Pascal）或托（Torr）作为压力的单位。目前在自然环境里，只有外太空堪称最接近真空的空间。

真空是指或理解为气体稀薄的空间，其定义为在给定的空间内，低于一个大气压力的气体状态，其特征为此时空间内气体的分子密度大大低于该地区的大气压力下的气体分子密度。可见不同的真空状态，其对应的空间具有不同的分子密度。

需要注意的是，在真空状态下仍含有大量的分子存在，仅仅是比大气状态稀薄许多，真空状态与大气状态相比，其主要特点为：

① 单位空间或体积内的分子数目较少；

② 在气体内部，分子之间的相互碰撞的次数减少；

③ 气体分子撞击容器内部的次数减少，分子自由程增大；

④ 气体分子能量降低。

1.1.2 真空度

从真空的概念可知，在真空状态下，气体的稀薄程度即不同的真空程度称为真空度，即气体压强的高低，其通常采用应力值表示。气体越稀薄，则内部压强越低，表示内部真空度越高，反之气体越多，则内部压强越高，表示内部真空度越低。可见，真空度的高低采用压强值表示是规范与合理的。

目前使用的压强单位较多，这里介绍如下。

（1）mmHg 该单位为真空度应用较多的压强单位，是指 0℃时，1mm 高的纯 Hg 作用在单位面积上的压力，即 1mmHg=13.5951g/cm²。为了规范压力的精确数值，目前国际上将 1 个国际物理标准大气压固定为 1atm（标准大气压）=1013250dyn（达因）/cm²。通常将一个标准大气压等于 760mmHg。

（2）Torr Torr 是真空技术中最常用的单位，其定义为 1Torr（托）= $\frac{1}{760}$ atm = $\frac{1013250}{760}$ dyn/cm²=133.322N/m²。

比较 1mmHg 与 1Torr 在数值上的差异小于七百万分之一，故在工程应用上认为 1mmHg=1Torr。考虑到真空度小于 0.1Torr 的情况较多，故通常采用负指数表示。负指数的大小表示真空度的高低。

（3）μbar（微巴） 厘米-克-秒的绝对单位制中，其真空度的压力单位为 dyn/cm²。1μbar（微巴）=1dyn/cm²=7.5006×10⁻⁴ Torr。

（4）Pa（帕斯卡） 目前国际上在真空技术上使用的标准国际单位制为厘米-克-秒，即简称为"帕"。它与 Torr 的近似换算关系为：1Pa=7.5006×10⁻³ Torr，即 1Torr=1.33Pa。

除此以外，在工程上常用的压强单位还有大气压（kg/cm²），常见的压强单位之间的换算关系见表 1-1。

表 1-1　工程压力单位换算表[1,2]

单位	帕斯卡	巴	标准大气压	托	千克力/厘米²
符号	Pa	bar	atm	Torr	kgf/cm²
Pa	1	10^{-5}	9.869×10^{-6}	7.501×10^{-3}	1.020×10^{-5}
bar	10^{5}	1	9.869×10^{-1}	7.501×10^{2}	1.020
atm	1.013×10^{5}	1.013	1	7.600×10^{2}	1.033
Torr	1.333×10^{2}	1.333×10^{-3}	1.316×10^{-3}	1	1.360×10^{-3}
kgf/cm²	9.800×10^{4}	9.800×10^{-1}	9.700×10^{-1}	7.400×10^{2}	1

1.1.3　真空区域的划分

vacuum technique 使气体压强低于地面大气压强的技术。

真空是指压强远小于 101.325 千帕（kPa）（即 1 大气压）的稀薄气体空间。在真空技术中除国际单位制的压强单位 Pa 外，常以托（Torr）作为真空度的单位。1 托等于 1 毫米高的水银汞柱。

按气体压强大小的不同，通常把真空范围划分为：低真空 1×10⁵～1×10² Pa，中真空 1×10²～1×10⁻¹ Pa，高真空 1×10⁻¹～1×10⁻⁵ Pa，超高真空 1×10⁻⁵～1×10⁻⁹ Pa，极高真空 1×10⁻⁹ Pa 以下。

在国际上将真空区域划分为几个等级，目的是规范真空压力的范围，便于进行设备的选型与热处理工艺的正确制定，根据炉内气体低气压的压力差异，通常将真空划分为以下五个区域，具体见表 1-2。

用物理方法获得真空的设备称为真空泵。真空泵的种类很多，主要分为机械真空泵、油蒸汽泵两类。真空热处理炉上最常用的真空泵有：旋片式机械真空泵、滑阀式机械真空泵、机械增压泵、油增压泵以及油扩散泵等。其中旋片式机械真空泵、滑阀式机械真空泵、机械增压泵属于机械真空泵类，油增压泵、油扩散泵属于油蒸汽泵类。

表 1-2 真空度范围与炉内压力的关系[1,2,3]

真空的压力大小	对应的压力值/Pa	备注
粗真空	$\leqslant 10^5 \sim 1.33 \times 10^3$	相当于 $760 \sim 10$ Torr
低真空	$1.33 \times 10^3 \sim 1.33 \times 10^{-1}$	$10 \sim 10^{-3}$ Torr
中真空	$1.33 \times 10^2 \sim 1.33 \times 10^{-1}$	$10 \sim 10^{-3}$ Torr
高真空	$1.33 \times 10^{-1} \sim 1.33 \times 10^{-6}$	$10^{-3} \sim 10^{-8}$ Torr
超高真空	$1.33 \times 10^{-6} \sim 1.33 \times 10^{-10}$	$10^{-8} \sim 10^{-12}$ Torr
极高真空	$\leqslant 1.33 \times 10^{-10}$	相当于 10^{-12} Torr

关于真空度划分的主要依据如下。

（1）气体在不同压强下的性质。真空度提高后，内部气体稀薄，其内部气体运动物理特性将随其发生变化，资料介绍[1]气压在 $760 \times 133 \sim 1330$ Pa 时，气体流动性质属于黏滞留；压强为 $1330 \sim 0.133$ Pa 时，气体流动性质为过渡流；压强为 $0.133 \sim 0.00133$ Pa 时，分子流动性质为分子流。

（2）常用压力泵和真空计的工作范围。内部气体压强在 $1330 \sim 0.133$ Pa 时，其为一般机械真空泵和热导式真空计的工作范围；压强在 $0.133 \sim 133 \times 10^{-5}$ Pa 时，真空度测量仪表为电离真空计；压强在 133×10^{-6} Pa 则是高真空油扩散泵的极限真空。

按真空度量的方法，其可分为直接测量与间接测量两类，具体见表 1-3。

表 1-3 真空度量方法[3]

直接测量				间接测量					
机械力式真空计		液柱式真空计		压缩式真空计	热传导真空计		放射能电离真空计		热阴极电离真空计	复合真空计
布尔登真空计	膜盒真空计	开口式U形真空计	闭口式U形真空计	—	电阻真空计（皮拉尼真空计）	热偶真空计	α放射能电离真空计	β放射能电离真空计	—	—

（3）真空技术应用。不同的真空度范围有其应用特点，在实际的工作过程中，用于真空输送、过滤、成型、加速蒸发过程的真空浓缩等，其真空度在 1330Pa 以上，即可进行工作；而真空干燥、冷却干燥、真空浸渍等，其真空度在几百帕到 0.133Pa；而进行真空热处理则其真空度应控制在 $4 \sim 133 \times 10^{-6}$ Pa 之间，可确保工件的光亮淬火。

为便于读者系统了解国内真空区域的划分与各真空度区域的主要测量仪表，同时为不同的工作范围提供参考依据，将相关的内容列于表 1-4 中，供参考。

表 1-4 真空区域的压力值及有关特点[1,2]

真空区域	低真空	中真空	高真空	超高真空
压力范围/Pa	$10^5 \sim 10^2$	$10^2 \sim 10^{-1}$	$10^{-1} \sim 10^{-5}$	$< 10^{-5}$
分子数目/cm³（空气，20℃时）	$2.5 \times 10^{19} \sim 3.3 \times 10^{16}$	$3.3 \times 10^{16} \sim 3.3 \times 10^{13}$	$3.3 \times 10^{13} \sim 3.3 \times 10^9$	$< 3.3 \times 10^9$
气体分子平均自由程/cm（空气，20℃时）	$6.6 \times 10^{-6} \sim 5 \times 10^{-3}$（≤容器尺寸）	$5 \times 10^{-3} \sim 5$（≈容器尺寸）	$5 \sim 5 \times 10^4$（>容器尺寸）	$> 5 \times 10^4$

真空区域	低真空	中真空	高真空	超高真空
气体流动状态	黏滞流	黏滞流与分子流的过渡域	分析流	只有少数气体分子的运动
确定真空泵容量的主要元素	炉料的放气和真空容器的容积		炉料的内部和表面的放气量	
适用的主要真空泵	机械泵,各种低真空泵	机械泵,油或机械增压泵,油蒸汽喷射泵	扩散泵和离子泵	离子泵,分子泵,扩散泵加冷阱,吸附泵等
适用的主要真空计	U形管和弹簧压力表	压缩式真空计,热传导真空计等	冷、热阴极电离空计	改进型的热阴极电离真空计,磁控真空计

1.1.4　常用的真空技术名词

(1) 真空度：表示真空状态下气体稀薄的程度，通常用压强值"托"表示。

(2) 极限真空：真空系统或真空泵在给定条件下，经充分抽气后，所能达到的稳定的最低压强。

(3) 反压强：真空系统中有前级真空的真空泵的出口压强。

(4) 抽气速率：在一定压强和温度下，单位时间内泵从被抽容器抽除的气体体积。

(5) 漏气速率：单位时间内，气体通过漏孔漏入到真空容器中的气体量。单位为托·升/秒。

(6) 压升率：真空系统或被抽容器，在单位时间内，因漏气而导致压强升高的值。单位为托/分或毫米汞柱/分。

(7) 总压强：真空系统中所有气体分压强的总和。

(8) 分压强：真空系统中各种单一气体所具有的压强。

(9) 饱和蒸气压：在一定的温度下，物质蒸发到空间所能达到的最大分压，称为该物质在此温度下的饱和蒸气压。

(10) 平均自由程：一个分子与其他气体分子每连续两次碰撞所走过的路程叫自由程，相当多的不同自由程的平均值叫平均自由程。

(11) 黏滞流：气体分子平均自由程比导管截面最大线性尺寸小得多的气体流动。

(12) 分子流：气体分子平均自由程大于导管截面最大线性尺寸的气体流动。

(13) 黏滞-分子流：处于黏滞流和分子流之间的流动。

1.2　真空热处理的发展过程

真空热处理是指采用真空炉进行零件的热处理工艺过程，真空炉在真空状态下的加热方式为辐射，加热速度慢，自动化程度高，温度均匀性好，工艺重现性好等，处理的零件变形小、表面状态好、寿命高等特点，在小型零件以及关键部件领域应用十分广泛，尤其对于变形要求十分苛刻的部件，真空炉可解决这一热处理难题，在国外发达国家，真空热处理的应用呈明显的上升趋势，根据国际热处理与表面工程联合会统计和预测，在欧洲工业化国家的无氧化热处理达到 90%，其中可控气氛热处理零件达到 29%，真空热处理零件达 23%[4~6]。

真空热处理的发展离不开热处理设备，自 20 世纪 40 年代美国研制了第一台真空炉后，在随后的 20 年间进入了热处理应用阶段，此时的真空炉多为退火炉、正火炉、油淬真空炉等。航空、航天等领域首先开始真空炉的应用，解决了表面氧化、变形等问题，延长了零件的使用寿命。

1.2.1　真空淬火炉发展情况

真空热处理炉与热处理工艺的发展是密切相关的，真空炉从最初的油淬炉、气淬油冷炉到气淬炉，可满足通常材料的热处理，进入 20 世纪 90 年代，高压气淬真空炉的问世，极大推动了真空热处理在工模具等行业中的应用。

国内外真空气淬炉的发展分为四个阶段，第一阶段为低压气冷阶段（1958～1976），在负压气淬炉的基础上，出现气体压强增加到 0.15～0.2MPa，可进行直径在 20mm 以下的高速钢的加压气淬炉，国内在 80 年代中期北京华翔机电技术联合公司、首都航天机械公司等开始生产此类炉子；第二阶段为高压气冷阶段（1977～1990），生产气冷压力为 0.5MPa 的高压气淬炉，可处理大截面（有效厚度为 100mm 以上）的高速钢工件，国内北京机电研究所、北京华翔公司、沈阳真空研究所、首都航天机械公司、赛普真空技术开发公司等高压气淬炉属于此类型，在国内占有了一定比例；第三阶段为高流率气冷阶段（20 世纪 90 年代中期），其气冷压强 0.2MPa，气体流率 3.5m³/s，喷嘴流速 40m/s，可将直径 50mm 的高速钢淬硬；第四阶段为增压（高压高流率）气冷阶段（1990～至今），气淬炉的压力由 0.6MPa、1MPa、2MPa 后提高到 4MPa 等，可满足一般合金钢的热处理淬火需要。

1.2.2　真空热处理工艺的发展

真空热处理工艺是依据真空炉的热处理与冷却特点有关，高速钢、高合金钢以及部分合金工具钢等的淬火冷却介质为油，真空加热后直接淬油，会在工件表面出现白亮层，其组织为残留奥氏体，无法用回火（560℃）加以消除，实践证明在 700℃ 以上，甚至 800℃ 左右方可消除。因此，在负压真空炉内处理的高合金钢工件，一般采用预冷后入油才不会出现白亮层，为避免此类问题，高压真空气淬是最合理的热处理工艺。

1.3　真空热处理工艺原理

1.3.1　金属在真空状态下加热过程的特点

金属在真空状态下进行加热，与在盐浴、流动粒子、空气等介质中加热的情况是有明显区别的，真空作为一种加热介质或气氛在大气下的加热相比，固体相变有一系列的其他特点，这在编制真空热处理工艺中是需要重点考虑的部分内容。

（1）金属真空加热的方式与特点　真空加热因其传热方式为单一的辐射传热，理想灰体传热能力 E［J/(m²·h)］与绝对温度的四次方成正比，称为斯蒂芬-玻尔兹曼定律，简称四次定律。

$$E = C\left(\frac{T}{100}\right)^4 = 4.96\varepsilon\left(\frac{T}{100}\right)^4$$

式中　C——理想灰体辐射系数，$C = 4.96\varepsilon$，J/(m²·h·K)⁴；

ε——灰体黑度，各种材料的黑度见表 1-5。

真空炉的加热特征之一是真空加热室的蓄热量和散热量小，故升温速度很高而热惯性小，可以用任何速度升温，而且灵活可调；真空炉的加热特征之二升温阶段辐射效率低，特别是背辐射和隐蔽处，是靠间接辐射和传导的热量升温的，故升温速度较低。

表 1-5 各种材料的黑度

材料名称	温度/℃	ε
表面磨光的铁	425～1020	0.144～0.377
氧化后表面光滑的铁	125～525	0.78～0.82
经研磨后的钢板	940～1100	0.55～0.61
在 600℃氧化后的钢	200～600	0.80
精密磨光的金	225～635	0.018～0.035
辗压后未加工过的黄铜板	22	0.06
精密磨光的电解铜	80～115	0.018～0.023
钼线	725～2600	0.096～0.292
铬	100～1000	0.08～0.26
铬镍	125～1034	0.64～0.76
纯铂，经磨光的铂片	225～625	0.054～0.104
碳丝	1040～1405	0.526
耐火砖		0.8～0.9

　　故与其他的传热方式相比，在低温阶段升温必然缓慢，工件表面与心部之间的温差小，热应力减小，故工件的变形小。

　　工件的加热过程包括升温、保温（均温）和组织转变（奥氏体均匀化）三个基本过程，考虑到真空炉炉胆隔热层蓄热量小，存在"加热滞后现象"，在 ZC30-13 型真空炉中曾做过如下试验：用一只热电偶测定炉温，用另一只标准焊接在 1Cr18Ni9Ti 钢制成的探头中心处并测定起升温曲线，在不同情况下测得的时间滞后分别为 A、B、C、D，如图 1-1 所示，所得数据如表 1-6 所示。

表 1-6 真空加热时特性曲线参数

升温方式	探头尺寸/mm	加热条件		A 值/min	A/探头直径/(min/mm)
		装载量	真空度/Torr		
连续升温	φ50	空载（料筐只装一个探头）	10^{-3}	40	0.8
		空载（料筐只装一个探头）	充气＞560	25	0.5
		满载（料筐中装 20kg 料）	10^{-3}	45	0.9
		满载（料筐中装 20kg 料）	充气＞560	30	0.6
	φ30	空载（料筐只装一个探头）	10^{-3}	10	0.33
		空载（料筐只装一个探头）	充气＞560	6	0.2
		满载（料筐中装 20kg 料）	10^{-3}	25	0.83
		满载（料筐中装 20kg 料）	充气＞560	17	0.57

升温方式	探头尺寸/mm	加热条件		600℃		800℃		1000℃	
		装载量	真空度/Torr	B 值/min	B/探头直径/(min/mm)	C 值/min	C/探头直径/(min/mm)	D 值/min	D/探头直径/(min/mm)
分阶段升温（预热）	φ50	空载（料筐只装一个探头）	10^{-3}	98	1.96	47	0.94	25	0.5
		空载（料筐只装一个探头）	充气＞560	—					
		满载（料筐装 20kg 料）	10^{-3}	151	3.02	90	1.8	42	0.84
		满载（料筐装 20kg 料）	充气＞560	151	2.3	75	1.5	25	0.5

续表

升温方式	探头尺寸/mm	加热条件		600℃		800℃		1000℃	
		装载量	真空度/Torr	B 值/min	B/探头直径/(min/mm)	C 值/min	C/探头直径/(min/mm)	D 值/min	D/探头直径/(min/mm)
分阶段升温（预热）	$\phi30$	空载（料筐只装一个探头）	10^{-3}	65	2.17	25	0.83	10	0.33
		空载（料筐只装一个探头）	充气＞560	—	—	—	—	—	—
		满载（料筐装20kg料）	10^{-3}	135	4.50	79	2.6	25	0.83
		满载（料筐装20kg料）	充气＞560	95	3.17	75	2.5	15	0.5

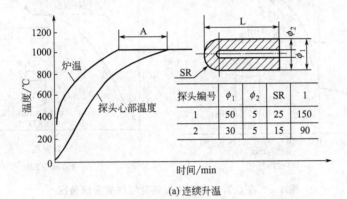

(a) 连续升温

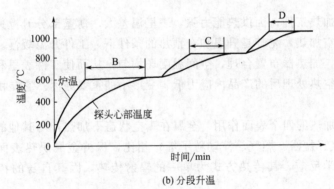

(b) 分段升温

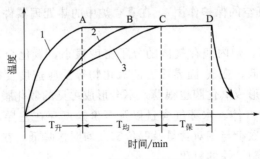

(c) 加热三个阶段

图 1-1 真空加热特性曲线

1—仪表指示值（炉温）；2—工件表面温度；3—工件中心温度

可见真空炉的保温时间比盐浴炉、空气炉等设备长，在生产中也可从观察孔进行观察，当加热工件、料筐和炉膛颜色完全均匀一致时，可确认被加热工件的温度，确保金属的碳化物得以溶解，奥氏体完全合金化[1,2,7]。

同一料筐中直径或尺寸的工件、形状、有效厚度等不一致的工件进行加热时，要根据有效厚度、形状进行规范放置，目的是防止出现过热或加热不透的缺陷，同时要利于热辐射的传递，另外还要考虑到工件的均匀冷却，以及要求的硬度与变形情况等。

根据以上介绍可知，真空炉具有加热速度低、升温时间长、工作表面与炉膛指示温度差大的特性，在同样的周期性作业条件下，比如在真空炉中加热至 880℃ 需要 2.5h，加热至 1000℃ 需要 3.5h，而盐浴加热从 300℃ 升至 1000℃，仅需 25min，如图 1-2 所示。

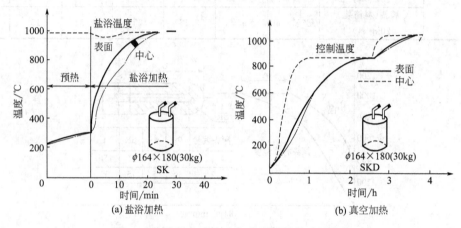

图 1-2　在盐浴和真空中加热时零件的升温情况

可见在盐浴中加热工件，因供热能力强，表里温差大，薄壁部分升温速度更高，温度不均匀是必然的。真空加热，尤其是升温和有预热的条件下，工件升温缓慢。再加上真空炉加热室的隔热效果好，加热器布置合理，空间温度场均匀，从而使工件表里和不同部位的温差小得多，这是经真空热处理后的产品内应力低、变形小的重要原因。它是由真空加热的特性决定的。

(2) 金属真空加热的四个表面作用　金属在真空状态下加热，与其他的热处理加热介质（如大气、可控气氛、盐浴、燃气、流动粒子等）相比，保持金属炽热表面与气氛碳势严格平衡和不起任何化学反应，其传热方式为单一的辐射传热，因其自身的特殊性，具有以下特点。

① 防止氧化作用（真空的保护作用）　在真空炉中的热处理零件的氧化作用被抑制主要是以下原因作用的结果。

a. 由于炉内真空度高，炉内残存气体的分子密度很小，氧化介质极其稀薄，残存气体与金属的碰撞频率大大降低，在气-固界面上的氧化物等反应速度变得极其缓慢，故氧化作用被抑制，表面上即使能形成氧化膜也很薄，不会形成可见的氧化膜。

b. 不同压强下的残存气体、水蒸气含量以及等价露点存在差异，文献介绍[3]，随着压力的减小，残存气体分子数量与相对含量及等价露点均明显降低，在真空条件下加热，相当于在保护气氛中加热，抑制了铁的氧化。

c. 真空炉内残留的气体的实际成分并不是大气成分，随气压降低而成比例降低的。炉内大部分气体为水蒸气与其他物质的蒸发气体，在 1000℃ 以下，水蒸气下降到体积分数的

1%～4%，含氧量比大气压下降 2～3 个数级，而还原性气体成分 H_2 从 CO 的比例大大上升，就炉内气氛氧化性减少，即使有微量氧化，形成的氧化膜也会被还原。

真空热处理实质上是在极其稀薄的气氛中进行的热处理，而一般金属材料在空气中加热时，因空气中存在氧气、水蒸气、二氧化碳等氧化性气体，与金属表面发生氧化作用。

$$2M + O_2 \longrightarrow 2MO$$
$$M + H_2O \Longleftrightarrow MO + H_2$$
$$M + CO_2 \Longleftrightarrow MO + CO$$

从以上反应式可知，在加热过程中的金属表面将产生氧化皮或氧化膜；同时气体还与金属中的碳发生反应，造成表面脱碳等。而采用真空炉进行抽真空加热，则可确保真空炉残存的气体如 H_2O、O_2、CO_2 以及油脂等有机物，因其含量低故分压力也低，无法使被处理的金属材料表面产生氧化、还原、脱碳或增碳等。故金属表面的化学成分与原始的表面光亮度可保持不变，真空热处理又称为光亮热处理。

在高真空中具有以下特点：①高真空气氛的化学活性极低，在真空热处理时，气相与固相界面上发生的反应，如氧化、还原、脱碳、增碳等，不会进行到有影响的程度；②高真空气氛使气体体积增大的变化非常迅速，可导致金属或合金放出溶解的气体或使金属氧化物发生分解，正是由于高真空气氛的特点，在高真空气氛中，因氧的分压力很低，氧化作用被抑制，故为达到无氧化的目的，必须使氧的分压力低于氧化物的分解压力[1,7]。

光亮热处理是一种可防止金属工件在热处理中发生氧化反应，仍然可获得光亮金属表面的热处理方法，光亮热处理也可在使用保护气氛以及氩、氦和氮等惰性气体中进行，同样可达到防止氧化的目的与要求。真空热处理可实现所有金属材料保持原有的表面光洁度、尺寸精度以及性能要求，对于需要再次磨削加工的工件，可大大减少其热处理前的加工余量，同时取消了表面的清理工序（如酸洗、喷砂、抛丸等），故真空热处理是最有发展前景的工艺方法，也是最为理想的热处理"气氛"，在热处理设备中其占有率达到了 20% 以上，尤其是在航空、航天、电子元件、纺织领域、工模具等领域获得了较为广泛的应用。

② 真空的除气（脱气）作用　真空脱气作用如下。金属脱气可提高金属的塑性和强度，在真空条件加热下，金属工件溶解的一定量的气体（氢气、氧气与氮气等），会从金属表面溢出脱气，有利于提高工件的塑性与强度，温度越高则分子的运动越剧烈，更有利于促使溶解于金属中的气体扩散到表面，使真空度提高，气压越低则有利于扩散在金属表面的气体的溢出。

金属材料在冶炼过程中，液态金属要吸收 H_2、O_2、N_2、CO 等气体，考虑到金属对上述气体的溶解度随着温度的升高而增大，当液态金属冷却成钢锭时，气体在金属中的溶解度降低，但因冷却速度过快，造成气体无法全部溢出（释放）而留在固体金属内部，生成气孔以及白点（由 H_2 形成）等冶金缺陷或以原子和离子状态固溶于金属内部。

另外在金属的锻造、热处理、酸洗、钎焊等热加工过程中，还会不可避免的再吸收一些气体等，此时的金属其电阻、热传导、磁化率、硬度、屈服点、强度极限、延伸率、断面收缩率、冲击韧性、断裂韧性等力学性能和物理性能等均受到影响，故控制原材料在冶金过程中气体含量，同时也要设法消除在热加工过程所吸收的气体等，或通过改进工艺流程以防止气体的吸收。

固相中气体分子的扩散速度往往是决定脱气的速度，真空除气之所以能够除去金属内部的气体，原因在于负压条件下可去除金属中的气体，故炉内真空度的状态影响真空除气的速度和效果。决定除气效果的另一个因素为炉内温度，温度越高则除气效果越好。第三个因素为时间，除气时间越长则除气效果越佳。考虑到晶粒粗大化以及金属相变等因素的影响，温度不能升的太高，对于钢铁一类有相变的金属材料而言，在相变点附近的温度进行真空除气的效果最好，其原因在于金属材料在相变时对于气体的溶解度减少或是在相变时由于晶格改变有利于气体原子迁移的原因[1]。

经过真空热处理后的金属材料工件，与常规热处理比较，力学性能（特别为塑性和韧性）有了明显的增加，其原因在于真空热处理时具有良好的除气效果所致。

③ 表面净化与脱脂作用　在真空状态下进行工件的加热，其表面的氧化膜、轻微的锈蚀、氮化物、氢化物等，被还原、分解或挥发而消失，使金属获得光洁的表面，这是真空热处理的一个特点。

金属的氧化反应是可逆反应，在金属被加热时，是产生氧化反应还是氧化物的分解反应，取决于加热气氛中氧的分压与氧化物分解压之间的关系，其反应方程式为：

$$2MO \Longrightarrow 2M + 2O$$

$$2O \longrightarrow O_2$$

氧的分解压是氧化物分解达到平衡后所产生的氧气分压，氧的分解压大于氧的分压，则氧化物分解，产生的氧气被放出而留下来的则是金属的清洁表面，达到金属表面净化的效果。在真空中的残存氧很少，氧的分压很低，真空度越高，氧的分压越低，低于氧化物的分解压，反应向右进行，故真空提供了金属氧化物在加热时的分解条件，图1-3为部分金属氧化物的分解压与温度的关系，从图1-3中可以看出，氧化亚铜的分解压较高，氧化钍的分解压最低，同时随着温度的升高，氧化物的分解压也在增高。

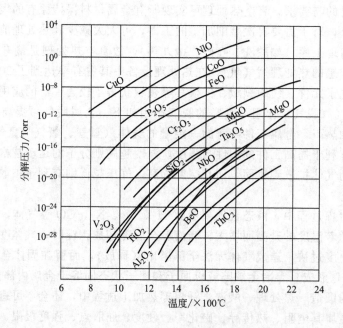

图 1-3　各种金属氧化物的平衡分解压力与温度的关系

另外炉内的氧分压很低的前提下，金属氧化物可分解为亚氧化物，其在真空加热中容易升华而挥发。工件表面粘附的物质主要为油污等，其是碳、氢、氧化合物，蒸汽压较高，在真空加热过程中易挥发或分解，被真空泵抽走，起到净化工件表面的效果。

需要注意的是金属表面的氧化物在真空中加热时，也可能与从金属材料内部向外扩散至

H_2 与 C 发生反应，而使金属表面的氧化物还原。在氧化物的分解过程中，还伴随着清除油脂类的有机物质的作用，即不进行清除表面有机物质的专项清理，也能使工件表面具有光亮的表面，其原因在于这些油脂、润滑剂均属于脂肪族，是碳、氢和氧的化合物，分解压较高，故在真空加热时很容易分解为氢、水蒸气和二氧化碳等气体，而随后被真空泵抽走，不至于在高温下与零件表面产生任何反应，仍可得到无氧化、无腐蚀的清洁表面。

真空的净化作用使金属表面活性增强，有利于对 C、N、Cr、Si 等原子的吸收，使得渗碳、渗氮以及氮碳共渗等速度增快，而且渗层更加均匀[1]。

④ 真空的蒸发作用　工件在真空炉中进行加热时，在低温下炉内的水分和空气中的氮气、氧气以及一氧化碳等会被蒸发逸散，在 800℃ 以上从工件的表面会放出氢和氮的以及氧化物的分解气体，完成表面脱气作用，而热分解形成的蒸发逸散使金属表面光亮，这是真空热处理的特点，真空镀膜工艺就是利用了该原理，使镀膜玻璃在 20 世纪 90 年代投入了商业应用。

真空热处理的另外一个特点是金属表面元素的蒸发，这体现在处理高铬冷作模具钢或铬不锈钢的热处理后零件与零件之间，或零件与料筐（工装）之间相互黏结，表面呈橘皮状，十分粗糙，同时抗腐蚀性能明显降低，这就是真空热处理的缺点——金属的蒸发作用。

关于金属的蒸发作用，源于相平衡的理论而言，蒸汽作用于金属表面的平衡压力（蒸气压）是有差异的，温度高其蒸气压就高，固态金属的蒸发量就大；温度低则蒸气压就低，如果温度一定，则蒸气压就有一定的数值，当外界的压力小于该温度下的蒸气压时，金属就会产生蒸发（升华）现象。外界的压力越小，即真空度越高，就越容易蒸发，同理其蒸气压越高的金属则越容易蒸发。

可见不同金属的蒸气压是不同的，应根据工件的材质，充分注意蒸发问题，即根据被处理工件的合金元素在热处理时的蒸气压和加热温度，来合理选择适宜的真空度，以防止表面合金元素的蒸发。

钢铁中的常用元素如 Mn、Ni、Co 和 Cr 等，以及作为有色金属的主要成分的 Zn、Pb 和 Cu 等元素，其蒸气压较高，在真空加热时很容易产生真空蒸发而造成工件（或与工装）间相互粘连。事实上蒸气压与加热温度有一定的对应关系，只要真空度选择适宜，是可以防止合金元素的蒸发的。

除此之外，在真空加热时，可考虑金属材料的种类，采用一定温度下通入高纯度的惰性气体（即反向充气如高纯氮气、高纯氩气等）来调节炉内的真空度，以低真空加热的方法来防止工件表面合金元素的蒸发，这个措施对高速工具钢、高合金钢等工件比较有效的。

（3）金属加热工艺参数的确定

① 金属在真空中的加热速度和加热时间的确定　工件在真空炉中的加热速度受到诸多方面因素的影响，除了工件的材质、尺寸、形状以及表面光洁度外，还与加热温度、加热方式、装炉量、装炉方式以及料筐形状等有关。因此在制定工件的热处理工艺规范时，必须通盘考虑其加热速度，目的是实现加热速度的可控与满足工件的加热要求。

需要注意的是工件的加热时间，要包括真空加热滞后时间和组织均匀化的时间，要进行系列的工艺试验来确定正确的工艺时间。其常用的方法包括实测法、模拟法与经验法，其中经验法是比较切合实际的。三种测量方法的比较参见表 1-7。

在实际生产过程中，影响工件真空加热的因素较多，而影响加热速度的因素变数较大，因此要准确的计算出加热时间是比较困难的，由于真空加热以辐射加热为主，一般认为真空加热时间为盐浴炉的 6 倍，空气炉的 2 倍。通常的保温时间 $\tau = KB + T$，其中 K 为保温时间系数，B 为工件有效厚度，T 为时间裕量，几种常见的真空淬火保温时间中的 K、T 值的加热时间的经验数据见表 1-8。

表 1-7 测定加热时间的几种方法比较

类别	实测法	模拟法		经验法
		条件模拟法	数字模拟法	
测定方式	将热电偶装在工件上，二者同时进行加热，可以比较真实与准确显示真空加热的滞后时间	实际测定几种具有代表性的工件厚度、加热温度、装炉量与装炉方式等加热曲线，测量出相应的加热滞后时间 在随后的生产中，根据以上选用条件相近的实测加热时间，确定加热滞后时间	计算出工件在真空炉加热过程中的各种场合信息，预测出工件加热滞后时间	在空气炉中加热时间的基础上延长 50%～70%
适宜的炉型	室温下装出炉的单室真空炉			各种真空炉型
适用工艺	真空退火、真空回火、真空正压气淬等工艺			各种真空热处理工艺
特点			利用计算机技术与有限元方法，成为合理制定和优化工艺参数的重要工具	

表 1-8 真空淬火加热保温时间的 K、T 值（供参考）[4]

材 质	淬火保温时间计算		备 注
	保温时间系数 K/(min/mm)	时间裕量 T/mm	
碳素钢	1.6	0	560℃预热一次
碳素工具钢	1.9	5～10	560℃预热一次
合金工具钢	2.0	10～20	560℃预热一次
高合金钢（模具钢）	0.48	20～40	800℃预热一次
高速钢	0.33	15～25	850℃预热一次

也可采用如下的加热时间经验公式：$t = \alpha D$

式中，t 为加热时间，min；α 为加热系数，min/mm；D 为工件的有效厚度，mm。其中 α 的取值参见表 1-9 执行。

表 1-9 不同材质的工件真空淬火加热系数　　　　min/mm

材 质	加热系数		
	预热系数	不预热，炉子到温后计算时间的加热系数	高温装炉的双室或连续式真空热处理炉加热系数
碳钢及合金结构钢	—	1.3～1.6	1.1～1.5
	1.8～2.3	0.7～1.1	—
高合金钢及高速钢	一次预热 1.8～2.3，二次预热 0.8～1.3	0.45～0.7	—

② 金属在真空中的加热温度和真空度的确定　需要注意的是，金属在真空中加热时，

对炉内真空度的确定范围是非常重要的，考虑到高温下的真空度越高则容易造成表面元素的蒸发，将影响工件的表面质量与性能，为防止工件表面合金元素的蒸发，应合理选用真空度，合金钢模具在真空加热时，其真空度与加热温度的关系见表1-10。

表 1-10　加热温度与真空度的关系

加热温度/℃	≤900	1000～1100	1100～1300
真空度/Pa	≥0.1	13.3～1.3	13.3～666.0

③ 淬火加热与预热温度的确定　高合金钢等真空热处理的一般加热温度为 1000～1200℃时，在 800℃左右进行一次预热；加热温度≥1200℃，形状简单的在 850℃进行一次预热；较大或形状复杂工件则在 500～600℃和 850℃左右进行两次预热，有的高速钢产品则850℃和 1050℃各预热一次，同时在 1050℃进行分压处理。

1.3.2　金属在真空淬火时的冷却

进行真空淬火的工件需要根据其形状、尺寸、技术要求和材质等确定冷却工艺，首先要了解该钢种在连续冷却条件下的过冷奥氏体分解曲线，然后根据其要求的冷却速度来选择合适的冷却方式，同时要考虑装炉方式等，目的是确保工件的均匀加热与冷却。目前的真空淬火的主要冷却方式有油冷与气冷等。

（1）真空油冷　选择真空油淬，是基于真空淬火油的特点：饱和气压低；不污染真空系统；临界压强低。因此在真空下真空油仍有一定的冷却速度；化学稳定性好，使用寿命长；杂质与残碳少；酸值低，淬火后表面光亮。

目前世界上研制和生产的多种精制的适用于真空淬火的油品，我国 1979 年研制成功的ZZ-1、ZZ-2 真空油具有冷却能力高、饱和气压低和热稳定性良好、对工件无腐蚀特点以及质量稳定等特点，适用于轴承钢、工模具钢、航空结构钢等真空淬火。国外的如美国海斯公司的 H1 与 H2 真空淬火油，日本初光工具公司的 HV1 与 HV2，前苏联的 BM1～4 油等，均为真空淬火用油。ZZ-1 与 ZZ-2、CZ1 与 CZ2 真空淬火油特性指标分别见表 1-11 和表1-12，表 1-13 为美国 C. I. Hayers 公司真空淬火油特性指标。

表 1-11　国产真空淬火油的质量指标

技术指标　　　　　　　型　号	ZZ-1	ZZ-2
黏度(50℃)/$10^{-6} m^2 \cdot s^{-1}$	20～25	50～55
闪点/℃ 不低于	170	210
凝点/℃ 不高于	−10	−10
水分/%	无	无
w(残碳)(%) 不大于	0.08	0.1
酸值/(mgKOH/g)	0.5	0.7
饱和蒸气压(20℃)/133Pa	$5×10^{-5}$	$5×10^{-5}$
抗氧化稳定性	合格	合格
冷却性能:特性温度/℃	600～620	580～600
特性时间/s	3.0～3.5	3.0～4.0
800℃冷至 400℃时间/s	5～5.5	6～7.5

表 1-12　上海惠丰石油化工有限公司真空淬火油质量指标

项目/型号	CZ1 真空淬火油	CZ2 真空淬火油	试验方法
运动黏度(40℃)/(mm²/s)	32~42	80~90	GB/T265
闪点(开口)/℃	180	220	GB/T3536
倾点/℃	−10	−10	GB/T3535
冷却特性 特性温度	600	585	SH/T0220
800~400℃时间	5.5	7.5	

注：以上数据为代表性试样的测定结果,产品性能以实测为准

性能：1. 有较低的饱和蒸汽压,蒸发量较小,使溶入的气体迅速脱出;
　　　2. 较强的抗汽化能力和较快的冷却速度,不污染真空炉膛及真空操作效果;
　　　3. 冷却性能稳定,在真空条件下,能保证淬火后工件淬硬效果好;
　　　4. 良好的光亮性和光辉性,淬火后表面清洁光亮,不会变色、无氧化、无污染;
　　　5. 极佳的挥发安定性和氧化安定性,使用寿命长

用途：1. 适用于轴承钢、工模具、刀具及大中型航空结构钢及其他特种钢材;
　　　2. HFV-CZ1 真空淬火油用于中型材料在真空状态下的淬火,HFV-CZ2 真空淬火油用于淬渗透性好的材料在真空状态下淬火

表 1-13　美国 C. I. Hayers 公司真空淬火油质量指标

型号　技术指标	H1	H2
密度/(kg/m³)	881	861.7
黏度指数	76	95
黏度(37.8℃)(SUS)	92~95	110~121
着火点/℃	170	190
蒸气压/133Pa　40℃	0.002	0.0001
90℃	0.100	0.0103
150℃	2.00	0.45
GM 淬火试验/℃	11	17
最高使用温度/℃	60	80

采用 $\phi 8mm \times 24mm$ 银棒测得不同真空度下的 ZZ-1 号、ZZ-2 号真空淬火油的冷却曲线如图 1-4 与图 1-5 所示。从图 1-4 与图 1-5 可以看出两种油具有同样的变化规律,即真空度增大,蒸气膜阶段持续的时间加长,沸腾阶段开始温度降低,原因在于不同真空度下油品的物理特性发生变化所致。

热处理淬火用普通淬火油的特性指标随液面压强下降有明显的变化：

① 特性温度降低,特性时间延长;

② 沸腾阶段出现在更低的温度区间;

③ 在 400~800℃范围的冷却时间比大气压下显著延长等,钢在低气压下油的冷却能力下降了;

④ 在低温区具有较高的冷却速度。

而真空淬火油的冷却速度随液面上气体压强下降而下降的程度就小得多,在于在大气压下一个较为宽广的压强区间,蒸气膜阶段迅速结束,故蒸气膜对冷却过程的影响减弱。

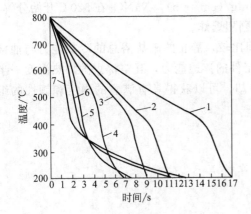

图 1-4　1 号油不同真空度下的冷却曲线
1—0.013kPa；2—5kPa；3—10kPa；4—26.6kPa；
5—50kPa；6—66.6kPa；7—101kPa

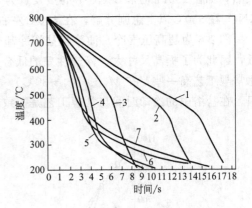

图 1-5　2 号油不同真空度下的冷却曲线
1—0.013kPa；2—5kPa；3—10kPa；4—26.6kPa；
5—50kPa；6—66.6kPa；7—101kPa

（2）真空气冷　真空气淬的冷却速度与气体种类、气体压力、流速、炉子结构以及装炉方式等有直接的联系，目前在真空淬火中使用的冷却气体包括氩气、氦气、氢气与氮气等，其在 100℃ 温度下的某些物理特性如表 1-14 所示。

表 1-14　各种真空淬火冷却气体的物理特性（100℃时）

气体	密度/(kg/m³)	普朗特数	黏度系数/(Pa·s)	热导率/[W/(m·K)]	热导率比
N_2	0.887	0.70	2.15×10^{-5}	0.0312	1
Ar	1.305	0.69	27.64	0.0206	0.728
He	0.172	0.72	22.1	0.166	1.366
H_2	0.0636	0.69	10.48	0.220	1.468

在任何压强下，氢气具有最大的热传导能力及最大的冷却速度，其多用于采用石墨元件加热的真空炉。冷却速度仅次于氢的为惰性气体氦气，该气体的制备成本太高，故仅用于及其特殊的场合。氩气的冷却能力比空气低，其在大气中体积分数为 0.93%，液化制造成本较高。

氢气是最廉价的，其资源丰富，成本低，在略低于大气压下可进行强制循环，冷却速度可上升约 20 倍，是一种使用安全、冶金损害小的中性气体。在 200～1200℃ 的温度范围内，对常用材料氮呈惰性状态，在某些特殊条件下，如对易吸气的与气体反应的铁锆及其合金、镍基合金、高强钢、不锈钢等则呈一定的活性，故应特别注意。

氮气中含氧（0.001% 以上）可使高温下的钢轻微氧化、脱碳，故在真空淬火中使用的氮气的纯度在 99.999% 以上，鉴于其价格较高，在无特殊要求的前提下，可采用 99.9% 的普通氮气，这对产品表面无明显损坏。

（3）真空水冷　根据要求，有色金属、耐热合金、钛合金及碳钢为了获得要求的力学性能等，需要在加热后在水中急冷的。

（4）真空硝盐淬冷却　采用硝盐进行等温或分级淬火，可减少工模具零件的畸变与开裂等，同时可防止高强度结构钢的脱碳，并可提高使用寿命。常用硝盐的成分为 50% NaNO₂＋50% KNO₃、45% NaNO₂＋55% KNO₃ 等，在大气压下在 137～145℃ 熔化，由于其没有发生物态变化，它的冷却能力主要与自身温度有密切的关系。需要注意的是，在大气中硝盐浴可使用到 550℃，而在真空下它将迅速蒸发，硝盐浴的温度越高，其饱和蒸汽压越高，蒸发越激烈，如在 133Pa 时和 320℃下的蒸发量为 4.673mg/(cm² · h)，NaNO₂在 320℃开始分解，KNO₃在 550℃以上急剧分解，在 600℃左右发生剧烈爆炸。

图 1-6 为超高压气冷、油冷与盐浴冷却的时间比较，静止的硝盐浴总的冷却能力与油接近，因此为了提高尺寸大、淬透性差的低合金钢工件的淬透能力，真空淬火的加热温度一半比常规工艺高一些，在 $M_s \sim (M_s + 30℃)$ 等温冷却，可以获得具有满意的强度和韧性的组织，在盐浴中的冷却时间与常规工艺是一致的。

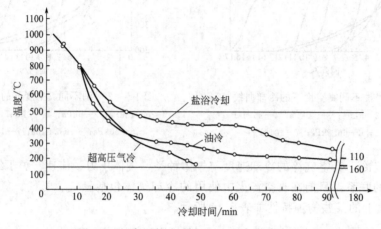

图 1-6　超高压气冷和油冷、盐浴冷却的比较

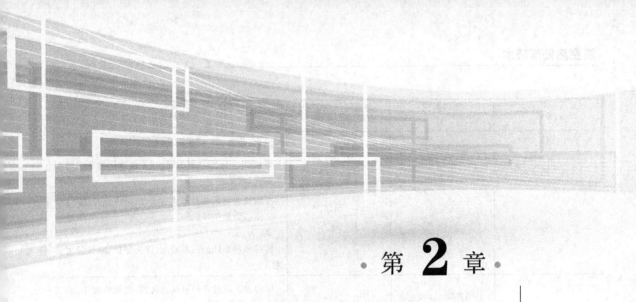

第2章

→ 真空热处理工艺

2.1 真空退火

真空退火是在工业上应用最早的真空热处理工艺之一，对于金属材料进行真空退火除了要达到改变晶体结构、细化组织、消除应力、软化材料等工艺目的外，还可发挥真空加热下防止金属氧化脱碳、除气除脂、使氧化物蒸发，提高表面光亮度和力学性能的作用。

在超高真空度中加热，成为使难熔金属表面氧化物产生蒸发，除气及提高塑性的有效方法，通常将真空退火在工业上的应用归纳为以下几类：活性与难熔金属的退火与除气；电工钢及电磁合金、不锈钢及耐热合金、铜及其合金及钢铁材料的退火等。

2.1.1 高温、难熔金属的退火

(1) 钛、锆、铪的真空加热和真空退火　钛、锆、铪是ⅣB族金属，其在高温下性质活泼，易与碳、氢、氧、氮等元素发生化学反应，造成这些材料的综合力学性能下降，使用寿命降低。为此采用真空加热退火则有效避免了此质量缺陷问题的出现。钛、锆、铪加热规范及退火温度如表2-1和表2-2所示。

表 2-1　ⅣB族金属的主要加热规范

金属	加热温度/℃	剩余气体或保护气体压强/Pa	加热用途
钛	600～1100 950～1150 1100～1450	$1～10^{-3}$ $1～10^{-1}$ $1～10^{-4}$ $Ar:10^5$	轧件、锻件、铸件退火;淬火后退火;氮化、粉末除气退火;轧、锻前加热 用铝、铬、镍、铍、氮等元素饱和处理 烧结、除气;退火;用硼和碳饱和处理
锆	680～1200 1420～1635	$1～10^{-2}$ $He:10^5$ $1～10^{-4}$	退火、除气 用硼、碳饱和处理,高温退火;烧结

续表

金属	加热温度 /℃	剩余气体或保护 气体压强/Pa	加热用途
铪	850～1340	10^{-2}～1	退火、用氮、硼、碳饱和处理
钒	700～1140 1450～1600	10^{-4}～10^{-3} 10^{-3}	锻件和板材压力加工退火、分解氢化物条材的精致退火、烧结
铌	960～1500	10^{-4}～10^{-2} 10^5 氢气 10^5 氩气 10^{-7}～10^{-1}	冷压加工后的各种形式退火(消除应力、时效) 充压压力加工加热 锻、压、轧 铸锭和单晶体的高温退火、淬火加热、除气退火和烧结
钽	1200～1850 2000 2300～2700	10^{-4}～10^{-3} 10^{-4}～10^{-2} 10^{-2}～10^{-1}	压力加工后的各种形式退火、初次烧结加热、除气退火、轧制退火 电容器烧结 各种工件和条材的烧结
铬	600～1000	10^{-1}～1	消除应力退火、再结晶、除气
钼	1100～1400 1600～2000 2000～2400	1～10^{-3} 10^{-1} 10^{-3}～10^{-2} 10^{-2}	压力加工后消除应力退火；拉丝和冲压后再结晶退火；轧、锻压和冲压加热 硼化处理 间接加热烧结和除气 直接通电流烧结；组织均匀化退火、低合金退火
含少量钛、锆、钒的钼合金	1300～1600	10^{-3}～10	消除应力后再结晶退火；轧、锻压和冲压加热
钨	1000～1400 1400～1700 1700～2200 2200～3000	10^{-3}～1 10^{-3}～10^{-2} 10^{-4}～10^{-2} 10^{-4}～10^{-2}	条材压力加工后去应力退火、除气退火；预先烧结硼饱和处理加热；冲和轧以及部分锻造加热 再结晶退火；含活性成分的工件烧结加热；锻件的压制加热 锻造过程去应力中间退火；压制及部分烧结加热 烧结；单晶体退火

表 2-2　钛、锆及其合金的退火温度

名　　称	退火温度/℃	去应力退火温度/℃
工业纯钛	650～720	480～600
TA7	600～850	540～650
TC1	600～700	520～560
TC2	660～790	545～585
TA15	700～850	600～650
TC4	700～850	600～650
TC6	800～850	530～620
锆	650～700	—
锆合金 2	850	—

　　(2) 钛、锆、铪及其合金的真空加热与退火中的注意事项　钛、锆、铪及其合金在较高的真空度下进行退火及除气，多选用反射屏式的高真空热处理炉，这是考虑到广泛使用的真空炉石墨元件由于漏气，可在炉内产生一氧化碳，再与钛反应并生成脆性氧化物。在 950℃

以上加热时，蒸发后的钛蒸气可与加热器及高温结构中的镍作用，形成低熔点的镍-钛混合物。因此加热元件及加热室的其他结构件最好选用镍的质量分数低于 10% 的材料，烧结钛与钛合金粉末应采用钼元件真空炉。

用于加热钛合金的真空炉最好不要用于处理其他材料，原因在于这些材料中脱出的并附于炉壁的气体、污染物等，会将沾污随后处理的钛合金并使其得不到光亮的表面，只能用氢或氩作为冷却气体或载气，在 200℃ 以下温度出炉。

在真空炉中加热时，应防止钼与石墨元件直接接触而相互作用，在石墨容器表面涂以钼粉或酚醛漆的钼涂料，在高温下可能形成一层低蒸气压的碳化钼层，从而阻止石墨的进一步蒸发。退火温度过高，将导致钼、钨晶粒粗大而脆化，退火后的元件与材料不得用手触摸，暂时不用者需要用清洁纸包好并存于 1.3Pa 的真空干燥器内，并在一周内使用。

（3）金属与合金的除气处理　加速器、宇宙模拟设备、电子管材料、高温活性金属都有广泛用于真空除气处理，非真空熔炼的金属与合金含有许多的 N、O、H 等原子，并产生气孔、气泡以及氢脆等缺陷，即使真空熔炼的材料，在非真空条件下轧制、热处理，特别是焊接和酸洗后都将溶入气体，降低其性能。表 2-3 给出了某些金属及合金进行除气的温度与真空度，供参考。

表 2-3　金属及合金进行除气的温度与真空度

金属及合金	除气温度/℃	真空度/Pa
铜	800	2.7×10^{-3}
镍	800~950	1.3×10^{-3}
铁与铁合金，硅钢、不锈钢	>900	4×10^{-2}
钼	>1450	6.7×10^{-3}
钨	>1400	6.7×10^{-3}
钛	810	1.3×10^{-3}
钽	900~950	1.3×10^{-3}

2.1.2　钢铁材料及其铜合金的退火

（1）钢铁材料的真空退火　结构钢、工具钢的真空退火占退火总量的比例日益增大，各种钢丝普遍采用真空退火以消除加工硬化，薄板、钢丝等各工序间进行真空退火可使变形晶粒恢复与均匀化，同时，还可蒸发掉表面残存的润滑脂、氧化物，可排掉溶解的气体。退火后的处理件可得到光亮的表面，故可省去脱脂和酸洗等工序，并可直接镀锌或镀锡等。

含氮高的钢在 600℃ 以上的温度退火，可降低氮和氢的含量，以减少其引起的脆性，对于精密工件和过共析钢，在一般保护气氛中退火，难以避免产生增碳或脱碳现象，但在真空中退火可获得高质量的表面质量。

真空退火的主要工艺参数是加热温度与真空度，真空度是根据对于表面状态的要求选定的，一般钢材的退火工艺参数如表 2-4 所示。

（2）不锈钢、耐热合金的真空退火　不锈钢、耐热合金含有高温与氧亲和力强且化学稳定性高的铬、锰、钛等元素，在空气中加热时，由于表面的铬贫化，内部的铬向外扩散，因而在一定范围内产生贫铬现象，将这些合金在真空中退火，比在常用的低露点氢中更容易获得洁净和高质量并保持耐蚀性，适用于奥氏体不锈钢的退火温度与真空度如表 2-5 所示。

表 2-4　钢的真空退火工艺参数

材料	真空度/Pa	退火温度/℃	冷却方式
45	$1.3\sim1.3\times10^{-1}$	$850\sim870$	炉冷或气冷,约300℃出炉
$0.35\sim0.6$卷钢丝	1.3×10^{-1}	$750\sim800$	炉冷或气冷,约200℃出炉
40Cr	1.3×10^{-1}	$890\sim910$	缓冷,约300℃出炉
Cr12MO	1.3×10^{-1}以上	$850\sim870$	$720\sim750$℃,等温4~5小时炉冷
W18Cr4V	1.3×10^{-1}	$870\sim890$	$720\sim750$℃,等温4~5小时炉冷
空冷低合金模具钢	1.3	$780\sim870$	缓冷
高碳铬冷作模具钢	1.3	$870\sim900$	缓冷
W9~18热模具钢	1.3	$815\sim900$	缓冷

表 2-5　奥氏体不锈钢的真空退火工艺参数

热　处　理	温度/℃	真空度/Pa
热变形后去除氧化皮代替酸洗退火	$900\sim1050$	$13.3\sim1.3$
退火	1100	$1.3\times10^{-1}\sim6.7\times10^{-2}$
	$1050\sim1150$	$1.3\sim1.3\times10^{-1}$
电真空零件退火	$950\sim1000$	$1.3\sim4\times10^{-3}$
带料在电子束设备中退火	$1050\sim1150$	$1.3\times10^{-2}\sim1.3\times10^{-3}$

18-8 型不锈钢缓冷时易产生晶间析出物而降低塑性,故应进行水淬或为防止氧化进行油淬,含钼铝不锈钢（PH15-7MD）含镍高的 718（InconeI718）、A286 耐热合金等对于、微量氧极为敏感,因而应在 6.7×10^{-2} Pa 以上的真空度下进行固溶处理才能防止表面变暗。为了防止合金碳化物和金属化合物的析出,还应以尽可能高的速度冷却,如 InconeI718 于冷轧变形后,即在 1050℃ 进行 1h 的固溶处理,然后在 720℃ 和 620℃ 时各进行 8h 的时效处理。一些不锈钢的退火工艺参数如表 2-6 所示。

表 2-6　一些不锈钢的退火工艺参数

钢种类型	主要化学成分(质量分数)分析结果/%	退火温度范围/℃	真空度/Pa
铁素体类	Cr12~14,C0.08(最多)	$630\sim830$	$1.3\sim1.3\times10^{-1}$
马氏体类	Cr14,C0.4,Cr16~18,C0.9	$830\sim900$	$1.3\sim1.3\times10^{-1}$
奥氏体类(未稳定化)	Cr18,Ni8	$1010\sim1120$	$1.3\sim1.3\times10^{-1}$
奥氏体类(稳定化)	Cr18,Ni8,Nb1 或 Ti	$950\sim1120$	$1.3\times10^{-2}\sim1.3\times10^{-3}$

（3）铜与铜合金的退火　铜与铜合金在低真空下退火即可获得光亮的表面,对于拔丝工序间的丝材进行真空退火可省去脱脂和酸洗工序并可直接涂漆,对于汽油管、制冷管进行真空退火可同时获得净化管内壁,因而可省去许多清理操作。纯铜材料的退火工艺温度如表 2-7 所示。

表 2-7　纯铜材料的退火工艺温度

参数	板　材		带　材			丝　材			
厚度、直径/mm	$5\sim710$	$<1\sim5$	75	$0.5\sim5$	<0.5	>3.5	$1.5\sim3.5$	$0.5\sim1.5$	<0.5
退火温度/℃	$700\sim750$	$650\sim700$	700	$650\sim700$	$600\sim650$	$700\sim750$	$650\sim725$	$475\sim600$	$300\sim475$

铜丝退火后应冷至200℃以下出炉,一般铜丝应以具有同等膨胀系数的材料做成胎具,绕成丝盘、丝卷等。对黄铜（Cu-Zn合金）等含饱和蒸气压的合金而言,为防止锌蒸发,可在低温（280~430℃）及低真空下退火。锰铜合金丝材在氢中进行光亮处理后,残存于丝材

内部的氢原子将随时间的延续分布或逸出并导致丝材电阻值的变化,在真空中退火氢可提高其稳定性。青紫铜和黄铜的退火工艺参数分别见表 2-8 和表 2-9、表 2-10 为铍青铜时效的工艺参数。

表 2-8　青铜真空热处理参数

材料号	真空度/Pa	退火温度/℃	冷却方式
QSn4-3 QSn4-4-2.5	13.3～1.33	600	
QSn6.5-0.4 QSn4-0.3		600～650	
QAl9-2		600～750	炉冷
QAl9-4		700～750	
QAl10-3-1.5	13.3～1.33	650～750	
QAl10-4-4		650～750	
QAl10-5		600～700	
QAl10-7		650～750	

表 2-9　紫铜和黄铜真空热处理参数

材料牌号	消除应力退火温度/℃	再结晶退火温度/℃	真空度/Pa	冷却方式
紫铜 T1、T2 T3、T4	—	600～700 600～700	133～13.3	
黄铜 H96		540～600		
H90	200	650～720		
H80	260	600～700		
H70	260～270	520～650	13.3～1.33	
H68	260～270	520～650		
H62	270～300	600～700		
H59-1		600～670		炉冷或 惰性气体冷
HSn70-1	300～350	560～580		
HSn62-1	350～370	550～650	133～13.3	
HAl77-2	300～350	600～650	13.3～1.33	
HAl59-3-2	350～400	600～650		
HMn58-2		600～650		
HFe59-1-1		600～650		
HPb74-3		600～650		
HPb64-3		620～670		
HPb63-3		620～650	13.3～1.33	
HPb60-1		600～650		

表 2-10　铍青铜时效工艺参数

材料牌号	时效温度/℃	真空度/Pa	时间/h
QBe2 QBe2.5	300	$1～10^{-2}$	3～5
	285		3～4
	320		2

2.1.3　电工钢及磁合金的退火

现代工业对于电工钢及磁合金除了磁导率、磁损外，还提出了稳定性（如在 $60\sim400℃$，$<8\times10^3\sim1.3\times10^{-4}Pa$ 冲击负荷和放射性照射下可稳定工作）的特殊要求，对于硅钢必须进一步去除增高矫顽力、降低磁导率、加大磁损失的各种杂质（碳、氧、氢、硫化物、氮化物等）；消除冲剪等工序所造成的应力畸变。目前广泛采用的氢气退火或真空退火。实践证明，真空退火的温度、保温时间、真空度、冷却条件与磁合金的磁感应强度、矫顽力、磁导率等有密切联系，其原因在于不同的真空退火工艺改变了杂质成分、含量大小以及分布；改变了晶粒粗细、均匀性、冷变形的不均匀状态，如取向、纤维分布、晶格缺陷、畸变程度等。文献指出[2]经真空退火的 D320 钢代表比经空气退火，在 15000GS 的空载电流降低 8.8%，铁损减少 6.4%。

（1）普通软磁材料的真空退火　软磁材料用量最大的为硅钢、成卷、成叠热轧的变压器电机硅钢，在一般情况下，这类材料在罐式真空炉内进行 $850\sim1150℃$ 的中温退火（真空度为 $2.7\times10^3\sim4\times10^3Pa$），漏气率 $<1.33\times10^3/h$ 条件下即可脱除部分碳和硫，提高塑性并得到均匀磁性。微弱的氧化对于绝缘性是无害的，把真空度提高到 13.3Pa，可进一步提高磁感应强度，降低单位铁损。真空度提高到 $1.3\times10^{-1}Pa$ 以上的高真空退火，夹杂物可减少至原来的 $1/2\sim2/3$，损耗系数减少 $25\%\sim40\%$，从而得到更高质量的硅钢。

低温退火多用于硅钢片的制成品，如冷轧钢冲压件、铁芯等，为消除冷加工应力，保持表面光洁，可在 $1.3\times10^{-2}\sim1.3\times10^{-1}Pa$、$700\sim850℃$ 加热 $2\sim4h$，然后以 $40\sim60℃/h$ 的速度冷至 $200\sim250℃$ 或按钢材出厂规定的规范进行真空退火。

对于含 $\omega(Si)>3\%$ 的热轧硅钢，为了获得低矫顽力等高磁性指标可进行高温（$1120\sim1200℃$）真空退火，用于消除氢、氮、碳、氧等杂质，同时还可彻底消除应力，并进行充分再结晶，从而获得完善的纤维组织。

广泛用于无线电、自动控制方面的灵敏继电器、电磁放大器等元件的高导磁铁镍合金（坡莫合金），在弱磁场下应具有高磁导率、低矫顽力与磁滞损耗。对于真空熔炼的含 $\omega(Ni)$ 5% 的合金于 $1200\sim1250℃$ 进行退火，对于含 $\omega(Ni)$ 79% 的合金于 $1100\sim1150℃$ 进行退火都可获得良好的磁性，经一般电炉熔炼的合金应在 1300℃ 进行退火可获得较高的磁性能，对于退火后升温速度一般无严格要求，多为随炉升温，然而却要求进行缓慢均匀的定速冷却以提高最大磁导率，各种软磁合金的退火工艺参数如表 2-11 所示。

表 2-11　软磁合金的真空退火工艺参数

合金牌号及主要成分 $w/\%$	退火温度 /℃	真空度 /Pa	保温时间 /h	冷却速度/(℃·h^{-1})	
				$600\sim1300℃$	$300\sim600℃$
э220(Fe:97.6、Si:2、C:0.04)	900	4×10^3	16	200	$5\sim10$
э43A(Fe:95.4、Si:4.5、C:0.015)	1100	4×10^3	20	200	$5\sim10$
э330A(Fe:96.95、Si:3.0、C:0.015)	1150	4×10^3	24	200	$5\sim10$
э330、э320、э310	$750\sim860$	$1\sim0.1$	3	$5\sim100$（至 200℃）	
ю16(Fe:84、Al:16)	1050		1	100	油中淬火
50H(Fe:49 镍基)	1100	1.3×10^{-2}	$3\sim4$	$50\sim105$	空冷
65НП(Fe:34、Ni:65、Mn:0.5)	1100	1.3×10^{-2}	$3\sim4$	$50\sim100$	磁场中冷却
80НХС(Fe:16、Ni:80、Si:1.5、Cr:1.5)	1100		$3\sim4$	$50\sim100$	空冷
79НМА(镍基)	1300	1.3×10^{-2}	$3\sim4$	$50\sim100$	空冷

注：合金牌号均为前苏联牌号，成分为质量分数。

软磁材料与硬磁材料的区别是磁性不同。

矫顽力 $H_c<10$ 奥斯特为软磁，$H_c=10\text{-}300$ 奥斯特为半硬磁，$H_c>300$ 奥斯特为硬磁。目前广泛应用于氢气退火和真空退火。电工纯铁的真空退火见图 2-1，硅钢片的真空退火见图 2-2。Fe-Ni 系合金真空退火规范见表 2-12，Fe-Al 系合金真空退火规范见表 2-13。

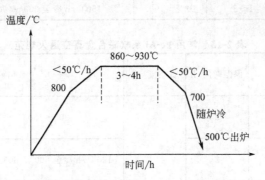

图 2-1 电工钢真空退火工艺曲线

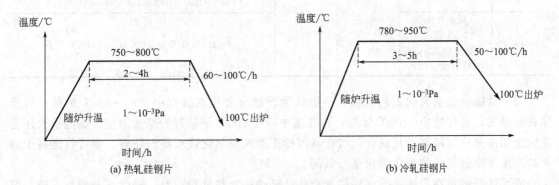

图 2-2 硅钢片真空退火工艺曲线

表 2-12 常用 Fe-Ni 软磁材料的真空退火规范

合金牌号	退火温度/℃	保温时间/h	真空度/Pa	冷却方式
1J46 1J50 1J79	随炉升温 1050~1150	3~6	$10^{-3}\sim10^{-1}$	100~200℃/h冷至 300℃后快冷 <100℃出炉
1J51		1~2		
1J54	随炉升温 1100~1150		1~10^{-1}	100℃/h冷至 300℃移至冷却室,冷至 100℃以下出炉
1J80				100~200℃/h冷至 400℃移至冷却室,冷至 100℃以下出炉
1J85	随炉升温 1100~1200	8~6	$10^{-3}\sim10^{-1}$	100~200℃/h冷至 480℃后快冷至 100℃以下出炉
1J77			1~10^{-1}	100~150℃/h冷至 500℃后,以 30~50℃/h 冷至 300℃,再快冷到 100℃出炉
1J76	随炉升温 1100~1150		1~10^{-1}	100℃/h冷至 500℃后,以 10~50℃/h冷至 300℃, 再快冷到<100℃出炉
1J52	随炉升温 1050~1150	1~2		100~200℃/h冷至 600℃快冷至 300℃,<100℃出炉
1J83		3~5	$10^{-3}\sim10^{-1}$	100~200℃/h冷至 600℃再稍快冷至 100℃以下出炉
1J86	随炉升温 1100~1200	8~6		100℃/h冷至 600℃后以 30~100℃/h 冷至 300℃,<100℃出炉

合金牌号	退火温度/℃	保温时间/h	真空度/Pa	冷却方式
1J41	随炉升温 1100~1150	2~4	1~10⁻¹	100℃/h冷至600℃稍快冷至300℃,100℃以下出炉
1J42				
1J47		1~2	10⁻³~10⁻¹	150℃/h冷至300~400℃后快冷至<100℃出炉

表中真空度采用上标记号改写如下：真空度 $1\sim10^{-1}$，$10^{-3}\sim10^{-1}$。

表 2-13 常用 Fe-Al 系软磁合金真空退火规范

合金牌号	退火温度/℃	保温时间/h	真空度/Pa	冷却方式
1J16	缓慢升温 950~1150	2		200~150℃/h炉冷,100℃以下出炉
1J13	随炉升温 900~950	2	$10^{-3}\sim10^{-1}$	100℃/h冷至600℃,60℃/h冷至200℃,<100℃出炉。
1J12	随炉升温 1050~1200			100~150℃/h冷至500℃快冷至200℃,<100℃出炉
1J6				100~150℃/h冷至250℃,<100℃出炉
1J8	随炉升温 700℃以后 50~200℃/h 升至1200~1220	2~3		50~150℃/h冷至250℃以下,<100℃出炉

（2）软磁合金退火的工艺问题 一般认为软磁合金先在真空中 500~600℃加热，以排除表面潮气，后在氢中 1100℃保温，再在氢中冷至 600℃是较好的退火方法，高温退火还必须防止工件叠片间或与卡具黏合，可在其间撒工业纯氢氧化镁或滑石粉等，也可将经高于退火的温度下除过气体的氧化铝粉撒布其间。

需要注意的是在石墨结构材料的真空热处理炉中加热软磁材料，磁性不会明显下降，但此类材料不得与石墨直接接触。

要求高的导磁合金的含碳量越低越好，其基本化学成分也应精确，当以石墨毡隔热和以石墨布作加热元件的真空炉中的石墨与漏入的氧作用生成 CO 而具有渗碳作用时，处理含碳量极低的坡莫合金将得不到令人满意的性能[2]。

（3）硬磁合金的烧结和退火 在真空炉中烧结成分复杂的 Fe-Ni-Al-Co-Cu 等硬磁合金粉末，可以排除其中的所含的气体，并显著提高其磁性。其工艺过程及特点如下：在 500℃以下加热过程中，沾染物与塑性黏结剂挥发出大量的气体，在 700℃进行预热，此时可除气50%，在继续加热到 900~1000℃时再次出现气峰，这可能与氧化铁的分解有关，最后在1300℃、5×10^{-2}Pa 下烧结成形。一般烧结不使用石墨元件的真空加热炉，目的是避免因增碳而使磁性下降，实践证明，烧结结果与炉子的元件无关，但要求炉子的漏气率要低，烧结件不得与石墨件直接接触，可采用衬底钼垫或涂以特殊材料，需要防止形成低熔点的共晶。

2.2 真空淬火与回火

2.2.1 真空淬火

真空淬火后工件表面光亮、不增碳、不脱碳、畸变小，可成倍提高其使用寿命，故受到热处理工作者的高度关注。进行真空淬火的工件需要根据其形状、尺寸、技术要求和材质等确定冷却工艺，首先要了解该钢种在连续冷却条件下的过冷奥氏体分解曲线，然后根据其要求的冷却速度来选择合适的冷却方式，同时要考虑装炉方式等，目的是确保工件的均匀加热与冷却。

需要注意的是制定真空热处理淬火工艺与回火工艺的主要内容包括：加热温度（温度、时间及方式）、真空度与气压调节、冷却方式及介质等，真空淬火的加热温度可参考常规工艺确定。

目前的真空淬火的冷却方式有油冷淬火、气冷淬火、水冷淬火与硝盐浴淬火等，而应用最为广泛的为油冷淬火与气冷淬火。

(1) 真空油淬　选择真空油淬，是基于真空淬火油的特点：饱和气压低；不污染真空系统；临界压强低。因此在真空下真空油仍有一定的冷却速度；化学稳定性好，使用寿命长；杂质与残碳少；酸值低，淬火后表面光量。

目前世界上研制和生产的多种精制的适用于真空淬火的油品，我国 1979 年研制成功的 ZZ-1、ZZ-2 真空油具有冷却能力高、饱和蒸气压低和热稳定性良好、对工件无腐蚀特点以及质量稳定等特点，适用于轴承钢、工模具钢、航空结构钢等真空淬火。国外的如美国海斯公司的 H1 与 H2 真空淬火油，日本初光工具公司的 HV1 与 HV2，前苏联的 BM1～4 油等，均为真空淬火用油。ZZ-1、ZZ-2 与 H1 与 H2 真空淬火油特性指标分别见前面讲解内容。

而真空淬火油的冷却速度随液面上气体压强下降而下降的程度就小得多，在于在大气压下一个较为宽广的压强区间，蒸气膜阶段迅速结束，故蒸气膜对冷却过程的影响减弱。

真空淬火时，维持淬火油液面压力为临界压强，可获得接近大气压下的冷速，提高气压可提高油的挥发与凝结温度，故可避免油本身瞬时升温造成的挥发损失和对设备的污染等，为此在工艺设计上采用向冷却室内充填纯氮气至 40～73kPa 的操作流程，增压油淬进一步发展为油淬气冷淬火，为减少大型与特殊结构的精密零件的减少变形提供了多种工艺手段。真空淬火油在使用过程中应注意以下几个方面。

① 保持油槽内足够的油量，设计中要考虑工件、料筐或料盘、卡具，因油的搅拌、局部激烈升温造成油的膨胀、沸腾等，以及安全油量等，一般取工件重量与油重量之比为 1:10～1:15，油池比油与工件体积之和大 15%～20%。

② 真空淬火油要定期进行化验，如淬火油的酸值、残碳、水分、离子量等都有可能使工件严重着色，故对油的黏度、闪点、冷却性能和水分等检查，根据检测结果更换或补充新油，使用中严禁混入其他油种和水分，油中不许有水分，当达到 0.03% 时，工件变暗；当达到 0.3% 时，冷速明显变化，工件入油前应充分脱气。

③ 油温控制在 40～80℃ 范围，温度过低时造成油的黏度大，冷却速度低，淬火后硬度不均匀，表面不光亮，在真空状态图下，油温过高将使油迅速蒸发，从而造成污染并加速油的老化。

④ 油槽内加搅拌装置，可迅速调节油温并使油温均匀，加强油的循环与对流，静止油冷却强度为 0.25～0.30；激烈搅拌油冷却强度为 0.8～1.1。

⑤ 真空油淬火时，出现高温瞬时渗碳现象，即工件表层出现一个由残余奥氏体和大量复合碳化物组成的白亮层，其内部交界处有粗晶马氏体，故硬度低。根据工件的具体要求，考虑是加工掉还是保留。

(2) 真空气淬　真空气淬的冷却速度与气体种类、气体压力、流速、炉子结构以及装炉方式等有直接的联系，目前在真空淬火中使用的冷却气体包括氩气、氦气、氢气与氮气等。

① 淬火气体种类　在任何压强下，氢气具有最大的热传导能力及最大的冷却速度，其多用于采用石墨元件加热的真空炉。冷却速度仅次于氢的为惰性气体氦气，该气体的制备成本太高，故仅用于极其特殊的场合。氩气的冷却能力比空气低，其在大气中体积分数为0.93%，液化制造成本较高。

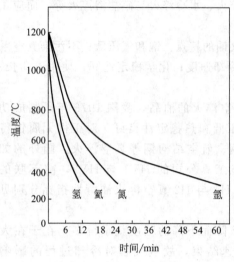

图 2-3　氢、氦、氮、氩的相对冷却性能

氮气是最廉价的，其资源丰富，成本低，在略低于大气压下可进行强制循环，冷却速度可上升约 20 倍，是一种使用安全、冶金损害小的中性气体。在 200～1200℃ 的温度范围内，对常用材料氮呈惰性状态，在某些特殊条件下，如对易吸气的与气体反应的铁锆及其合金、镍基合金、高强钢、不锈钢等则呈一定的活性，故应特别注意。

氮气中含氧（0.001% 以上）可使高温下的钢轻微氧化、脱碳，故在真空淬火中使用的氮气的纯度在 99.999% 以上，鉴于其价格较高，在无特殊要求的前提下，可采用 99.9% 的普通氮气，这对产品表面无明显损坏。

各种冷却气体的性质见表 2-14，各种冷却气体的相对冷却性能见图 2-3。

表 2-14　各种冷却气体的性质（100℃时）

气体	密度 /(kg/m³)	普朗特数	黏度系数 /[(kg·s)/m³]	热导率 /[W/(m·K)]	热导率比
N₂	0.887	0.70	2.5×10^{-6}	0.03128	1
Ar	1.305	0.69	2.764	0.0206	0.728
He	0.172	0.72	2.31	0.1663	1.366
H₂	0.0636	0.69	1.048	0.2198	1.468

保证工件表面不氧化，具有高的光亮度，对冷却气体 N_2 纯度有一定要求，具体见表 2-15，热处理用保护或淬火冷却气体的行业标准见表 2-16，各种淬火介质对热导率的比较见表 2-17。

表 2-15　氮气纯度标准

处理材料	氮气纯度/%
轴承钢、高速钢	99.995～99.998
高温耐热合金	99.999
高温活性金属	99.9999
半导体材料	99.99999

表 2-16　热处理用氩气、氢气、氮气的行业标准

名　称	指标要求 /%（V/V）					
	氩含量	氮含量	氢含量	氧含量	总碳含量（以甲烷计）	水含量
高纯氩气	≥99.999	≤0.0005	≤0.0001	≤0.0002	≤0.0002	≤0.004
氩气	≥99.99	≤0.007	≤0.0005	≤0.001	≤0.001	≤0.002
高纯氮	—	≥99.999	≤0.0001	≤0.0003	≤0.0003	≤0.0005
纯氮	—	≥99.996	≤0.0005	≤0.001	CO≤0.0005 CO₂≤0.0005 CH₄≤0.0005	≤0.0005
氢气	—	≤0.006	≥99.99	≤0.0005	CO≤0.0005 CO₂≤0.0005 CH₄≤0.001	≤0.003

注：1. 水分压 15℃，大于 11.8MPa 条件下测定。

2. 高纯氮、纯氮不适用于沉淀硬化不锈钢，马氏体时效钢，高温合金、钛合金等真空热处理回充和冷却气之用。

3. 氢气不适用于高强度钢、钛合金、黄铜的热处理保护。

4. 液态氮不规定水的含量。

表 2-17　各种淬火介质对热导率的比较

介质和淬火参数	热导率/[W/(m·K)]
盐浴 550℃	350～450
液态床	400～500
油 20～80℃不流动	1000～1500
油 20～80℃搅拌循环的	1800～2200
水 15～25℃	3000～3500
空气、无强力循环	50～80
1×10^5 Pa N₂ 循环的	100～150
6×10^5 Pa N₂ 快速循环	300～400
10×10^5 Pa N₂ 快速循环	400～500
6×10^5 Pa He 快速循环	400～500
10×10^5 Pa He 快速循环	550～650
20×10^5 Pa He 快速循环	900～1000
6×10^5 Pa H₂ 快速循环	450～600
10×10^5 Pa H₂ 快速循环	～750
20×10^5 Pa H₂ 快速循环	～1300
40×10^5 Pa H₂ 快速循环	～2200

　　② 提高气体冷却速度的措施　在真空气体淬火过程中，对流传热系数 K 是气体热导率 λ、黏滞系数 η、流速 ω、密度 ρ（亦可视为气压）的系数，即

$$K = \frac{\lambda}{d} C \left(\frac{\omega d \rho}{\eta} \right)^m$$

式中　d——工件直径；

　　　　C——因雷诺系数范围不同而异的常数；

　　　　m——幂指数，在所讨论范围内是 0.62～0.805。

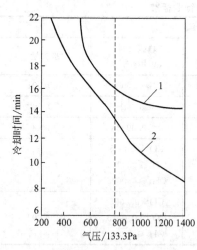

图 2-4　气体压力对冷却速度的影响

1—0.66m³/s；2—0.566m³/s

从此公式可以看出，提高冷却气体的密度（压力）和流速，可成正比的加大对流传热效率，是提高真空炉气冷速度的重要举措，也是真空炉设计努力的方向。

a. 提高冷却气体的压力。图 2-4 给出了冷却气体的压力与冷却时间（可理解为冷却速度）的关系，冷却速度随气压上升明显提高，但并非气压越高越好。对于尺寸较大，相比表面积小的工件，决定冷却速度的主导因素是钢的内部热传导，这时对流传热加热冷却的效果难以达到中心。此种情况下提高气压对增大冷却速度的作用并不十分明显，同时考虑到一般真空炉只能在低于大气压时密封效果较好，以及为了节约高纯气体，真空气淬时的常用压力为 $0.5 \times 10^5 \sim 0.8 \times 10^5$ Pa，最高取 $0.92 \times 10^5 \sim 0.99 \times 10^5$ Pa。

需要关注的是，加压气体淬火尽管扩大了高合金工模具钢的气淬材料的品种与尺寸范围，但因随之带来的动力和气体消耗成比例的增长，另外加上设备需要严格的防护措施等，故经济效益不再明显。

提高气体的流速可以提高其冷却速度。当气体流速从 10.2m/s 提高到 50.8m/s 时，氮、氢、氦的对流传热系数将提高 3 倍[1,2]。

提高冷却速度的另外一个措施为采用合适的装炉量、保持适当的间隔、均匀地摆放或悬挂，可有效地改善冷却时的热交换条件，也是常采用的方法。

b. 真空淬火工件的变形。影响淬火工件的变形的因素包括组织应力、热应力以及前期工序形成的残余应力等，再加上加热与冷却过程中，当工件处于塑性高的状态时，工件的自重、相互挤压、振动等也将导致变形并使真空淬火的变形规律复杂化。但在真空加热与淬火过程中，其影响变形的因素是前期组织应力、热应力以及残余加工应力等，这是与一般的热处理存在差异的地方。

目前应用的真空淬火炉多为周期式作业炉，在进行工件的加热时，普遍采用了阶梯性预热，工件的温度是缓慢上升的，故其截面上的温差很小。真空炉的隔热系统完善，内部加热元件的布置合理，可确保工件受热均匀。另外进行真空气淬时，工件是没有激烈的转移动作，故不改变工件的装炉状态与冷却方式，部分炉型可在原装炉位置进行冷却。而进行真空油淬或其他介质冷却时，可采用产生平稳的机械转移动作进入冷却介质。由于以上原因，真空淬火工件的变形平均小于常规的其他热处理设备（如井式淬火炉、箱式电阻炉、燃气炉、网带炉、推杆炉、流动粒子炉、多用炉、盐浴炉等），真空淬火工件的变形量为盐浴炉加热淬火的 1/10～1/2。

需要指出的是，为了进一步减少热处理变形，真空加热应采用预热与缓慢性加热的方式，特别要注意在辐射热效率低的低温阶段（≤600℃）进行缓慢升温或阶梯升温，在钢的相变点（800～850℃）附近进行充分预热，在冷却过程中，在不产生奥氏体转变和合金碳化物析出的前提下，应采取低的冷却速度，对于减少变形有较好的效果。

应采用不妨碍均匀加热、冷却和高温强度大、热容量小的料盘与工装夹具并防止由它们的变形而造成工件的附加变形，在生产中应根据工件的材质、大小、形状、装炉方式、装炉量等采用不同的操作方法。气体淬火时，装炉方式应有利于气体的流动，在油冷淬火时，要控制搅拌油的开始时间及搅拌的剧烈程度，防止因此原因造成工件变形的增大。

真空高压气淬的淬硬能力与真空气淬炉冷却能力分别见表 2-18 和表 2-19，图 2-4 为

表 2-18　真空高压气淬的淬硬能力

AISI	AFNOR(法)	DIN	(德)	主要成分(质量分数)/%						相应压力下淬火尺寸/mm			硬度(HRC)
				C	Cr		Mo	V	W	6bar	10bar	20bar	
	—	1.2721	50NiGrl3	0.45/0.55	0.09/1.20	Ni3.00/3.50				80	100	120	59
—	—	1.2767	X45NiGrMo4	0.40/0.50	1.20/1.50	Ni3.80/4.30	0.15/0.35			160	180	200	56
01	90MWCV5	1.2510	100MnCrW4	0.90/1.05	0.50/0.70	Mn1.00/1.20		0.05/0.15	0.50/0.70	40	80	120	64
S1	55WC20	1.2550	60WCrV7	0.55/0.65	0.90/1.20			0.15/0.20	1.80/2.10	60	80	100	60
02	90MV8	1.2842	90MnCrV51	0.85/0.95	0.20/0.50	Mn1.90/2.10		0.05/0.15		40	80	120	63
A2	Z100CDV5	1.2363	X100CrMoV51	0.90/1.05	4.80/5.50		0.90/1.20	0.10/0.30		160	200	200	63
D3	Z200C12	1.2080	X210Cr12	1.90/2.20	11.00/12.00		(我国钢号 Cr12)			60	100	160	64
	Z200CW12	1.2436	X210CrW12	2.00/2.25	11.00/12.00					160	200	200	65
D2	Z160CDV12	1.2379	X155CrVMo121	1.50/1.60	11.50/12.50		0.60/0.80	0.90/1.10	0.60/0.80	160	200	200	63
L6	55NCDV7	1.2713	55NiCrMoV6	0.50/0.60	0.60/0.80	Ni1.50/1.80	0.25/0.35	0.07/0.12		100	160	200	56
	55NCDV7	1.2714	56NiCrMoV7	0.50/0.60	1.00/1.20	Ni1.50/1.80	0.45/0.55	0.07/0.12		120	200	200	57
H11	Z38CDV5	1.2343	X38CrMoV51	(H11)						160	200	200	54
H13	Z40CDV5	1.2344	X40CrMoV51	(H13)						160	200	200	54
H10	32DCV28	1.2365	X32CrMoV33	(H10)						100	140	160	50
	30DCKV28	1.2885	X32CrMoV33							160	200	200	52
	Z40C14	1.2083	X42Cr13	0.38/0.45	12.50/13.50					—	100	120	56
	—	1.2316	X36GrMol7							—	140	160	50
M2	Z85WDCV 06-05-04-02	1.3343	S6-5-2	0.84/0.92	3.80/4.50		4.70/5.30	1.70/2.00	6.00/6.70	100	160	200	66
M42	Z110DKCWV 09-08-04-02-01	1.3247	S2-10-1-8	1.05/1.12	3.60/4.40	Co7.50/8.50	9.00/10.00	1.00/1.30	1.20/1.80	120	180	200	66
F52	Z130WKCDV 10-10-04-04-03	1.3207	S10-4-3-10	1.20/1.35	3.80/4.50	Co10.00/11.00	3.50/4.00	3.00/3.50	9.50/11.00	140	200	200	67
100	100C6	1.3505	100Cr6	0.95/1.10	1.35/1.65		(我国钢号 GCr15)			—	10	20	63
	35NCD6	1.6582	34CrNiMo6	0.30/0.38	1.40/1.70	Ni1.40/1.70	0.15/0.30			20	40	60	54
	—	1.3536	100CrMo73	0.90/1.05	1.65/1.95		0.20/0.40	45~50		5	10	25	64

注：本表根据《Tratemnl Thermique……La Performance Perspective et Innovation》的图表，为便于应用作较大改动，增加了美国钢号及钢号主要成分以作对照。硬度符号根据原文用 HEC。

表 2-19　真空气淬炉的冷却能力

冷　却　方　式	传热系数/[W/(m²·K)]
0.1MPaN₂ 循环	100~50
高压高速气体 0.6MPaN₂ 400~500 （即 0.6MPa 循环气体，流速 60~80m/s，已达 550℃盐浴冷却能力）	
盐浴 550℃	350~450
流态床	400~500
油冷 20~80℃（静止）	1000~1500
油冷 20~80℃搅拌	1800~2200
水冷 15~25℃	3000~3500
2MPaH₂ 或 He 冷却能力达到静止油冷速，4MPaH₂ 冷却能力接近于水的冷速	

SKD61 钢，尺寸为 $250mm \times 250mm$ 的方料，氮气压力为 $9.5 \times 10^5 Pa$ 气冷淬火和油冷、盐浴冷却的比较。结果表明高的气冷压力，不但提高了冷却速度，甚至可使冷速达到和超过油的冷却速度。

（3）真空水淬　根据要求，有色金属、耐热合金、钛合金及碳钢为了获得要求的力学性能等，需要在加热后在水中急冷的，考虑到纯水的三相点是 0.0098℃、612Pa[1]，水温上升时，饱和蒸气压也升高；20℃时为 2328Pa，60℃时水为 19870Pa。在低气压下，水将连续蒸发，从而破坏了真空。当淬火加热时，水槽应先抽空至 49875Pa，在可以控制的氩或氮气充入以降低氧分压，零件加热完毕后，打开隔热门，向加热室和中间室充氩（对一半钢材可采用氮气）至 59850Pa，使之与水槽上的压力平衡。之后再打开真空阀，零件在几秒内即可淬入向下循环的水中。

（4）真空硝盐淬火　采用硝盐进行等温或分级淬火，可减少工模具零件的畸变与开裂等，同时可防止高强度结构钢的脱碳，并可提高使用寿命。常用硝盐的成分为 50% NaNO₂＋50%KNO₃、45%NaNO₂＋55%KNO₃ 等，在大气压下在 137~145℃熔化，由于其没有发生物态变化，它的冷却能力主要与自身温度有密切的关系，具体见图 2-5。需要注意的是，在大气中硝盐浴可使用到 550℃，而在真空下它将迅速蒸发，硝盐浴的温度越高，其饱和蒸汽压越高，蒸发越激烈（见图 2-6），如在 133Pa 时和 320℃下的蒸发量为 4.673mg/(cm²·h)，NaNO₂ 在 320℃开始分解，KNO₃ 在 550℃以上急剧分解，在 600℃左右发生剧烈爆炸。

可见在硝盐浴的使用温度上应尽可能在低温下使用，并应在 260~280℃或达到工作温度时继续排气，以清除杂质与水汽等，进行盐浴的搅拌可提高盐浴的冷却能力，如在 204℃静止的盐浴中冷却强度为 0.5~0.8，而在激烈搅动的可达到 2.25 冷却强度，同时搅动还可防止工件周围介质的局部过热，文献指出[1]用氮气或氩气提高盐浴溶液面压力和反复充气至大气压以稀释盐槽上方的气氛，可以提高冷却能力并减少盐蒸汽对于设备的腐蚀等。

静止的硝盐浴总的冷却能力与油接近，因此为了提高尺寸大、淬透性差的低合金钢工件的淬透能力，真空淬火的加热温度一般比常规工艺高一些，在 $M_S \sim (M_S + 30℃)$ 等温冷却，可以获得具有满意的强度和韧性的组织，在盐浴中的冷却时间与常规工艺是一致的。

（5）真空淬火的质量效果　真空淬火的种类前面作了介绍，由于真空淬火的零件具有良好的表面状态、较小的畸变（变形）、高的力学性能以及长的使用寿命，而得到国际热处理技术发展的高度关注，并成为提高零件热处理寿命的重要途径与方法。

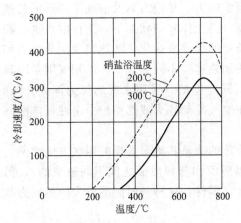

图 2-5　硝盐浴的冷却能力与自身温度的关系

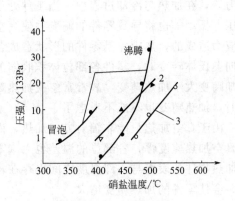

图 2-6　硝盐浴的蒸汽压
1—100％NaNO$_2$；2—55％KNO$_3$＋45％NaNO$_2$
3—100％NaNO$_3$

① 真空淬火的表面状态　一般而言，对于精密度较高的零件，即热处理后加工余量小或不需要加工的、要求表面状态良好的零件，其目标是表面光亮、无氧化与无脱碳、畸变小、不再加工或少加工等，为此需要进行真空热处理是最佳的方式。

首先看影响真空淬火光亮度的因素有：真空度、漏气率、冷却介质特性和钢种等，在金属的加热过程中，钢中的铁、铬、镍等元素与炉气中的残存的氧和水蒸气相互作用，使金属表面着色，通常在高真空下的杂质气体的分压极低，故对被加热钢的氧化效果只有在电镜下才可观察到。而在真空炉中，钢中析出的氢以及由钢中的碳、石墨元件与残存氧作用形成的一氧化碳具有弱的还原作用，可使略有氧化的零件表面在淬火后相当光亮，温度越高（900～1000℃以上），这种还原效果越显著，在 800℃以下这种效果不显著。

其次是漏气率，考虑到高温加热时含铬、锰等元素的钢由于产生蒸发造成表面元素得到贫化，并使表面变得粗糙等，同时易使工具粘连，污染炉体等，因此在达到一定温度时，采用分压法向炉内充入高纯氮气，需要注意的是，含铬与含镍较高的钢种在淬火时易失去光泽。漏气可使淬火工件表面严重氧化着色，故真空淬火炉对于漏气率有严格的规定。

再次是冷却介质的纯度问题，如果载气或冷却气体的纯度不够，其中的微量活性杂质将使工件表面着色，在高纯度的中性、惰性等气体中进行冷却时，可以得到十分光亮的表面，油淬比气淬的光亮度低 20％～30％[1]，原因在于钢中的活性表面与高温分解产物和残存碳、水分、酸等作用而被氧化、腐蚀以及黏附的结果。另外工件的温度越高则上述作用越强烈，工件表面的光亮度越差。需要注意真空水淬的工件表面比气淬发灰，淬火后应进行表面防锈处理，另外真空淬火工件在真空回火时，可使工件表面光亮度略有降低，这是由于回火炉内的真空度比淬火低、时间长的缘故。目前对于工件表面光亮度多采用反射率来判定光亮度。

② 真空淬火工件的畸变　金属零件热处理后变形是不可避免的，故在编制机加工的工艺路线时要首先考虑的或令人关注的问题，零件热处理后的变形不仅造成磨削加工费用的增加，有时造成零件的超差或报废，造成人力、物力与财力的极大浪费。对于轴类、筒类、圆盘类等零件，尤其是模具产品的加工而言，要求改善淬火畸变的零件众多，居各项技术参数和质量要求之首，这表明解决零件热处理畸变问题的重要性以及克服和减小淬火畸变的迫切性与关键性。

在真空淬火过程中可引起零件畸变的原因是组织应力、热应力以及前期工序形成的残余应力等，在加热与冷却过程中，当工件处于塑性高（奥氏体）的状态下，工件的自重、相互挤压、振动等也将导致零件的畸变并使真空淬火畸变的规律复杂化。加热畸变是热应力和相变应力造成的，热应力是零件的形状造成各部位的加热速度不同造成的，而相变则是因珠光体向奥氏体转变时，零件各部位体积收缩的次序不同产生的，采用水或油作为淬火介质时，冷却畸变大于加热畸变，故常常忽视加热畸变，在空气冷却淬火或真空炉中惰性气体冷却淬火时，加热畸变也不能不考虑了。

由于真空加热只能靠辐射方式加热，而辐射传热的能量和绝对温度的四次方成比例，所以真空加热速度慢，各部位的温差也大（零件正辐射面和背辐射面之间不同造成的），另外被加热零件的表面与心部温度之间也存在较大温差，零件在这种长时间的较大的热应力状态下，会使零件的加热畸变增大。

根据以上分析，在充分考虑以上因素的基础上，为了减少真空淬火零件的畸变，在实际生产过程中应从工艺、设备等方面进行改善。

① 加热时应采用缓慢升温和预热的方式进行作业。在辐射传热效率低的低温阶段（≤600℃）进行缓慢升温，在钢的相变点（800～850℃）进行充分预热，冷却时在不产生残余奥氏体转变和合金碳化物析出的条件下，应采用低的冷却速度。

② 在800℃以下加热时，将真空炉设计成通入惰性气体进行对流加热的设备，目的是减少被加热工件的温差和改善其温度分布。

③ 在真空加热时，应采用不妨碍均匀加热、冷却和高温强度热容小的料盘和工装卡具等，并防止因其变形造成工件的额外变形，工件装炉不可太多，注意装炉的方式，尤其是在发热体附近或其背阴处，摆放零件的厚度、间隙等要合理。

④ 可以采用氧化铝面包扎结构复杂工件的锐角、沟槽、盲孔以及薄壁处等，以减少因厚薄不均或冷速不均引起的淬火畸变。

⑤ 在真空热处理过程中，可根据零件的大小、形状、装炉量等采用不同的操作方式，目的是减少零件的畸变，如油淬时控制搅拌油的开始时间及搅拌的剧烈程度等，为了减少畸变，可对粗加工后的零件进行去应力退火处理等。

⑥ 为减小工件变形采用分级冷却。

a. 油冷却到 M_S 点以上→风冷。

b. 延时油淬，先预冷 30～70s→（1090℃）入油。

c. 风冷至 550℃→在油中淬火。

d. 气体分级淬火，气冷到马氏体转变点以上→停风扇→表面温度均匀后再开风扇快冷。

e. 工件在硝盐浴中等温淬火。

(6) 真空淬火需要注意的几个问题

① 工件的摆放方式　真空热处理变形小，但其摆放方式不同，则变形差异很大，另外工件的摆放在一定程度上对于硬度均匀性有重要的影响。真空热处理是以辐射加热的，故零件的摆放方式不当，会造成阻挡加热，加热效果受到影响，因此其摆放的基本要求为：气流的通路和油的循环要通畅；零件之间留有一定的间隙，满足料筐中各部位的硬度均匀一致；细长零件有夹具或进行悬挂等。

② 真空淬火工艺的选择　根据零件的材质、导热性、装炉量、技术要求等，真空加热的二次预热后工件的硬度均匀性比一次好，回火后二次硬化效果好。同时多次预热淬火处理的零件变形小，碳化物组织均匀细小，原因在于多次预热缩小了零件表面与心部的问题梯

度，奥氏体化程度高，使奥氏体成分均匀，随之淬火硬度均匀，回火时碳化物弥散析出效果明显。因内外温度梯度减小，热应力减小，减少了热处理的变形。对于 Cr12MoV 和 GCr15 钢而言，适当提高加热温度，可提高加热速度，缩短加热时间并不致使晶粒粗大，降低了生产成本。

③ 合适的油温与搅拌速度　另外真空淬火时，对于需要油冷的零件而言，合适的油搅拌速度也有利于减小零件的变形，但需要注意零件的形状与结构特点，进行试验后确定搅拌的速度。

④ 合适的充氮压力　关于充氮压力对零件的变形有一定的影响，对于高速钢气淬时，为了提高其淬透性可以提高充氮压力，其他材料在油淬时随充氮压力的降低，零件大的变形减小，但在淬火时随压力的降低油沸腾阶段降低，淬火油的特性温度下降，冷却能力降低，将影响到淬火温度，故合理地选择充氮压力以调节冷却速度，使在保证足够硬度的前提下，尽量减小变形，节约氮气，降低生产成本。

2.2.2 真空回火

(1) 真空回火作用　真空淬火后的零件有的采用低温井式炉、硝盐炉、油炉等进行低温或高温回火，这样则失去了真空淬火的优越性，因此部分零件为了将真空淬火后的优势（不氧化、不脱碳、表面光泽、无腐蚀污染等）保持下来，尤其是不再加工的多次高温回火的精密零件更是如此。

高速钢 W6Mo5Cr4V2 和 SKH55 钢制的 $\phi 8mm \times 130mm$ 的试样进行 1210℃高温淬火，与 560℃三次真空高温回火后，与同工艺参数的盐浴淬火、回火的硬度水平相当，但真空回火后的静弯曲破断功（破断载荷与形变量乘积）却明显提高了，具体如表 2-20 所示。

表 2-20　淬火回火方法对高速钢零件的性能影响

处理条件 性能 材料	真空淬火				盐浴淬火			
	真空回火		盐浴回火		真空回火		盐浴回火	
	硬度 (HRC)	静弯曲破 断功/J	硬度 (HRC)	静弯曲破 断功/J	硬度 (HRC)	静弯曲破 断功/J	硬度 (HRC)	静弯曲破 断功/J
W6Mo5Cr4V2	64	6210×10^4	64.4	5910×10^4	64.1	6810×10^4	64.4	4590×10^4
SKH55	64.8	4650×10^4	65	4780×10^4	65	5400×10^4	65.5	3170×10^4

对于批量生产的工件，在高温回火后对还需要进行磨削加工的高速钢而言，采用普通的回火方式对于产品质量无任何影响，此时可省大量的高纯氮气，降低了热处理成本，对于只进行低温回火的产品，真空回火与常规回火在质量上无多少差别，从经济角度出发，应优先采用普通回火方式。

进行真空回火操作时，需要将淬火后（油淬火）的工件清洗干净后均匀摆放在回火料架上，抽真空到 1.3Pa 后，再回充氮气至 $5.32\times10^4\sim9.31\times10^4$ Pa，在循环风扇驱动的气流中将工件加热至设定温度，经充分保温后进行强制冷却风冷。具体工艺曲线见图 2-7，一种是在真空回火炉内或真空淬火炉充氮气进行回火，一种是在 1.3Pa 下进行回火，需要注意的是，要确保零件的回火充分，必须延长零件的回火时间（为空气炉的 2～3 倍）。

在工模具进行二次、三次回火时，有时可与 560～570℃的软氮化、离子渗氮工艺处理结合起来，可使工件表面形成几微米到十几微米的氮碳化合物层，赋予表面具有高的抗蚀能力、高的硬度和高的耐磨性，铝挤压模在真空淬火后进行软氮化回火，则比常规工艺淬火及盐浴软氮化处理的寿命提高 3 倍。

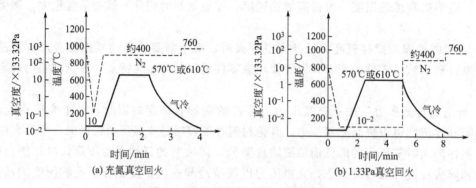

(a) 充氮真空回火　　　　　(b) 1.33Pa真空回火

图 2-7　真空回火的两种工艺的比较

（2）真空回火的光亮度　真空淬火后工件在进行真空回火时，回火光亮度是一个主要的技术指标，而回火光亮度不稳定甚至低下，乃是真空回火技术研究的关键与重点，资料表明，钢在真空退火时，其真空度和加热温度对工件处理后的光亮度影响很大，真空回火处理的影响和趋势与真空退火大致相同。

传统的观点是真空热处理是一种中性气氛，美国金属学会和真空学会委员、Souderton VFS 的总裁 William R. Jones 对于这一现象进行了一项研究，具体试验结果如图 2-8 和图 2-9 所示。

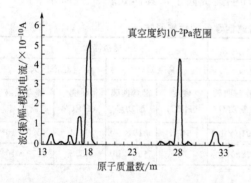

图 2-8　真空炉冷态下残留气体光谱分析
抽真空 15min

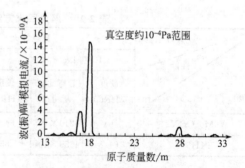

图 2-9　真空炉冷态高真空时的残留气体光谱分析
连续抽真空 4h

图 2-8 表明真空炉在抽真空 15min 冷态时的残留气体光谱分析，从这幅典型的残留气体光谱可以看出，峰值 14、峰值 28 是氮气，峰值 32 是氧气，然而更重要的峰是 16、17 和 18，系水蒸气的表征，说明在工业电炉中，水蒸气在残留气体中始终占有支配地位。图 2-9 则表明在真空炉中连续抽空 4h 后的结果，真空压力从约 10^{-2} Pa 范围降至 10^{-4} Pa 范围，空气的残留气体光谱（RGA）大为降低，峰 32 氧气的光谱接近于消失，但水蒸气峰 17 和 18 仍然保持优势的比例较大，研究表明，这一状态从室温持续到约 650℃，高于 650℃水蒸气开始分解，出现链式反应，故认为在低于 650℃范围，真空炉呈微氧化气氛（或微氧化状态），这一点得到了证明，也解释了从室温到 650℃温度范围正好是真空回火处理的工作区域，在通常的真空回火后工件表面光亮度灰暗或不稳定的原因。

根据以上的理论分析，结合真空热处理的实际，就对提高真空回火的光亮度采取如下措施。

① 提高工件的真空度。将真空回火的真空度从 $1 \sim 10Pa$ 提高到 $1.3 \times 10^{-2}Pa$，目的是减少真空炉中氧的含量，消除氧气对于工件氧化的影响。

② 充氮气中加入 10% 的氢气，使循环加热与冷却的气流的混合气体呈还原性气氛，使炉内的氧化性气氛与氢气中和，形成弱还原性气氛。

③ 减少真空炉隔热屏吸收与排放水汽的影响。隔热屏吸气、排气造成真空回火光亮度不高是长期困扰真空热处理技术人员的问题之一，可通过采用全金属隔热屏设计，或采用外层为石墨毡，里面 4 层为金属隔热屏结构，以排除耐火纤维隔热屏吸水性大的弊端。

④ 快速冷却，使工件出炉温度低，提高回火光亮度。

⑤ 提高温度的均匀性，有利于回火光亮度的一致。

实践表明，采用以上措施后，真空回火后的工件的表面光亮度可达真空淬火后的 90% 以上。

（3）真空回火脆性与防止　钢的回火目的是降低脆性、提高韧性，达到要求的力学性能，但对于某些钢而言在 $200 \sim 350℃$ 之间以及 $450 \sim 650℃$ 之间出现两个低谷，在这两个范围内回火后虽然硬度有所下降，但冲击韧度并未升高，反而显著下降（见图 2-10），分别称为第一类回火脆性与第二类回火脆性。

由于回火脆性的原因，使可供选择的回火温度受到了限制，给调整力学性能带来了一定的困难，经过近 80 年的研究，尽管关于回火脆性的形成机理尚未形成理论，目前几种说法并存，相互补充，但人们找到防止回火脆性的一些方法和若干措施。

① 第一类回火脆性

a. 第一类回火脆性的产生原因　钢在 $200 \sim 350℃$ 进行回火出现的回火脆性称为第一类回火脆性又称低温回火脆性，对于出现回火脆性的钢再加热到更高温度回火，则可将脆性消除，使冲击韧度重新升高，此时若在 $200 \sim 350℃$ 范围内回火则不再产生这种脆性。可见第一类回火脆性是不可逆的。

几乎所有的钢均存在第一类回火脆性，影响第一类回火脆性的因素主要是化学成分，可以将钢中的元素按其作用分为三类：

有害杂质元素。其中包括 S、P、As、Sn、Sb、Cu、N、H、O 等，钢中存在这些元素将导致出现第一类回火脆性的产生。

促进第一类回火脆性的元素。属于这一类的合金元素有 Mn、Si、Cr、Ni、V、C 等，这些元素的存在促进了第一类回火脆性的发展，部分合金元素如 Cr、Si 等还能将回火脆性的温度提高。

减弱第一类回火脆性的元素。属于此类的合金元素有 Mo、W、Ti、Al 等，钢中含有这一类元素时，第一类回火脆性被减弱。除了化学成分影响第一类回火脆性外，还与奥氏体晶粒的大小以及残余奥氏体数量的多少有关，奥氏体晶粒越细，则第一类回火脆性愈弱；残余奥氏体愈多则愈严重。

文献指出[1,2]，在淬火后约 300℃ 回火时出现的脆性称为蓝脆如图 2-10 所示，一般而言，对于含有碳化物形成元素如铬的钢要避免在 $200 \sim 370℃$ 之间进行回火。

b. 防止第一类回火脆性的方法　根据前面提到的影响第一类回火脆性的原因，应采取以下措施来减轻其回火脆性：

降低钢中杂质元素的含量；用 Al 脱氧或加入 Nb、V、Ti 等元素细化奥氏体晶粒；加入

Mo、W 等减轻第一类回火脆性的合金元素；加入 Cr、Si 以调整第一类回火脆性的温度范围，使之避开所需的回火温度；采用等温淬火代替淬火＋高温回火等。

② 第二类回火脆性

a. 第二类回火脆性产生原因 钢在 450~650℃ 范围回火后出现的脆性称为第二类回火脆性也称为高温回火脆性，第二类回火脆性使室温冲击韧度显著下降，出现第二类回火脆性的材料与中碳合金钢、部分耐热钢等有关，尤其是大截面用钢有关。

第二类回火脆性的重要特征之一是除了在 450~650℃ 之间回火会引起脆性外，在较高温度回火后缓慢冷却通过 450~650℃ 的脆性发展区也会引起脆化，即所谓的缓冷脆化。如高温回火后快冷通过脆性发展区则不会引起脆化，见图 2-11。

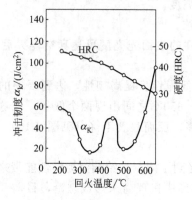

图 2-10　37CrNi3 回火时硬度与冲击韧度的变化

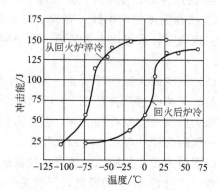

图 2-11　回火脆性对于缺口韧度的影响淬火并在 620℃ 回火的 5140 钢，夏氏 V 形缺口冲击吸收功随温度的变化，一些试样回火后快冷，一些试样回火后炉冷，缓冷的钢造成回火脆性

第二类回火脆性的重要特征之二是在脆化后（包括缓冷脆化及部分等温脆化），如再加热到 650℃ 以上，然后快冷至室温，则可消除脆化。在脆性消除后还可再次发生脆化（包括缓冷脆化及部分等温脆化），这表明第二类回火脆性是可逆转的，故称为可逆回火脆性。

影响第二类回火脆性的因素有化学成分、热处理工艺参数和组织因素，下面分别介绍如下。

化学成分的影响。按作用的不同可将存在于钢中的元素分为三类：杂质元素的影响，属于该类的元素有 P、Sn、Sb、As、B、S 等，第二类回火脆性是由这些杂质元素引起的。但当钢中不含有 Ni、Cr、Mn、Si 等合金元素时，杂质元素的存在不会引起第二类回火脆性，文献指出"真空预可控气氛热处理"杂质元素的作用与钢种的成分有关。促进第二类回火脆性的合金元素的影响，属于这一类的元素有 Ni、Cr、Mn、Si、C 等，这类元素单独存在也不会引起第二类回火脆性，必须与杂质元素同时存在时才会引起第二类回火脆性，当杂质元素含量一定，这类元素的含量愈高，脆化愈严重。扼制第二类回火脆性的元素，属于这类的元素有 Mo、W、V、Ti 等，这些元素的加入量有一最佳值，另外稀土元素 La、Nb、Pr 等也能扼制第二类回火脆性。

热处理工艺参数的影响。在 450~650℃ 温度范围内回火时，引起第二类回火脆性的脆化程度与回火温度及时间密切相关。缓冷脆化不仅与回火温度与时间有关，更主要的是与回火后的冷却速度有关，冷速的影响同样也反应了脆化过程的扩散过程，这里不再赘述。

组织因素的影响。与第一类回火脆性不同，不论钢具有何种原始组织均有第二类回火脆性，但以马氏体的回火脆性最严重，贝氏体次之，珠光体最轻。这表明第二类回火脆性主要不是由于马氏体的分解及残余奥氏体的转变引起的。第二类回火脆性还与奥氏体的晶粒度有关，奥氏体晶粒度愈细则回火脆性愈低。

b. 防止第二类回火脆性的方法　从以上分析所述，防止第二类回火脆性的方法如下。

降低钢中的杂质元素的含量；加入能细化奥氏体晶粒的元素如 Nb、V、Ti 等以细化奥氏体晶粒，以增加晶界面积，降低单位面积杂质元素偏聚量；加入适量的能扼制第二类回火脆性的合金元素如 Mo、W 等；避免在 $450 \sim 650℃$ 范围内回火，在 $650℃$ 以上回火后快冷；采用亚温淬火及锻造余热淬火等工艺来减轻或扼制第二类回火脆性。

(4) 真空度的选择要求与气压调节　大多数金属的加热是在 $500 \sim 1350℃$、$133 \times 10^{-1} \sim 1.33 \times 10^{-5} Pa$ 的条件下进行的，确定真空加热的真空度时，必须综合考虑表面光亮度，除气、脱碳和合金元素蒸发等效果。表面光亮度与加热温度、冷却方式和介质以及真空度有关。真空度与钢的表面光亮度的对应关系大致如下：真空度为 $133 \times 10^{-4} Pa$ 时，被加热工件的表面光亮度可达 85%；真空度为 $133 \times 10^{-3} Pa$ 时，光亮度略有下降；真空度在 $133 Pa$ 时，表面生产薄氧化膜，光亮度降至 51.3%；真空度为 $133 \times 100 \sim 133 \times 200 Pa$ 时，氧化膜增厚，光亮度为 22.8%。在 $133 \times 10^{-3} Pa$ 下进行加热，相当于在百万分之一以上纯度的惰性气氛中加热的保护效果。一般黑色金属在此真空度下加热就不会氧化。合金工具钢、结构钢、轴承钢等在 $900℃$ 以下温度加热时，$133 \times 10^{-2} \sim 133 \times 10^{-3} Pa$ 以上的真空度时足够的。对于含有 Cr、Mn、Si 等的合金钢或需在 $1000℃$ 以上温度加热的钢种，应回充氮气的方法将气压控制在 $133 \times 10^{-1} Pa$ 以下。不锈钢析出硬化型合金、铁镍基合金、钴基合金等，也需要在中等真空度下加热淬火。要求较高的光亮度时，需要在 $133 \times 10^{-3} \sim 1.33 \times 10^{-4} Pa$ 下加热。钛合金等只是为了排除所吸收的气体时，才采用 $1.33 \times 10^{-4} Pa$ 以上的真空度。铜与铜合金在 $1.33 \times 10^{-1} Pa$ 加热，其光亮度就已经符合要求了。

需要纠正的观点是，在尽可能高的真空度下加热金属，并不一定取得良好的技术经济效果，这是因获得高真空而消耗较多的时间和动力，同时还因为合金钢的某些合金元素在高真空下产生选择性挥发，从而加剧了工件光亮度的下降，表面变得粗糙。对于细小精密、比表面积大的工件而言，表面成分的变化必然导致性能的恶化，表 2-21 为几种钢预热、淬火加热及回火真空度的选择，供参考。

表 2-21　几种钢预热、淬火加热及回火真空度的选择

钢　　种	预热时的真空度/Pa	淬火加热时的真空度/Pa	回火加热时的真空度/Pa	其他
高速钢	$0.133 \sim 1.33$	13.3	$(380 \sim 500) \times 133.3$	—
9SiCr、CrWMn 9Mn2V、5CrNiMo	$0.133 \sim 1.33$	$0.133 \sim 1.33$	—	低温回火 空气炉
Cr12、Cr12MoV	$0.133 \sim 1.33$	1.33	—	—
3Cr2W8V、4Cr5W2VSi	$0.133 \sim 1.33$	$1.33 \sim 13.3$	—	—
弹簧钢	$0.133 \sim 1.33$	$1.33 \sim 13.3$		先抽成 $1.33 Pa$，升至回火温度后回流 N_2 气至 $(380 \sim 460) \times 133.3 Pa$，回火后在惰性气体中强制冷却

钢　　种	预热时的 真空度/Pa	淬火加热时的 真空度/Pa	回火加热时的 真空度/Pa	其他
轴承钢	0.133～1.33	1.33～13.3	—	空气炉 低温回火
不锈钢耐热钢	—	1.33～0.133	低温回火时在空气炉加热，高温回火时，真空度在 1.33～0.133Pa	
高温合金 GH4037～GH1140	0.1333～1.333	0.01333～0.1333		

注：1. 高速钢升温至淬火加热温度前，向炉内回充高纯度惰性气体，使真空控制在 13.3Pa，为防止晶粒粗大，淬火温度比正常温度低 10～20℃，工件厚度小于 40mm 可用气体淬火。回火时应向炉内回充 $\varphi(N_2)$ 90%÷$\varphi(H_2)$ 10% 的混合气体

2. 高速钢淬火从高温冷至 1000℃ 左右时，炽热工件使淬火油分解，生成碳原子随即被工件吸收而产生渗碳作用，在该温度时间越长，白层（渗碳层）越深。故高速钢真空淬火白层就是由稳定的奥氏体、少量马氏体和 M_6C 型碳化物组成。如工艺允许可预冷到 1000℃ 以上淬油。

3. 弹簧钢、轴承钢为防止 Cr、Mn 挥发，需严控真空度。

4. 铬、镍奥氏体不锈钢在加热通入纯氮时，发现表面渗氮，使塑性下降，故不锈钢薄板和钢带在真空热处理时，常用高纯度氩气来进行分压和冷却。

为了克服高速钢与高合金钢在高温下的元素的蒸发，在实际加热过程中采用"充气法"，即以中性或惰性的气体（氩气、氮气、或氮气＋氢气等），按一定的量充入 1000℃ 以上的炉室内并使其保持压强 13～266Pa 或稍高。一般真空炉的加热室是以压强为 133×10^{-3}～133×10^{-2}Pa 的真空状态作为设计依据的，在高温高真空下，由于没有气流扰乱温度场，因此在有效加热区只有极小的温差，在 133×10^{-5}～1Pa 范围内，温差为 ±5℃，气压上升时，温度均匀性将显著下降，因此，充气压力应尽可能低，即充气压力一方面使金属元素不蒸发，另一方面又可保持小的温差。

2.3　真空渗碳与离子渗碳

真空化学热处理的基本原理与普通化学热处理相同，大致分为三个基本过程。首先是活性介质在真空条件下加热，分解成活性原子，如 $CH_4 \rightarrow [C] + 2H_2$；其次是活性原子被钢表面吸附并吸收；最后是活性原子沿着浓度梯度下降的方向，在钢内部扩散。

由于是在真空状态下加热，故不必担心工件表面和介质的氧化问题，可提高加热温度，从而提高渗入原子的扩散速度及介质的活性，真空加热状态下零件的表面经脱气净化、活化，提高了工件表面对参与化学反应气体及反应产生的活性原子的吸附、吸收率，故真空化学热处理与其他热处理设备相比具有渗入速度快、生产效率高、渗层质量好等特点。故节省电力、活性介质消耗少，成本低经济性好。同时还具有表面清洁、工件畸变小、环境污染少，劳动条件好，易于实现自动化等优点，故获得了较为广泛的应用。图 2-12 为 VC 型双室真空渗碳炉的结构。

目前真空化学热处理比较成熟的工艺有真空渗碳、真空渗氮、真空碳氮共渗等，下面分别进行介绍。

（1）真空渗碳

① 真空渗碳原理

a. 渗碳气的分解　真空渗碳以高纯度的天然气（主要是 CH_4）或丙烷作为渗碳气源直接通入炉内进行渗碳，在渗碳温度下，甲烷的分解反应式如下：

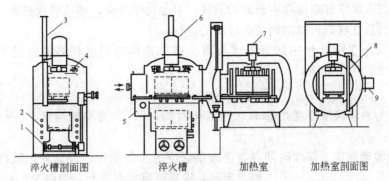

图 2-12　VC 型双室真空渗碳炉

1—油搅拌器；2—油加热器；3—提升缸；4—冷却管；5—操纵器；
6—气冷风扇；7—渗碳气循环风扇；8—加热元件；9—排气口

$$CH_4 \Longrightarrow CH_3 + H$$
$$CH_3 + CH_4 \Longrightarrow C_2H_6 + H$$
$$C_2H_6 \Longrightarrow C_2H_4 + H_2$$
$$C_2H_4 \Longrightarrow C_2H_2 + H_2$$
$$C_2H_2 \Longrightarrow 2[C] + H_2$$

甲烷的分解需要消耗大量的热量，提高温度可使反应自左向右进行，即甲烷分解的更完全。甲烷的分解速度一般很小，在热处理过程中铁与钢的表面对于甲烷的分解起到了良好的催化作用，渗碳反应过程可写成下式：

$$CH_4 \Longrightarrow [C] + 2H_2$$

一般在 1000℃ 以上的温度进行渗碳时，宜采用甲烷气，在 1000℃ 以下由于甲烷分解的不完全，容易产生炭黑。以丙烷作为渗碳气源时，在 1000℃ 左右高温下发生的热分解反应为：

$$C_3H_8 \Longrightarrow C_2H_4 + CH_4$$

此后便按照前述的反应式进行反应，做进一步的分解，丙烷的热分解速度较甲烷的热分解速度快几千倍，产生的碳原子为甲烷分解出的碳原子数的 3 倍，故以丙烷做渗碳剂时，其消耗量仅为甲烷的 1/3，在 1000℃ 温度渗碳时，可采用丙烷作为渗碳剂。

b. 吸收阶段　关于渗碳过程中钢零件表面对于碳原子的吸收过程和激励机理有几种观点，一种是渗碳时钢零件表面与渗碳气氛之间产生了化学反应，在表面层形成了一薄层渗碳体，其反应如下：

$$3Fe + CH_4 \Longrightarrow Fe_3C + 2H_2$$

然后薄层渗碳体分解出碳原子并向内扩散。

另一种观点是渗碳气分解产生的活性碳原子吸附在钢的表面，并溶于奥氏体中，真空渗碳的出现及其渗碳速率较气体渗碳高的事实以及其他工艺现象形成了一种新的看法，认为化学热处理（包括渗碳）是由下面三个过程组成的。

表面净化过程。这个过程使得妨碍零件进行化学热处理的表面层得以去除。

吸附反应过程。是介质中某些化合物被零件表面吸附，在表面形成了不同的表面结构。使它的内部原子间结合力发生某些变化，以致使吸附在零件表面上的某些化合物与介质中的物质发生反应，生成原子态的元素，这些新生的原子态元素将被零件表面吸收。

内零件表面吸收了的原子向内部扩散并逐渐形成渗层。

真空热处理可使零件表面具有极好的活性，引起化学反应，加速吸收过程，对于渗碳而言，零件表面的活性状态可以加速这个过程的进行。

c. 扩散过程　在渗碳气中的碳浓度与奥氏体中饱和溶解度相等的情况下，渗碳深度 d_T、渗碳时间 t 的关系如下：

$$d_T = 25.4K\sqrt{t}$$

式中，d_T 为总渗碳层厚度，mm；t 为渗碳时间，h；T 为渗碳温度，℉ + 460；K 为渗碳速度系数。

图 2-13 为渗碳温度、渗碳时间与总渗碳层深度的关系曲线，可以看出随着渗碳温度的提高，渗碳效率大大提高，渗碳结束后进行扩散时，通常仍保持渗碳温度，但将渗碳气抽至 66.7Pa 以进行扩散，可以推断在真空扩散阶段，仍残存着渗碳时的气体成分：$H_2 + CH_4 + C_2H_2$，在炉子漏气率很低时，可以认为此残存气体仍为增碳性的，只是增碳作用可忽略不计，从实际渗碳结果来看，真空渗碳零件从未发生过脱碳现象。

② 真空渗碳工艺

a. 真空渗碳的工艺方式　在零件的真空渗碳时，可采用不同的方式通入渗碳气体，常见的工艺方式有一段式、脉冲式和摆动式，具体如图 2-14 所示。

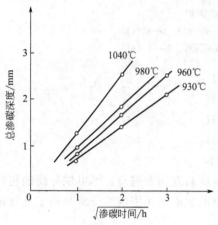

图 2-13　渗碳温度、渗碳时间与
总渗碳层深度的关系曲线

图 2-14 中一段式就是渗碳阶段与扩散阶段先后次序进行的一种渗碳方式，在渗碳阶段向真空炉内以一定流量通入渗碳介质气体（甲烷或丙烷）。并维持一定的压力，扩散阶段是在渗碳结束后，将渗碳气体抽走并使炉内压力保持在工作真空度，在此条件下继续加热一段时间，如图 2-14(a) 所示。

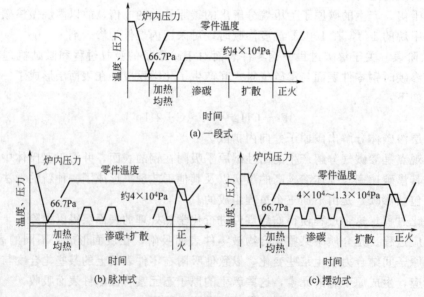

图 2-14　几种真空渗碳工艺流程

图 2-14 中脉冲式就是将渗碳介质以脉冲形式送入炉内并排出，在一个脉冲周期内既进行渗碳又可进行扩散的方法，如图 2-14（b）所示。

图 2-14 中摆放式是指在渗碳阶段中，以脉冲形式通入渗碳气体和排气，在此之后再进行扩散的渗碳方法，如图 2-14（c）所示。

关于渗碳方式的选择，应根据工件的形状而定，对于形状简单，仅有外表面需要渗碳的工件，可采用一段式渗碳；对于形状复杂，具有沟槽、深不通孔等特殊部位，且这些部位要求渗碳，同时其渗碳层深度、碳浓度、均匀程度又有一定要求的工件，宜采用脉冲式或摆动式的渗碳工艺方式。

b. 渗碳主要工艺参数的确定

ⓐ 渗碳温度　真空渗碳不必考虑工件的氧化问题，渗碳温度可以提高，一般在 900～1000℃之间，提高渗碳温度可提高渗碳速度，缩短渗碳时间。因此确定渗碳时，主要考虑渗碳层深度、碳浓度、渗层的均匀性、工件的畸变量及晶粒度等，当零件的外形简单，要求的渗层较深且畸变量要求不严格时，可采用高温渗碳。当外形较复杂，畸变要求严格，渗层深度要求均匀时，则采用低温度渗碳，具体参考件如表 2-22 所示。

表 2-22　渗碳温度的适用范围

温度范围	零件形状特点	渗碳层深度	零件类别	渗碳气体
1040℃（高温）	较简单，变形要求不严格	深	凸轮、轴齿轮	CH_4 $C_3H_8 + N_2$
980℃（中温）	一般	一般		C_3H_8 $C_3H_8 + N_2$
980℃以下（低温）	形状复杂，变形 要求严、渗层要求均匀	较浅	柴油机喷嘴等	C_3H_8 $C_3H_8 + N_2$

ⓑ 真空度的选择　关于起始真空度。装炉后抽真空是为了排除炉内空气，故宜采用高的真空度，通常为 1.33～0.133Pa，机械泵即可达到的极限真空度，防止渗碳件加热氧化并活化零件的表面。

零件渗碳时的炉内气氛的真空度。通常选定在 4×10^4 Pa 左右，炉内真空度高则炉内渗碳气氛稀薄，碳势低渗碳能力弱；反之，炉内碳势高，渗碳能力强。故渗碳时应选择炉气的真空度实为选择炉气的碳势，它对渗碳层的碳浓度和浓度梯度，以及渗碳速度和选择渗扩比都具有重要的意义，是真空渗碳的基本工艺参数。应当借助于渗碳钢箔的定碳试验，建立渗碳温度、炉气真空度和渗层碳浓度的关系，供选择炉气真空度时使用。

ⓒ 扩散时间的真空度　通常定在 13.3Pa 左右，它比起始真空度低 1～2 个数量级，这是考虑到渗碳后抽真空的目的是排除炉气的渗碳气氛，即降低碳势。并借助于碳原子由渗层表面向里扩散，降低渗碳层的碳浓度梯度，增大渗层厚度。

ⓓ 真空渗碳的周期数　当渗碳工艺的其他参数（如温度、真空度、碳势、渗扩比等）确定时，周期数就决定渗碳层的厚度，要求渗层厚时，则选择的渗碳周期次数就多。

ⓔ 渗碳时间　渗碳时间可根据下式计算得到：

$$d_T = 25.4K\sqrt{t}$$

式中，d_T 为总渗碳层厚度，是指由工件表面测至基体组织出现处，mm；t 为渗碳时间，h；T 为渗碳温度，℉＋460；K 为渗碳速度系数。对于低碳钢而言，总渗碳层深度 d_T 与渗碳温度和渗碳时间的关系见表 2-23。

表 2-23　渗碳温度、渗碳时间与总渗碳层深度的关系

总渗碳深度 /mm　渗碳温度 /℃　渗碳时间/h	899	927	954	982	1010	1038	1066	1093
0.10	0.169	0.201	0.230	0.275	0.319	0.368	0.421	0.480
0.20	0.240	0.284	0.234	0.389	0.451	0.520	0.596	0.678
0.30	0.294	0.348	0.409	0.477	0.553	0.637	0.729	0.831
0.40	0.339	0.402	0.472	0.551	0.638	0.735	0.842	0.959
0.50	0.379	0.449	0.528	0.616	0.714	0.822	0.942	1.073
0.60	0.415	0.492	0.578	0.675	0.782	0.901	1.032	1.175
0.70	0.448	0.631	0.624	0.729	0.845	0.973	1.114	1.269
0.80	0.479	0.568	0.667	0.779	0.903	1.040	1.191	1.357
0.90	0.508	0.602	0.703	0.826	0.958	1.103	1.263	1.439
1.00	0.536	0.635	0.748	0.871	1.009	1.163	1.332	1.517
1.25	0.599	0.710	0.834	0.974	1.129	1.300	1.489	1.696
1.50	0.656	0.778	0.914	1.067	1.236	1.424	1.631	1.858
1.75	0.709	0.840	0.987	1.152	1.335	1.538	1.762	2.007
2.00	0.758	0.898	1.055	1.231	1.428	1.645	1.883	2.145
2.25	0.804	0.952	1.119	1.306	1.514	1.744	1.998	2.275
2.50	0.847	1.004	1.180	1.377	1.596	1.839	2.106	2.398
2.75	0.889	1.053	1.237	1.444	1.674	1.928	2.209	2.515
3.00	0.928	1.100	1.292	1.508	1.748	2.014	2.307	2.627
3.25	0.966	1.144	1.345	1.570	1.820	2.096	2.401	2.735
3.50	1.003	1.188	1.396	1.829	1.889	2.170	2.492	2.838
3.75	1.038	1.229	1.445	1.686	1.955	2.252	2.579	2.937
4.00	1.072	1.270	1.492	1.742	2.019	2.326	3.664	3.034
4.25	1.105	1.309	1.538	1.795	2.081	2.397	2.746	3.127
4.50	1.137	1.347	1.583	1.847	2.141	2.467	2.825	3.218
4.75	1.168	1.384	1.626	1.898	2.200	2.534	2.903	3.306
5.00	1.199	1.420	1.669	1.947	2.257	2.600	2.978	3.392
5.50	1.257	1.489	1.750	2.042	2.367	2.727	3.123	3.557
6.00	1.313	1.555	1.828	2.133	2.473	2.848	3.262	3.716
6.50	1.367	1.619	1.902	2.220	2.574	2.965	3.395	3.867
7.00	1.418	1.680	1.974	2.304	2.671	3.077	3.524	4.013
7.50	1.468	1.739	2.044	2.385	2.766	3.185	3.647	4.154
8.00	1.516	1.796	2.111	2.463	2.855	3.289	3.767	4.290
8.50	1.563	1.851	2.175	2.539	2.943	3.390	3.883	4.422
9.00	1.608	1.905	2.239	2.612	3.028	3.489	3.995	4.551
9.50	1.652	1.957	2.300	2.684	3.111	3.584	4.105	4.675
10.00	1.695	2.008	2.360	3.754	3.192	3.677	4.212	4.797
11.00	1.778	2.106	2.475	2.888	3.348	3.857	4.417	5.031
12.00	1.857	2.199	2.585	3.017	3.497	4.028	4.613	5.255
13.00	1.933	2.289	2.690	3.140	3.640	4.193	4.802	5.469
14.00	2.006	2.375	2.792	3.258	3.777	4.351	4.988	5.676
15.00	2.076	2.459	2.890	3.373	3.910	4.504	5.158	5.875
16.00	2.144	2.539	2.985	3.483	4.038	4.652	5.327	6.067
17.00	2.210	2.618	3.077	3.590	4.162	4.795	5.491	6.254
18.00	2.274	2.693	3.166	3.694	4.283	4.934	5.650	6.435
19.00	2.336	2.767	3.253	3.796	4.400	5.069	5.805	6.612
20.00	2.397	2.839	3.337	3.894	4.514	5.201	5.956	6.784
21.00	2.458	2.909	3.419	3.991	4.628	5.329	6.103	6.951
22.00	2.514	2.978	3.500	4.084	4.735	5.454	6.247	7.115
23.00	2.571	3.045	3.579	4.176	4.841	5.577	6.387	7.275
24.00	2.626	3.110	3.656	4.266	4.945	5.697	6.524	7.431
25.00	2.680	3.174	3.731	4.354	5.047	5.814	6.659	7.584

ⓕ 扩散时间　在确定了渗碳时间的基础上，可以确定扩散时间了。渗碳时间与扩散时

间的比值简称为渗扩比。它是真空渗碳调整渗碳层碳浓度和碳浓度梯度的主要工艺参数，而且对渗碳速度和渗碳层的均匀性有影响。在炉气真空度一定时，即炉气的碳势给定的前提下，渗扩比大则渗碳层的碳浓度高，浓度梯度大，因而渗碳层的性能不均匀，但是渗碳速度快。通常强渗时间为 12~15min，扩散时间为强渗时间的 0.5~3 倍之间。渗碳时炉气碳势高、渗层要求碳浓度和浓度梯度较小时，选择较小的渗扩比，即较长的扩散时间；反之，宜选择较大的渗扩比，即较短的扩散时间，以缩短生产周期。

③ 真空渗碳工艺操作过程与注意事项

a. 零件的清洗。由于零件表面常附有油脂、铁锈等污物，在加热过程中将会蒸发和碳化，从而沾污炉内的部件，堵塞石墨毡等部件的纤维间隙，改变它们的性能，降低其使用寿命。另外油脂的碳化也会附在零件表面，使渗碳过程减慢，延长渗碳时间，导致晶粒粗化，渗层不均匀，从而降低零件的力学性能，势必影响热处理过程及热处理质量。因此进行真空渗碳的零件必须进行清洗，可采用去污能力很强的汽油等有机溶剂进行，也可采用专用的清洗剂进行清洗。

b. 零件的放置。对于小型零件，不能堆放，可将下零件压在不锈钢网上间隔地插放，不能插放的，则单层铺放，同时各层网之间用不锈钢框架隔开，再将其用无锌铁丝与料框捆牢，如图 2-15 所示。

对于零件上有不通孔或外表面要求防渗时，可用石棉绳或机械法将孔堵塞或涂以防渗材料。

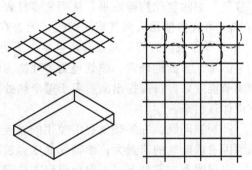

图 2-15　渗碳零件的放置法

需要注意的是，对于新使用的料框、料盘和其他夹具等，需要单独进行一次渗碳处理。

c. 抽真空及开始加热。将清洗干净放置好的料框推入炉内，关上炉门即可开始抽真空，当炉内压力达到 $1.3 \times 10^2 Pa$ 时，即可接通电源加热炉体与工件。

d. 升温与均热。炉内真空度较高，热的传递靠热辐射，加热速度较慢，炉内工件所处的位置不同，加热速度也不同，故零件的炉内加热速度是不均匀的，因此炉内温度达到渗碳温度后，还需要有一个均热阶段，目的是使渗碳工件温度均匀化，保证获得均匀的渗碳层；可进一步净化工件表面，去掉表面氧化皮，将油污等蒸发掉，使工件表面活化，以利于渗碳的进行。

e. 渗碳与扩散。零件均热后，即可向炉内通入渗碳气体，这时炉内气压立即回升，由于工件表面洁净，吸收碳原子的能力很强，短时间内表面碳浓度就能达到很高，达到预定时间后，就可停止通气，进行碳的扩散处理阶段。

f. 渗碳后的热处理。渗层达到要求后即可停电，通入高纯度、低露点的氮气，以增加对流加快冷却，使工件温度下降，然后再排气。为了细化晶粒，可后续缓冷（至相变温度以下）→加热→淬火工艺。

④ 真空渗碳工艺的优点及问题　真空渗碳设备及工艺出现的时间不长，但其具有一系列显著的优点及特点，在实际的热处理生产中应用范围迅速扩大。

a. 控制渗碳层深度、碳浓度以及浓度梯度（硬度梯度）是十分方便的。由于真空渗碳过程的物理化学变化特点，故根据零件的技术要求可简单地通过计算或一些关系曲线确定真空渗碳的工艺参数。只要按照通过工艺实验确定的工艺参数进行操作，即可获得各炉很一致的结果——重现性。

b. 渗碳件表面质量高。真空渗碳是在真空状态下进行加热、均热以及渗碳后的扩散，零件不产生脱碳和黑色组织等问题，表面也洁净。

c. 真空渗碳零件具有较高的力学性能。真空渗碳零件具有表面质量高（不脱碳、不氧化等）特点，对于表面层的应力状态及疲劳强度具有很有利的影响。

d. 对于具有盲孔、深孔及窄缝的零件具有较好的渗碳效果。对于难以进行气体渗碳的不锈钢、含硅钢等，可顺利进行渗碳处理。

e. 可获得薄的、厚的以及高碳浓度的渗碳层。使渗碳期与扩散期具有不同的配合，即可获得陡的或平缓的碳浓度梯度。

f. 可进行高温渗碳从而缩短渗碳时间。高温渗碳可以显著缩短渗碳时间，这是因为在高的渗碳温度下，奥氏体对碳具有更高的溶解度，使用的渗碳气又能充分供给活性碳原子，同时高温下可显著提高碳在钢中的扩散速度，加上零件在真空状态下进行加热升温的，产生了脱气、去除氧化物等效果，从而使零件表面活化，使碳原子吸收过程加速。

g. 可直接使用天然气或丙烷气，无需有一套气体制备装置。

h. 操作条件良好，对于环境基本上无污染。

i. 工艺参数的确定。热处理是消耗能源较多的一个行业，工艺参数是否合理显然能极大影响节能效果，目前提出的适用于整个热处理工艺的一些想法也应通过实践逐步在真空渗碳方面体现出来。

j. 炭黑问题。在渗碳过程中使用的渗碳剂多为甲烷或丙烷等，都将产生炭黑，产生炭黑的原因有渗碳气的流量大；渗碳气的压力过高；搅拌风扇的转速低等。

炭黑附着在零件上，不但阻碍渗碳过程且造成渗碳层的不均匀（深度或碳浓度），炭黑附着于加热器上，易造成电短路现象。为减少炭黑，可在渗碳气中混以适当的比例的 96% 以上纯度的氮气，对于已附有炭黑的零件，可采用有机溶剂在超声波清洗剂上进行清洗，是具有一定的效果的，新开发的乙炔渗碳技术可较好地解决炭黑问题。

（2）离子渗碳　在低压气氛中及辉光放电条件下进行的化学热处理，从得到普遍应用的离子渗碳氮工艺向离子渗碳、离子碳氮共渗工艺上扩展了。

① 离子渗碳的原理　离子渗碳是在压力低于 105Pa 的渗碳气氛中，利用工件（阴极）和阳极间产生的辉光放电进行渗碳的工艺方法。离子渗碳原理与离子渗氮相似，工件渗碳所需的活性碳原子或离子，可以从热分解反应或通入工件气体电离获得。以渗碳气丙烷为例，在等离子体渗碳中，其反应过程如下。

$$C_3H_8 \xrightarrow[900\sim1000\,^{\circ}\!C]{\text{辉光放电}} [C]+C_2H_6+H_2$$

$$C_2H_6 \xrightarrow[900\sim1000\,^{\circ}\!C]{\text{辉光放电}} [C]+CH_4+H_2$$

$$CH_4 \xrightarrow[900\sim1000\,^{\circ}\!C]{\text{辉光放电}} [C]+2H_2$$

式中，[C] 为活性碳原子。

在离子渗碳过程中，比气态分子能量高上百倍，足以打破化学键的大量电子的碰撞，可使正常热力学条件下难以实现的解离得以进行，形成大量的碳、氢离子。等离子体重大量的带正电荷的碳离子，在高压电场的作用下，轰击阴极并吸附于工件表面，碳离子在工件表面得到电子，形成活性碳原子，进而被奥氏体吸收或与铁化合形成化合物，甚至直接注入奥氏体晶格中。氢离子则破坏和还原工件表面的氧化膜，进一步清除了阻碍碳渗入的壁垒，使表面活性大大提高，加速了气固界面的反应与扩散，离子渗碳装置原理如图 2-16 所示，图

2-17为 FIC 型真空离子渗碳炉（日本），供参考。

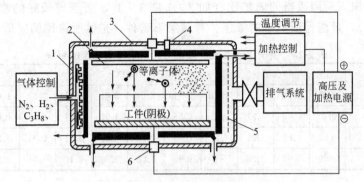

图 2-16　离子渗碳装置原理

1—供气管；2—阳极；3—加热室；4—测温头；5—阻气屏；6—真空密封电机通路；●C3H8；○活性碳离子

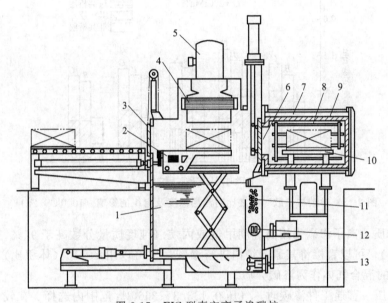

图 2-17　FIC 型真空离子渗碳炉

1—油槽；2—工件运行机构；3—炉门；4—热交换器；5—气冷风扇；
6—中间门；7—加热室；8—石墨管（阳极）；9—隔热屏；10—炉
床（阴极）；11—油冷却器；12—油加热器；13—油搅拌器

② 离子渗碳工艺参数

a. 渗碳温度　离子渗碳对于温度的要求不高，可在 A₁～1050℃ 范围内选定渗碳温度，但碳在奥氏体中的扩散主要取决于温度，在渗碳时间不变时，渗层厚度随着温度的升高而增加，故对于要求渗层厚度较大的工件，可以进行 1000℃ 以上的高温离子渗碳。对于结构复杂的精密零件，可进行 A₁～870℃ 的低温离子渗碳，离子渗碳常用的温度为 900～960℃。

b. 渗碳时间　离子渗碳层深度随着渗碳时间的延长而增大，在渗碳初期增长较为明显，基本上符合抛物线的规律。渗碳温度、渗碳时间对于渗层深度的影响见表 2-24。

c. 强渗与扩散时间之比　离子渗碳时，工件表面层极易建立起高碳势，为获得理想的表面碳浓度及渗层浓度分布，一般离子渗碳采用强渗与扩散交替的方式进行。强渗与扩散时间之比（渗扩比）对渗层的组织和深度影响很大（图 2-18）。渗扩比过高，表层易形成块状碳化物，并阻碍进一步向内扩散。使总渗层深度下降；渗扩比太低，表层供碳不足，也会影响层深及表层组织。采用适当的渗扩比（如 2:1 或 1:1）。可获得较好的渗层组织（表层碳化物弥散分布），且能保证足够的渗速。对深层渗碳件，扩散所占比例应适当增加。

表 2-24　离子渗碳温度、渗碳时间对于渗层深度的影响

材　　料	900℃				1000℃				1050℃			
	0.5h	1.0h	2.0h	4.0h	0.5h	1.0h	2.0h	4.0h	0.5h	1.0h	2.0h	4.0h
20 钢	0.40	0.60	0.91	1.11	0.55	0.69	1.01	1.61	0.75	0.91	1.43	—
20CrMo	0.55	0.85	1.11	1.76	0.84	0.98	1.37	1.91	0.94	1.24	1.82	2.73
20CrMnTi	0.69	0.99	1.26	—	0.95	1.08	1.56	2.15	1.04	1.37	2.08	2.86

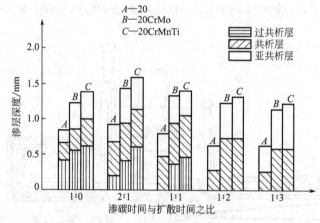

图 2-18　渗碳与扩散时间之比对渗层深度及组织的影响（1000℃×2h）

d. 渗碳介质　离子渗碳采用高纯度甲烷或丙烷（纯度质量分数高于 95%，碳的质量分数低于 0.02%），可以直接将其通入炉内进行渗碳，也可以用 1:10（体积比）左右的氢气与氩气稀释后的混合气体作为渗碳介质。

e. 炉内气压　普通工件渗碳时，气压在 133.3～2666Pa 范围内选择。在较低的气压下，随着气压的升高，表面的碳浓度及渗层深度上升，气压过低则供碳能力不足。当炉气压力为 133.3～1333Pa 时，即可使渗层均匀。需要注意气压过高，则辉光稳定性变差，容易产生炭黑和弧光放电。

f. 辉光放电电压与电流密度　如果单靠离子轰击来对工件进行加热，则放电电压较高，电流密度较大。而对于有辅助加热装置的设备，辉光放电只是提供加速气体分解与电离及表面反应的能量，因此，辉光放电电压可低于 500V，电流密度可在 2.5A/cm² 以上，为了具有足够的过剩的供碳能力，并保证辉光完全覆盖工件表面，电流密度可在 0.2～2.6A/cm² 间选择。

③ 常见离子渗碳工艺

a. 恒压离子渗碳　在等离子体中，在高压电场的作用下，碳离子飞向工件表面，在短时间内表面积累了接近甚至超过渗碳温度下奥氏体极限溶解程度的碳，因此，对于结构简单、曲率变化不大、无沟槽、深孔的工件，即可采用恒压离子渗碳，放电渗碳后需要附加一个真空扩散阶段，其工艺曲线如图 2-19 所示。

b. 脉冲离子渗碳　对于有沟槽、深孔、曲率变化大、结构复杂的工件，如采用常规渗

碳工艺或恒压离子渗碳，在沟槽、深孔等部位，由于其中的气氛得不到更新，造成该部位的渗碳层厚度与碳浓度比其他部位低，如使气压迅速升降，借助于气体自身的物理搅拌作用，可及时更新这些部位的气体，即渗碳与扩散交替进行，可得到均匀的渗碳效果，脉冲离子渗碳工艺曲线如图 2-20 所示。

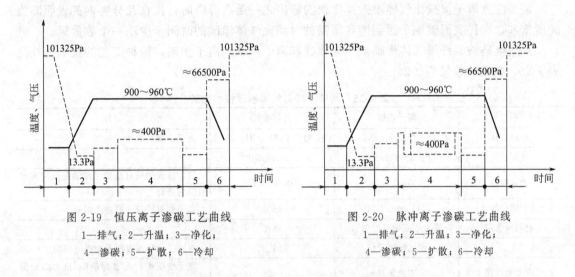

图 2-19　恒压离子渗碳工艺曲线
1—排气；2—升温；3—净化；
4—渗碳；5—扩散；6—冷却

图 2-20　脉冲离子渗碳工艺曲线
1—排气；2—升温；3—净化；
4—渗碳；5—扩散；6—冷却

c. 操作方法。离子渗碳的操作过程与离子渗氮操作过程基本类似，基本步骤为工件预处理→装炉→升温→保温→冷却等阶段。

具体如下：将经过清洗干净并干燥的工件，置于加热室的阴极架上，抽真空至 13.3Pa，以电阻加热工件至一定温度（一般低于渗碳温度约 20℃），通入微量氢，在高压直流下利用辉光放电进一步净化工件表面约 20min，再通入渗碳混合气体，在渗碳温度下进行预定时间的渗碳后，再在真空下扩散至要求的表面渗层厚度和碳浓度为止，然后降温预冷，直接进行淬火处理。

离子渗碳淬火后的工件，需要进行 160~200℃的低温回火处理，以降低内应力和组织的稳定，要防止工件磕碰伤的发生。

（3）离子渗碳与气体渗碳的比较

① 离子渗碳与气体渗碳的条件　离子渗碳是在 950℃以上的高温以及一定的真空度下通入含碳的气体（如丙烷、甲烷等），以工件为阴极通入直流电产生辉光放电，在高温及阴阳极之间气体被分解、电离，带有阳极性电位的碳离子向阴极（工件）运动，在距工件的表面的辉光区，含碳的离子被加速轰击到工件表面时铁原子被溅击出来，与含碳的离子化合成为带正电的碳化三铁，吸附在工件表面分解后碳向工件基体内扩散。由于溅射效应，工件表面形成了一定浓度的位错，为表面迅速形成的高碳区的碳原子的快速扩散提供了有利条件，而随之产生的氢气在离子轰击时对于工件表面进行清洗，始终处于活性状态，迅速建立高的碳势，加快扩散速度，因此，离子渗碳的速度可以比气体渗碳提高 35% 至几倍，可达到 0.01mm/min 的渗速，节省了大量的能源并降低了生产成本。

离子渗碳炉有卧式与井式两种，气体渗碳常用的为井式渗碳炉，还有倾式固形回转炉、推杆式连续炉和网带式连续炉，另外近年来使用的可控气氛多功能箱式炉等进行渗碳工作。

② 离子渗碳与气体渗碳工艺参数的作用　气体渗碳主要通过调整渗碳温度、气体通入量、强渗和扩散时间来控制渗碳工件的表面碳浓度和渗层深度，可控气氛多功能箱式炉中的渗碳，则通过氧探头控制炉内气氛的氧含量，来自动调节渗碳气氛的通入量，从而达到工艺

要求的表面碳浓度和渗层深度。

离子渗碳则是通过控制强渗碳与扩散时间的关系得到规定的表面碳浓度。通过选择扩散时间和渗碳时间之比值，可以很容易地改变表面的碳浓度，如果改变扩散时间，仅略微改变表面碳浓度，对于渗层深度无影响。

需要注意离子渗碳比气体渗碳速度快的原因之一是在渗碳时，仅在几分钟内其表面即为碳所饱和，钢件表面碳原子达到饱和所需的时间比气体渗碳的时间至少小一个数量级。

采用全硅酸铝纤维气体渗碳炉气体渗碳和离子渗碳炉离子渗碳，两种工艺的技术比较见表 2-25，数据比较见表 2-26。

表 2-25　离子渗碳与气体渗碳技术比较

项目	离子渗碳	气体渗氮	备注
原料气体	CH_4、C_3H_8、H_2、N_2、Ar	CH_3OH、C_3H_8、CH_4、N_2 等	离子渗碳气氛中无氧气
处理气压	$133\sim1333Pa$	1atm 或以上	
处理温度	1000℃以上	950℃以下	气体渗碳的处理温度在能满足反应温度范围内进行
最大硬化深度	可以 4mm 以上	4mm	离子渗碳可以作高浓度渗碳
表面异常层	用工艺变量可以调节	存在	
晶粒	比气体渗碳细	比较大	对同一硬化深度离子渗碳时间短
耐疲劳特性	比较良好	一般	离子渗碳不存在表面缺陷，抗弯曲疲劳特性良好（提高 30%～40%）
耐磨性	比较耐磨	一般	
热源	外部热源＋辉光放电	外部热源	离子渗碳的能源效率比气体渗碳高
处理时间	3h	6h	离子渗碳得到 1mm 有效硬化深度的时间比气体渗碳少 40%～50%
大气污染	产生极少量废气	流入量中 95% 成为废气	
作业环境	良好	一般	离子渗碳工作环境清洁
处理材质	可以处理渗碳钢、高合金钢、烧结件等	渗碳钢	
处理形状	离子渗碳内孔和尖端部位都可以均匀渗碳	渗碳层的均匀性随形状与位置而变化	

表 2-26　SCM415 钢气体渗碳与离子渗碳的比较[3]

项目		气体渗碳	离子渗碳	备注
热处理条件	材质	SCM415	SCM415	
	温度	930℃	950℃	
	渗碳时间	12h	6h	
	使用气体	$CH_4+C_3H_8+N_2$	$C_3H_8+N_2$	
	渗碳工艺	4h(渗碳)＋8h(扩散)	2h(离子渗碳)＋4h(扩散)	
	真空度		$133\sim1333Pa$	
分析值	表面硬度	61～62HRC	61～62HRC	
	心部硬度	33～35HRC	33～35HRC	
	渗碳层深度	1.2～1.5mm	1.8mm	
	结构(组织)	良好	良好	无晶界氧化

从表 2-26 中可知，离子渗碳保温时间比气体渗碳保温时间缩短了 50％，渗层深度增加了 20％，总工艺时间缩短了 35％，对于气体渗碳比较困难的不锈钢材料及形状复杂的工件，离子渗碳也同样显示出它的优点。

③ 几种渗碳方法的经济效益的对比　文献介绍[3]对于 SCM415 钢要求渗层为 2.5mm 的工件分别进行气体渗碳和离子渗碳，气体渗碳经过 25h 保温，SCM415 钢渗碳层只有 2.5mm，而离子渗碳 6h 即可达到 2.5mm，生产效率较气体渗碳提高了 4.17 倍，表 2-27 为几种渗碳方法的经济效益的对比，供参考。

表 2-27　几种渗碳方法的经济效益的对比[3]

比较项目	离子渗碳	气体渗碳	真空渗碳	有外热源的离子碳氮共渗
渗碳速度（920～940℃下 1mm 渗层时耗时数）	1.5～2	≥8	4.0	3.5
渗碳效率（渗入碳量/渗剂耗碳量）	>55％	5％～20％	47％	65％
直接耗电量[（kW·h）/kg]	0.6～0.8	2.4	1.5	1.1
耗气量（以炉内气压为准）	5～15	≥760	150～375	15～20
生产成本（气体渗碳为 1）	0.3	1	0.8	0.5

从表可知，离子渗碳与气体渗碳相比，具有以下优点：

可成倍的缩短渗碳时间；设备使用寿命长，节省大量耐热材料；渗层均匀；工件无氧化和少氧化，畸变小，可减少加工余量；能够对在常压下难以处理的钢（如 8W16、SUS410 等）进行渗碳；工件内无氧化；节省渗剂，无污染。

2.4　真空脉冲渗氮及离子渗氮

2.4.1　真空脉冲渗氮

（1）真空脉冲渗氮原理　真空脉冲渗氮向真空炉中通入氨气，即工件装入真空炉后开始启动机械泵抽气，当真空度达到设定值（多为 1.33Pa），通电升温，同时继续抽真空，保持炉内的真空度，炉温达到要求的渗氮温度后，保温一定的时间，其目的净化工件表面和对工件进行透烧加热，然后停止抽真空，向炉内通入干燥的氨气，使炉压升高至一定值（50～70Pa），保持一定时间，之后再抽真空并保持一定时间，再通入氨气，如此反复进行多次，直到渗层达到要求为止，在整个渗氮过程中炉温保持不变。渗氮层的最表面是由 ε 相和 γ′ 相组成的化合层，次外层的扩散层由 γ′ 相和 α-Fe 组成。

气体渗氮是一种常用的钢铁表面硬化热处理技术，常规的气体渗氮处理技术存在着生产周期长、效率低等缺点。近年来发展起来的真空脉冲渗氮具有渗氮处理周期短、渗氮效果好等特点，真空脉冲渗氮设备由炉体、控制系统、配气系统、真空压力系统等部分组成。

真空脉冲渗氮时，将真空炉排气至较高真空度（1×10^{-1}Pa），然后将真空炉内工件升至 530～560℃，同时送入以氨气为主的，含有活性物质的多种复合气体，并对各种气体的送入量进行精确控制，炉压控制在 665Pa，保温 3～5h 后实施炉内惰性气体的快速冷却。根据不同的材质，经此处理后可得到硬度为 600～1500HV 的硬化层。也可以通过改变炉压的情况下来获得不同硬化层，这种方法称为真空脉冲渗氮。

常用的真空渗氮设备（离子化学热处理）见图 2-21。

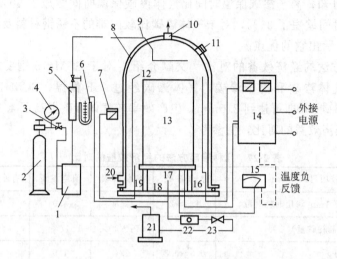

图 2-21　离子化学热处理装置示意图

1—干燥箱；2—气瓶；3,22,23—阀；4—压力表；5—流量计；

6—U形真空计；7—真空计；8—钟罩；9—进气管；10—出水管；11—观察孔；

12—阳极；13,16—阴极；14—离子电源；15—温度表；17—热电偶；

18—抽气管；19—真空规管；20—进水管；21—真空泵

　　真空渗氮采用脉冲式供氨，这使工件上的盲孔及压紧的平面均能进行渗氮，经检验，炉中各部位的工件渗氮层比较均匀，而且真空渗氮，氨气的消耗量为传统渗氮的 1/5，还有一个优点就是通过对送入炉内的含活化物质的复合气体的种类和量的控制，可以得到几乎没有化合物层。

　　(2) 真空脉冲渗氮工艺参数　向真空炉中通入氨气，即工件装入真空炉后开始启动机械泵抽气，当真空度达到设定值（多为 1.33Pa），通电升温，同时继续抽真空，保持炉内的真空度，炉温达到要求的渗氮温度后，保温一定的时间，其目的净化工件表面和对工件进行透烧加热，然后停止抽真空，向炉内通入干燥的氨气，使炉压升高至一定值（50~70Pa），保持一定时间，之后再抽真空并保持一定时间，再通入氨气，如此反复进行多次，直到渗层达到要求为止，在整个渗氮过程中炉温保持不变。采用真空脉冲渗氮工艺见图 2-22，对 38CrMoAl、3Cr2W8V 钢进行真空渗氮处理，38CrMoAl 经不同的工艺渗氮后表面的硬度的分布见图 2-23，介质为氨，炉温在（530~560）℃，时间为（2~30）min。从图 2-23 中可以看出：真空渗氮后表层有较高的硬度；同时比普通渗氮具有更快的渗氮速度（真空渗氮 10h 与普通气体渗氮 33h 具有接近的渗氮层深度）。

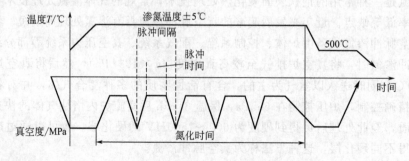

图 2-22　真空脉冲渗氮工艺曲线

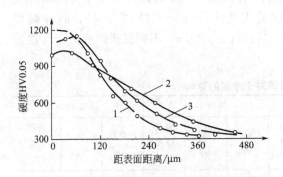

图 2-23　真空脉冲渗氮与普通气体
渗氮后的硬度分布曲线

1—真空脉冲渗氮，530℃×10h；2—真空脉冲渗氮，
550℃×10h；3——普通气体渗氮，540℃×33h

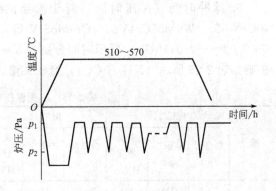

图 2-24　真空脉冲渗氮工艺

① 渗氮的工艺参数　真空脉冲渗氮的工艺参数包括渗氮温度、保温时间、渗氮后冷却；脉冲间隔和脉冲时间（或称为保压时间）、脉冲幅度（上压、下压）等；工作炉压等。

渗氮介质可用纯氮、氨气加氮气、氨气加二氧化碳气（氮碳共渗）等。

四个因素的变化范围为：温度为（510～560）℃、脉冲间隔为（10～20）min、工作炉压为 $3×10^4～7×10^4$ Pa、渗氮时间为（3～7）h。

将炉内真空度抽至 1.33Pa，然后开始升温至渗氮温度，到温后保持 30min，使工件表面净化，脱气，随后关闭真空泵，进行周期式"通气-抽气"，炉内最高压力不超过（0.4～0.6）$×10^5$ Pa，保温一定时间后随炉冷至 300℃。真空脉冲渗氮工艺见图 2-24。

② 工艺参数对渗层与硬度的影响

a. 脉冲渗氮温度、时间及冷却的影响　真空脉冲渗氮温度的影响：脉冲真空渗氮过高，渗层深度增加，但合金化合物粗大；渗氮温度过低，渗层浅，合金化合物形成少，硬度低。

真空脉冲渗氮温度在 510～570℃ 范围内，对渗层与硬度的影响不明显。

对于模具进行渗氮处理，应根据不同的材料使用情况及回火温度，采取不同的工艺，如 Cr12 型钢（Cr12Mo、Cr12MoV、Cr12Mo1V1、SAED2、D6）等冷作模具钢，渗氮目的是进一步提高耐磨性，增加使用寿命，这类钢的真空脉冲渗氮温度一般取（510～520）℃×（8～12）h，渗层深（0.08～0.15）mm，硬度在 $HV_{0.1}$ 1000 左右；对于热作模具钢（3Cr2W8V、4Cr5MoSiV1、4CrW2SiV 等）而言，可采用（530～570）℃ 的一段或两段渗氮法，一段法采用（530～540）℃×（12～16）h，两段法采用（520～545）℃×8h＋（550～570）℃×（4～6）h。

渗氮后的冷却采用缓冷，但多数采用缓冷至 500℃ 左右出油冷。

渗氮温度同样影响氮的渗入速度，渗氮温度越高，渗速越快，白亮层越厚；但显微硬度随渗氮温度的上升而表现出先升高后降低，温度上升到一定值时，白亮层的致密性降低，渗层的硬度和耐蚀性能均有所下降。

真空脉冲渗氮时间增长，硬度增加，而且有化合物层出现，硬度增加更加明显，渗层也加深。通 NH_3 流量越多，则硬度越高，渗层也加深，脉冲时间过长，渗层变薄，时间过短，表面脆性加大。

随脉冲渗氮时间的延长，白亮层厚度一直在增加，但增加的幅度减缓，同时白亮层的致密性呈现出不致密的变化趋势，即渗氮层的硬度以及耐蚀性能也是先增强后减弱。

b. 脉冲时间（保压时间）对于渗层的影响　试验材料为 Q235、45、38CrMoAlA、40CrNiMo、W6Mo5Cr4V2、4Cr5MoSiV 等，试验工艺为（565～575）℃×4h，脉冲幅度（+0.02～-0.04)MPa，保压时间分别为 30s、90s、240s、480s。不同保压时间对于渗层的影响如表 2-28 所示（NH_3+CO_2，氮碳共渗）。

表 2-28　不同保压时间对于渗层的影响

| 编号 | 保压 30s | | | 保压 90s | | | 保压 240s | | | 保压 480s | | |
	白亮层/μm	扩散层/μm	表层硬度($HV_{0.1}$)	白亮层/μm	扩散层/μm	表层硬度($HV_{0.1}$)	白亮层/μm	扩散层/μm	表层硬度($HV_{0.1}$)	白亮层/μm	扩散层/μm	表层硬度($HV_{0.1}$)
1	23.1	238	464	14.4	226	355	12.1	209	355	11.1	199	324
2	26.9	198	617	21.3	175	598.1	19.6	168	547	15.5	154	541
3	14.4	311	959	10.1	303	781.9	7.4	295	781.9	6.7	290	824
4	23.7	230	672	22.2	214	524.7	15.7	212	524.7	14.2	206	508
5	14	130	1002	9.9	128	894	9.7	125	874	9.6	121	933
6	10.5	98	1187	9.0	95	980	8.4	92	976	5.6	91	959

注：1. Q235A 钢。2. 45 钢。3. 38GrMoAl 钢。4. 40CrNiMo 钢。5. W6Mo5Cr4V2 钢。6. 4Cr5MoSiV 钢。

从表可知，随着保压时间的延长，白亮层、扩散层厚度和渗层表面硬度逐渐减少。这是由于脉冲周期由抽气、充气和保压时间构成，其中，抽气和充气时间相对稳定，所以当保压时间延长后，脉冲周期也随之延长，导致通入的氨气量减少，渗氮能力减弱。从而使试样的白亮层及扩散层减少，一般保压时间取 30s 至（2～3)min。

c. 脉冲幅度对于渗层的影响　试验材料为 Q235、45、38CrMoAlA、40CrNiMo、W6Mo5Cr4V2、4Cr5MoSiV 等，试验工艺为（565～575）℃×4h，固定保压时间分别为 30s，不同脉冲幅度（上压、下压）对于渗层的影响如表 2-29 所示。

表 2-29　不同脉冲幅度对于渗层的影响

| 编号 | 脉冲幅度/MPa | | | | | | | | | | | |
| | +0.02～0 | | | +0.02～-0.04 | | | +0.02～-0.07 | | | +0.02～-0.085 | | |
	白亮层/μm	扩散层/μm	表层硬度($HV_{0.1}$)	白亮层/μm	扩散层/μm	表层硬度($HV_{0.1}$)	白亮层/μm	扩散层/μm	表层硬度($HV_{0.1}$)	白亮层/μm	扩散层/μm	表层硬度($HV_{0.1}$)
1	15.8	243	536	23.1	238	463.6	12.5	231	373	9.8	223	412
2	23.2	184	598.1	26.9	198	618	19.3	168	582	17.7	154	578.7
3	10.6	298	988	14.4	311	959	8.6	302	733.5	11.1	294	946
4	19.2	146	605.5	23.7	230	665	20.2	133	566	11.8	125	598.6
5	9.7	115	1080.6	14	130	973	9.2	117	946	7.6	111	988
6	7.0	105	1266.6	10.5	98	1187	9.8	119	980	2.7	74	973.7

注：1. Q235A 钢。2. 45 钢。3. 38CrMoAl 钢。4. 40CrNiMo 钢。5. W6Mo5Cr4V2 钢。6. 4Cr5MoSiV 钢。

从表可知，在固定保压时间的条件下，白亮层的厚度随着脉冲幅度的增加先增大，当达到最大值后开始减小。脉冲幅度可取-0.04～+0.02MPa，也可取-0.01～-0.08MPa（全负压）。

对照两表可知，保压时间比脉冲幅度对于白亮层后的影响更为明显，且保压时间越短，则白亮层的厚度越厚。

通过改变工艺参数来控制渗层厚度，调节可控制白亮层的厚度，对于碳钢和中碳合金钢，可以采用脉冲幅度为 $-0.04 \sim +0.02$MPa，保压时间为 30s 的渗氮或氮碳共渗工艺，而对于工模具钢如 W6Mo5Cr4V2 钢和 4Cr5MoSiV 钢，为了没有白亮层，可采用脉冲渗氮（或氮碳共渗），工艺参数为：渗氮温度 570℃，渗剂为 95%NH_3＋5%CO_2，脉冲幅度 $-0.04 \sim +0.02$MPa，先脉冲 3 次，总共 6min，然后每隔 1h 脉冲一次，共保压 4.5h。

d. 炉压的影响 炉压上限越高，渗层的深度和硬度也越好；炉压下限对渗层的影响是真空度越高，则硬度和渗层厚度均比较好。

（3）真空脉冲渗氮的特点

① 真空脉冲渗氮与普通气体渗氮相比具有以下特点

a. 速度快，38CrMoAl 钢经 530℃×10h 真空渗氮即可得到 0.3mm 的渗氮层，而普通气体渗氮则需要 20h 以上。因此，渗氮速度可成倍提高；

b. 渗氮层硬度高，由于气氛中氮势高，故钢表层的氮浓度和渗氮层硬度都比较高；

c. 氨气用量少，经测算，对于容积为 1m^3 的真空炉，得到 0.3~0.5mm 的渗氮层所需液氨不足 1kg，而普通气体渗氮的消耗量在 2kg 以上；

d. 真空渗氮可以采用较高的温度，这对于普通气体渗氮是不可取的；

e. 使金属表面活性化和清净化。在加热、保温、冷却的整个热处理过程中，不纯的微量气体被排出，含活性物质的纯净复合气体被送入，使表面层相结构的调整和控制、质量的改善、效率的提高成为可能。

② 真空脉冲渗氮与离子渗氮相比较具有如下特点

a. 温度均匀易控制，而离子渗氮时工件依靠正离子的轰击而被加热，温度的测量和控制都存在一定的困难；

b. 渗氮表面质量高，离子渗氮过程中，正离子不断轰击工件表面，在表面产生许多小坑，尤其当电流大时这种现象就更严重；

c. 工件渗氮层分布均匀，尤其是形状复杂和带小孔的工件在离子渗氮时是很难得到均匀一致的渗氮层，真空渗氮由于间歇式抽气，炉内气氛较普通气体渗氮时流动更均匀，保证了工件各部位都能得到均匀一致的渗氮层。

真空渗氮层具有与其他渗氮层相似的组织结构和性能特点，而且由于真空的净化作用和较高的炉气氮势，真空渗氮的速度比普通气体渗氮提高一倍以上。真空渗氮克服了普通气体渗氮和离子渗氮的缺点，为实现快速优质渗氮提供了一条新的途径。

2.4.2 离子渗氮

离子渗氮是利用高压电场在稀薄的含氮气体引起的辉光放电进行渗氮的一种化学热处理方法，称为离子渗氮，又称辉光离子渗氮和离子轰击渗氮。它是在专用的离子渗氮炉，以工件为阴极、炉壁为阳极接通高压直流电，使连续通入炉内的稀薄供氮的气体发生分离，进而产生的氮等离子不断轰击工件表面，动能转化为热能，使其被加热，与此同时产生的活性氮原子大部分渗入工件表面。它克服了常规气体渗氮的工艺周期长和渗层脆等严重缺点，其具有以下优点：①渗氮速度快，与普通气体渗氮相比，可显著缩短渗氮时间，渗氮层在 0.30~0.60mm 渗氮时间仅为普通气体渗氮的 1/5~1/3，大大缩短了渗氮周期；②有良好的综合性能，可以改变渗氮成分和组织结构，韧性好，工件表面脆性低，工件变形小；③可节省渗氮气体和电力，减少了能源消耗；④对非渗氮面不用保护，对不锈钢和耐热钢可直接处理不用去除钝化膜；⑤没有污染性气体产生；⑥可以低于500℃渗氮也可在610℃渗氮，质量稳定。因此离子渗氮在国内外得到推广和应用。其缺点是存在温度不均匀性等问题。

离子渗氮的渗层具有良好的综合力学性能，特别容易形成单一的γ'相化合层，渗层表面十分致密具有较好的韧性，故采用气体渗氮的零件均可采用离子渗氮工艺，由于离子渗氮工件形状对表面温度的均匀性影响较大，同一零件若不同部位的形状不同，或不同形状的工件同炉渗氮，会出现很大的温差，直接影响了表层的渗氮质量，故该工艺适合于形状均匀对称的大型零件和大批生产单一零件。对于形状复杂的零件必须采取保护措施，以此来改观工件表面的温度均匀性。离子渗氮对于碳钢而言，扩散层为氮在α相中的过饱和固溶体，或有γ'相呈针状析出，而合金钢的扩散层为α相及其分布着与α相有共格关系的合金元素的渗氮物，不同的渗氮方法在渗氮层的组织结构的差别表现为①渗氮层表面的氮浓度、化合层的厚度及浓度梯度。②化合物层的致密性及扩散层中γ'相的分布。

（1）离子渗氮设备　离子渗氮设备是由渗氮工作室、真空系统（抽真空和真空测量系统）、渗氮介质供给系统、供水系统、电力控制系统和温度测量及控制系统等组成，辉光离子渗氮炉的结构，其炉型有罩式炉、通用炉和井式炉三类，一般零件多采用罩式炉处理。图2-25为辉光离子渗氮炉的炉体形式，钟罩式炉的结构如图2-26所示，这是最为常见的一种炉体结构形式。

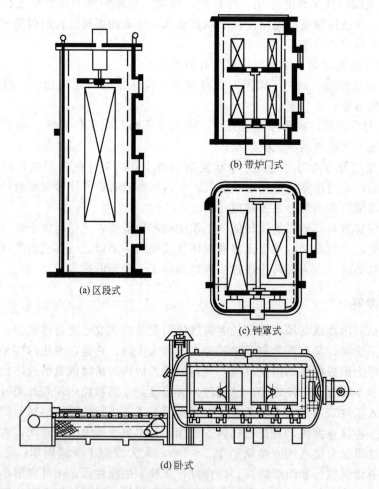

(a) 区段式

(b) 带炉门式

(c) 钟罩式

(d) 卧式

图 2-25　辉光离子渗氮炉的炉体形式

　　渗氮介质的供给系统包括气源、通气管路、干燥净化及流量测量等装置，应保证通入炉内的渗氮气体的纯度和水分含量符合要求。

　　炉体与真空炉相似，双层水冷的圆筒形结构，内室比外壁厚，内室用 $6 \sim 8mm$ 的不锈钢板或普通钢板焊成，外壁用 $3mm$ 碳素钢板围成，炉底用 $8 \sim 10mm$ 的钢板制作。工件置于与炉床绝缘但又连接在一起的阴极托盘上，长杆型工件可用吊钩。

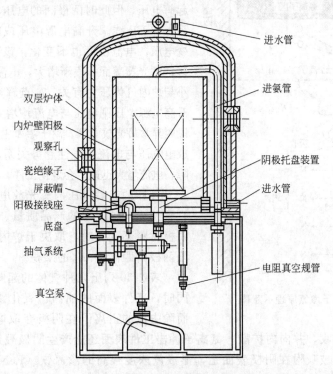

图 2-26　钟罩式离子渗氮装置

　　(2) 离子渗氮的基本原理　将真空室内的真空度抽至 $133 \times 10^{-2} \sim 5 \times 133 \times 10^{-2}Pa$，充入少量气体介质氨气或氮气、氢气的混合气体，电源使室内压强保持 $(1 \sim 10) \times 133Pa$，真空室内有阴阳两极，工件接在阴极，外围设置为一个阳极（炉罩），如图 2-27 所示。

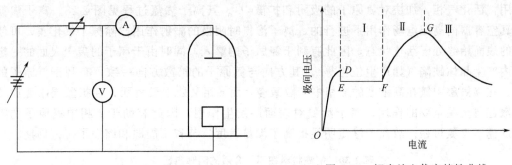

图 2-27　辉光放电电路　　　　　　　　图 2-28　辉光放电伏安特性曲线

　　在阴阳两极通直流电后，氨气在高压电场作用下部分分解成氮和电离成氮离子及电子，阴极（工件）表面形成一层紫色辉光，高能量的氮离子轰击工件表面，动能转为热能使工件表面温度升高。

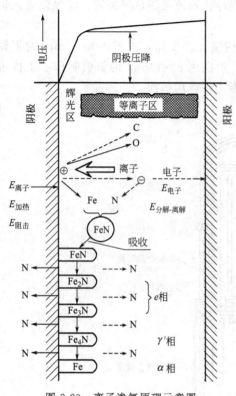

图 2-29　离子渗氮原理示意图

图 2-28 为辉光放电的电流电压曲线[9]。从图中可以看出，在炉内压力稳定的条件下，开始两极间只有十分微弱的电流产生，随着电压增加，电流增加，电压到一定的 D 点时，气体电离，由绝缘体成为良导体，阴极的部分表面开始起辉，D 点电压为起辉电压，但此时两极间的电压与电流不成线形关系，如 EF 线。升高电源电压或减小电阻均不会改变电压，电流密度也不变化，该区为正常辉光放电区；辉光覆盖面积逐渐增大，电流也相应增加，其大小与炉内气体压力有关，F 点辉光覆盖了工件表面，升高电源电压则电压与电流均增大，直到 G 点，FG 段叫异常辉光放电区。离子渗氮主要在这个区间进行，放电电压与电流呈线性趋势关系，过了 G 点电压下降，电流增大迅速，会烧化工件。如图 2-29 所示。

气体的起辉电压与辉光放电是一个重要参数，它直接影响到工件的产品质量。一般当气体成分、阴极材料不变化时，取决于炉内气压压强 P_0 与阴阳两极的距离 D_0d_0 的乘积。

表 2-30 列出几种气体的起辉电压 V_{min}。与此同时，工件表面的油污、氧化物等被强烈的溅射而除去氮的正离子在阴极夺取电子后逐渐成为氮原子被工件表面吸收，并向内扩散。氮离子冲击工件表面还能产生阴极溅射效应结合而成渗氮物以均匀的层状被吸附在阴极表面上，形成氮浓度很高的渗氮铁（FeN），氮又重新附在工件表面上，沉积在工件表面的 FeN，在离子轰击和热激活作用下，$FeN \longrightarrow Fe_2N + [N]$ 分解后产生活性的氮原子，从而被工件表面吸收并向内扩散，Fe_2N 又受到上述作用依次发生下列反应：$Fe_2N \longrightarrow Fe_3N + [N]$，$Fe_3N \longrightarrow Fe_4N + [N]$ 及 $Fe_4N \longrightarrow Fe + [N]$ 的分解，其中放出的氮原子渗入工件表面，向工件内部扩散，在工件表面形成渗氮层。随着时间的延长，渗氮层逐渐加深。由此可见离子渗氮过程的强化是由于辉光放电对形成渗氮扩散层的重要作用：活化气相，加快对氮原子的吸附和扩散[11]。其离子渗氮过程见图 2-28。离子渗氮是在真空容器内高压电场作用下进行的，离子渗氮时阴极的溅射作用，除掉了氧化膜，可使工件的表面始终处于活化状态，因此有利于氮原子的渗入，同时由于离子的轰击表面的一定深度内产生晶体缺陷（如产生位错等），其方向与氮原子的扩散方向一致，有利于氮原子的扩散，在渗氮层中氮在高浓度的 ε 相中扩散最慢，而 ε 相又处于最表面，在扩散层中氮原子的扩散起着至关重要的作用，离子渗氮对表面层发生作用，因此有助于 ε 相中氮原子的扩散，加速了渗氮过程。故离子渗氮明显提高了渗氮速度，节省了能源和缩短了工艺周期。

表 2-30　钢铁材料在不同介质的起辉电压

气体介质	$P_0 \times d_0 / (Pa \times mm)$	起辉电压(V_{min})/V
O_2	933.1	450
H_2	1466.3	285
N_2	969.8	275
空气	759.8	330
NH_3	1303	400

由于辉光放电时阴阳两极的电压降与辉光度是不一致的，阴极的很窄的区域内，电压急剧下降，亮度最大，成为阴极辉光放电区，一般将该区域所处位置与到阳极表面的距离称为辉光厚度，炉内压力增加，厚度越小则强度愈高，如两极间距小于辉光厚度，辉光自动熄灭。生产中常利用这一性质对需保护的工件部位合理放置。

（3）离子渗氮工艺参数与操作过程

① 离子渗氮的工艺参数 离子渗氮工艺的制定应根据零件的使用性能要求、工作条件、材质和具体零件而定，常用的离子渗氮的工艺参数如下。

a. 真空度 如果真空度低则意味着空气进入，空气在渗氮过程中会使金属表面氧化，影响渗氮质量，故真空度一般抽至 $133 \times 10^{-2} \sim 5 \times 133 \times 10^{-1} Pa$ 才能送电起辉。

b. 气体成分 一般采用氨气也可用氨和氢的混合气体，改变氨和氢的比例，可使渗氮层的结构和 ε 相层的厚度发生变化，氢气所占的比例越大，则渗氮层中 ε 相层越薄。

c. 气体压力、气体流量与真空泵的抽气率 它们为相互关联的三个参数，在气压一定的条件下，真空泵的抽气率越大，氨气的消耗量越大。气压对电流密度有直接的影响，气压增加电流密度加大，同时又影响到升温速度和保温温度。气压在 $(1 \sim 10) \times 133 Pa$ 范围内，对渗氮层的质量基本无影响。

d. 电流密度 根据渗氮温度的要求来选择电流密度，通常遵循下列原则：升温阶段，电流密度需要大一些，加快升温速度；在保温阶段，能量消耗低，电流密度可以小一些。电流密度在 $0.5 \sim 20 mA/cm^2$ 变化对渗氮层的质量没有明显影响，常用 $0.5 \sim 15 mA/cm^2$。

e. 阴、阳两极之间的距离 原则是二者之间的距离大于辉光厚度就可维持辉光放电，两极间的距离以 $30 \sim 70 mm$ 为宜。

f. 辉光电压 离子渗氮所需电压与电流密度、炉内气压、工件表面的温度、阴阳两极间的距离等诸多因素有关，一般通过调节电压和气压来达到一定的温度，在上述参数保持不变的前提下，气压增加，则电压下降；而电压升高，会造成电流密度增加。一般保温阶段常用的电压为 $500 \sim 700 V$。其表面功率为 $0.2 \sim 0.5 W/cm^2$。

g. 渗氮温度和保温时间 渗氮温度和保温时间是离子渗氮的重要的工艺参数，对渗氮层的质量影响很大。450℃离子渗氮后表面硬度很高，形成了弥散度很大、与基体相共晶的合金渗氮物，在不形成化合物层的条件下，改变渗氮炉内的氮、氢比例，可调整渗氮层硬度。根据材料钢种的不同，离子渗氮温度通常在 $450 \sim 650$℃范围内选择，但要低于钢的调质时回火温度 $30 \sim 50$℃[12]。渗氮温度通常为 $450 \sim 650$℃，渗氮温度对渗氮层硬度的影响见图 2-30。

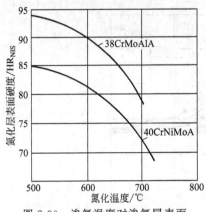

图 2-30 渗氮温度对渗氮层表面
硬度的影响（38CrMoAlA）

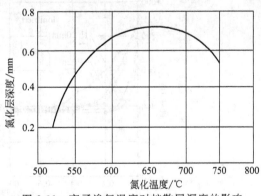

图 2-31 离子渗氮温度对扩散层深度的影响

从图中可以看出，随着温度的升高，渗氮层表面硬度降低。这是由于氮原子的扩散系数随着温度的升高而增加，扩散速度加快，造成表面氮原子浓度的减小，故硬度降低。图 2-31 给出了渗氮层深度与温度的关系。可见，650℃ 以下由于温度的升高使氮原子的扩散速度加快，渗氮层深度随温度升高而增加，650℃ 渗氮层深度达到最大；高于 650℃ 离子浓度减小，故渗氮层深度减薄。当渗氮温度高于 750℃ 时，扩散速度加快使表面的氮离子浓度降低，减小了渗氮层氮浓度的梯度，故氮的扩散速度减小，扩散层厚度降幅较大。

辉光离子渗氮是借助于高能量的氮离子轰击工件表面而进行渗氮，因而表面受压应力作用，氮离子的增加轰击使氮渗入工件表面的速度加快，故渗氮层比气体渗氮要深厚、速度也快，一般 10min 后就可用显微硬度检查出渗层厚度。高能量的离子对渗氮表面的激活作用，以及氮离子在电场作用下加速进入金属，使渗氮时间缩短了 2/3～3/4。图 2-32 表示了时间与渗氮层深度及硬度的关系。

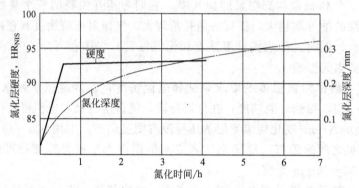

图 2-32　38CrMoAlA 钢 510℃ 渗氮持续时间对渗氮层深度及硬度的影响

② 工艺参数对于渗氮的影响

a. 温度对离子渗氮的影响

ⓐ 低温离子渗氮目前应用的工艺是在 400～500℃ 温度区间进行，这样渗氮能保证高的心部强度，同时尺寸和形状变化特别小。图 2-33 为 42CrMo4 钢在 450℃ 和 570℃ 两种温度下离子渗氮时的硬度的变化曲线，图中可知在渗层厚度相同的前提下，温度越高所需时间越短。在 450℃ 低温处理的表面硬度大约高出 150HV，图 2-34 为表面硬度与离子渗氮温度的关系，渗层厚度一定温度降低则表面硬度提高。在渗层厚度不变的前提下，温度降低，表面

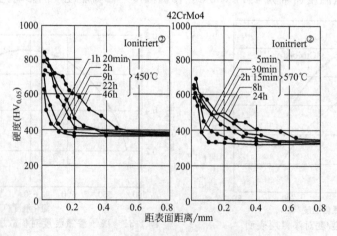

图 2-33　渗氮温度对硬度分布的影响

的硬度升高，其原因在于珠光体中析出大量的细小的特殊渗氮物。

　　ⓑ 500～580℃渗氮，通常的渗氮基本上在此范围内进行，该温度区间所得到的渗氮层主要取决于渗氮件的热处理工艺，合金元素的含量及所要求的化合物层的厚度或扩散层的厚度。

　　ⓒ 高于 590℃ 以上的渗氮，在一定条件下会产生含氮珠光体，这种组织有损于承受高载荷的零件性能，故不采用此高温离子渗氮工艺。

　　b. 时间对离子渗氮的影响　目前离子渗氮的处理时间在 10min 和 48h 范围内，在特殊情况下可用 60h 或更长时间，处理时间的长短常常要与要求的渗氮层的深度联系起来。部分钢内的合金元素也影响到一定时间内达到的硬化深度。对大部分渗氮钢和调质钢而言，渗氮时间在 60h 以上，有可能得到 1mm 以上的硬化深度。

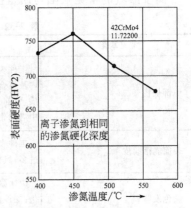

图 2-34　渗氮深度相同时
硬度与温度的关系

　　从图中可以看出，渗氮层深度与持续时间基本呈抛物线形状关系，前三小时渗氮深度增加较快。三小时后渗氮深度趋于平缓，表明此段时间形成的渗氮物阻碍氮原子的渗入，故渗速减慢。实践证明离子渗氮化处理的渗氮层的厚度小于 0.5mm 最为合适。

　　渗氮前一小时内，渗氮层的硬度与时间呈正比，即线形关系，达到一定硬度后随时间的延长，基本没有变化。原因是渗氮刚开始阶段（1h）工件表面快速吸收了氮原子与合金元素形成大量的渗氮物。

　　③ 部分离子渗氮的工艺与效果　离子渗氮工艺参数的选用应遵循以上技术要求（包括气源、真空度、温度、渗氮时间、气体总压力、氨气流量及流速、电压和电流、炉温均匀性调整及阴阳极间距离等），表 2-31 为部分离子渗氮的工艺与效果，供参考。

表 2-31　部分离子渗氮的工艺与效果[3]

材料	工艺参数			表面硬度/HV0.1	化合物层厚度/μm	总渗层深度/mm
	温度/℃	时间/h	炉压/Pa			
38CrMoAlA	520～550	8～15	266～532	888～1161	3～8	0.35～0.45
40Cr	520～540	6～9	266～532	650～841	5～8	0.35～0.45
42CrMo	520～540	6～8	266～532	750～900	5～8	0.35～0.40
25CrMoV	520～560	6～10	266～532	720～840	5～10	0.35～0.40
35CrMo	510～540	6～8	266～532	700～888	5～10	0.35～0.45
20CrMnTi	520～550	4～9	266～532	672～900	6～10	0.35～0.50
30CrMnMoV	520～550	6～8	266～532	780～800	5～8	0.35～0.45
3Cr2W8V	540～550	6～8	133～400	900～1000	5～8	0.20～0.30
H13	540～550	6～8	133～400	900～1000	5～8	0.20～0.30
Cr12MoV	530～550	6～8	133～400	841～1015	5～7	0.20～0.30
W18Cr4V	530～550	0.5～1.0	106～200	1000～1200	—	0.10～0.15
4Cr14Ni14W2Mo	570～600	5～8	133～266	800～1000	—	0.06～0.12
2Cr13	520～560	6～8	266～400	857～946	—	0.10～0.15
1Cr18Ni9Ti	600～650	27	266～400	874		0.16
Cr25MoV	550～560	12	133～400	1200～1250		0.15
1Cr17	550～560	5	666～800	1000～1370		0.10～0.18
HT250	520～550	5	266～400	500		0.05～0.10
QT600-3	570	8	266～400	750～900		0.30
合金铸铁	560	2	266～400	321～417		0.10
纯钛	850	4	-	1200		0.30～0.40
TC4 合金	940	2		1385～1670		0.15～0.17

（4）离子渗氮常见缺陷与质量控制

离子渗氮的常见缺陷与质量控制见表2-32，供参考。

表2-32 离子渗氮常见缺陷与质量控制[11~13]

常见缺陷	产生原因	控制措施
局部烧伤	工件表面、工件上的小孔中或焊接件的空腔内及组合件的结合面上清洗不净，存在含油杂质，引起强烈弧光放电；孔、隙屏蔽不好，操作中局部集中大电弧所至	将工件清洗干净；按要求作好屏蔽，避免打电弧
表面剥落起皮	工件表面清理不净；表面脱碳或气氛中含氧过多；氮化温度过高等	对工件表面清理干净；去掉脱碳层或控制含氧量；氮化温度设定为中值
颜色发蓝	炉体漏气超标或氨气含水量大，造成轻微氧化；工件各处的温度不均匀；冷却时工件各部位冷速不一致	调整漏气率符合要求；氨气应进行干燥；工件内外加热与冷却一致
颜色发黑或有黑色粉末	工件油物污及氧化皮过多，漏气率超标过大；炉子系统漏气；气氛中含水量及含氧量过高；温度过高	同上，加强装炉前的清洗，去除氧化皮；调整漏气率符合要求；氨气应进行干燥；氮化温度设定为中值
银灰色过浅或发亮	渗氮温度过低，时间过短，通氨量过小，造成渗氮不足	按工艺要求准确测温，保证充足的供氨量
硬度低	温度过高或过低，保温时间不足或氮势不足造成渗氮薄；真空度低；系统漏气造成表面氧化；材料弄错或选择不当；基本硬度太低；表面脱碳	严格执行工艺，降低漏气率，供氨适当，更换材料，提高基体硬度，避免表面脱碳
硬度和渗层不匀	装炉方式不当；温度不均；氨流量过大；狭缝小孔未屏蔽，造成局部过热	正确装炉，设辅助阴、阳极，调整炉压；用分解氨改善温度均匀性，屏蔽小孔、狭缝
局部软点、软区	屏蔽上或工件上带有非铁物质，如铜、水玻璃等溅射在渗氮面上；工件氧化皮未清理干净	不允许工件和屏蔽物有非铁物质。渗氮面无氧化皮
硬度梯度过陡	二阶段温度偏低，时间过短	提高二阶段温度，延长保温时间
表层高硬度区太薄	一阶段温度低，时间短；一段温度过高	延长一段保温时间并严格控制温度
渗氮层浅	温度低；时间短；真空度低，造成氧化，氮势不足	严格执行工艺，测温准确，检查漏气原因，供气适当
变形超差	应力未消除；升温太快；结构不合理；防渗不对称	彻底消除应力，控制升温速度，改进设计
脉状氮化物（脉状组织）	渗氮温度越高或保温时间越长，易促进脉状组织的形成；工件的棱角处渗氮温度相对较高，脉状组织比其他部位严重得多	严格执行工艺，工件棱角进行保护或合理装炉，避免局部温度高
显微组织出现网状或鱼骨状渗氮物	温度过高；氮势过高；表面脱碳层未加工掉	控制温度和氮势，工件不允许有尖角，增加切削余量
高合金钢渗层脆性大、局部剥落	氮势过高，出现渗氮物层或网状渗氮物；渗层太厚；原始晶粒粗大	提高温度，降低氮势，冷却时采用氢轰击退氮。细化原始组织
不锈钢渗不上或渗层极浅、不均匀	炉内含氧量过高，造成氧化；氮势过低；温度过低	检查漏气，增设氨干燥器；适当提高气氛氮势或延长渗氮时间，提高渗氮温度，增设铁制辅助电极

2.5　真空氮碳（碳氮）共渗及离子氮碳（碳氮）共渗

2.5.1　真空（脉冲）氮碳共渗

真空脉冲氮碳共渗与真空脉冲渗氮工艺基本相同，这里不再赘述，下面仅介绍几个实例，供参考。

（1）结构钢低真空脉冲氮碳共渗工艺（实例）　低真空与氮碳共渗工艺相结合的热处理方法，即低真空氮碳共渗工艺，在低真空作用下，气体分子具有更多的运动机会，而且平均自由程增加。故扩散速度加快，同时由于脉冲式抽气与送气，使得钢件与新鲜气氛充分接触，避免了滞留气氛的出现，从而强化了工艺效果，提高了渗层组织的均匀性，结构钢低真空脉冲氮碳共渗工艺曲线如图 2-35 所示。

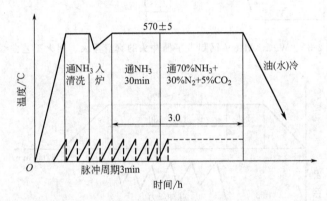

图 2-35　结构钢低真空氮碳共渗工艺曲线

结构钢通过（体积分数 70%NH_3＋30%N_2＋5%CO_2）气氛脉冲周期 3min，570℃×3h 的低真空氮碳共渗，表面均匀致密的化合物层 10～15μm，硬度为 $HV_{0.2}500～1000$，其扭转强度与疲劳强度都有所提高，耐磨性优于其他氮碳共渗工艺。

（2）W9Cr4Mo3V 钢制十字槽冲头真空脉冲氮碳共渗　十字槽冲头在工作过程中，要承受大的冲击、压缩、拉伸和弯曲等应力的作用，失效形式为槽筋疲劳断裂。因磨损而失效的情况较少。

T10 钢制造的 M5 十字冲头（图 2-36）盐浴处理后平均寿命为 3 万件。而采用 W9Cr4Mo3V 钢制十字槽冲头进行真空脉冲氮碳共渗后，使用寿命达 30 万件，提高寿命近 10 倍。真空氮碳共渗处理可使工件表面净化，有利于氮碳原子被钢件表面吸收，可增加渗速，真空加热中气体分子的平均自由能增大，气体扩散加速，也增加渗速。

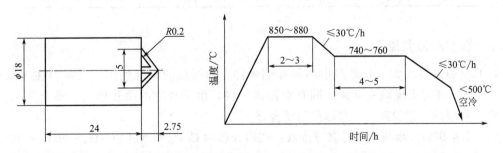

图 2-36　M5 十字冲头和 W9Cr4Mo3V 钢制十字槽冲头的球化退火工艺曲线

真空氮碳共渗处理可在 ZCT65 双室渗碳炉中进行，工作真空度为 2.67Pa。工件在进行氮碳共渗前，需要淬火、回火处理，其退火及其真空淬火、回火工艺曲线见图 2-36 与图 2-37。真空氮碳共渗的渗剂（体积分数）采用 $50\%C_3H_8+50\%NH_3$，工艺曲线见图 2-38。

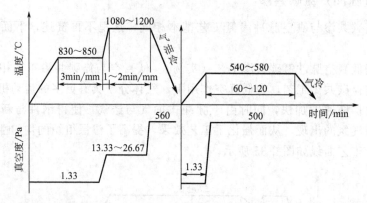

图 2-37　W9Cr4Mo3V 钢制十字槽冲头的真空淬火、回火工艺曲线

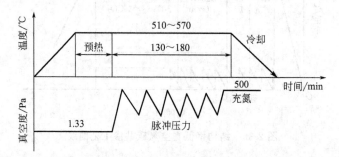

图 2-38　W9Cr4Mo3V 钢制十字槽冲头的真空脉冲氮碳共渗工艺曲线

W9Cr4Mo3V 钢制 M5 十字槽冲头，经真空脉冲氮碳共渗后的效果如表 2-33 所示，平均寿命从盐浴处理的 3 万件，气体氮碳共渗的 18 万件，提高到 26 万～30 万件。

表 2-33　W9Cr4Mo3V 钢制十字槽冲头真空氮碳共渗后的应用效果

模具材料	加工产品				处理工艺	寿命/万件	失效形式
	型号	规格	材料	硬度/HBS			
W9Cr4Mo3V	GB819	M5	Q235	143～200	气体氮碳共渗	0.9～38（平均18）	掉芯掉块
	GB819	M5	Q235	189～190	真空氮碳共渗	7.8～45（平均26）	掉芯断头

2.5.2　真空碳氮共渗

向真空炉内通入氨（氨通路中不得有铜构件）和丙烷的混合气体，其压力在 13300～33250Pa 时，即可实现碳氮共渗。同真空渗碳一样，由于真空的净化作用，活化了工件表面，它比常规的工艺渗速快，共渗层的质量好。

（1）真空碳氮共渗的工艺要求与特点　共渗介质为 C_3H_8 和 $NH_3[C_3H_8：NH_3=(0.25～0.5)：1]$ 或 CH_4 和 $NH_3(CH_4：NH_3=1：1)$ 混合气体，即使用甲烷作为渗碳剂时，其与氨

的比例可相等，使用丙烷时，其比例为 25%～50%，气体介质的压力为 (13～33)×10³Pa。

共渗方式可为一段式、脉冲式、摆动式，与真空渗碳相似。

共渗温度可在 780～1040℃ 范围内选择，在一般情况下，共渗温度不要超过 950℃，有时为了减小工件的畸变和渗后可以直接进行淬火，可以在 860℃，乃至 820～780℃ 操作。在高温下气氛中的氨将过分分解，在未与工件表面接触前便已结合成分子氮与分子氢，从而降低了活性氮原子的浓度。另外在温度升高时，氮在奥氏体中的溶解度和钢对于氮的吸收率都将下降，共渗时可用恒压法或脉冲法供应混合气体，恒压法是由渗入与扩散两部分组成，在真空扩散阶段，氨将同时向钢内部和向外扩散，因而渗层中将出现含氮量的峰值，但因为表面具有最高的含量，共渗淬火后的最大组织应为仍存在于表层。由于表层的含氮量低，因而使渗层的残余奥氏体量很少，淬火后出现了硬度平台。见图 2-39。按常规工艺处理后的工件表面具有最高的碳氮浓度，从而使马氏体点降低，淬火后将具有较多的残余奥氏体并使硬度偏低，应注意的是真空碳氮共渗的扩散阶段不应过长，以免表面过渡脱氮。

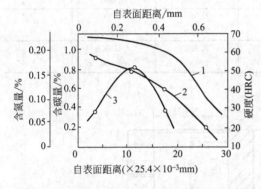

图 2-39　AISI1018 钢 900℃ 真空氮碳共渗效果　　　　图 2-40　真空氮碳共渗典型工艺曲线

图 2-40 为真空碳氮共渗的典型工艺曲线，渗剂为碳氢混合气（如 C_2H_2）＋NH_3，压力为 100～3000Pa，处理温度为 850℃，使用此工艺处理的 16MnCr5 钢共渗 120min 后，渗层深度为 0.4mm，硬度 $HV_{0.5}$745。

（2）真空碳氮共渗工艺的应用　材质为 20CrMo 的精密级齿轮，技术要求为硬化层深度 0.15～0.30mm，硬度 $HV_{0.5}$(500～600)，内孔畸变≤0.01mm，不能形成喇叭口。该精密级齿轮经过真空碳氮共渗后，进行检测结果为：渗层 0.18～0.20mm，淬火硬度为 $HV_{0.5}$ 728～731，符合技术要求，表列出了内孔测点 1（下端）、测点 2（上端）热处理前后的内径测量值及畸变量。同一个齿轮的测点 1 和测点 2 畸变差值≥0.01mm 时，则该齿轮的内孔呈喇叭口，从表 2-34 中喇叭口一项可知，所测 12 件齿轮均为合格品，说明真空碳氮共渗热处理后的畸变很小，图 2-41 为不同齿轮的剖面图。

表 2-34　齿轮真空碳氮共渗淬火后尺寸及畸变量

零件代号	零件图	测量位置	热处理前	热处理后	畸变量/mm	喇叭口
04-1		测点 1	7.932	7.927	−0.005	无
		测点 2	7.930	7.927	−0.003	
04-2	图 2-41(a)	测点 1	7.932	7.925	−0.007	无
		测点 2	7.927	7.922	−0.005	
04-3		测点 1	7.930	7.925	−0.005	无
		测点 2	7.930	7.927	−0.003	

续表

零件代号	零件图	测量位置	热处理前	热处理后	畸变量/mm	喇叭口
36-1		测点1	14.733	14.730	−0.003	无
		测点2	14.727	14.732	+0.005	
36-2	图 2-41(b)	测点1	14.735	14.730	−0.005	无
		测点2	14.727	14.727	0.000	
36-3		测点1	14.727	14.730	−0.003	无
		测点2	14.727	14.727	0.000	
37-1		测点1	7.930	7.930	0.000	无
		测点2	7.930	7.937	+0.007	
37-2	图 2-41(c)	测点1	7.930	7.932	+0.002	无
		测点2	7.930	7.932	+0.002	
37-3		测点1	7.932	7.928	-0.004	无
		测点2	7.928	7.930	+0.008	
41-1		测点1	7.930	7.925	−0.005	无
		测点2	7.930	7.930	0.000	
41-2	图 2-41(d)	测点1	7.928	7.922	−0.006	无
		测点2	7.930	7.930	0.000	
41-3		测点1	7.930	7.922	−0.008	无
		测点2	7.930	7.930	0.000	

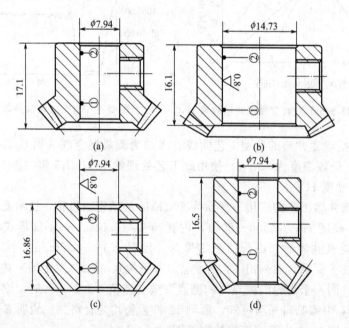

图 2-41　不同齿轮的剖面图

2.5.3　离子氮碳共渗

　　离子氮碳共渗是在离子渗氮的基础上，加入含碳的介质（如乙醇、丙酮、二氧化碳、甲烷、丙烷等）进行的，所用设备为离子渗氮炉，共渗时的电参数与热处理工艺参数基本上与离子渗氮相同。其目的是为了获得较厚的化合物层，以提高工件表面的硬度与耐磨性。该工艺的特点为：与气体氮碳共渗相比具有速度快，电能与气体消耗少，渗层致密无疏松，无公害等特点；与离子渗氮相比具有生产效率高，强化效果好和适用于多种钢材等特点。该工艺应用十分广泛。

（1）离子氮碳共渗的介质

目前的应用的主要介质为：氨与乙醇挥发的混合气；氨与丙酮挥发的混合气；N_2、H_2 和甲烷或丙烷的混合气等。

（2）离子氮碳共渗的工艺规范

① 共渗温度　一般为 $560\sim580℃$（最高 $600℃$），温度升高化合物层中的 ε 相的体积分数降低，而 Fe_3C 的体积分数则显著增加，表层 Fe_3C 的出现将使硬度大幅下降，耐磨性受到损害，表 2-35 为共渗温度下对 20、45、40Cr 钢的渗层厚度和硬度的影响。

从表 2-35 可知，渗层中化合物层厚度在温度低于 $600℃$，随着共渗温度的升高而增厚，超过 $600℃$ 则相反，而扩散层厚度则随温度的提高而逐渐增厚。

表 2-35　离子氮碳共渗温度对 20、45、40Cr 钢渗层厚度和硬度的影响[13]

温度 /℃	20				45				40Cr			
	表面硬度 HV0.1	白亮层厚度 /μm	共析层厚度 /μm	扩散层厚度 /mm	表面硬度 HV0.1	白亮层厚度 /μm	共析层厚度 /μm	扩散层厚度 /mm	表面硬度 HV0.1	白亮层厚度 /μm	共析层厚度 /μm	扩散层厚度 /mm
540	550~720	8.52	—	0.38~0.40	550~770	8.52		0.36~0.38	738~814	7.5		0.25
560	734~810	12	—	0.40~0.43	734~830	12		0.38~0.40	850~923	8~10		0.31
580	820~880	15	15~18	0.43~0.45	834~870	15~18	17	0.40~0.42	923~940	2~8	11~15	0.35
600	876~889	19~20	17~19	0.45~0.48	876~890	20	15~20	0.42~0.45	934~937	17~18	15	0.38~0.40
620	876~889	13~15	20	0.48~0.52	820~852	13~15	20	0.45~0.50	885~934	11~14	15~16	0.40
640	413	5~7	28.4	0.54~0.55	412	5~7	25.5	0.50~0.52	440	5~6	19.88	0.43
660	373	1.42			373	2.84			423	3.25		0.45

注：1. 在丙酮∶氨＝2∶8 的气氛中共渗。

2. 保温时间为 1.5h。

② 保温时间　保温时间取决于工件材质、共渗温度、渗层深度与硬度的要求等，一般时间在 $1\sim6h$ 范围内选择。图 2-42 为 45Cr14Ni14W2Mo 钢氮碳共渗时渗层厚度与时间的关系曲线（丙酮∶氨＝1∶9）。

③ 气氛配比　由于供碳剂的供给量对于化合物层的相组成产生影响，加入微量的碳则有助于化合物的形成，而气氛中含碳量进一步增大，则将会生成 Fe_3C，使化合物层减薄与硬度的降低。离子氮碳共渗气氛的碳浓度有严格的规定。具体要求见表 2-36。

表 2-36　离子氮碳共渗的气氛配比要求（体积％）

气氛成分	C_3H_8	CH_4	CO_2	C_2H_5OH
要求＜	1	3	5	10

需要注意的是，依靠炉内负压，有可能从外界吸收一些含碳介质，造成实际通入量远低

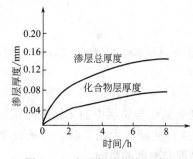

图 2-42　离子氮碳共渗时渗层
深度与时间的关系曲线

于流量计的指示值，如果共渗介质为丙酮（或酒精），其配比为 1/9～3/7 范围是比较合理的。

④ 其他参数　炉压范围为 100～700Pa；极间电压为 400～800V；辉光电流密度为 0.5～5mA/cm²。

⑤ 冷却　工件氮碳共渗后在原共渗气氛中随炉冷却，当工件温度降至 200℃ 时，即可排掉共渗气氛放入空气中，使工件出炉空冷。

（3）离子氮碳共渗的操作方法与注意事项

① 工件清洗晾干后装炉接通阴阳极导线，预热并校正真空计，气动真空泵，使炉子内真空度达到所要求的真空度，并打开放气阀，充入少量的热分解氨气，炉压维持在 1.3×10^3Pa 左右。

② 合上高压开关，慢慢升高电压，使零件起辉，在 67～134Pa 压力下用较低的电压点燃辉光或在 1.33～0.13Pa 较低压力下用高压点燃辉光。逐步交替升高电压和气压，进行清理与升温，打散弧清理阶段后转入升温阶段，逐渐加大供氨量。

③ 接近共渗温度时，停辉目测，观察工件温度的均匀性，气压范围在 100～700Pa。保温阶段通入一定量的含碳气氛（丙酮、酒精等）。

④ 光差炉内工件表面的温度与工艺要求的温度之差，要控制在 ±10℃ 以内，否则应停炉调整或重新开炉。

⑤ 保温阶段结束后，关闭气阀和蝶阀、停泵、关仪表、关闭氨分解炉等，工件随炉降至 200℃ 抽掉共渗气氛，放入空气出炉。

表 2-37 为部分材料离子氮碳共渗层深度与硬度，不同渗氮工艺处理后的材料的渗层深度及硬度见表 2-38。供参考。

表 2-37　部分材料离子氮碳共渗层深度与硬度[3,13,14]

钢　　　材	心部硬度（HBW）	化合物层深度/μm	总渗层深度/mm	表面硬度（HV）
15	约 140	7.5～10.5	0.4	400～500
45	约 150	10～15	0.4	600～700
60	约 30HRC	8～12	0.4	600～700
15CrMn	约 180	8～11	0.4	600～700
35CrMo	220～300	12～18	0.4～0.5	650～750
42CrMo	240～320	12～18	0.4～0.5	790～800
40Cr	240～300	10～13	0.4～0.5	600～700
3Cr2W8V	40～50HRC	6～8	0.2～0.3	1000～1200
4Cr5MoSiV1	40～51HRC	6～8	0.2～0.3	1000～1200
45Cr14Ni14W2Mo	250～270	4～6	0.08～0.12	800～1200

表 2-38　不同渗氮工艺处理后的材料的渗层深度及硬度

工艺方法		50 钢			20CrMo		
		化合物层厚度/μm	表面硬度/HV	扩散层深度/mm	化合物层厚度/μm	表面硬度/HV	扩散层深度/mm
离子渗氮	（N₂）20%	3	319	0.2	5	732	0.3
	（N₂）80%	7	300	0.3	10	882	0.4
盐浴氮碳共渗		20	473	0.4	13	673	0.4
气体氮碳共渗		7.5	390	0.35	12	707	0.4

（4）几种离子渗氮、氮碳共渗以及气体氮碳共渗的比较

表 2-39 为几种离子渗氮、氮碳共渗以及气体氮碳共渗的比较，可以看出离子氮碳共渗可用于碳钢（45 钢齿轮）、合金结构钢、铸铁（压缩机气缸套）等，可部分地代替高频淬火和渗碳淬火、气体软氮化和离子渗氮，依此工艺获得厚而致密的单一 ε 相化合物层的 45 钢，可代替一些不锈钢。

表 2-39　几种离子渗氮、氮碳共渗以及气体氮碳共渗的比较

材料	温度(℃)×保温时间(h)			表面硬度/HV		化合物层厚/μm				扩散层或总渗层/mm		
	丙酮/氨离子软氮化	氨、离子渗氮	酒精/氨气体渗氮	丙酮/氨离子软氮化	氨、离子渗氮	酒精/氨气体渗氮	丙酮/氨离子软氮化	氨、离子渗氮	酒精/氨气体渗氮	丙酮/氨离子软氮化	氨、离子渗氮	酒精/氨气体渗氮
45	600×3	560×6　580/600×8	570×3	$HV_{0.1}$ 934/1069	HV_5 265/321　$HV_{0.1}$ 1048	$HV_{0.05}$ 562/685	21.5	21.39	10/12	0.48/0.50	0.30	0.2/0.4
40Cr	600×3	560×8　520/560×6~9	570×3	$HV_{0.1}$ 1010/1129	HV_5 529/552　$HV_{0.1}$ 650/841	$HV_{0.05}$ 711/772	18~20	—	7/15	0.43/0.45	0.27/0.42　0.20/0.50	0.15/0.25
$QT_{60\text{-}2}$	600×3	570×8　520×8~10	570×3	$HV_{0.1}$ 900/1100	$HV_{0.1}$ 750/900　$HV_{0.1}$ 824/946	$HV_{0.05}$ 588/772	13/15	6/8	5/10	0.35/0.40	0.30　0.25	0.04/0.10
$4Cr14Ni14W_2Mo$	620/640×4	630×8　640±10×12~14	—	HV_{10} 480/618　$HV_{0.1}$ 706	HV_5 509/662　HV_5 509	—	—	70/80	—	0.14/0.16	0.085/0.10	—
2Cr13	540±10×3	560×6　570×12	—	$HV_{0.1}$ 1020	HV_5 856/946　HV_{10} 770/800	—	0.120 (mm)	—	—	0.14	0.13　0.15/0.20	—

图 2-43～图 2-45 为 38CrMoAl 钢经气体渗氮与离子渗氮层金相图片，从照片中可以看

图 2-43　38CrMoAl 钢气体渗氮渗层金相组织照片×400

工艺条件：550～560℃×25h，氨分解率 18%～25%

出，气体渗氮后白亮层之下的扩散层存在大量的针状和脉状组织，而离子渗氮层的脉状组织明显减少，尤其是采用热分解氨进行离子渗氮，只是在距表面一定距离才出现脉状组织。

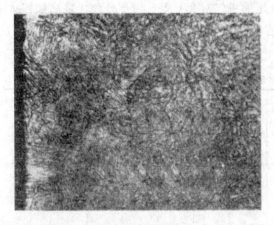

图 2-44　38CrMoAl 钢离子渗氮层金相组织照片×260
工艺条件：530℃×5h，炉压 400Pa
热分解氨（实际分解率 94%）

图 2-45　38CrMoAl 钢离子渗氮层金相组织照片×260
工艺条件：530℃×5h，炉压 600Pa 冷氨

2.5.4　离子碳氮共渗

在辉光放电条件下通入含有氮和碳的混合气体，即可实现离子碳氮共渗。比普通气体碳氮共渗速度快一倍以上，而且渗层质量好，可以有效防止渗层出现氧化和黑色组织等，由于可以用纯氮作供氮介质，因而比离子渗碳安全可靠。

（1）离子碳氮共渗的气氛　一般共渗气体是由起渗碳作用的甲烷、丙烷或城市煤气、丙酮、苯蒸气，起渗氮作用的氨气或氮气，起还原和稀释作用的氢气组成。比如在用氢或氩稀释至 10% 的甲烷中充入 14% 的氨气就可以了。若用离解能力较差的氮代替氨，其含量应达到 30% 以上，若只用氮稀释渗碳气体，特别是稀释丙烷时，为减小形成炭黑的倾向，氮的流量比可以高达 80% 以上。用 NH₃（150L/h）＋苯蒸气（60L/h），或氨与甲醇和丙酮（20%）的混合气氛进行的试验，也得到很好的效果。

（2）离子碳氮共渗的温度　常用的离子碳氮共渗的温度与常规工艺一样，一般是 810～950℃，共渗温度愈高，渗入速度愈快，钢表面的氮含量愈低，如图 2-46 所示，由于在即使是 1000～1050℃ 的等离子体中的工件表面附近也可以维持一定数量的活性氮原子，它们不

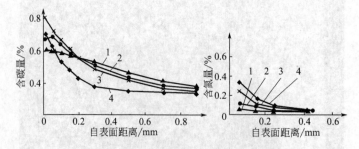

图 2-46　30CD4 钢碳氮共渗 1h，处理温度
对碳氮浓度分布的影响

1—950℃；2—910℃；3—860℃；4—810℃

会在与钢接触前即结合成氮分子。因而打破了常规碳氮共渗渗层低于 0.8mm，共渗温度不超过 900℃ 的限制。可以在更高温度下进行碳氮共渗。尤其是对氮浓度要求不高、畸变要求不严或是钢材晶粒长大倾向小的产品，如低碳高速钢进行高温碳氮共渗，其效果较为明显。而对于一些结构复杂、精密度等级高的产品，也可以采用 $A_1 \sim$ 840℃ 的低温碳氮共渗工艺，其效果如图 2-47 所示。

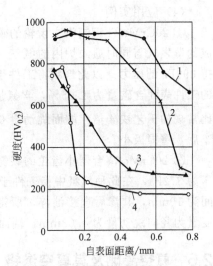

图 2-47　辉光放电碳氮共渗 5h
水淬后 CK15 钢表层硬度分布
1—840℃；2—800℃；3—750℃；4—710℃

（3）离子碳氮共渗的时间　随着共渗时间的延长，渗层厚度几乎呈抛物线规律增长，即总渗层深度 δ 与总共渗时间 t 的关系可以表示为 $\delta = K\sqrt{t}$。一般在 860℃ 左右，K 约为 $0.6\text{mm}/\sqrt{h}$。随温度的升高，K 值显著增长，对 30CD4 钢进行的实验结果如图 2-48 所示，共渗时间延长，工件表面氮浓度将显著增长，如图 2-49 所示。

在高温下进行离子碳氮共渗后的零件表面的氮浓度不高，原因在于放电渗入阶段之后进行的真空条件下的扩散阶段，氮将从工件表面逸出（脱氮），因此高温下碳氮共渗工艺不划分为渗入与扩散两个阶段，通常的操作方式是将工件从高温降至 600℃（氮呈稳定状态的温度）以前，始终维持着含氮的等离子体，或直至淬火，才停止辉光放电。

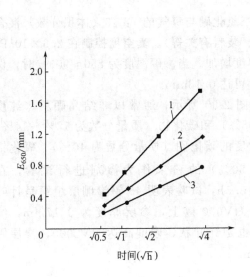

图 2-48　30CD4 钢处理温度和时间
对于碳氮共渗层厚度的影响
（E650 以 HV650 为准测定的有效渗层厚度）
1—910℃；2—860℃；3—810℃

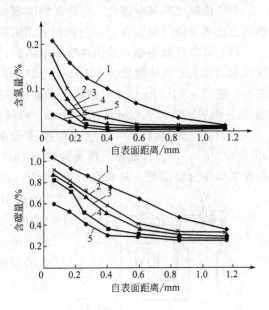

图 2-49　30CD4 钢 860℃ 碳氮共渗，时间
对碳氮共渗浓度的分布的影响
1—6h；2—3h；3—2h；4—1h；5—0.5h

离子碳氮共渗的其他工艺参数与离子渗碳相仿，只是直流放电功率适当高些，以维持混合气氛中有足够比例的氮的活性离子，此外，在工件表面碳氮浓度不高，特别是在共渗温度偏低时，扩散阶段的时间比高温下的离子渗碳低些。

（4）应用实例

① 20CrMnTi 钢制汽车齿轮的碳氮共渗　所用的共渗气氛是由滴入炉内的煤油＋酒精形成的蒸发气与同时通入炉内的氨气（流量为 0.3m³/h）构成的混合气氛。使气氛在炉内保持 399Pa 的压力。以此气氛将工件于 850℃共渗 2h 后，吊起炉罩将工件直接油淬。处理后的工件表面含碳量为 1.05%，含氮量为 0.2%～0.3%，硬度为 HRC58～64，此工艺的渗速比常规的工艺快 4 倍，端面跳动量 0.02mm，达 0.4～0.8m/$\sqrt{h}$，工件经过 15 万公里的试车后，磨损极小。

② 20CrMo 离合器小齿轮的碳氮共渗　所用的渗剂为氨与丙烷，其流量比为 14∶1，气压为 372Pa，在此种气氛中将工件于 870℃进行共渗处理，其中渗入时间为 30min，扩散时间为 10min，共渗后直接油淬，所得渗层深度为 0.57mm，表面硬度为 HRC56～60.5，畸变量为径向跳动量为 0.03mm，端面跳动量为 0.02mm，公法线差＋0.02mm。

2.6　真空渗硼及其真空渗铬

2.6.1　真空渗硼

钢表面渗入硼元素，可在钢表面形成极硬的硼化物层，硼化物硬度高达 HV1800～2000（FeB 层）或 HV1400～1600（Fe$_2$B 层），远高于渗碳层和渗氮层的表面硬度，而且渗硼层还具有较高的耐热性和较好的抗蚀性。

真空渗硼也称真空硼化，与普通的渗硼方法比较，真空渗硼渗速快，渗层质量好，真空渗硼方法有真空气相渗硼、真空固相渗硼两种。

（1）真空气相渗硼　采用冷壁式电阻炉，以三氯化硼与氢气的 1∶15（体积分数）混合气体作为渗剂，气体流量为 40L/h（与炉子大小、装料有关等）。真空度控制在 $2.6×10^4$ Pa 左右。在 $2.6×10^4$ Pa 以下，随压力升高，渗层厚度增加。当渗硼温度为 850～900℃时，保温 2h，渗层厚度为 0.08mm，保温 6h，渗层厚度可达 0.18mm。

（2）真空固相渗硼　真空固相渗硼设备如图 2-50 所示。通常以非结晶硼粉（纯度 99.5% 以上），以及含硼砂（质量分数为 16%～18%）和碳化物（质量分数为 12%～14%）的粉末等作为渗硼剂。某研究所曾以 200 目的粒度的碳化硼（质量分数为 40%）、氧化铝（质量分数 60%）的粉末作为渗剂进行试验，在 1000℃处理 3.5h，试验表明 45 钢渗硼层组织呈针叶状，硬度为 HV600 以上，渗层厚度为 0.17mm，纯铁的渗硼层也是针叶状，硬度高达 HV2000，渗层厚度达 0.20mm。

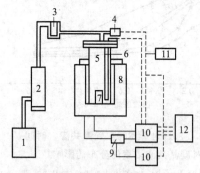

图 2-50　真空固相渗硼设备

1,2—真空泵；3—分离器；4—真空规管；5—真空马弗炉；6—热电偶；7—试样及渗剂杯；8—电阻炉；9—磁力启动器；10—真空电位计；11—真空压力表；12—电源

2.6.2　真空渗铬

真空渗铬是将工件与粒度为 3～5mm 的纯铬一起放在炉罐中，真空度达到 0.013Pa，开始升温渗铬温度为 1100～1150℃，铬在真空和高温下要蒸发，形成气相铬，蒸发的铬被工件吸附而进行渗铬。20 钢在真空渗铬工艺为 1150℃×12h 时，渗铬层深度为 0.3mm，T12 钢为 0.01mm，在保温后炉冷至 250℃以下出炉空

冷。真空渗铬工艺见表 2-40。

表 2-40　真空渗铬工艺规范

方　法	渗铬剂	处理工艺			
		真空度/ ×133.32Pa	温度 /℃	时间 /h	渗层深度 /mm
真空蒸发法	Cr	$10^{-2}\sim10^{-3}$	950～1050	1～6	T12 钢 0.03
低(减)压气体法	$CrCl_3$	20	1100	5	—
低真空粉末法	30%Cr＋70%Al_2O_3 ＋外加 5%HCl	10^{-1}	1000～1100	7～8	—

注：成分组成指质量分数。

（1）试样形状尺寸及渗铬剂

试样尺寸为 20mm×30mm×3mm，其表面经过磨削加工达到 Ra0.80μm。渗铬剂用含 $\omega(Cr)=99.7\%$ 的高纯度金属铬，破碎成 3～5mm 的颗粒，其中最大颗粒直径为 8～10mm，最小颗粒几乎成粉状，无任何添加剂与催生剂等。

（2）真空渗铬的操作过程

① 渗铬前将试样及铬块清洗干净，装入渗铬罐中，试样间距离大于 10mm。

② 将渗铬罐装入真空炉内，装好隔热片，将端盖盖好，开始通水冷却。

③ 开启机械泵、预抽真空。当室内压力为 0.133Pa 时，启动油扩散泵，直至室内压力达 0.0133Pa，即在 $2.6×10^4$Pa 下。

④ 开始升温。随着温度的升高，由于金属铬、试样、渗铬罐、炉管都开始真空放气，空室内真空度不断下降，经过一个比较长的时间（有时可达 3～5h），放气现象逐渐缓和，真空度开始逐渐升高，如果放气现象特别严重，室内真空度低于 0.133Pa 时，可暂停升温，待真空度又重新升高于 0.133Pa 后，再继续升温后保温。再随炉冷至 400℃时，停止油扩散泵的工作，用机械泵保持室内真空度直到 150℃，从室内取出渗铬罐。

⑤ 在升温过程中，每隔 20～30min 测一次炉温与真空度，为了准确地测温，采用了电子电位差计。

（3）真空渗铬工艺

真空渗铬工艺曲线见图 2-51，当炉膛中真空度达 0.0133Pa 时，开始升温，在 1000℃保温使整个室内均热，然后升温到 1145～1155℃，保温 12h，随炉冷至 250℃出炉空冷至室温。如果出炉温度高于 300℃，会使被渗试样表面及铬块氧化呈灰色。

真空渗铬件具有很强的耐蚀性，40Cr 钢在含 $\omega(H_2S)=5.0\%\sim6.5\%$，气温 20～30℃，气量 1000～9000m³/d 的条件下，腐蚀时间 812h，腐蚀率仅为 0.0004g/h·m²，20 钢几乎测不出失重量。

渗铬件必须经过热处理，40Cr 钢渗铬后，经过正火＋调质后，R_m997MPa，a_k148.6 J/cm²。此外还可以用高频感应加热进行真空渗铬，高频感应加热真空渗铬装置见图 2-52，将待渗工件放置于装有渗铬剂的渗剂杯 6 中，渗剂由质量分数为 30% 的铬铁粉＋50% 的黏土粉组成，在高温及真空条件下，铬容易挥发。工件不仅与铬粉直接接触，而且沉浸在铬蒸汽之中，增加了反应接触面积。真空渗铬温度一般为 1000℃以上，真空度不低于 $1.3×10^{-1}$ Pa。如在 1000℃渗铬 6h，则渗层深度可达 0.16mm。如在渗剂中均匀混入质量分数为 2%～2.5% 的 NH_4Cl，可以加速渗铬速度，如在渗剂中加入质量分数为 2% 的 NH_4Cl，10 钢在 1000℃保温 30min 渗铬，渗层深度可达 0.22mm。

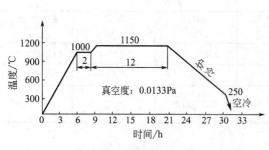

图 2-51　真空渗铬工艺曲线

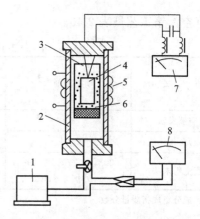

图 2-52　高频感应加热真空渗铬装置
1—真空泵；2—石英管；3—热电偶；4—试样；
5—感应器；6—渗剂杯；7—电流计；8—真空计

2.7　真空淬火后的工件的性能与使用寿命

需要注意的是影响真空淬火后的硬度的因素有钢种、尺寸、冷却介质和冷却方法等，与在大气压下（盐浴炉、井式炉、网带炉、箱式炉、可控气氛炉等）的淬火工件相比，真空油淬工件硬度均匀，波动小且硬度略高一些，主要在于真空加热时工件表面呈活性状态，不脱碳，不产生阻碍冷却的氧化膜等，从表 2-41 可以看出，对于直径 50mm 的高速钢试样，进行真空气淬后，硬度为 HRC64，但当直径大于 100mm 时，试样的硬度为 HRC60，比盐浴淬火低。试样模具钢 SKD11 真空气淬后，硬度为 HRC59～61，油淬后 HRC60～63，其中尺寸大于 100mm 的试样气淬后硬度为 HRC60 以下，处于不完全淬火状态。对于 200mm 的锻造用模具钢 SKT4 进行油淬（加热温度为 800℃），硬度可达 HRC58，可满足模具的使用要求。大型工件在高温下将析出合金碳化物，即使油淬也难以避免此问题，为此建议选用淬透性更高的钢种。

表 2-41　各种材料的真空淬火硬度　　　　　　　　　　　　　　　　　　（HRC）

尺寸　　材质	50mm 以下		50～100mm		100mm 以上	
	气淬	油淬	气淬	油淬	气淬	油淬
SKH9、SKH55	64	—	62	—	60	—
SKD11	62	63	61～62	63	59～60	60～61
SKT4	—	62	—	60	—	58
SKS3	—	64	—	60	—	55
SUJ2	—	66	—	64	—	58
SK3、SK5	—	64	—	62	—	50～54
SCM4、SNCM8	—	55	—	50	—	45
S55C	—	60	—	55	—	50

实践证明真空下加热金属，由于有脱气作用，不氧化与不脱碳，因而真空淬火后的钢具有较高的力学性能，真空淬火后可大大降低对氢脆敏感的高强度钢的含氢量和其他气体的含量，使钢材的裂纹失稳扩展抵抗脆性断裂的能力有所提高。

真空淬火后的零件寿命较常规热处理的工件寿命得到了明显提高，真空淬火的工模具的寿命比常规的工艺普遍提高 40%～400%[1]，以至 10 倍，这得益于真空加热可以获得良好的表面状态，而且还与油冷过程中的表面瞬时渗碳效应有关。

第3章

→ 真空热处理设备

3.1 概述

3.1.1 真空热处理炉的发展概况

关于真空的度量和真空区域的划分，在真空技术中，用"真空度"表示气体稀薄的程度，也就是气体压强的高低。气体越稀薄其压强就越低，即真空度越高；反之，气体压强越高，其真空度越低。真空度和相对质量在真空状态下，不论其真空度多高，仍然存在微量气体以及氧、水蒸气等杂质的两个大气压空气中。真空气氛中含有的气体分子数量少，相应所含的杂质量也少。

多数高纯度的惰性气体中含有约 0.1％的反应性气体，这相当于 1 托的真空度。但若将杂质量控制在百万分之一以内，提纯惰性气体的费用将非常高，相对于真空气氛只不过是 10^{-3} Torr 的真空度。一般真空热处理所采用的真空度为 10^{-3} Torr 左右，从现在的真空技术看，即使相当大的容积要获得 10^{-3} Torr 的真空度也是容易的。也就是说，采用真空热处理可以得到廉价的无氧化的中性保护气氛。经真空热处理的零件不氧化，不增碳，不脱碳。真空气氛能使被处理的金属放出溶解的气体，并使金属氧化物分解，因而使零件表面光亮。

真空热处理是指将零件在真空状态下，进行加热、保温和冷却的工艺方法。这是随着航天技术的发展而迅速发展起来的新技术，也是近几十年来在热处理设备中具有前途的一种，它可替换盐浴炉、电阻炉和燃气炉。真空炉是依据电极的辐射作用实现对工件的加热的，辐射加热速度比较慢，因此工件的内外加热较为均匀，工件的变形小。由于真空炉内气压很低，氧气的含量对工件的铁元素氧化不起作用，因此避免了工件在真空炉加热过程中出现氧化和脱碳现象的发生，保持了工件表面的原始状态，工件清洁和光亮。图 3-1 为典型的双室卧式真空炉。

真空炉不仅用于普通的工件的淬火、回火、退火和正火，而且可进行化学热处理如真空渗碳（包括真空碳氮共渗）、真空离子渗碳和辉光离子渗氮等，同时可完成金属的烧结、钎

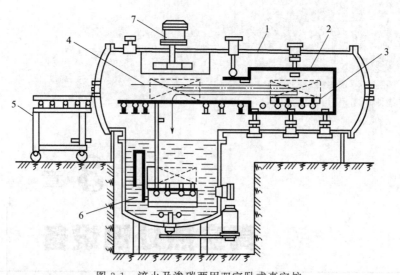

图 3-1　淬火及渗碳两用双室卧式真空炉

1—炉壳；2—加热室；3—拖车；4—淬火油槽；5—手推车；6—气冷室；7—电风扇

焊和真空镀膜等，资料介绍真空渗碳具有渗层均匀和重现性好、表面清洁光亮和消耗的气体少，节约了气源。

产品的热处理质量是通过选用合适的热处理设备，加热介质，加热温度和保温时间，以及冷却方法等来满足零件工作需要的，工艺参数的选择是获得热处理要求的最为重要的问题。

要求表面光亮、无氧化脱碳、表面粗糙度高的精密等零件推荐采用真空炉、保护（或可控）气氛炉和流动粒子炉等。目的是实现零件热处理"优质、高效、节能、降耗、无污染、低成本、专业化、清洁生产"的要求，是零件热处理的发展方向。

我国现有真空热处理设备生产厂家中，规模以上有 70 余家，主要产品有真空油淬火炉、真空油气淬火炉、真空高压气淬炉、真空高压高流率气淬炉、真空退火炉、真空回火炉、真空渗碳炉、真空离子渗碳炉、真空渗碳炉、真空镀膜等，在炉型上形成了包括单室、双室、三室及半连续、连续真空热处理设备，形成了国有自主民族品牌。

国产真空炉的主要技术指标已达到或接近国际先进水平，如炉温均匀性达到美国 MIL-F-80133D 和 MIL-80233B 规定的指标，即控制在 5.6℃ 以内；压升率指标一般均低于 0.66Pa/h；设备最高工作温度和极限真空度以及 PLC 型智能化控制系统可满足用户的需要。

3.1.2　真空炉类型、特点与应用

真空炉经过几十年的发展，已制作了适合处理各种材料的真空炉，满足了工农业生产、航空航天等零件的需要，由于真空炉在热处理设备中的特殊地位，因此研究其发展并依托处理零件的优势，已经成为我们充分认识和利用真空炉的首要任务，下面分别介绍真空炉的分类及设备的优点。

（1）真空炉种类　根据炉内真空度的高低不同，真空炉分为低真空、中真空和高真空三种，按照真空炉冷却时使用的冷却介质，真空炉分为油冷真空炉、气淬-油冷真空炉、硝盐浴真空炉、水淬真空炉以及气冷真空炉几种；通常使用的为中真空和高真空状态，真空度分别为 $1.33\sim0.133Pa$ 和 $1.33\times10^{-2}\sim1.33\times10^{-3}Pa$。按结构形式分为单室、双室、三室和

连续作业炉等。具体分类见表 3-1，总体来说，真空热处理炉是由炉体和真空系统、冷却系统、加热及控制系统等部分组成。

表 3-1　真空热处理炉的分类与类型[1,5,8]

分类方式	真空炉类型
按用途分	真空退火炉、真空淬火炉、真空回火炉、真空渗碳炉、真空渗氮炉等
按真空度分	低真空炉($13.33 \sim 1.33 \times 10^{-1}$ Pa)、高真空炉($1.33 \times 10^{-2} \sim 1.33 \times 10^{-4}$ Pa)、超高真空炉(1.33×10^{-4} Pa 以上)
按工作温度分	低温炉($\leqslant 700℃$)、中温炉($700 \sim 1000℃$)、高温炉($> 1000℃$)
按冷却介质分	油淬真空炉、气淬真空炉、油气淬真空炉、水淬真空炉、硝盐浴真空炉
按作业性质分	周期式真空炉、半连续式真空炉和连续式真空炉
按炉型结构分	立式真空炉、卧式真空炉
按热源分	电阻加热真空炉、感应加热真空炉、电子束加热真空炉、离子加热真空炉、燃气辐射管加热真空炉
按炉子结构和加热方式分	外热式真空炉(热壁式真空炉)、内热式真空炉(冷壁式真空炉)

考虑到零件材质的差异，故其淬透性大不相同，选用的淬火介质的冷却性能区别较大。因此对高合金钢，其淬透性高，即使冷速低一样获得要求的热处理技术，采用气淬真空炉；对于低合金钢或工具钢的真空处理采用油冷真空炉；对于碳钢等淬透性的零件，使用水冷真空炉。

目前国内双室真空炉的型号有 ZC 系列、WZ 系列、VCQ 系列等；单室气淬炉有 VFC 系列、VVFC 系列、HPV 系列高压气淬系列等。它们具有各自的加热和冷却特点，其技术已经成熟，得到使用厂家的认可和肯定，正发挥其十分重要的作用。

(2) 真空炉的特点　真空炉与其他热处理炉相比，具有以下优点。

① 设备自动化程度高，完全实现机械化或自动化操作，本身设备有自锁功能，保护真空炉的安全使用。

② 炉膛洁净，工件热处理变形小，仅为盐浴变形量的 1/10～1/4，减少了零件的磨削加工余量，降低了磨削加工的成本。

③ 具有除气和脱脂作用，显著提高工件的力学性能、延长提高零件的使用寿命。

④ 节省电力和能源，蓄热损失小，污染气氛低于其他任何的保护气氛，无公害，操作安全可靠，工作环境好。

⑤ 工件表面无氧化、脱碳、表面光亮，确保零件表面的化学成分和表面状态保持不变，减少了热处理表面缺陷，生产成本低。

⑥ 零件无氢脆的危险。真空炉存在的不足是由于靠辐射加热工件，因此加热速度慢，装炉量小，不适于大批量生产作业，生产成本高，一次性投资较大等，另外在真空状态下部分合金元素会出现蒸发现象，需要在高温状态下及时充入氮气，才能避免这种情况的出现。

(3) 真空热处理炉的应用　真空炉在我国的发展时间不长，由于生产成本高和一次性投资大，因此其应用的范围也受到一定的限制，在国外工业发达国家真空炉的数量在 23% 以上，与可控气氛炉基本相当，其发展的进度很快，机械化程度和工艺水平更高，几乎可以实现金属材料的全部热处理工艺[15,16]。如淬火、回火、退火、渗碳、氮化、渗金属等热处理工艺，完成气淬、油淬、硝盐淬和水淬等淬火处理。对工模具钢而言，在真空炉内加热时，减少了辐射换热，加热的速度缓慢，零件的各部分受热均匀，因此变形量很小。冷却后的零件表面处于压应力状态，故零件具有良好的综合作用，疲劳强度和抗拉强度明显提高，使用寿命比普通的盐浴炉处理的零件提高 2～10 倍[8,16]。

耐热钢、不锈钢等零件经真空退火后，表面光洁，提高了零件的表面的抗腐蚀性和对晶粒间的腐蚀能力。另外可实现真空堆焊、软化退火、真空镀膜等，是其他热处理设备无法比拟的。

高强度螺栓等重要零件的材料为 30CrMnSiA、30CrMnSiNi2A 经真空热处理后，抗拉强度提高，而其塑性和韧性没有发生明显的变化，断裂韧性降低而低温的冲击韧性较高。疲劳强度提高 100 倍以上，冲击磨损和低温拉伸寿命分别提高 1.5～2.4 倍和 1.6～3.5 倍，显示了真空热处理的优势[16]。

按工艺的种类，真空炉可以实现真空淬火和回火、真空退火、真空固溶和时效、真空烧结、真空化学热处理以及真空镀膜等，因此真空炉可实现别的热处理设备无法处理的复杂工艺，随着社会的进步和科学技术的发展，必将发挥其巨大的作用。因此从某种意义上讲，真空炉为几乎所有的有色金属和黑色金属退火、淬火、回火、化学热处理等提供了保障。具体应用见表 3-2。

表 3-2　真空热处理炉及其应用情况[8,15,16]

使用范围		真空炉类别及特点	处理的材料	应用实例
真空热处理	退火、正火固相除气	有炉罐或无炉罐真空炉	Cu、Ni、Be、Cr、Ti、Zr、Nb、Ta、W、Mo	电器材料、磁性材料、弹性材料、高熔点金属、活泼金属等
	淬火、回火	内部具有强制冷却装置的真空炉	高速钢、工具钢、轴承钢、高合金模具钢等	工模具、夹具、量具、轴承和齿轮等机械零件
真空烧结焊接压接	烧结	感应烧结真空炉、电阻烧结真空炉等	W、Mo、Ta、Nb、Fe、Ni、Be、TiC、WC、UC 等	超硬质合金、高熔点金属材料和粉末冶金零件等
	铅焊	电阻真空炉、感应真空炉	铝、不锈钢、高温合金	飞机零件、火花塞等使用的不锈钢、高温合金零件的铅焊等
	压接	电阻真空炉、感应真空炉	碳钢、不锈钢	
表面处理	化学气相沉积	电阻加热、感应加热、电子束加热	金属及其碳化物、硼化物等沉积于金属或非金属基体上	工具、模具、汽轮机叶片、飞机零件、火箭喷嘴等
	物理气相沉积	电阻加热、感应加热、电子束加热	金属、合金、化合物等沉积于金属、玻璃、陶瓷、纸张上等	各种材料的真空涂（镀）膜制品，部分工具和模具的表面超硬处理等
	离子渗碳	离子渗碳炉	碳钢、合金钢	齿轮、轴类和各种销子等机械零件
	离子渗氮	离子渗氮炉	合金钢、球墨铸铁	齿轮、轴类和工模具等机械零件

（4）真空炉的主要技术参数　真空炉的各项技术指标与其他热处理设备有相似之处，但因其炉膛内必须能承受负压的作用，并能保持加热零件的无氧化脱碳，由于其特殊的结构和加热的特点，因此有些技术要求相对于比较严格，具体的主要技术参数归纳如下。

① 额定功率（kW）和电压（V）。

② 电极相数。

③ 炉膛的有效加热区尺寸（mm）。

④ 额定工作温度（℃）。

⑤ 炉温的均匀性（℃）。

⑥ 最大装炉量（kg）。

⑦ 极限真空度（Pa）。

⑧ 工作真空度（Pa）。

⑨ 压升率（Pa/min 或 Pa/h）。

⑩ 空炉抽空时间（min）。

⑪ 空炉升温时间（min）。

⑫ 工件转移时间（min）。

⑬ 气体的消耗量（m^3/炉）。

⑭ 冷却水的消耗量（m^3/h）。

⑮ 外形结构尺寸（m）。

⑯ 炉体总重量（kg）。

在上述技术参数中，最重要的有极限真空度、工作真空度和压升率，它们是整个真空炉的关键特性参数，是衡量设备技术水平的硬指标，如果达不到则根本无法实现真空热处理的目的。压升率是指真空炉达到极限真空度后关闭所有的阀，在单位时间内炉内压力的上升情况，这是检验真空炉气密性的数据。通常极限真空度小于 1.33×10^{-2} Pa，而工作真空度在 $1.33 \sim 13.3$ Pa，压升率不大于 0.67Pa/h。

（5）真空炉的结构和加热元件

① 真空炉的结构　真空炉是由炉体、真空机组、液压系统、控制系统、冷却系统等几部分组成的，对于气冷真空炉要具备氮气储气罐，为防止停水或水压不足等，要备有高空水槽，防止因停水会烧坏或烧蚀密封件、电极等。

真空炉的炉体和炉门由高强度钢板焊接而成，为双层水套结构形式，炉门由齿轮、齿条传动开启和关闭，灵活方便。

加热室是圆形结构，石墨管状加热器和冷却气体喷嘴沿加热室的周围成 360℃均匀分布，高级碳毡及柔性石墨纸作为保温材料，结构轻巧固定。

② 真空炉采用的加热元件　真空炉的加热元件（发热体）有两类，金属材料与非金属材料，分别叙述如下。

a. 金属加热元件　金属加热元件通常分为两种，一种为贵重金属如钼、铂、钨、钽等；另一类为一般金属如镍铬耐热合金、铁铬铝合金、钼钨合金等。

用高熔点金属钼、钨、钽等制成的电热元件，在氧化和渗碳气氛中都会发生反应，因而不能在上述气氛中使用。钼在氧化性气氛中会生成氧化钼。氧化钼极易升华，在渗碳气氛中会产生碳化物，使电阻率增加，甚至造成电热元件断裂，用这类材料制成的电热元件在真空中使用时，随着使用温度与真空度的提高而严重蒸发，钼在 1800℃、钽在 2400℃以上使用时，蒸发更为迅速。为了抑制蒸发，在炉内可通入一定压力的惰性气体或高纯氮气，如在惰性气体中使用，则其使用温度均能相应地提高。

b. 非金属加热元件　非金属加热元件分为石墨和化合物两种，而化合物有碳化硅、硅化钼、二氧化钼等。其中碳化硅在高温下易黏结分解，而二氧化钼在 1300℃时会软化，石墨的特点是：耐高温、热膨胀小、抗热冲击、机械强度在 2500℃以下随温度上升而提高，在 1700～1888℃时强度最佳，加工性能非常好，价格低廉，电阻温度系数小，容易得到高温，在真空热处理中应用广泛，石墨熔点很高为 3700℃，当它在使用的温度超过 2400℃时会迅速蒸发，为了减少蒸发，可在炉内通入一定压力的纯净惰性气体或氮气。

可见石墨具有加工性能好、耐高温、耐急冷急热性好、塑性好、辐射面积大、抗热冲击性能好等，适于制作加热元件。

用石墨纤维编织成石墨布或石墨带制作电热元件，它除了具有石墨的一些优点外，还有其他的一些优点。从电性能上来说，可制成较大电阻的电热元件，因此在保证相同功率的条件下，可提高电热元件的电压、降低电流，因而可简化电极引出机构，减少能量损耗，使炉膛的温差减小，减少了热损失，节约了能源，石墨带电热元件与石墨棒电热元件相比，其空载损耗功率约小15%左右，石墨类电热元件与金属电热元件相比，价格低廉，反复使用不易折断，高温强度好，安装、使用和更换方便。

目前真空炉的加热元件常选用石墨棒（或管）或加热管等，具有膨胀系数小，高的发热性，易于加工，可作成棒状、板状、管状和带状等。它们在真空状态下，产生的热量通过辐射传递给工件，因此该类真空炉的加热速度慢，对于大型零件应进行充分的预热，必要时进行分段加热，既能克服内外加热后的温差，又能减小零件加热的变形，有利于零件的热处理质量得到保障。

c. 电热元件的结构选择　电热元件材料的选择主要考虑炉子最高使用温度，同时要合理选择真空下的电热元件电压，防止真空放电和击穿现象，以及确定合适的电热元件表面功率。

加热器是真空炉的重要部件，是由电热元件、支承体、绝缘体等部件组成，根据选择的电热元件的材质的不同，可分为纯金属加热器与石墨加热器两类，纯金属加热器与石墨加热器的结构形式如图 3-2 和图 3-3 所示。

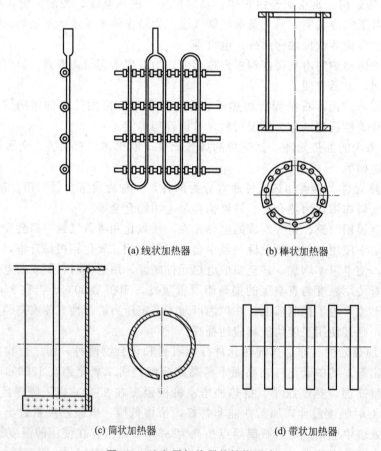

(a) 线状加热器　　　　　(b) 棒状加热器

(c) 筒状加热器　　　　　(d) 带状加热器

图 3-2　纯金属加热器的结构形式

纯金属加热器有线状、棒状、筒装和带状等多种类型，如图 3-2(a) 所示为线状加热器结构，由钼丝以单线或多股线束弯制而成，常用于 1300℃ 的真空热处理炉。如图 3-2(b) 所示为棒状加热器，电热元件多为钨棒、钼棒。一般做成一个温区，适用于 1650～2500℃ 的小型真空热处理炉。如图 3-2(c) 所示为筒装加热器，用 0.2～0.3mm 厚的钼片或钽片制成，其下部固定在 2mm 厚的环圈上，以提高圆筒的刚性。筒装加热器辐射面积大，加热效果好，电接点少，热损失小。但是因受热变形的影响，不宜把筒装做的过长，通常做成一个温区，适用于小型真空热处理炉。如图 3-2(d) 所示为带状加热器，用厚 0.4～0.8mm、宽 40～100mm 的钼带弯制成圆形，通常一台炉子使用 6 条或 9 条此种圆形带。这种加热器辐射面积大，加热效果好，安装维修方便，故被广泛应用。

石墨加热器有棒状、管状、筒状、板状和带状等多种类型，如图 3-3(a)、(b) 所示为棒状和管状电热元件，它们适应性强，可在各类真空热处理应用。如图 3-3(c) 所示为筒状加热器，其特点是辐射面积大，加热效果好，石墨筒与工件之间温度梯度小，电接点少，但受材料和加工条件所限，一般仅用于小型真空热处理炉。如图 3-3(d)、(e) 所示为板状和带状加热器，它们结构简单，拆卸方便，辐射面积大，加热效果好，有利于提高炉温均匀性，尤其是带状加热器应用广泛，带状加热器的缺点是不能用在有对流循环的炉子上。

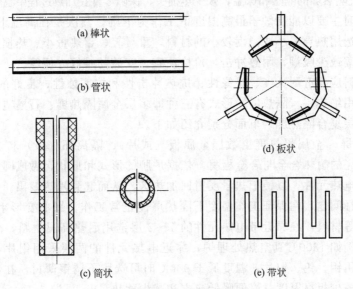

(a) 棒状

(b) 管状

(d) 板状

(c) 筒状

(e) 带状

图 3-3　石墨加热器的结构形式

电热元件材料选择好后，就要根据真空炉的热功率的加热室（炉胆）形状、大小、形式（卧式、立式、单室、双室等）选择合适的加热器（发热体）结构，通常真空热处理炉发热体多为矩形体或多面体，现以 WZ 型真空炉为例介绍如下。

WZ 型真空炉的发热元件通常有三种类型，一种是用碳布作为加热器（发热体），选用厚度约 0.2mm，宽 55mm 的石墨带，用石墨压板及石墨螺钉固定在 4 根支撑电板上，如图 3-4 所示，石墨带共有四组，为了保证有效加热区内的炉温均匀性及达到加热功率，各组石墨带的层数可以不同，最右端（靠近热闸阀的一端）为多层，向左端（后炉门方向）可依次减少，直到加热功率和炉温均匀性达到要求为止。

另一种用石墨棒为加热器（发热体），选用 6 根石墨棒经若干连接件串联而成，其连接如图 3-5 所示。各棒与连接块之间的连接采用直孔插入式，拆卸和更换十分方便。

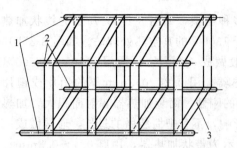

图 3-4　石墨带加热器（发热体）连接示意图

1—引出电极；2—连接电极；3—石墨带（发热体）

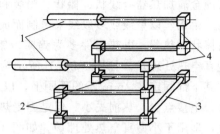

图 3-5　发热体连接示意图

1—引出棒；2—发热体；3—横梁；4—立柱

第三种采用金属钼（Mo）带加热器（发热体）元件，加热元件厚 1.2mm，宽 55mm 在炉内均匀分布。其连接方法如图 3-6 所示。加热元件由陶瓷架支撑，加热元件之间用钼螺钉连接，安装更换方便。为了防止金属元素的挥发，导致加热元件对地造成短路，加热元件与隔热屏之间采用陶瓷珠绝缘。

③ 隔热屏（炉衬）　内热式真空热处理炉在电热元件与水冷炉壁间必须安装炉衬，即隔热屏。它是加热室内主要的组成部分，其作用为使加热元件与炉壳分开，确保加热室的尺寸和有效加热区范围，通过隔热屏的隔热和保温，减少热损失，保障零件在加热过程中温度分布的均匀性。

在选择材料时主要以能在炉子最高温度下工作为准则，其次是在高温下有足够的强度、隔热效果好，即选用热导率小或黑度较小的材料，重量轻、蓄热量小、热损失小，在真空中放气量小，不吸潮或少吸潮，耐热冲击，价格便宜，安装与维修方便等。

考虑用的材料应具有耐火度、绝缘性、抗热冲击性和抗腐蚀性、良好的热透性等特点，真空热处理炉常用绝热层（隔热屏）形式有三种即多层金属隔热屏、石墨毡隔热屏（耐火纤维隔热屏）和夹层复合隔热屏，下面分别介绍如下。

a. 金属辐射屏　金属隔热屏由数层金属板（或片）、隔离环（条）和支承杆等部分组成，选择表面光亮的耐热合金与合金板材，依据炉胆的形式和形状，做成圆筒形、方形或多面体形状，包括电热元件，以便把热量反射回加热区，从而起到隔热效果。

关于材料选择问题，在保证工作温度下隔热屏能正常工作，翘曲变形小。通常选用钨、钼、钽和不锈钢等材料，在靠近带电热元件的 1～2 层选用耐热高温材料，外面依次用耐热度较低的材料，例如 1300℃ 真空热处理炉，靠近电热元件的两层采用钼片，外面采用不锈钢。通常高温时用钼、钨、钽片，温度低于 900℃ 时可选用不锈钢薄材，在保证有足够强度的前提下，尽量减少板材厚度，以便降低成本和减少蓄热量。

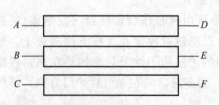

图 3-6　发热体元件连接方法示意图

（图中 A、B、C、D、E、F 为电热元件连接端）

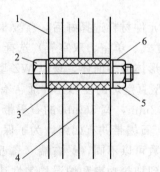

图 3-7　金属隔热屏

1—钼片；2—钼螺钉；3—定位隔套；

4—不锈钢片；5—螺母；6—垫片

关于材料的厚度，在条件允许的前提下，隔热屏应尽量薄些，一般中、小型炉隔热屏的厚度为 0.2～0.5mm，大型炉为 0.5～1.0mm。隔热屏的各层间通过螺钉和隔套隔开，如图 3-7 所示。

隔热屏的隔热效果与层数 n 的关系大体按 $1/(n+1)$ 变化，通常 1300℃ 的热处理炉以 6 层屏为宜，对于容量较大，温度为 1400～1600℃，可增加到 8 层，这时节能效果较好，屏与屏间距离 8～15mm，内层屏距电热元件视炉子大小，结构而定，一般取 30～80mm，外层屏距离炉壳内壁取 80～120mm。

这类屏的脱气效果好，可以达到 10^{-4}Pa 的高真空度。但隔热效果差，价格高，在热胀冷缩下易产生变形。目前采用隔热屏分段叠层结构可避免变形弊端，但结构较复杂。

WZH60A 型真空回火炉采用全金属隔热屏结构，以减少隔热毡吸水性大难以抽净的弊端，对提高真空回火光亮度有益，WZH60A 型真空回火炉全金属隔热屏及炉体结构如图 3-8 所示。

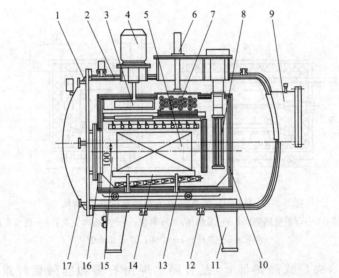

图 3-8　WZH60A 型真空回火炉结构及金属隔热屏结构

1—炉门；2—炉壳；3—风扇；4—风扇电机；5—有效加热区；6—热交换器汽缸；7—热交换器；
8—加热体；9—真空机组接管；10—全金属隔热屏；11—支架；12—冷却水管；
13—导风板；14—炉床；15—炉胆；16—加热室门；17—螺栓手柄

b. 石墨毡隔热屏（耐火纤维隔热屏）　耐火纤维主要有石墨（碳）毡、氧化铝、硅酸铝纤维毡等，目前常用的主要是石墨（碳）毡和硅酸铝纤维毡，用石墨绳将多层石墨毡缝扎在钢板网上，石墨毡具有密度小、热导率小、无吸湿性、耐热冲击性好、易于加工等特点，用于快速加热和快速冷却，真空气冷炉预烧结炉基本上都采用这种结构。石墨毡隔热屏的结构示意图如图 3-9 所示。

全石墨毡屏较硅-石墨复合屏易于抽真空，见表 3-3。原因是硅酸铝纤维毡吸潮性大，其放气量大于石墨毡，对于 1300℃ 的真空热处理炉，一般取石墨毡厚度 32～40mm 即可。

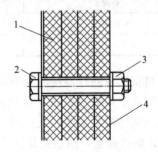

图 3-9　石墨（碳）毡隔热屏

1—石墨（碳）；2—钼钉；3—螺母；4—钢丝网

表 3-3　保温材料吸潮情况比较

参数指标	C50 屏	SiC 屏
装炉室温/℃	14	28
装炉相对湿度/%	72	70
未烘炉极限真空度/Pa	1.2	53
烘炉后极限真空度/Pa	8.5×10^{-2}	7.5×10^{-2}
烘炉时间/h	7	7.5
烘炉温度/℃	≤600	≤600

WZS-45 型真空烧结炉采用石墨毡隔热屏结构，石墨毡隔热屏较复合隔热屏吸水性小，易于抽真空，高温强度高，适于高温烧结炉应用。用 WZS-45 型真空烧结炉加热室隔热屏的结构如图 3-10 所示。

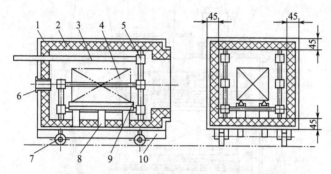

图 3-10　WZS-45 真空烧结炉加热室隔热屏结构
1—炉壳；2—石墨毡隔热屏；3—发热体；4—料筐；5—发热体支架；6—观察孔；
7—车轮；8—立柱；9—炉体；10—加强筋

c. 复合隔热屏（夹层式隔热屏）　复合隔热屏由石墨和硅酸铝纤维毡及石墨毡组成，其结构示意图如图 3-11 所示，研究表明，复合屏的效果优于全石墨毡屏，可提高保温性能约 40%，具有很好的隔热效果，其结构简单，加工制造容易，安装维修方便，而且造价低廉，油淬真空炉都采用这种结构，对于不同温度范围内的保温屏结构推荐见表 3-4。

表 3-4　复合隔热屏结构组成

炉温	硅酸铝毡(外层)	石墨毡(内层)
≤1000℃	20mm	10mm
1000～1320℃	20mm	20mm

资料指出，同样厚度的保温屏，硅-石墨复合屏比纯碳屏降温慢约 1h，由此可知需要快速冷却的真空炉的保温应少量选用硅酸铝纤维毡，复合屏的真空性能略低于全石墨毡保温屏，达到同样的真空度，复合屏需多抽 2～3h。

WZ 系列真空炉加热室设计多采用复合隔热屏结构，根据试验和实践经验，综合考虑成本与节能等指标，在加热温度 1000～1350℃范围内，选择 20mm 厚的硅酸铝纤维加 20mm 厚的复合隔热屏最为适宜，WZ 系列真空炉加热室隔热屏结构如图 3-12 所示。

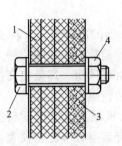

图 3-11　复合隔热屏

1—石墨（碳）毡；2—钼钉；3—硅酸铝
纤维毡；4—螺母（销子）

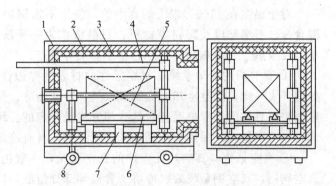

图 3-12　WZ 系列真空炉加热室复合隔热屏结构

1—炉壳；2—硅酸铝纤维隔热屏；3—石墨毡隔热屏；
4—发热体；5—料筐；6—炉床；7—立柱；8—车轮

隔热屏厚度方向的温度降落梯度与隔热屏材料有关，实验测出 50mm 和 30mm 隔热屏的温降曲线，如图 3-13 所示。

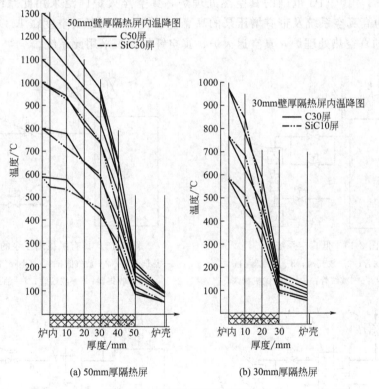

(a) 50mm厚隔热屏　　　　(b) 30mm厚隔热屏

图 3-13　隔热屏内温降梯度曲线

经过多年试验比较和实践经验积累，使技术人员认识到由于钼在高温下长期工作会变脆，且价格昂贵，故多采用石墨绳固定纤维毡，即在隔热屏面积上间隔 70~100mm 均布固定纤维毡通孔，孔两端圆角，以防止磨划石墨绳，石墨绳穿过两孔或数孔打结成死结，打结连接星形交叉布置，以防止一旦个别孔绳磨损成片隔热屏损坏失败，检修和安装也比较方便。

由于毡上，尤其是内层毡在高温下受油蒸气、水蒸气和其他杂质污染，使其隔热效果下降，一般使用寿命 5~6 年，更换时只需换里面的 1~2 层即可。

对于温度在1100℃以下的真空炉，使用不锈钢炉衬；而对于1100℃以上则采用钼等高温合金、石墨毡以及陶瓷等材料。石墨毡作为一种新型的隔热材料，具有密度小、热导率小、无吸热性、耐热冲击性好和易于加工等特点。

④ 真空炉的冷却系统　根据零件的材质的淬透性，确定合理的冷却方法，同正常的热处理淬火一样，真空冷却有强制风（气）冷、油冷、气转油冷、硝盐或水冷等几种方法，一般来讲对具体的真空炉而言，其冷却方式是固定的。风冷系统由鼓风机、高效热交换器、导流管和喷嘴组成，采用炉内循环形式的结构，具有冷却速度快的特点。

⑤ 真空系统　真空热处理炉的真空系统，一般由真空泵（机械泵、增压泵和扩散泵）、真空阀门、真空测量仪表、冷阱、管道等部分组成，炉体上装有真空计等测量仪表，随时观察炉体内的真空度，确保零件在真空状态下实现无氧化热处理。机械泵、增压泵组成抽真空系统可获得中真空状态，机械泵、增压泵和扩散泵组成的真空系统能够完成高的真空度要求。下面介绍几种常用的真空系统。

如图3-14所示为低真空系统，适用于真空度在2～1333Pa范围的真空热处理炉，如预抽井式真空炉多采用这个系统。如图3-15所示的为具有机械增压泵的真空系统，适用于真空度在1.33～3×10⁻¹Pa范围的真空热处理炉，真空淬火炉广泛采用此系统。如图3-16、图3-17所示为高真空系统及带有增压泵的高真空系统，适用于真空度在$1.3 \times 10^{-2} \sim 6.6 \times 10^{-4}$Pa范围的真空热处理炉，真空退火炉、真空钎焊炉多采用此系统。

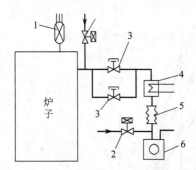

图3-14　低真空系统

1—热偶规管；2—放气阀；3—真空阀门；
4—收集器；5—波纹管；6—油封式机械泵

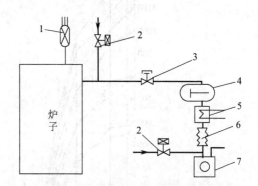

图3-15　具有机械增压泵的真空系统

1—热偶规管；2—放气阀；3—真空阀门；4—机械增压泵；
5—收集器；6—波纹管；7—油封式机械泵

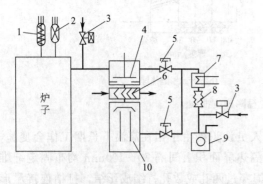

图3-16　高真空系统

1—电离规管；2—热偶规管；3—放气阀；4—高真空阀；
5—真空泵；6—障板；7—收集器；8—波纹管；
9—前级真空泵；10—油扩散泵

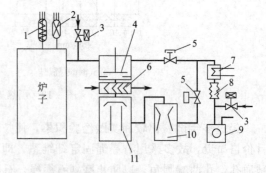

图3-17　带有增压泵的高真空系统

1—电离规管；2—热偶规管；3—放气阀；4—高真空阀；
5—真空泵；6—障板；7—收集器；8—波纹管；9—前
级真空泵；10—油增压泵；11—油扩散泵

根据真空热处理炉的使用技术条件和所要求的真空度，选择适合的真空泵，再根据真空泵的类型、规格选配相应的真空泵阀门、真空管道等，从而组成所需要的真空系统，一般被抽容积与真空泵的抽气速率有一定的关系见表 3-5。当确定真空热处理炉的容积后，便可查出相应的抽气速率，再由此选用真空泵。表 3-6～表 3-10 给出了各种真空泵的性能参数，也可从表中选定所推荐的前级真空泵的类型和型号。

表 3-5 真空室容积与扩散泵的抽速

真空室容积/L	抽气速率/(L/s)	排气口直径/mm	真空室容积/L	抽气速率/(L/s)	排气口直径/mm
5	60	$\phi50$	1000	5000	$\phi400$
30	430	$\phi120$	2500	10000	$\phi600$
110	850	$\phi160$	5000	20000	$\phi800$
200	1230	$\phi200$	10000	55000	$\phi1200$
500	2500	$\phi280$			

表 3-6 ZX 型旋片式机械真空泵技术性能

性能	型号						
	2X-1	2X-2	2X-4	2X-8	2X-15	2X-30	2X-70
在 0.1MPa 压强时抽气速率/(L/s)	1	2.5	4	8	15	30	70
极限真空度/Pa	6.6×10^{-2}						
转速/(r/min)	500	450		320		315	300
电动功率/kW	0.25	0.4	0.6	1.1	2.2	4	7.5
进气口直径/mm	$\phi12$	$\phi16$	$\phi22$	$\phi50$		$\phi63$	$\phi80$
排气口直径/mm	$\phi10$	$\phi16$		$\phi50$		$\phi65$	$\phi100$
用油量/L	0.45	0.7	1.0	2.0	2.8	4.2	5.2
外形尺寸(长×宽×高)/mm	412×270×307	560×306×398	560×336×408	787×431×540	787×531×540	932×648×630	1150×830×810
质量/kg	33	58	66	165	190	396	665

表 3-7 H 型滑阀式机械真空泵技术性能

性能		型号						
		2H-8	2H-15	2H-30	2H-70	H-150	H-300	H-600
极限真空度/Pa	有气镇	1.06					66	
	无气镇	6.6×10^{-2}				1.06	1.33	
在 0.1MPa 压强时的抽气速率/(L/s)		8	15	30	70	150	300	600
转速/(r/min)		550	500	500	360	450	600	600
用电功率/kW		1.1	2.2	3	7.5	17	30	55
长期运转泵入口最大压强/Pa		1.33×10^3	1.33×10^3	1.33×10^4	1.33×10^4	1.33×10^4	0.1MPa	0.1MPa
冷却方式		风冷		水冷				
冷却水消耗量/(L/h)				150	350	700	1500	2800
润滑油贮存量/kg		3	5	8	25	35	75	130
进气口直径/mm		$\phi50$	$\phi65$	$\phi80$	$\phi125$	$\phi150$	$\phi200$	$\phi250$
排气口直径/mm		$\phi25$	$\phi25$	$\phi40$	$\phi65$	$\phi80$	$\phi100$	$\phi150$
质量(不包括电动机)/kg		100	125			600	1000	2500

表 3-8 ZJ 型机械增压泵技术性能

性　能	型　号				
	ZJ-150	ZJ-300	ZJ-500	ZJ-1200	ZJ-2500
极限真空度/Pa	$6.6×10^{-2}～1.33×10^{-2}$				
抽气速率/(L/s)	150	300	600	1200	2500
电动功率/kW	3		7.5	13	17
进气口直径/mm	$\phi100$	$\phi150$	$\phi200$	$\phi300$	$\phi300$
排气口直径/mm	$\phi70$	$\phi100$	$\phi150$	$\phi200$	$\phi200$
最大排出压强/×10³Pa	4	4	4	2	1.3
荐用前级泵型号	2X-15	2X-30	2X-70	H-150	H-300

表 3-9 Z 型油增压泵技术性能

性　能	进口内径/mm					
	100	150	200	300	400	600
抽气速率/(L/s)	200	500	1000	2000	4000	8000
极限真空度/×10⁻²Pa	1.3	1.3	1.3	1.3	1.3	1.3
最大反压强/Pa	1333～266	1333～266	1333～266	1333～266	1333～266	1333～266
加热功率/kW	1.5～2	3～4	6～8	10～12	20～25	30～40
荐用前级泵抽速/(L/s)	15	30	30	60	150	300

表 3-10 K 系列油扩散泵技术性能

性　能	型　号						
	K-150	K-200	K-300	K-400	K-600	K-800	K-1200
极限真空度/×10⁻⁵Pa	6.6	6.6	6.6	6.6	6.6	6.6	6.6
抽气速率(在 1.33×10⁻²～1.33×10⁻⁴Pa 的平均值)/(L/s)	800	1200～1600	3000	5000～6000	11000～13000	20000～22000	40000～50000
最大排气压强/Pa	40	40	40	40	40	40	40
加热功率/kW	0.8～1.0	1.5	2.4～2.5	4.0～5	6	8～9	15～20
进气口直径/mm	$\phi150$	$\phi200$	$\phi300$	$\phi400$	$\phi600$	$\phi800$	$\phi1200$
荐用前级泵型号	2X-4	2X-8	2X-15	2X-30	2X-70	Z-150+2X-30	Z-300+2X-70

⑥ 炉内传动机构　是零件推进和推出真空炉，必须具有的专门的装置，通常为链条传动、气动、液压传动等，对双室或三室真空炉来说，炉内传动机构既能保证室与室之间零件的传送，又必须不阻碍隔热挡板（门）的密封。

⑦ 电器控制系统　由磁性调压器、可控硅半控整流桥自耦调压器、微机控温仪等组成，实现了设备的自动化和机械化，设备具有自锁功能，任何错误的操作和指令不会对真空炉造成危害，因此真空炉的安全性系数很高。

（6）真空热处理技术的发展前景　关于真空热处理炉的发展，一直向新型节能热处理炉迈进，设备的性能很大程度上取决于加热元件（包括电极辐射和燃气辐射的质量）、炉内耐热构件、传输运动部件、高温风扇及炉子的密封性等。真空热处理技术的发展趋势见表 3-11。

表 3-11 真空热处理技术的发展趋势[1,8,17]

具体技术 和装置	第一代情况	第二代情况	第三代现状	未来的发展趋势和努力方向
加热技术	真空辐射	真空辐射 负压或载气加热	负压或载气加热 低温正压对流加热	高低温正压对流循环 加热,提高加热的效率 实现真空局部加热
冷却技术	负压冷却 加压冷却	加压冷却(2bar) 高压冷却(5bar)	高压冷却(5bar) 增压冷却(10~20bar)	氢气、氦气、氮气等混合快速 冷却技术,气体回收技术等
结构	开放型	开放型	密闭型	密闭型结构推广
炉床结构	陶瓷毡、石墨毡	硬质预制	高强度碳质材料	高强度碳质整体结构
进出料机构	台车、吊车或吊架式	分叉式机构	进出辊底式结构	各种形式的无人 操作形式
自动控制	元件手动, PID 温控, 继电器控制动作	多采用 PID 温控, PC 单板机控制	智能化仪表＋ PC 单板机控制	多种工艺有存储,CRT 显示计一台或多台群控

3.2　内热式与外热式真空炉

真空热处理炉的种类很多,可从不同的角度进行分类,例如热源、真空度、炉型、作业方式、加热温度等进行分类,目前通用的分类是按炉体结构和加热方式划分,即将真空炉分为外热式和内热式真空热处理炉。

3.2.1　内热式真空热处理炉

(1) 特点　内热式真空炉结构比外热式真空炉的较为复杂,同时制造、安装和调试的精度要求也较高,内热式真空炉依靠内部电阻加热,其加热元件、隔热屏、炉床和其他构件等均装在加热室内,依靠电极的热辐射实现对零件的加热。

电热元件在炉膛的中部构成一个加热区,确保零件的均匀加热,在加热元件的外部装有金属辐射屏或非金属隔热屏,炉床在加热区的中央。内热式真空炉的种类和形式很多,占国内外的真空炉数量的 80% 以上,常用于退火、淬火、回火、烧结和钎焊等。

同外热式真空炉相比,具有以下特点:炉子的热惯性小,加热速度和冷却速度快,热效率与生产效率较高;无耐热炉罐,故可制作的炉膛与容量不受限制,炉内可达到更高的温度;炉温的均匀性好,可达±5℃,因此工件受热均匀,零件的变形小;零件加热期间不需通入保护气体,提高了加热元件的使用寿命;炉内结构复杂,加热区受到一定的限制;炉体体积大,需要配备的真空系统容量要增大。

(2) 结构形式　内热式真空炉的加热元件、隔热装置、传动及冷却系统都置于双层水冷的真空室内,其特点是热惰性小、升温快、作业周期短并可根据工艺需要在炉内实现缓冷、气冷、油淬、水淬等操作,而且作业环境好,自动化程度高,用石墨及其制品或难溶金属作加热元件,可用到 1000℃ 以上。

内热式真空炉有单室、双室、三室及组合型等多种类型,它是目前真空淬火、回火、退火、渗碳、钎焊和烧结的主要炉型,尤其是气淬真空炉、油淬真空炉等发展很快,并得到了推广应用。

目前国内双室真空炉的型号有 ZC 系列、WZ 系列、VCQ 系列等；单室气淬炉有 VFC 系列、VVFC 系列、HPV 系列高压气淬系列等。它们具有各自的加热和冷却特点，其技术已经成熟，得到使用厂家的认可和肯定，正发挥其十分重要的作用。

① 气淬真空炉　气淬真空炉是利用惰性气体作为冷却介质，对工件进行气冷淬火的真空炉，气体冷却介质有氢气、氦气、氮气和氩气等，用上述气体冷却工件所需的冷却时间如以氢为 1，则氦为 1.2，氮为 1.5，氩为 1.75。可以看出氢的冷却速度最快，但从安全角度来看，氢有爆炸的危险，是不安全的。氦的冷却速度较快，但价格高，不经济。氩不但价格高，而且冷却速度慢。综合分析而言，一般多选用氮气作为冷却介质，试验表明，氦与氮的混合气体具有最佳的冷却和经济效果。

图 3-18 为各种类型的内热式气冷真空炉常见炉型，如图 3-18(a)、(b) 所示为立式和卧式单室气冷真空炉，气冷真空炉其加热与冷却在同一个真空室内进行，其结构简单、操作方便维修方便，占地面积小，是目前广泛采用的炉型。图 3-18(c)、(d) 所示为双室气冷真空炉，其加热室与冷却室由中间真空隔热门隔开。工件在加热室加热，在冷却室冷却，该炉型的冷却气体只充入冷却室，加热室仍保持真空状态，可缩短再次开炉的抽真空和升温时间，且有利于工件冷却。如图 3-18(e) 所示为三室半连续式气冷真空炉，它由进料室、加热室和冷却室等部分组成，相邻两个室之间设真空隔门，该炉生产效率高，能耗较低。

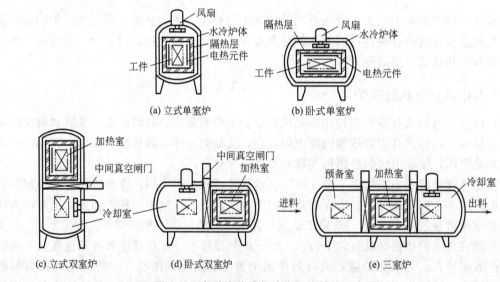

图 3-18　各种内热式气淬真空炉结构示意图

真空高压气冷技术得到迅速发展，相继出现了负压气冷（$<1\times10^5$ Pa）、加压气冷（1×10^5 Pa$\sim4\times10^5$ Pa）、高压气冷（5×10^5 Pa$\sim10\times10^5$ Pa）和超高压气冷（10×10^5 Pa$\sim20\times10^5$ Pa）等真空炉，以有利于提高冷却速度，扩大了钢种的应用范围。气冷真空炉有内循环和外循环两种结构，如图 3-19 所示。内循环是指风扇、热交换器均安装在炉壳内形成强制对流循环冷却，而外循环是指风扇、热交换器安装在炉壳外进行循环冷却。

真空炉内的传热主要为辐射与对流，很少对流换热，工件在真空炉内加热速度相对较慢，为缩短加热时间，改善加热质量、提高劳动效率，又相继开发了带对流加热装置的气冷真空炉，后者有两种结构，如图 3-20(a) 所示为单循环风扇结构，即对流加热循环和对流冷却循环共用一套风扇装置。如图 3-20(b) 所示为双循环风扇结构，对流加热循环和对流冷却循环各自有独立的风扇装置。在高温下（＞1000℃），搅拌风扇的材料可采用高强度复合碳纤维，它轻便，又有足够的高温强度和耐热温气体冲刷性能，这类真空炉可用于真空高压气冷等温淬火等。

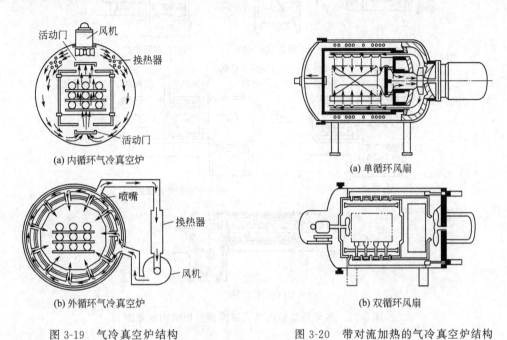

(a) 内循环气冷真空炉

(a) 单循环风扇

(b) 外循环气冷真空炉

(b) 双循环风扇

图 3-19　气冷真空炉结构　　　　　　图 3-20　带对流加热的气冷真空炉结构

② 油淬真空炉　油淬真空炉是用真空淬火油作为淬火冷却介质的真空炉，目前我国用 ZZ-1、ZZ-2 型等真空淬火油。如图 3-21 所示为各种油淬真空炉的结构示意图，如图 3-21(a) 为卧式单室油淬真空炉，它不带中间的真空闸门，其主要缺点是工件油淬所产生的油蒸汽污染加热室，影响电热元件的使用寿命与绝缘体的绝缘性。如图 3-21(b)～(d) 所示为立式和卧式双室油淬真空炉，加热室与冷却油槽中间设有真空隔热门，双室油淬真空炉克服了单室油淬真空炉的缺点，具有较高的生产效率、较低的能耗。但其结构复杂，造价也较高，如图 3-21(e)、(f) 所示为三室半连续和三室连续真空炉，它生产效率高、能耗较小，适用批量生产作业。

③ 多用途真空炉　多用途组合式真空炉通常由加热室和多个不同用途的冷却室组合而成，它根据工件的种类、形状和真空热处理工艺要求，任意选择最佳的冷却方式，组合成气淬炉、油淬炉或水淬炉等，还可以采用盐浴、真空淬火油、水溶性淬火冷却剂、水和惰性气体等冷却介质，图 3-22 为多用途真空炉的结构形式。

（3）应用情况　内热式真空炉与外热式真空炉相比，结构和控制系统比较复杂，制造、安装精度要求高，调试难度大，造价较高。但其具有热惯性小、热效率较高，可以实现快速加热和快速冷却，使用温度高等特点。另外内热式真空炉可以实现大型化、便于连续作业，自动化控制程度高，生产效率高，因此内热式真空炉迅速发展，已经成为当前与今后真空热处理炉的主流炉型。

前面已经介绍，内热式真空炉有单室、双室、三室及组合型等多种类型，它是目前真空

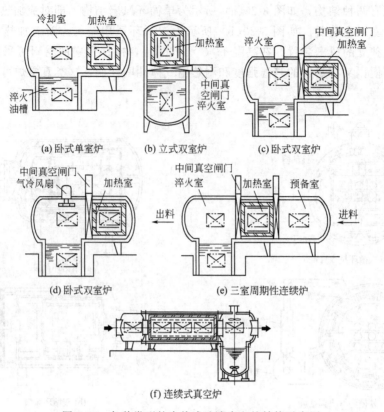

图 3-21　各种类型的内热式油淬真空炉结构示意图

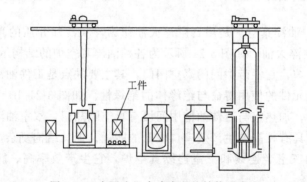

图 3-22　多用途组合式真空炉结构示意图

淬火、回火、退火、渗碳、钎焊和烧结的主要炉型，尤其是气淬真空炉、油淬真空炉等发展很快。

① 单室炉为周期性作业炉，有立式与卧式两种，只有一个炉室，加热与冷却均在该室内完成，加热元件为空心石墨棒或金属带等，具有体积小、结构简单、造价低、排气时间短、耗气量小的优点。如气体淬火炉、回火炉、退火炉、烧结炉与钎焊炉等。

② 双室炉是带有冷却室的周期性作业炉，它有立式、卧式以及带或不带真空密封阀之分，具有更高的冷却能力，更适用于淬火作业。有真空密封阀门的双室式炉的加热室在作业周期内可以始终保持工作温度和真空状态，而无需反复升降温和充排气，可进行真空气淬、油淬、水淬、硝盐等温或分级淬火等。隔热屏是加热室的主要组成部分，将加热元件与炉壳

隔开，可确保最高的使用温度，实现快速加热，减少热损失和所需的功率等。隔热材料有多层金属辐射屏、石墨毡隔热屏和夹层复合材料屏等。

③ 半连续和连续式真空炉，是在加热室的前后分别设置气冷室，油冷室的三室炉相当于带真空密封阀门的卧式真空炉又增添了一个冷却室。连续式真空炉由准备室、加热室和冷却室组成，从而完成预热、均热和保温过程。

3.2.2　外热式真空热处理炉

（1）特点　外热式真空炉的结构简单，炉罐不进行水冷，故称为热壁真空炉或真空马弗炉。零件放在已抽成真空的炉罐中，从外部间接加热。该类真空炉的特点为结构简单，操作维修方便，造价低；炉罐内无电热元件和隔热材料等，易于清理，容易获得真空；无气体放电和其他安全隐患，可靠性好。

该类真空炉的特点如下：操作维修方便，易于制造，造价低；炉罐内无真空放电（无气体放电）和其他安全隐患，可靠性好；故障率低。

（2）结构形式　常用的外热式真空热处理炉的结构示意图如图 3-23 所示。

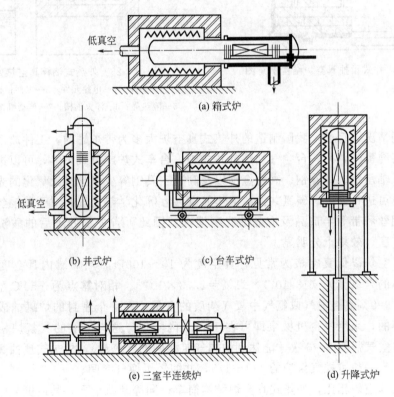

(a) 箱式炉

(b) 井式炉　　　　　(c) 台车式炉　　　　　(d) 升降式炉

(e) 三室半连续炉

图 3-23　常用外热式真空热处理炉结构示意图

该类真空热处理炉的炉罐为筒形，见图 3-23(c) 和 (d)，其加工和装配比较方便，通常以水平或垂直方向置于炉膛中，炉罐可全部置于炉膛中，见图 3-23(c) 和 (d)，或部分伸出炉外，形成冷却室，见图 3-23(a)。为了提高炉温，降低炉膛之外的空间用另一套真空装置抽成真空，见图 3-23(b)。为了提高生产率，可采用由装料室、加热室及冷却室三部分组成的半连续作业的真空炉，见图 3-23(e)，该炉各室有单独的真空系统，室与室之间有真空闸门，为了实行快速冷却，在冷却室内可以通入惰性气体，并与换热器相连接，进行强制循环冷却。

外热式真空炉主要由加热炉、炉罐、炉盖、充气和冷却系真空泵（机组）和控制柜组成。图 3-24 为一台典型的外热式井式预抽真空炉结构示意图，图 3-25 为外热式油淬真空炉示意图。

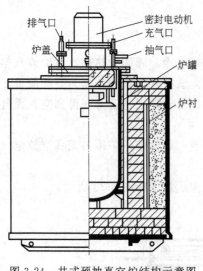

图 3-24 井式预抽真空炉结构示意图

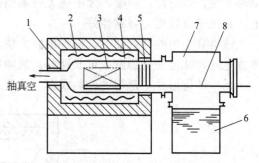

图 3-25 外热式油淬真空热处理炉
1—炉体；2—电热元件；3—工件；4—真空罐；
5—隔热屏；6—淬火油槽；7—传动机构；8—冷却室

（3）应用情况　目前，我国制造的外热式真空炉大多为带炉罐的，工件放入炉罐内后抽真空和充入高纯氮气，用一台空气加热的井式炉、台车式炉或卧式炉等，可以进行碳钢、低合金结构钢、轴承钢、弹簧钢、高合金钢以及高速工具钢等少氧化或无氧化的光亮退火、去应力回火，也可进行渗碳、碳氮共渗、液体氮碳共渗等化学热处理；对于紫铜丝、棒、管材及型材、黄铜丝和带等半成品及成品的光亮退火，因此可省去了处理后的酸洗、碱洗、水洗、烘干等工序，效果十分明显。

外热式真空炉以低真空最为常见，真空度为 $10 \sim 100Pa$，当炉罐内真空度达 13Pa 时，内部剩余气体的含氧量为 $(13/10^5) \times 21\% = 2.73 \times 10^{-5}$。相对露点为 $-50℃$ 左右，相对于 $99.99\% \sim 99.999\%$ 高纯氮气或氩气中氧气杂质的含量。在一个密封的炉罐抽成如此的真空度时容易达到的，采用一台机械泵即可在 10min 内实现。这与一般的气氛炉相比（用保护气氛置换炉内空气需要 $5 \sim 6$ 次才能达到炉内气氛相同的含氧量），外热式预抽真空炉的用气量是很少的，为一般可控气氛炉的 $1/7 \sim 1/5$，并缩短了换气时间。

与内热式真空炉相比，外热式真空炉结构简单、同等装载量下，其造价为内热式真空炉的 $1/3 \sim 1/2$，从维护、使用寿命和可靠性上评估，更具有实用性。

这类炉子的额定温度受到炉罐材质的限制，目前生产的外热式真空炉多为 $550 \sim 750℃$ 和 $750 \sim 950℃$ 两类，前者采用 1Cr18Ni9Ti，后者采用 Cr25Ni20Si2 或 3Cr24Ni17SiNrRe 等耐热钢板卷制焊接而成。

（4）部分外热式真空炉的主要技术参数　表 3-12 为国内某公司生产的真空化学热处理炉和预抽真空保护气氛炉的技术参数，表 3-13 为一般用途的外热式真空热处理炉的技术参数。

表 3-12 RN5-6KM 系列井式真空脉冲渗氮炉的技术参数

型号	主要参数			空炉升温时间/h	空炉损耗功率/kW	炉温均匀性/℃	最大装载量/kg	参考治理质量/kg
	功率/kW	温度/℃	工作区尺寸/mm B×L×H					
RN5-6KM 系列井式真空脉冲渗氮炉								
RN5-20-6KM	20	650	料筐 φ400×550	≤2.5	≤5	±5	160	1600
RN5-30-6KM	30	650	料筐 φ450×650	≤2.5	≤7.5	±5	200	1900
RN5-45-6KM	45	650	料筐 φ450×1000	≤2.5	≤9	±5	300	2600
RN5-60-6KM	60	650	料筐 φ650×1200	≤2.5	≤13	±5	630	3400
RN5-75-6KM	75	650	料筐 φ800×1300	≤2.5	≤15	±5	750	3900
RN5-90-6KM	90	650	料筐 φ800×1800	≤3	≤17	±5	1450	4800
RN5-110-6KM	110	650	料筐 φ800×2500	≤3	≤20	±5	1800	5800
RN5-140-6KM	140	650	料筐 φ800×3500	≤3	≤25	±5	2100	6500
RQ5-10DM 系列井式真空脉冲渗碳炉的技术参数								
RQ5-10-10DM	10	1000	料筐 φ150×350	≤2.5	≤3.5	±5	20	1100
RQ5-15-10DM	15	1000	料筐 φ200×400	≤2.5	≤4	±5	30	1350
RQ5-20-10DM	20	1000	料筐 φ250×400	≤2.5	≤5.5	±5	40	1600
RQ5-25-10DM	25	1000	料筐 φ300×450	≤2.5	≤7	±5	50	1900
RQ5-35-10DM	35	1000	料筐 φ300×600	≤2.5	≤9	±5	100	2150
RQ5-60-10DM	60	1000	料筐 φ450×600	≤2.5	≤12	±5	150	2900
RQ5-75-10DM	75	1000	料筐 φ450×900	≤2.5	≤15	±5	220	3350
RQ5-90-10DM	90	1000	料筐 φ600×900	≤3	≤16	±5	400	4000
RQ5-105-10DM	105	1000	料筐 φ600×1200	≤3	≤18	±5	500	4500
RNW-6KM 系列卧式真空脉冲渗氮炉(圆体)的技术参数								
RNW-15-6KM	15	650	炉罐 300×650×250	≤2	≤5	±5~8	—	2000
RNW-30-6KM	30	650	炉罐 450×950×350	≤2	≤7.5	±5~8	—	3000

型号	主要参数			空炉升温时间/h	空炉损耗功率/kW	炉温均匀性/℃	最大装载量/kg	参考治理质量/kg
	功率/kW	温度/℃	工作区尺寸/mm $B \times L \times H$					
RNW-6KM 系列卧式真空脉冲渗氮炉（圆体）的技术参数								
RNW-45-6KM	45	650	炉罐 600×1200×400	≤2	≤9	±5~8	—	4000
RNW-60-6KM	60	650	炉罐 750×1500×450	≤2	≤13	±5~8	—	5000
RNW-75-6KM	75	650	炉罐 900×1800×550	≤2	≤15	±5~8	—	6000
预抽真空保护气氛炉的技术参数								
GY86-216	35	700	料筐 $\phi350×800$	≤2	≤13	±5	280	2000
GY90-223	35	700	料筐 $\phi450×1000$	≤1.5/2	≤14/16	±5	600	3000
GY86-217	25	750	料筐 $\phi400×600$	≤2	≤10	±5	200	1600
GY86-222	60	750	风套 $\phi600×700$	≤2	≤15	±5	250	2000
GY86-219	60	750	风套 $\phi500×1000$	≤2.5	≤15	±5	500	3400
GY98-230	82	750	风套 $\phi600×1500$	≤2	≤22	±5	650	3200
GY86-224	75	750	风套 $\phi500×1500$	≤2	≤17	±5	700	4000
GY98-231	100	750	风套 $\phi800×2000$	≤2	≤30	±5	1350	5000
GY96-220	120	750	风套 $\phi800×25000$	≤2	≤36	±5	1500	5960
GY90-205	160/220	750/950	风套 $\phi1050×1600$	≤2.5/3	≤38/50	±5	2500	8000
GY86-232	165	750	风套 $\phi1000×1600$	≤2.5	≤15	±5	2500	7500
GY86-234	250	750	风套 $\phi1000×3000$	≤2.5	≤60	±5	3000	12500
GY90-221	250	750	风套 $\phi1350×2500$	≤2.5	≤60	±5	3000	9000
GY86-221	540	750	风套 $\phi1620×5500$	≤3.5	≤80	±5	8000	15000
GY99-216	15/20	650/1000	料筐 $\phi250×400$	≤1.5/2	≤7	±5	150	1400
GY90-201	25/35	650/950	料筐 $\phi350×500$	≤1.5/2	≤6/8	±5	200	1600/1900
GY90-202	45/65	650/950	料筐 $\phi450×750$	≤1.5/2	≤13/15	±5	300	2600/2800

表 3-13 外热式真空炉的技术参数

型 号	技术指标					
	额定功率/kW	额定电压/V	额定温度/℃	工作真空度/Pa	工作室尺寸/mm	重量/kg
GY01-23	20	380	650	6.7×10^{-2}	$\phi300\times500$	1500
GY94-754	80	380	750	6.7×10^{-2}	$\phi6300\times2000$	50000
GY94-755	90	380	750	6.7×10^{-2}	$\phi800\times1200$	4500
GY94-756	120	380	750	6.7×10^{-2}	$\phi800\times2400$	6000
GY94-751	20	380	1000	6.7×10^{-2}	$\phi300\times500$	1500
GY02-26	35	380	1000	1×10^{-2}	$600\times300\times300$	2100
GY94-752	40	380	1000	6.7×10^{-2}	$\phi300\times500$	2300
GY94-753	70	380	1000	6.7×10^{-2}	$\phi600\times1000$	3500
GY01-27	30	380	1200	6.7×10^{-2}	$\phi300\times500$	1600
RJZ-90-13	90	380	1300	6.7×10^{-2}	$\phi600\times800$	2600

3.2.3 外热式与内热式真空炉的比较

外热式真空炉与内热式真空炉均匀应用比较广泛的真空热处理炉,其区别在于加热元件布置的位置不同,在炉体设计等方面存在较大的不同,因此其各有特点,为便于学习,这里将两者的优缺点列入表 3-14 中进行比较,供参考。

表 3-14 外热式与内热式真空炉的优缺点比较[1,2,5]

炉 型	特 点	缺 点
外热式真空炉	(1)结构简单,易于制造或用普通的电阻炉加以改造 (2)真空室容积较小,排气量小,罐内除工件外,很少有其他的需要去除气的构件,放气量较少,易于达到高真空度 (3)电热元件是外部加热,不存在真空放电问题 (4)炉内机械程序少,操作与维修简单,故障率低 (5)工件与炉膛不接触,在高温下不产生化学反应	(1)传热效率低,工件的加热速度慢 (2)受炉罐材料的限制,炉子的工作温度一般只能维持在 1000~1100℃ (3)炉罐的一部分暴露在大气下,尽管能加隔热屏,但热损失很大 (4)炉子热容量的热惯性很大,控制比较困难 (5)炉罐的使用寿命短
内热式真空炉	(1)热惯性小,热效率高 (2)可以实现快速加热和快速冷却 (3)工作温度高 (4)设备大型化,利于连续作业 (5)自动化控制程度高,生产效率高	(1)炉子结构和控制系统比较复杂 (2)制造安装要求高 (3)调试难度大 (4)造价较高 (5)加热元件布置较复杂

3.2.4 国内真空炉制造厂家

目前国内真空炉生产厂家较多,包括中外合资企业,这些企业各有特点,生产历史不同,真空炉类型、使用范围、结构形式也有差异,但均具有一定规模化制造作业水平,同时采用了先进的控制技术,实现了真空设备的智能化与自动化操作,国内真空炉制造企业介绍见表 3-15,供参考。

表 3-15 国内真空炉制造企业明细一览表

序号	厂家	产品型号	应用领域
1	北京机电研究所	WZ/LZ 系列真空炉: 真空油淬气冷炉 真空高压气淬炉 真空加压气淬炉 真空正压回火炉 真空烧结淬火炉 真空渗碳淬火炉 卧式真空退火炉 真空钎焊炉 立式真空退火炉 真空清洗机 真空水淬淬火炉 真空碳氮共渗热处理炉等	航空航天、兵器、船舶、化工、仪表、机械等行业与领域
2	首都机械厂 (首都航天机械公司 工业电炉厂)	ZCG 系列高压高流率气淬炉 ZCGQ 系列正压气淬炉 ZC2 双室系列真空油气淬火炉 ZC3 三室系列真空油气加压淬火炉 ZR 系列真空回火炉 ZT 系列真空退火炉 ZLT2 系列真空离子渗氮炉 ZCT2 系列真空渗碳炉 ZH 真空钎焊炉 ZS 真空烧结炉	
3	北京华翔电炉 技术有限责任公司	真空热处理炉 真空钎焊炉 真空烧结炉 真空实验炉	
4	北京电炉厂	高压高流率气冷真空炉 双室油淬加压气淬炉 三室油淬加压气淬炉 加压真空回火炉 真空钎焊炉 真空渗碳炉	
5	北京航天万源 科技公司工业电炉厂	ZC2 系列双室真空油淬(加压)气冷炉 ZC3 系列三室真空油淬气冷炉 ZCL 型立式真空油淬炉 ZCG 系列高压气淬炉 ZT 系列卧式真空退火/回火炉 ZTL 系列卧式真空退火/回火炉 ZR 系列真空回火炉 ZS 系列真空烧结炉 ZS 系列真空脱蜡烧结炉 ZSY 系列真空压力烧结炉 ZSL 系列立式烧结炉 ZH 型系列真空铝合金钎焊炉 ZH 型系列高温真空钎焊炉 ZCT 系列真空渗碳/离子渗碳炉	

序号	厂家	产品型号	应用领域
6	北京华海中谊工业炉有限公司	真空气淬炉 真空油淬炉 真空回火炉 真空氮化炉等	航空航天、军工、铁道、汽车、机械、模具热处理等领域
7	北京七星华创电子股份有限公司	真空炉	航空航天、电真空、电力电子、石英玻璃、金属加工、磁性材料、热处理等领域
8	北京易利工业炉制造有限公司	卧式双室真空渗碳油淬炉 卧式双室真空渗碳高压气淬炉 卧式双室真空气冷油淬炉 卧式双室真空高压气淬炉 卧式单室真空高压气淬炉 高真空回火炉 立式上装料真空炉 立式底装料真空炉 立式真空油淬炉 立式钟罩式真空炉 铝合金真空钎焊炉 加压烧结炉	航空航天、电真空、电力电子、石英玻璃、金属加工、磁性材料、热处理等领域
9	依西埃姆(北京)工业炉贸易有限责任公司	连续式低压渗碳炉(ICBP FLEX/ICBP LINE/ICBP DUO) 高压气淬炉(20bar) 真空油淬炉 特殊用途钎焊炉 真空退火/回火 真空氮化炉(软氮化)	汽车、航空航天、船舶、铁路、军工、机械、齿轮、轴承、商业热处理等
10	上海机械制造工艺研究所	真空热处理炉 离子渗氮炉	汽车、航空航天、船舶、铁路、军工、机械、齿轮、轴承、商业热处理等
11	上海汇森益发工业炉有限公司(中德合资)	渗碳真空炉 氮碳共渗真空炉 渗氮真空炉 真空淬火炉 钎焊真空炉	汽车、航空航天、船舶、铁路、军工、机械、齿轮、轴承、商业热处理等
12	上海先越冶金技术有限公司	真空高压气淬炉 真空冶炼炉 预抽真空气体氮化炉 真空烧结炉	
	上海中加电炉有限公司	真空热处理炉	
13	易普森工业炉(上海)有限公司	IPSEN 大型真空气淬热处理炉 IPSEN 大型真空退火热处理炉 IPSEN 大型真空回火热处理炉 IPSEN 大型真空钎焊热处理炉 IPSEN CRV 预抽真空热渗氮炉	汽车、航空航天、船舶、冶金、电子、铁路、军工、机械、齿轮、汽车、兵器工业、商业热处理等
14	吉埃斐工业炉(上海)有限公司	真空炉 真空低压渗碳生产线	航空航天、兵器、标准件、纺织、机械制造、电子、汽车零部件等行业

序号	厂家	产品型号	应用领域
15	法垄热工技术（上海）有限公司	真空高压气淬炉 真空油淬炉 真空渗氮炉 真空回火炉 真空钎焊炉 真空烧结炉	航空航天、兵器、标准件、纺织、机械制造、电子、汽车零部件等行业
16	西安电炉研究所	真空炉 真空浇注炉 立式真空烧结炉	航空航天、电真空、电力电子、石英玻璃、金属加工、磁性材料、热处理等领域
17	奥地利 RUBIG 公司	真空炉 离子渗氮炉 真空清洗设备	汽车、航空航天、船舶、冶金、电子、铁路、军工、机械、齿轮、汽车、兵器工业、商业热处理等
18	中国电子科技集团公司第二研究所	真空双室油淬气冷炉 真空高压气淬炉 真空回火炉 真空退火炉 铝真空钎焊炉 高温真空钎焊炉 真空烧结炉 真空热压炉 真空净化脱气炉	
19	中山凯旋真空技术工程有限公司	真空加压气淬炉（2～6bar） 真空高压气淬炉（2～10bar） 真空双室油气淬火炉 高真空钎焊炉 真空烧结炉 真空退/回火炉 铁芯真空退火炉	航空航天、电真空、电力电子、石英玻璃、金属加工、磁性材料、热处理等领域
20	湖南顶立科技有限公司	真空高压气淬炉 真空双室油淬炉 高真空回火炉 立式真空退火炉 立式高真空钎焊炉	
21	武汉顺达工业炉有限公司	双室真空油（气）淬炉 大型真空回火炉	工模具、汽车、工程机械、标准件等行业与领域
22	汉中赛普真空技术公司	系列真空高压气淬炉 系列真空油淬炉	
23	西南工业炉有限责任公司	真空淬火炉 真空回火炉 真空罩式炉	工模具、汽车、工程机械、标准件等行业与领域

续表

序号	厂家	产品型号	应用领域
24	南京威途真空技术有限公司	UTG 系列真空高压气淬炉 VTO 系列双室真空油气淬炉 VTA 系列真空退火炉 VTH 系列真空回火炉 VTR 系列柔性结构真空热处理炉 VTS 系列真空渗碳炉 VTM 系列真空热压炉 VFT 系列真空烧结炉 VTHB 系列真空高温钎焊炉 VTB 系列真空铝钎焊炉等	航空航天、电真空、电力电子、石英玻璃、金属加工、磁性材料、热处理等领域
25	南京新光英炉业有限公司	高温真空热处理炉 双室油气淬真空炉 铝硅/铝铬共渗真空炉 真空渗氮炉	航空航天、汽车、工程机械、船舶、轨道交通、标准件等行业与领域
26	无锡四方集团真空炉业有限公司	ZGQ 系列真空高压气淬炉 ZYQ2 系列双室油淬气冷真空炉 ZHH 系列真空回火炉 ZTH 系列高真空退火炉 ZQH 系列真空高温钎焊炉 ZSJ 系列真空烧结(脱蜡)炉 ZLQ 系列真空铝钎焊炉	航空、航天、军工、铁道、汽车、机械、模具、电子、科研等行业与领域
27	江苏丰东热技术股份有限公司	卧式高压气淬炉 立式真空气淬炉 真空油淬炉 真空退火/回火炉 真空渗碳炉 预抽真空渗氮/脉冲渗氮炉	航空航天、汽车、工程机械、船舶、轨道交通、标准件等行业与领域
28	沈阳真空技术研究所	VQG 系列高压气淬真空炉 VOG 系列双室油气淬真空炉 VAF 系列真空退火炉 VCGF 系列真空渗碳(氮、氮碳共渗)炉 连续式真空热处理炉 真空钎焊炉 VBF 系列真空高压钎焊炉 VBF 系列真空高压铝钎焊炉	航天、航空、船舶、模具、汽车、电子、机械、粉末冶金等行业
29	沈阳佳宇真空科技有限公司	VHQ 系列高压气淬真空炉(6bar) VHQC 系列对流高压气淬真空炉(6bar) VUQ 系列超高压气淬真空炉(10bar) VPQ 系列加压气淬真空炉(2bar) VOQ 系列双室油气淬真空炉 VPT 系列真空加压回火炉(2bar) VPA 系列真空退火炉 VHB 系列真空高温钎焊炉 VLB 系列真空铝钎焊炉 VHS 系列真空烧结炉	航天、航空、船舶、模具、汽车、电子、机械、粉末冶金等行业

序号	厂家	产品型号	应用领域
30	沈阳沈真真空技术有限责任公司	VQG 系列真空高压气淬火炉 VPG 系列高流率真空气体淬火炉 VAF 系列真空退火炉 VQS 系列高温真空烧结炉 VQS 系列碳化硅真空烧结炉 VPS 系列(加压性)真空烧结炉 VIFS 系列真空烧结炉 VSF 系列真空烧结炉 VQB 系列高温钎焊炉 VBF 系列真空钎焊炉 VDC 系列定向结晶真空冶炼炉	航天、航空、船舶、模具、汽车、电子、机械、粉末冶金等行业
31	沈阳北真真空科技有限公司	真空气淬炉 真空回火炉 真空退火炉 真空钎焊炉 真空烧结炉 真空热压烧结炉 真空冶炼炉等	
32	沈阳方盛真空科技有限公司	真空高压气淬炉 对流加热型真空高压气淬炉 真空钎焊炉 真空烧结炉	
33	爱发科中北真空(沈阳)有限公司	七室连续真空热处理炉 FSC7-6090 真空高压气淬炉 VHQ-557 三室真空热处理炉 FHH-120PHG 双室真空油淬气冷炉 FHH-75GLHS 真空钎焊炉 VB-1520	
34	沈阳恒进真空科技有限公司	高压气淬炉 真空退火炉 真空渗碳炉 真空热压炉 高温真空烧结炉 真空铝钎焊炉	

3.3 真空淬火炉

3.3.1 真空气淬炉

真空气淬炉是在近 20 年来发展很快的真空炉，是利用惰性气体氩气或氮气作为淬火的冷却介质，有很好的安全性与经济性，真空气淬炉按所用的气体压力的不同，分为负压气冷（$<1\times10^5$ Pa）、加压气冷（$1\times10^5\sim4\times10^5$ Pa）、高压气冷（$5\times10^5\sim10\times10^5$ Pa）和超高压气冷（$10\times10^5\sim20\times10^5$ Pa），即冷却室气体压力从 2bar 发展到 6bar（高压气淬真空炉）、10bar（超高压气淬真空炉），并向 20bar、30bar、40bar 的更高压方向发展，另外带对流加热的真空炉及高压高流率真空炉、负（高）压高流率真空炉等也得到迅速的发展，气冷压力越大，冷却速度相应增加，在生产实践中，根据不同的钢种的淬火需要，选用不同的气冷压力。

各种气淬真空炉基本都是由炉体、加热室、冷却装置、进出料机构、真空系统、电气控制系统、水冷系统以及回充气体系统等组成的，气淬真空炉主要用于金属工件的气淬、回火、退火、钎焊及烧结等，下面进行系统的介绍。

(1) 高压气淬的淬硬能力与应用情况

① 淬硬能力

a. 6bar 压力下氮气中淬火　具体如表 3-16 所示。

表 3-16　几种材料在 6bar 压力下氮气中淬火后的硬度情况

材料牌号	工件直径/mm	硬度/HRC
普通合金钢	$\phi 25 \sim \phi 100$	≥60
M2	$\phi 70 \sim \phi 100$	≥64
H11、H13	$\phi 70 \sim \phi 100$	≥54
Cr12 型钢	$\phi 80 \sim \phi 100$	≥64
9Mn2CrV	$\phi 25 \sim \phi 40$	≥60
60CrW2V	$\phi 20$	≥60
有限截面马氏体不锈钢	$\phi 40 \sim \phi 60$	≥54
18-8 型奥氏体固溶	—	≤36

b. 10bar 压力下氮气中淬火　$\phi 25 \sim \phi 100$mm 合金钢件密集装炉（比 6bar 装炉量密度大 30%～40%）的传热系数为 8.0～2.0，高速钢的截面与装炉密度几乎不受限制，高、中、低合金热作模具钢件都可在此条件下淬火。有限截面的高、中合金结构钢，都可在此条件下进行强韧化处理。

c. 20bar 压力下氮气中淬火　$\phi 25 \sim \phi 100$mm 合金钢件在比 6bar 装炉密度大 30%～150% 的条件下传热系数为 0.4～1.0，高速钢，高、中、低合金热作模具钢，高、中、低合金冷作模具钢，油淬合金钢的强韧处理，包括离子渗碳和氮碳共渗后的淬火冷却。

② 应用情况

a. 2bar 气淬炉　用于冷却速度要求不高的高速钢、冷热模具钢和有限截面尺寸的奥氏体不锈钢等，把工件以大间隙放置在料盘上，以保证得到均匀加热，同时便于气流在工件间均匀流通，从而获得均一的淬火或固溶质量，采用高压气淬，并开创了扩大合金钢可淬硬截面的可能性。

b. 6bar 气淬炉　到目前而言，处理模具最理想、使用最为广泛的为 6bar 真空气淬炉，与一般的大气压下淬火的设备进行比较，其淬火冷却烈度可提高 3.5～4 倍[1,2,7]。在装料松散的条件下，该类真空炉几乎能保证较大截面、各种高合金工模具钢件的淬火效果。

c. 10～20bar 气淬炉　炉内氮的压力从 6bar 增加到 10bar 以上时，可使冷却传热系数 λ 增加 140%，在 20bar 的氮气压力下冷却，与 6bar 氮气冷却相比较，此系数可增加 300%。如此高的压力可使所有的高速钢、热作模具钢、冷作模具钢、Cr13 钢以及一些油淬合金钢，包括任何截面尺寸的 ASTM02 钢，都可在密集的装料条件下进行淬硬处理。10bar 高压气淬真空炉能使工具钢和小截面的低合金钢获得最高的淬火硬度，同一种材料在整盘料中，甚至是不同的截面尺寸的工件，都能获得均匀的硬度。

(2) 高压真空气淬炉的结构类型与特点　目前各种气淬真空炉的结构如图 3-26 所示，图 3-26 中 (a) 和 (b) 为卧式和立式单室气淬真空炉，该类炉子的加热与冷却均在同一个真空室进行。该类设备具有结构简单、操作维修方便，占地面积小是目前应用最为广泛的炉型。图 3-26(c) 和（d）为双室气淬真空炉，其加热室与冷却室由真空隔热门隔开，工件在加热室加热，在冷却室内冷却。该类炉子的冷却气体只能充入冷却室，加热室仍保持真空状态，故可缩短再次开炉的抽真空和升温时间，且有利于工件的冷却。图 3-26(e) 是三室半连续式气淬真空炉，它由进料室、加热室和冷却室等部分组成，相邻两个室之间设有真空隔热门，该炉的生产效率高，能耗较低。

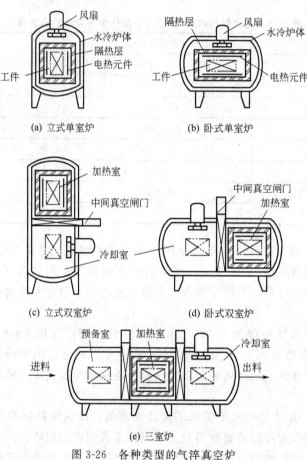

图 3-26　各种类型的气淬真空炉

高压高流率气淬真空炉有内循环和外循环两种结构，如图 3-27 所示，内循环是指风扇、热交换器均安装在炉壳内，形成强制对流循环冷却，而外循环的风热交换器安置在炉壳上进行循环。

真空炉内的传热主要为辐射传热，很少对流换热，工件在真空炉中的加热速度相对较慢，为缩短加热时间，改善加热质量，提高加热效率，近年来真空炉制造厂又开发出带对流加热装置的气淬真空炉，其具有两种结构形式。图 3-28(a) 为单循环风扇结构，即对流加热循环风扇和对流加热循环与对流冷却循环共用一套风扇装置，各有独立的风扇结构。在高温下（≥1000℃），搅拌风扇的材料可采用高强度复合碳纤维，它轻便、又有足够的高温强度和抗耐热气体的冲刷性能。这类炉子可用于真空高压气淬等温淬火。

（3）各种高压气淬真空炉　单室气淬真空炉有卧式和立式两种，单室气淬真空炉的加热与冷却是在同一室内完成的，该类炉采用石墨管加热，硬化石墨毡隔热，也可采用钼带加热，夹层隔热屏或全金属隔热屏。强制冷却系统采用大风高压风机和大面积的铜散热器，以及高速喷嘴沿着加热室360度均布，以确保气淬的均匀性。

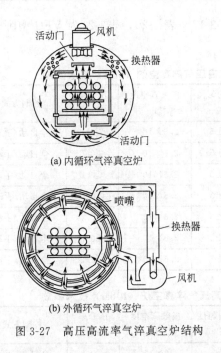

(a) 内循环气淬真空炉

(b) 外循环气淬真空炉

图 3-27　高压高流率气淬真空炉结构

(a) 单循环风扇

(b) 双循环风扇

图 3-28　带对流加热的气淬真空炉结构

① 卧式单室高压气淬真空炉　HZQ 型卧式单室高压气淬真空炉见图 3-29，VFC 型卧式单室高压气淬炉见图 3-30。

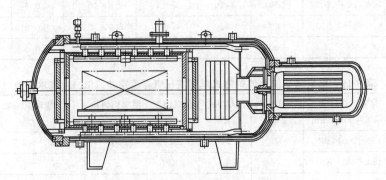

图 3-29　HZQ 型卧式单室高压气淬真空炉

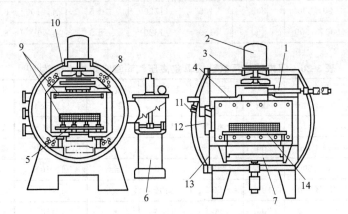

图 3-30　VFC 型卧式单室高压气淬炉

1,7—可收缩冷却门；2—气冷风扇；3—炉体；4—热屏蔽侧板；5—工件料筐；6—油扩散泵；8—冷却管组；
9—加热元件；10—高压炉壳；11—观察孔；12—铰接热室门；13—冷却气体屏蔽室；14—炉底板

国内卧式单室高压气淬真空炉的技术参数见表 3-17～表 3-20，表3-21为 VFC 型卧式单室高压气淬真空炉技术参数。

表 3-17　沈阳佳誉真空科技有限公司卧式单室高压气淬真空炉（6bar）技术参数

型号	有效工作尺寸 /mm×mm×mm	装炉量 /kg	最高温度 /℃	温度均匀性 /℃	极限真空度 /Pa	压升率 /(Pa/h)	控制方式
VHQ-224	250×250×400	60	1320	≤±5	$2.6×10^{-3}$	≤0.6	全自动/手动
VHQ-446	400×400×600	200	1320	≤±5	$2.6×10^{-3}$	≤0.6	全自动/手动
VHQ-557	500×500×700	300	1320	≤±5	$2.6×10^{-3}$	≤0.6	全自动/手动
VHQ-669	600×600×900	500	1320	≤±5	$2.6×10^{-3}$	≤0.6	全自动/手动
VHQ-6612	600×600×1200	600	1320	≤±5	$2.6×10^{-3}$	≤0.6	全自动/手动
VHQ-7712	700×700×1200	800	1320	≤±5	$2.6×10^{-3}$	≤0.6	全自动/手动
VHQ-8812	800×800×1200	1000	1320	≤±5	$2.6×10^{-3}$	≤0.6	全自动/手动

表 3-18　沈阳佳誉真空科技有限公司卧式单室高压气淬真空炉（10bar）技术参数

型号	有效工作尺寸 /mm×mm×mm	装炉量 /kg	最高温度 /℃	温度均匀性 /℃	极限真空度 /Pa	压升率 /(Pa/h)	控制方式
VUQ-224	250×250×400	60	1320	≤±5	$2.6×10^{-3}$	≤0.6	全自动/手动
VUQ-446	400×400×600	200	1320	≤±5	$2.6×10^{-3}$	≤0.6	全自动/手动
VUQ-557	500×500×700	300	1320	≤±5	$2.6×10^{-3}$	≤0.6	全自动/手动
VUQ-669	600×600×900	500	1320	≤±5	$2.6×10^{-3}$	≤0.6	全自动/手动
VUQ-6612	600×600×1200	600	1320	≤±5	$2.6×10^{-3}$	≤0.6	全自动/手动

表 3-19　南京光英炉业公司卧式单室高压气淬真空炉（6bar）技术参数

型号	有效工作尺寸 /mm×mm×mm	装炉量 /kg	加热功率 /kW	最高温度 /℃	温度均匀性 /℃	极限真空度 /Pa	压升率 /(Pa/h)
ZC-20	300×200×200	50	20	1320	±5	$4×10^{-1}～6.7×10^{-3}$	≤0.6
ZC-40	450×300×300	100	40	1320	±5	$4×10^{-1}～6.7×10^{-3}$	≤0.6
ZC-80	600×400×400	200	80	1320	±5	$4×10^{-1}～6.7×10^{-3}$	≤0.6
ZC-120	750×500×500	300	120	1320	±5	$4×10^{-1}～6.7×10^{-3}$	≤0.6
ZC-150	900×600×1600	400	150	1320	±5	$4×10^{-1}～6.7×10^{-3}$	≤0.6

表 3-20　国内其他厂家卧式单室高压气淬真空炉技术参数[1,18]

型号	有效工作尺寸 /mm×mm×mm	装炉量 /kg	加热功率 /kW	最高温度 /℃	温度均匀性/℃	气冷压强 /Pa	压升率 /(Pa/h)	生产单位
VQC-100	400×250×250	100	60	1300	±5	$6×10^{5}$	≤0.67	沈阳真空技术研究所
VQC-200	600×400×400	200	100	1300	±5	$6×10^{5}$	≤0.67	
VQC-300	900×600×600	500	200	1300	±5	$6×10^{5}$	≤0.67	
HZQ-50	450×300×300	100	50	1300	±5	$6×10^{5}$	≤0.67	北京华翔技术开发公司
HZQ-80	600×400×400	200	90	1300	±5	$6×10^{5}$	≤0.67	
HZQ-120	600×500×450	300	120	1300	±5	$6×10^{5}$	≤0.67	
HZQ-150	900×600×600	500	150	1300	±5	$6×10^{5}$	≤0.67	

型号	有效工作尺寸/mm×mm×mm	装炉量/kg	加热功率/kW	最高温度/℃	温度均匀性/℃	气冷压强/Pa	压升率/(Pa/h)	生产单位
HVQ-70	600×400×300	150	170	1300	±5	$6×10^5$	≤0.67	汉中赛普技术开发公司
HVQ-120	900×500×500	300	120	1320	±5	$6×10^5$	≤0.70	
HVQ-160	900×600×500	600	160	1320	±5	$6×10^5$	≤0.70	
WQG-669	900×600×600	—	—	1300	±5	$(6～10)×10^5$	≤0.67	沈阳真空技术研究所
WQG-7712	1200×700×700	—	—	1300	±5	$(6-10)×10^5$	≤0.67	
WZDGQ-30	500×300×300	60	57	1320	±5	$(6～10)×10^5$	≤0.67	北京机电研究所
WZDGQ-45	670×450×400	200	85	1320	±5	$(6～10)×10^5$	≤0.67	
WZDGQ-60	900×600×600	500	165	1320	±5	$(6～10)×10^5$	≤0.67	

表 3-21　VFC 型卧式单室高压气淬真空炉技术参数 （Abar-Ipsen 样本）

型号	有效加热区尺寸/mm×mm×mm	装炉量/kg	加热功率/kW	冷却气耗量/(m³/次)	机械泵抽速/(m³/min)	油扩散泵直径/mm
VFC-25	305×203×152	23	15	0.2	0.42	152
VFC-124	381×305×203	23	25	0.28	0.56	152
VFC-224	610×381×254	180	50	1.4	2.26	305
VFC-324	915×610×305	360	112.5	2.5	4.25	305
VFC-424	915×610×457	453	150	2.8	4.25	305
VFC-524	915×610×610	590	150	3.4	9.5	457
VFC-724	1220×762×508	680	150	4.8	9.5	457
VFC-924	1220×762×762	816	150	5.6	9.5	457

② 立式单室高压气淬真空炉　VVFC 型立式单室高压气淬真空炉见图 3-31，VVFC 型立式单室高压气淬真空炉技术参数见表 3-22。

表 3-22　VVFC 型立式单室高压气淬真空炉技术参数 （Abar-Ipsen 样本）

型号	有效加热区尺寸/mm×mm（直径×高）	装炉量/kg	加热功率/kW	冷却气耗量/(m³/次)	机械泵抽速/(m³/min)	油扩散泵直径/mm
VVFC-1824	457×610	180	50	1.4	2.36	305
VVFC-2436	610×915	453	112.5	2.55	4.24	305
VVFC-3048	762×1220	680	150	4.24	4.24	305
VVFC-3636	915×915	906	150	6.22	8.49	457
VVFC-3648	915×1220	906	150	7.07	8.49	457
VVFC-4848	1220×1220	1360	225	8.49	8.49	457
VVFC-4860	1220×1524	1360	225	10.2	8.49	508
VVFC-4872	1220×1828	1360	300	11.3	8.49	508
VVFC-6060	1524×1524	1812	300	14.1	8.49	812
VVFC-6084	1524×2134	3265	450	17	8.49	812

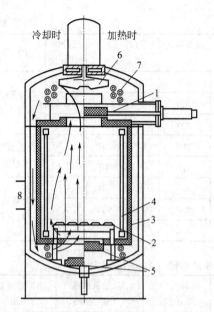

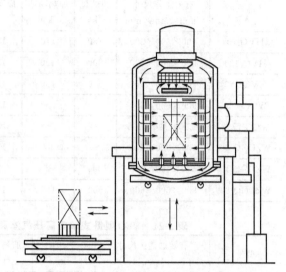

图 3-31　VVFC 型立式单室高压气淬真空炉

图 3-32　HZQL 型立式气淬真空炉

1,5—冷却门；2—炉床；3—加热室；4—电热元件；

6—气冷风扇；7—冷却管组；8—接油扩散泵

HZQL 型立式单室罩式底装料高压气淬真空炉见图 3-32，其技术参数如表 3-23 所示。

表 3-23　HZQL 型立式单室罩式底装料高压气淬真空炉技术参数（北京华翔公司）

型号	有效加热区尺寸 /mm×mm	装炉量 /kg	加热功率 /kW	最高温度 /℃	气冷压强 /Pa	压升率 /(Pa/h)
HZQL-50	$\phi 400 \times 450$	100	50	1300	6×10^5	0.67
HZQL-90	$\phi 500 \times 600$	200	90	1300	6×10^5	0.67
HZQL-150	$\phi 800 \times 900$	500	150	1300	6×10^5	0.67
HZQL-200	$\phi 41000 \times 1100$	800	200	1300	6×10^5	0.67

③ 卧式双室、立式双室及卧式三室高压气淬真空炉　国产卧式双室高压气淬真空炉的型号有 ZCGQ2、WZJQ、HZQ2、ZC2 等，图 3-33 为卧式双室高压气淬真空炉的结构示意图，一些厂家的卧式双室高压气淬真空炉的技术参数见表 3-24。

表 3-24　卧式双室高压气淬真空炉的技术参数

型号	有效加热区尺寸 /mm×mm×mm	装炉量 /kg	加热功率 /kW	最高工作温度/℃	压升率 /(Pa/h)	气冷压强 /Pa	生产厂家
HZQ2-65	400×600×300	120	65	1300	0.67	5×10^5	北京华翔技术开发公司
HZQ2-100	600×900×410	300	100	1300	0.67	5×10^5	
WZQ-30	300×450×300	60	40	1300	0.67	3×10^5	北京机电研究所
WZQ-45	450×670×400	120	63	1300	0.67	3×10^5	
ZCGQ2-65	420×620×300	100	65	1300	0.67	2×10^5	首都机械厂
ZCGQ2-100	600×61000×410	300	100	1300	0.67	2×10^5	

FH. V-GH 型立式双室高压气淬真空炉结构见图 3-34，其技术参数见表 3-25。

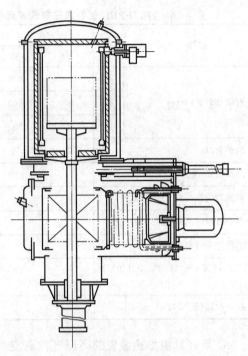

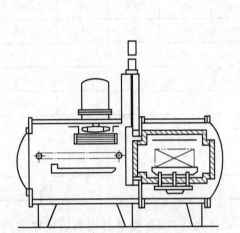

图 3-33　卧式双室气淬真空炉结构示意图　　　图 3-34　FH. V-GH 型立式双室高压气淬真空炉

表 3-25　FH. V 系列真空炉技术参数（日本真空技术株式会社产品）

型　号		FH. V						
		20	30	45	60	75	90	120
有效加热区/mm	直径	200	300	450	450	750	900	1200
	高	200	300	450	600	750	900	1200
装炉量/kg		15	40	90	160	260	400	800
最高温度/℃		1350						
炉温均匀性/(在 1150℃ 以上)		±5						
空炉升温时间(至 1150℃)/min		<30					<40	
工件淬火转移时间/s		12				15		
气冷时间(从 1150℃ 至 150℃)/min		<30						
抽空时间(至 6.7Pa)/min		10				15		

FH. H-PHG 型卧式三室气淬真空炉的结构如图 3-35 所示，其技术参数见表 3-26。

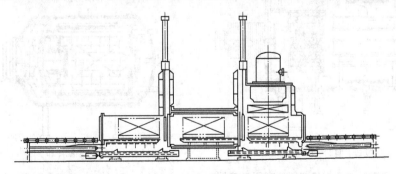

图 3-35　FH. H-PHG 型卧式三室气淬真空炉

表 3-26　FH. H-PHG 型卧式三室气淬真空炉的技术参数（日本真空技术株式会社产品）

型　号		FH. V						
		20	30	45	60	75	90	120
有效加热区/mm	宽	200	300	450	450	750	900	1200
	长	300	450	675	900	1125	1350	1800
	高	150	200	300	400	500	600	800
装炉量/kg		20	50	120	210	350	500	1000
最高温度/℃		1350						
炉温均匀性/（在 1150℃ 以上）		±5						
空炉升温时间（至 1150℃）/min		<30					<40	
工件淬火转移时间/s		12				15		
气冷时间（从 1150℃ 至 150℃）/ min		<30						
抽空时间（至 6.7Pa）/min		10				15		

④ 带有对流加热装置的高压气淬真空炉　图 3-36 为 VKNQ 型带对流加热装置的高压气淬真空炉结构图，表 3-27 为其技术参数，图 3-37 为 VKSQ 型带对流加热装置的高压气淬真空炉结构图，表 3-28 为其技术参数。沈阳佳誉真空科技有限公司的 VHQC 系列对流加热高压气淬真空炉技术参数见表 3-29。

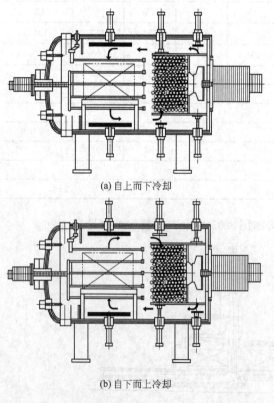

(a) 自上而下冷却

(b) 自下而上冷却

图 3-36　VKNQ 型带对流加热装置的高压气淬炉

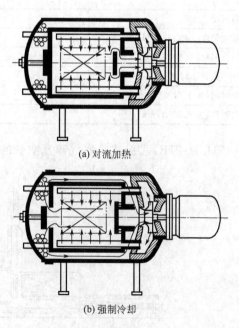

(a) 对流加热

(b) 强制冷却

图 3-37　VKSQ 型真空炉

表 3-27　VKNQ 型真空炉技术参数（德国 LEYBOLD 样本）

型号	25/25/40	40/40/60	60/60/90	80/80/120	100/100/150
有效加热区/mm	250×250×400	400×400×600	600×600×900	800×800×1200	1000×1000×1500
装炉量/kg	50	200	500	800	1200
最高温度/℃	1300	1300	1300	1300	1300
炉温均匀性/℃	5	5	5	5	5
加热功率/kW	50	80	120	200	300
气冷压强/(×10^{-5}Pa)	6～10	6～10	6～10	6～10	6～10

表 3-28　VKSQ 型真空炉技术参数（选自德国 LEYBOLD 样本）

型号		40/40/60	60/60/90	80/80/120	100/100/150
有效加热区/mm		400×400×600	600×600×900	800×800×1200	1000×1000×1500
最高温度/℃		1350	1350	1350	1350
炉温均匀性/±℃		5	5	5	5
加热功率 /kW	$6×10^5$Pa （N_2的压强）	60	90	132	160
	$10×10^5$Pa （N_2的压强）	80	110	160	240
	$20×10^5$Pa （He 的压强）	80	110	160	240
气冷压强 /Pa	$N_2×10^5$	6～10	6～10	6～10	6～10
	He 或 $N_2×10^5$	20～10	20～10	20～10	20～10

表 3-29　沈阳佳誉真空科技有限公司的 VHQC 系列对流
加热高压气淬真空炉技术参数

型号	有效工作尺寸 /mm	装炉量 /kg	最高温度 /℃	温度均匀性 /℃	极限真空度 /Pa	压升率 /(Pa/h)	气冷压强 /Pa	控制方式
VHQC-224	250×250×400	60	1320	≤±5	2.6×10^{-3}	≤0.6	6×10^5	全自动/手动
VHQC-446	400×400×600	200						
VHQC-557	250×250×400	300						
VHQC-669	500×500×700	500						
VHQC-6612	600×600×900	600						
VHQC-7712	700×700×1200	800						
VHQC-8812	800×800×1200	1000						

　　⑤ 负（高）压高流率真空气淬炉　图 3-38 为 WZQ-60 负（高）压高流率真空气淬炉结构图，该炉为双室卧式内热式结构，主要由加热室、冷却室、真空系统、充气系统、淬火风冷系统及控制系统等组成，WZQ 系列真空炉主要技术参数见表 3-30。

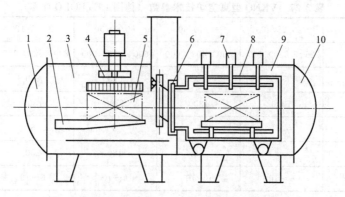

图 3-38　WZQ-60 型真空气淬炉示意图

1—冷却室门；2—送料机构；3—冷却室壳体；4—淬火冷却系统；5—料筐；

6—热闸阀；7—热电偶；8—炉胆；9—加热室；10—加热室门

表 3-30　WZQ 系列真空炉主要技术参数

型号项目	WZQ-30G	WZQ-45	WZQ-60
有效加热区尺寸/mm	300×450×350	450×670×300	600×900×400
装炉量/kg	60	120	200
最高温度/℃		1300	
炉温均匀性/℃		±5	
加热室极限真空度/Pa		$6.6×10^{-3}$	
压升率/(Pa/h)		$6.6×10^{-1}$	
气冷压力/Pa		$8.7×10^{4}$	
空炉升温时间/min		<30(空炉由室温到1150℃)	
气冷时间/min		<30(空炉由室温到1150℃)	
加热功率/kW	40	63	100
总重量/t	4	7	12
占地面积/m²	10	16	25

图 3-39 为 ZQ 型高压高流率气淬真空炉结构图，ZQ 型真空炉是由炉体、加热室、高压大功率通风机、内循环喷射式冷却系统、电气系统、真空系统、氮气系统等组成，其主要特点为：采用石墨管加热，硬化石墨毡隔热，确保加热过程安全可靠；采用高压大风量风机，确保大截面高速钢工件可以淬透；除在加热室周围和长度上配置一定数量的喷嘴外，在加热室后壁上也装有许多喷嘴，更进一步提高气淬的均匀性。表 3-31 为该 ZQ 型高压高流率气淬真空炉的技术参数。

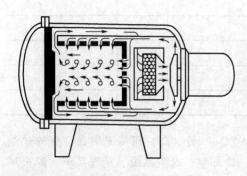

图 3-39　ZQ 型高压高流率气淬真空炉示意图

表 3-31　ZQ 型高压高流率气淬真空炉的技术参数（北京华翔公司样本）

型　　号	ZQ-70	ZQ-120
有效加热区尺寸/mm×mm×mm	600×400×400	900×500×500
装炉量/kg	100	200
最高温度/℃	1320	1320
极限真空度/Pa	$4×10^{-1}\sim6.6×10^{-3}$	$4×10^{-1}\sim6.6×10^{-3}$
加热功率/kW	70	120
气淬压强/MPa	0.2～0.5	0.2～0.5

3.3.2　油淬及油气真空炉

油淬真空炉是发展应用较早的真空炉，其应用范围比较广泛，凡是可进行油淬的钢铁材料均可采用真空炉进行淬火处理，随着对于钢铁零件热处理要求的提高，如减少变形、减少表面的氧化脱碳、减少加工余量，改善作业环境与降低劳动强度等，降低生产成本等出发，近十年来气淬真空炉由被油气淬真空炉取代的发展趋势，成为热处理设备发展领域比较迅速的一类设备。

（1）油淬真空炉的结构类型　油淬真空炉的类型也分为卧式单室、卧式双室、立式双室、三室周期性和连续性等几种炉型，油淬真空炉的加热元件为石棉布或石墨管。加热室的保温层为石墨毡和耐火纤维，该类炉子具有升温速度快、保温性能好和炉温均匀等优点。图3-40 为各种类型的油淬真空炉的结构简图，图 3-40（a）为卧式单室油淬真空炉，工件在同一炉室进行加热与油淬，具有结构简单、操作维修方便、造价低廉等优点，其缺点是油淬时产生的油蒸汽污染加热室，降低了电热元件的使用寿命和绝缘材料的绝缘性能等。图 3-40（b）和（c）是立式和卧式双室油淬真空炉，加热室与冷却油槽中间用真空隔热阀门隔开，可以防止工件油淬时产生油蒸汽对加热室的侵入和污染，从而提高加热元件的使用寿命和绝缘件的绝缘性能。同时，双室油淬真空炉比单室油淬真空炉生产效率高，节约能源，缺点为结构较为复杂，制造加工要求较高，造价较高。图 3-40（d）为带有气冷风机的油淬气冷真空炉，图 3-40（e）为三室半连续油淬真空炉，图 3-40（f）为连续式油淬真空炉。

（2）双室油气真空淬火炉　目前国产的该类真空炉的型号有 ZC2、WZC、HZC2、VOQ、VOG 等，分解介绍如下。

① ZC2 系列双室卧式油气真空淬火炉　ZC2 系列炉为双室卧式油气真空淬火炉，图3-41 为 ZC2 系列双室卧式真空淬火炉的结构示意图，这类真空炉主要用于工具钢、模具钢、高速钢、轴承钢、弹簧钢、不锈钢以及磁性材料的光亮淬火等，是应用最为广泛的真空炉之一，也是最早应用于商业热处理的重要真空炉型。

该炉加热室隔热屏采用混合毡结构，即由 20mm 厚的石墨毡与 20mm 厚的硅酸铝纤维毡组成，加热元件采用石墨布，因此该炉热效率高、炉温均匀性好，可以实现快速加热与快速冷却。该炉采用了整体式炉体和翻板式真空隔热门等结构，其中整体式炉体是将加热室炉体、冷却室炉体、密封中间墙和淬火冷却油槽制成一个整体结构，可有利于炉室的真空获得与维持。翻板式真空隔热门是由石墨毡和不锈钢板组成的隔热屏、门体、摇臂、滑块、导向轨等构成，在工作时摇臂转动带动门体转动，使滑块沿导轨方向移动，将门体翻转完成开闭动作。该门体不需限位机构，没有振动和噪声，结构简单和紧凑，设计比较合理。

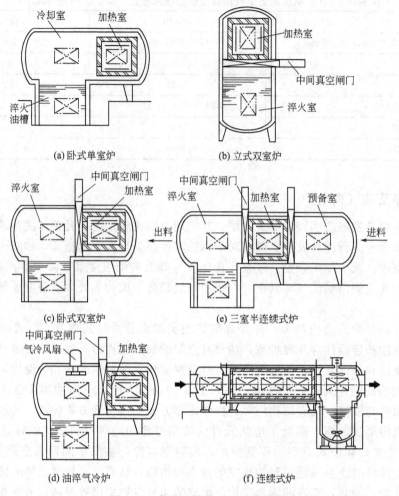

图 3-40 各类油淬真空炉结构简图

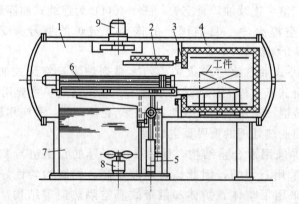

图 3-41 ZC2 系列双室卧式油气真空淬火炉

1—整体式炉体；2—翻板式真空隔热门；3—中间墙；4—加热室；5—多位油缸升降机构；
6—水平机构；7—淬火冷却油槽；8—油搅拌器；9—气冷风扇

② WZC 系列油气真空炉 WZC 系列油气真空炉为卧式双室真空炉，图 3-42 为 WZC-20 油气真空炉的结构示意图。

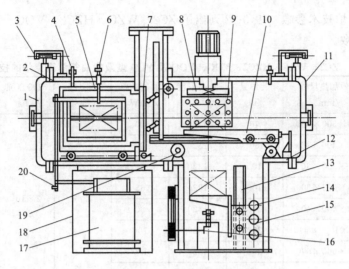

图 3-42　WZC-20 油气真空炉的结构示意图

1—加热室门；2—加热室壳体；3—炉门吊挂；4—真空规管；5—炉胆；6—控温热电偶；7—热闸阀；8—风扇；
9—料筐；10—送料机构；11—冷却室门；12—冷却室壳体；13—淬火机构；14—油加热器；15—油温
测量热电偶；16—油搅拌器；17—加热变压器；18—变压器柜；19—凸轮机构；20—水冷电极

　　WZC 系列油气真空炉最高工作温度为 1300℃，炉温均匀性为 ±5℃，极限真空度 < 6.6×10^{-3} Pa，压升率 < 6.6×10^{-1} Pa/h，淬火充气压力 8.7×10^4 Pa，该炉真空炉主要用于高速钢、工模具钢、轴承钢、弹簧钢、不锈钢以及磁性材料的淬火等。

　　③ 日本海斯公司 VCQ 系列卧式双室油气真空炉　VCQ 型油气真空炉的结构见图 3-43，VCQ 型炉主体由加热室、冷却区和淬火油槽组成，其间不设中间真空闸门，这种炉型的优点是结构简单、操作维修方便、造价低，其缺点为工件淬火时油蒸气对加热室造成污染，使加热元件对炉壳间的绝缘电阻下降。该炉的工件传动机构由水平运动结构和竖直升降机构组成，水平运动机构由电动机、减速器、移动链和工件小车组成，工件小车本身也是炉床，由六根矩形钼棒制成，由于工件上车的滚道在加热室外侧，因而隔热屏下部开两条长口，以便于工件顺利进出加热室，为使隔热屏开口处热量不直接向外辐射，在小车的两侧装有金属反射屏。

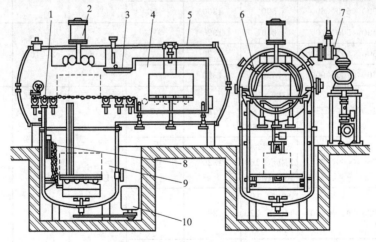

图 3-43　VCQ 型真空淬火炉

1—工件传送机构；2—气冷风扇；3—隔热门；4—加热室；5—炉体；6—电热元件；
7—真空系统；8—升降机构；9—淬火冷却油槽；10—油搅拌器

④ 油气真空炉技术参数 表 3-32 列出了 ZC2、WZC、HZC2、VOG、VOQ 及 VCQ 型真空炉的技术参数。

表 3-32 ZC2、WZC、HZC2、VOG、VOQ 及 VCQ 型双室油气淬真空炉的技术参数

型号	有效加热尺寸/mm	装炉量/kg	最高温度/℃	加热功率/kW	压升率/(Pa/h)	气冷压强/Pa	制造单位
ZC2-20	300×300×200	40	1320	20			
ZC2-30	300×400×180	50	1320	30			
ZC2-40	450×300×300	100	1320	40			
ZC2-65	420×620×300	100	1320	65	0.67	$2×10^5$	首都航天工业炉厂
ZC2-80	600×400×400	200	1320	80			
ZC2-100	600×1000×410	300	1320	100			
ZC2-120	750×500×500	300	1320	120			
ZC2-150	900×600×600	400	1320	150			
WZC-10	150×100×100	5	1300	10			
WZC-20	300×200×180	20	1300	20			
WZC-30	450×300×300	60	1300	40	0.67	$8.7×10^4$	北京机电研究所
WZC-45	670×450×400	120	1300	60			
WZC-60	900×600×450	210	1300	100			
HZC2-20	300×200×150	20	1300	20			
HZC2-40	450×300×300	60	1300	40	0.67	$2×10^5$	北京华翔公司
HZC2-65	600×400×300	120	1300	65			
HZC2-100	900×600×410	300	1300	100			
VOG-100	500×400×300	100	1300	63			
VOG-150	600×420×300	150	1300	83			
VOG-200	700×450×320	200	1300	100	0.67	$1.8×10^5$	沈阳真空技术研究所
VOG-280	800×600×450	280	1300	120			
VOG-500	900×600×600	500	1300	150			
VOQ-457	400×500×700	250	1320	—			
VOQ-567	500×600×700	350	1320	—	0.6	$2×10^5$	沈阳佳誉
VOQ-679	600×700×900	500	1320	—			
VCQ-E-091218	460×310×230	870℃ 100 1100℃ 80 1320℃ 60	1320	60			
VCQ-E-121830	760×460×310	870℃ 200 1100℃ 160 1320℃ 130	1320	75	工作真空度2.6	—	日本海斯公司
VCQ-E-182436	920×610×460	870℃ 240 1100℃ 220 1320℃ 170	1320	99			
VCQ-E-243648	1230×920×610	870℃ 450 1100℃ 340 1320℃ 250	1320	225			

表 3-33 为 PFTH 型立式油淬真空炉的技术参数，供参考。

表 3-33　PFTH 型立式油淬真空炉的技术参数（法国 ECM 公司产品）

型号	有效加热区(直径×高)/mm×mm	装炉量/kg	加热功率/kW
PFTH400/1000	φ400×1000	150	100
PFTH500/1200	φ500×1000	250	150
PFTH600/1200	φ600×10200	350	180
PFTH800/1700	φ800×1700	700	320

（3）三室油气真空炉

① 北京华翔公司 HZC3 型油气真空炉　HZC3 型真空炉是卧式三室油淬高压气淬（5bar）真空炉，是由双室炉体、高压炉体、油淬火室、高压气淬室、风冷装置、工件传动机构、真空系统、电气控制系统、回充气体系统以及水冷系统等部分构成。其中加热室是采用石墨毡与硅酸铝纤维毡制成，加热元件为石墨布，温度与机械动作采用自动程序控制。该真空炉把油淬和高压气淬组合在同一炉内，具有半连续操作的功能，适用于批量生产，也可用于小批量多品种的生产方式。

HZC3 型三室油淬高压气淬真空炉的结构见图 3-44，技术参数见表 3-34。

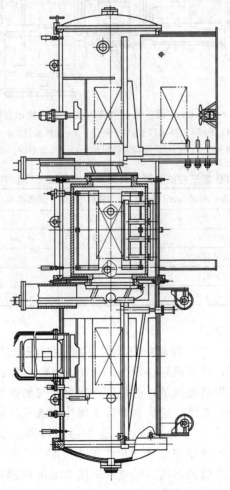

图 3-44　HZC3 型三室油淬高压气淬真空炉

表 3-34　HZC3 型三室真空炉技术参数（北京华翔产品）

型号	有效加热区尺寸 /mm	装炉量 /kg	最高温度 /℃	加热功率 /kW	压升率 /(Pa/h)	气冷压强 /Pa
HZC3-65	600×400×300	120	1300	65	0.67	5×10⁵
HZC3-100	900×600×400	300		100		

　　② CFQ 型三室油气淬真空炉　CFQ 型三室油气淬真空炉是由加热室、气淬室和油淬室组成，既可以两端进出料，也可一端进料一端出料，其结构件见图 3-45。加热室是由隔热门密封，在第二批装料时炉温不会下降，减少了热损失。气淬室有压力淬火循环风扇，淬火油槽装有加热器，采用油泵循环。通过程序控制器，可自动控制温度、气氛和作业工序，可进行自动化生产，其部分产品系列见表 3-35。

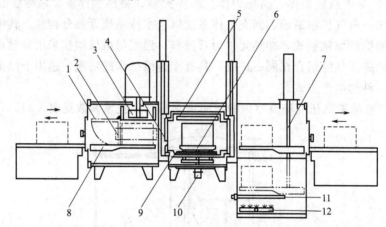

图 3-45　CFQ 型三室油气淬火真空炉结构示意图

1—冷却挡板；2—内冷却器；3—压力淬火风扇；4—隔门；5—加热元件；6—炉底板；7—油淬升降机；
8—底盘；9—内室；10—炉底板升降机构；11—油加热器；12—油喷嘴

表 3-35　CFQ 型三室油气淬火真空炉技术参数（日本中外炉样本）

型号	工作空间(宽×深×高)/mm×mm×mm	最大装炉量/kg	加热功率/kW	最高炉温/℃	真空度/Pa
CFQ-10	300×500×300	100	40		
CFQ-20	460×610×300	200	60		
CFQ-30	610×920×460	450	105	1320	1
CFQ-40	610×920×610	520	130		
CFQ-50	760×1220×610	650	210		

　　(4) 连续油（气）淬真空炉

　　① ZCL-75-13 型连续油（气）淬真空炉　图 3-46 为西安电炉研究所设计制造的连续式油（气）淬真空炉的结构图，炉子额定功率为 75kW，最高炉温 1300℃，炉温均匀度±3℃，该炉采用石墨带发热体，石墨毡隔热屏，进料室和出料室与加热室之间有真空闸阀，可确保进出料时不被破坏加热室的真空度，进出料和淬火操作用液压传动。

　　② CVCQ 型连续式油（气）淬火真空炉　该炉由装料室、多工位加热室和油淬卸料室组成，除装料和卸料外，其他操作完全自动化，工艺周期（出料）15min，加热室炉体由内圆筒外包围矩形水套，构成冷壁式结构。隔热屏采用 25mm 厚的高纯度石墨毡，加上 25mm厚的高纯度硅酸铝纤维毡，组合成混合毡结构。电热元件为管状石墨布，分上下两排安装在

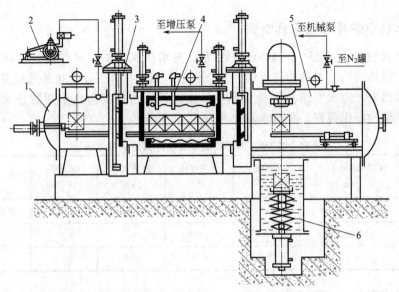

图 3-46　ZCL-75-13 型连续式真空热处理结构示意图

1—进料室；2—真空系统；3—真空闸阀；4—加热室；5—出料室；6—淬火油槽

炉床上下方。油淬卸料室为垂直放置的圆筒形水冷夹层结构，顶部为水冷夹层封头盖，可以打开。该炉的特点是其加热室可以同时容纳 3 个料筐（或 6 个料筐，双层）连续生产，生产效率高，节省能源，产品成本低。

　　CVCQ 型真空炉的结构见图 3-47，其技术参数见表 3-36。

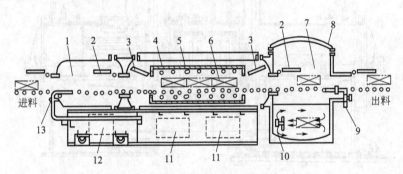

图 3-47　CVCQ 型连续式真空热处理炉

1—装料室；2—中间真空门；3—隔热门；4—加热室；5—电热元件；6—工件；7—油淬出料室；8—顶盖；9—出炉卸料装置；10—油搅拌器；11—动力装置；12—传送装置；13—入炉推料装置

表 3-36　CVCQ 型连续式真空炉热处理技术规格（日本海斯样本）

型号	CVCQ-091872	CVCQ-2024144
有效加热区尺寸/mm	1800×460×230	3640×610×510
料筐尺寸（长×宽）/mm×mm	600×400	910×610
最高温度/℃	1320	1320
生产率/(kg/h)	360	1180
工作真空度/Pa	67	67
真空泵抽气速率/(L/min)	10000	30000
占地面积（长×宽）/mm×mm	11000×5100	19000×5500
炉床高/mm	1230	980

3.3.3 水淬真空炉及多用途真空炉

（1）水淬真空炉 WZSC、HZSC 等型为双室水淬真空炉，由炉体、加热室、淬火水槽、中间真空隔热闸门、工件传送机构、真空机组、回充气体系统、电控系统及水冷系统等部分组成。加热室、淬火水槽分别设置真空机组，淬火水槽真空机组须防止水蒸气大量挥发，该炉有严格的操作规程，其技术参数如表 3-37 所示。

表 3-37 WZSC、HZSC 型双室水淬真空炉技术参数

型号	有效加热区尺寸 /mm×mm×mm	装炉量 /kg	最高温度 /℃	加热功率 /kW	压升率 /(Pa/h)	制造单位
WZSC-20	200×300×180	30	1300	20	0.67	北京机电研究所
HZSC-65	400×600×300	120	1300	65	0.67	北京华翔公司
HZSC-100	600×900×410	300	1300	100	0.67	

（2）多用途真空炉

① HZCD 型三室多用途真空炉 HZCD 型卧式三室多用途真空炉由炉体、加热室、淬火油槽、淬火水槽、中间真空隔热门、工件传送机构、真空机组、回充气体系统、电控系水冷系统、风冷装置等几大部分组成，可以完成油淬、水淬、气淬，以及回火、退火、钎焊等多种热处理工艺。该炉的结构见图 3-48，其技术参数如表 3-38 所示。

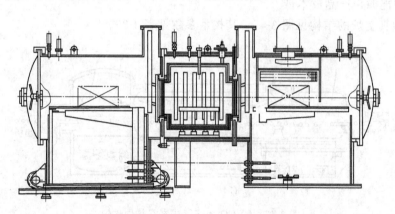

图 3-48 HZCD 型三室多用途真空炉

表 3-38 HZCD 型三室多用途真空炉（选自北京华翔公司的产品）

型号	有效加热区尺寸 /mm×mm×mm	装炉量 /kg	最高温度 /℃	加热功率 /kW	极限真空度 /Pa	气冷压强 /Pa
HZCD-40	450×300×300	60	1300	40	$4×10^{-1}～6.6×10^{-3}$	$2×10^{5}$
HZCD-65	600×300×300	120	1300	65		
HZCD-100	900×600×410	300	1300	100		

② 立式多用途真空炉 立式多用途真空炉（或称为真空热处理联合电炉）由加热室、准备室、淬火油槽、硝盐槽以及气冷罐等部分组成，主要用于油淬、硝盐淬火和气淬。表 3-39 为其技术参数，图 3-49 为其组成机组的示意图。

表 3-39　真空热处理联合电炉技术参数（选自航空工业规划研究院产品）

有效加热区尺寸/mm×mm	$\phi100\times200$	$\phi150\times250$	$\phi600\times1500$	$\phi600\times2000$	$\phi1500\times2000$
装炉量/kg	10	15	200	120	400
最高使用温度/℃	1000	950	950	950	1000
温度均匀性/℃	±10	±10	±10	±10	±10
加热器功率/kW	20	15	165	254	510
加热器材料	Cr20Ni80	Cr20Ni80	Cr20Ni80	Cr20Ni80	Cr20Ni80
供电线路电压/V	220	220	380	380	380
加热器连接方式	单	单	3△	4△	4△
工作电压/V	6～60	10～60	6～40	6～60	7～70
极限真空度/Pa	1.3×10^{-1}	1.3×10^{-1}	1.3×10^{-2}	6.6×10^{-1}	1.3×10^{-2}
工作真空度/Pa	1.3	1.3	1.3×10^{-1}	1.3	1.3×10^{-1}
压升率/(Pa/h)	4	4	6.6×10^{-1}	6.6×10^{-1}	6.6×10^{-1}
淬火转移时间/s	<10	15	30	30	15
硝盐槽工作温度/℃		450	180～400		176～330
油槽工作温度/℃		80	80	80	60

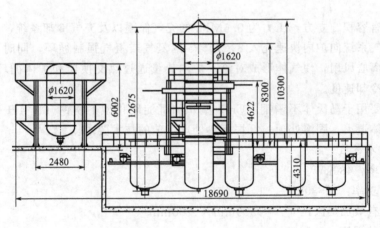

图 3-49　立式多用途真空炉

3.4　真空退火炉与回火炉

3.4.1　真空退火炉

真空退火炉应用最为广泛，早期的外热式真空炉主要用于真空退火、消除内应力、固溶处理等，后来用于其他热处理，内热式真空炉中，自冷式炉主要用于各类金属和磁性合金的退火、不锈钢等材质的钎焊、真空除气等处理，几种常用的典型的内热式真空退火炉的结构、主要技术参数及应用等。下面分解介绍如下，供参考。

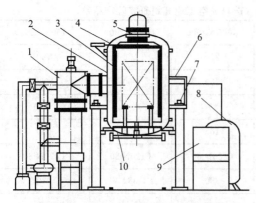

图 3-50　LZT-150 型立式真空退火炉
1—真空系统；2—炉体；3—炉胆；4—上炉门；
5—风冷系统；6—支架；7—升降机构；
8—充气系统；9—电控系统；10—下炉门

(1) LZT-150 型立式真空退火炉

① 立式退火炉的结构特点　LZT-150 的结构具体见图 3-50。

该设备为立式、单室结构，结构简单，占地面积小。全部热处理过程（包括加热和冷却）不用移动工件即可完成。该设备采用高架式垂直升降装料机构，设计了料台、炉门合为一体的活动料车，可以升降，亦可在导轨上纵向进出移动。装料方便、操作简单，炉门升降机采用丝杠螺母传动。

炉胆隔热屏由两层钼片、四层不锈钢和一层碳毡组成复合式隔热屏，保温性能好，节省能源。加热元件为厚 1.2mm，宽 55mm 的钼带，在炉内均匀布置，钼片之间用钼螺丝连接，加热元件由特殊设计的陶瓷架支撑，安装拆卸方便，为防止金属元素的挥发造成加热体对地短路，加热元件与隔热屏间设计了金属绝缘体。

炉膛有效加热区分为上、中、下三区，分别由 3 个控温热电偶控制，输入电压由三台磁性调压器分别供给，以保证有效加热区内温度均匀性的要求，温控器采用智能化仪表，具有 4 条控温曲线，每条曲线可分为 15 个温度段，每条曲线可以设定一组 PID 控制参数和输出限幅值，适应和满足钼加热元件的工作特性，满足了程序控制的技术要求。

设备配备有容积 2 立方，压力为 0.6MPa 的充气储罐以及充气冷却系统，当工件需要快速冷却时，充气系统向炉内快速充入 8×10^4 Pa 的氮气或氩气强制循环，同时，打开上下炉胆小门，开启离心风扇，使气体形成对流。炉内热量通过热交换器和炉体循环水冷却带走，加速了工件的冷却速度。

该设备主要用于马氏体不锈钢（Cr13 型）和沉淀硬化型不锈钢（17-4H 等）材料的大型零部件的整体退火、固溶处理、钎焊等热处理工艺的技术要求。

② 主要技术参数

a. 加热功率：480kW。

b. 整机总功率：<530kW

c. 炉膛的有效加热区尺寸：ϕ1500mm×1200mm

d. 最高加热温度：1320℃

e. 炉温的均匀性（℃）：580～650℃为±8℃；>650℃为±10℃

f. 额定装炉量（kg）：1000kg

g. 极限真空度（Pa）：4.0×10^{-3} Pa

h. 压升率（Pa/min 或 Pa/h）：0.6×10^{-1} Pa/h

i. 空炉抽空时间（min）：至 1.33Pa，≤30min 至 4×10^{-3} Pa，1.5h

j. 空炉升温时间（min）：室温至 1320℃，1h。

k. 炉膛冷却速度：≥22℃/min（至 530℃空炉）

l. 冷却水的消耗量（m^3/h）：10m^3/h

m. 炉体总重量（kg）：27t

（2）WZT-10 型卧式真空退火炉

① 设备结构特点　该设备为单室卧式内热式真空炉，主要由炉门、炉壳、炉胆、真空系统、充气系统、水冷系统和电控系统等组成，其结构见图 3-51。

a. 炉胆　该炉胆是 WZT-10 型真空退火炉的核心部件，炉胆由外壳（框架）、隔热屏、料台及发热元件组成，其结构如图 3-52 所示。

炉胆因隔热材料不同，设计了两种结构。第一种炉胆结构采用碳纤维作隔热屏，因其隔热性能好且成本低，主要用于高温加热处理场合。由于碳纤维所夹存的气体不易排出，在加热温度低时（≤650℃时），炉内气氛呈微氧化气氛，因此当工件时效硬化时，影响工件的表面质量。第二种炉胆结构全部采用不锈钢做隔热屏，可降低炉内材料在加热过程中的放气量，尽可能减少对工件的氧化，发热元件用 7 根 ϕ12mm 的石墨棒串联组成。

b. 真空系统　为了迅速使炉内的真空度达到要求，并保证在加热过程中将工件及炉内结构件释放

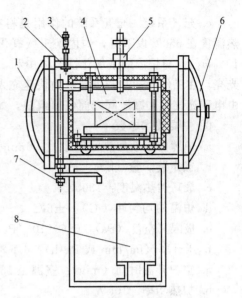

图 3-51　WTZ-10 型退火炉示意图
1—后炉门；2—炉壳；3—真空规组件；4—炉胆；5—控温热电偶组件；6—前炉门；7—水冷电极；8—变压器柜

出的气体及时排出，WZT-10 型真空退火炉配置了强抽气能力的真空系统。真空机组由 K-200 扩散泵、ZJ-30 罗茨泵和 2X-15 旋片式机械泵及各种阀门和附属管路连接件等组成，真空系统见图 3-53。

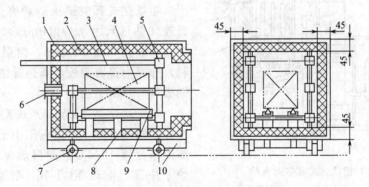

图 3-52　炉胆结构示意图
1—外壳体；2—隔热层；3—发热体；4—料筐；5—发热体支架；6—观察孔；7—滚轮；
8—立柱；9—炉床；10—加强筋

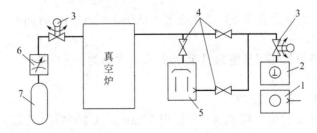

图 3-53　真空系统及充气系统示意图
1—机械泵；2—罗茨泵；3—电磁阀；4—手动蝶阀；5—扩散泵；6—液压阀；7—储气罐

c. 充气系统　充气系统的作用是将在加热或冷却时向炉内充入中性或惰性气体，如加热温度在 650℃ 以下时，炉内处于微氧化状态，向炉内充入适量的氢气（如采用 90%N_2＋10%H_2），与炉内的微氧化性气体中和，形成微还原性气氛，以保证工件在时效处理后表面光亮，在工件冷却时，可向炉内快速充入中性或惰性气体，加热工件的冷却速度，充气系统由电磁充气阀、减压阀和储气罐组成，如图 3-53 所示。

② 主要技术参数

a. 炉膛的有效加热区尺寸：100mm×150mm×100mm

b. 额定装炉量（kg）：5kg

c. 最高加热温度：1300℃

d. 炉温的均匀性（℃）：±5℃

e. 极限真空度（Pa）：$6.6×10^{-3}$Pa

f. 压升率（Pa/min 或 Pa/h）：$6.6×10^{-1}$Pa/h

g. 空炉升温时间（min）：室温至 1300℃，30min。

h. 加热功率：10kW。

i. 炉体总重量（kg）：1.5t

j. 占地面积/m^2：3m^2

（3）钼丝立式真空退火炉

① 设备结构特点　为满足铍青铜、沉淀硬化不锈钢、PH17-4、钛合金 TC4、高温合金 GH169、弹性合金 3J1、康铜箔等材料真空退火、真空时效、固溶处理等加工要求，设计研制了钼丝立式真空退火炉。其结构示意图如图 3-54 所示。

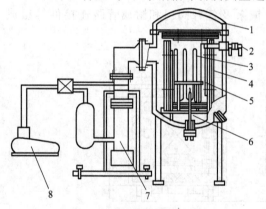

图 3-54　钼丝立式真空退火炉

1—炉盖；2—水冷电极；3—钼加热丝；
4—隔热屏；5—料盘；6—热电偶；
7—真空机组；8—真空泵

钼丝立式真空退火炉炉壳外径 ϕ500mm，有效加热区尺寸为 ϕ200mm×300mm，水冷炉壁，炉壳高度 800mm，内层全部为不锈钢制，外壳为普通钢板，隔热屏结构为多层不锈钢板（0.5mm）叠层结构。

炉子功率为 8kW，笼式钼丝结构，采用可控硅调压电源，输出电压小于 40V，炉子最高工作温度 1200℃，测温热电偶置于料盘下炉子中部，配以 XCT-101 型温度调节仪表，真空机组包括旋片式真空泵，油扩散泵，极限真空度为 $1.33×10^{-3}$Pa。

② 性能特点

a. 抽真空时间　由室温至 700℃，真空度不低于 $4×10^{-2}$Pa 时间不大于 30min，升温至 1000℃ 的时间为 1～1.5h。

b. 升温快　在装炉条件下从室温升至 1000℃，大约为 1～1.5h。

额定装炉量（kg）：5kg。

c. 炉温的均匀性（℃）：±5℃。

d. 冷速快　空炉从 1100℃ 降至 300℃ 仅用 35min，从 300℃ 冷至 150℃ 需要 2h，这是由于辐射传热与温度的四次方成正比所致，300℃ 以上温度的快速冷却性能对于许多要求固溶的材料来说是具有实际意义的。

（4）ZTR9 型气冷退火回火真空炉

① 设备结构特点与用途　ZTR9 型气冷真空退火炉主要用于合金钢、工具钢、不锈钢及磁性材料的无氧化退火、回火，并可用于钎焊处理。

该炉将强制气流循环换热技术用于加热和冷却，显著缩短了热处理作业周期，快速气体冷却技术的采用，避免了某些合金钢的回火脆性。

ZTR9 型气冷真空退火炉、真空回火炉的结构形式如图 3-55 所示。其结构特点如下。

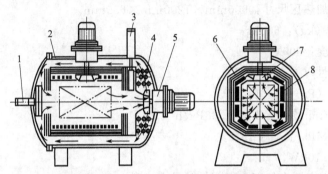

图 3-55　ZTR9-900×1200×650 型气冷退火、回火真空炉
1—前风门；2—炉体；3—后风门；4—冷却器；5—冷却循环风机；6—加热室；
7—加热循环风机；8—加热带

a. 加热室采用全不锈钢板辐射屏结构，每块屏以多块拼接敷设以减少热变形，加热室各开孔处设置辐射密封结构，并在炉门处设有弹性封口等隔热措施，防止热短路损失。

b. 热循环加热系统，真空加热主要是以辐射加热为主，而在 600℃ 以下辐射率很低，加热功率不能充分发挥。低温加热的特点是对流换热率高，该炉采用气流强制循环加热技术，为获得良好的炉温均匀性，在内导流板两侧设有分部气流的喷孔，在 600℃ 以上采用辐射加热，此时内导流板相当隔热屏，起到均热作用。

c. 该炉为单区加热方式，其有效加热区尺寸大，温度均匀性要求 ±5℃ 以内，设计要求高，设计采用 Cr20Ni80 带状加热体均匀于八面型加热室各侧面，辅以导流板均热（作用）设置，实现了炉温均匀化性要求。

d. 气冷循环系统采用内循环涡轮气冷系统，由水冷动密封风扇机构、换热加热室形成的内、外风道及风门组成。该系统风门的设置相对于留间隙风道而言，具有两个优势：一是对于加热室风门关闭状态提高其隔热性能；二是风门可根据气体流量的需要开启较大以利于快速冷却。

e. 控制系统可实现操作程序的全自动控制，具有程序自锁和保护系统。

② 性能特点

a. 保温性能好，热效率高，本炉采用封闭隔热型加热室结构，具有明显减少热损失的效果，测试表明，空炉损失为 85kW，其热效率为 60%，通常同类炉型的热效率为 40% 左右。

b. 温度均匀性达到国际标准 C 级要求，≤±5℃，这是由于加热体设计布置和导流板设置合理，同时强制对流加热对低温段炉温均匀性提高是有利的。

c. 工件加热采用热循环加热系统，使该炉有较快的加热能力，尤其是在满载条件下，其加热效率得以充分发挥，炉温升至 900℃ 的时间为 22min，满载加热到 900℃ 的时间小于 1h，技术标准规定为 1.5h。

d. ZTR9 型气冷真空退火炉强制冷却循环系统方式优于常规的冷却方式，冷却速度显著加快，表为两种冷却方式的对比数据。试验结果表明生产率提高了 3 倍。

e. 真空抽气能力强，真空机组采用 JL2H609 型罗茨泵双台滑阀机组，该机组最大优点是正套机组噪声低≤75dB，该炉抽至 2.66Pa 的时间仅为 11min。

f. 电气控制系统实现了操作过程全自动化操作。

③ 主要技术参数

a. 炉膛的有效加热区尺寸：900mm×1200mm×650mm。

b. 额定装炉量（kg）：600kg

c. 最高工作温度：900℃

d. 炉温的均匀性（℃）：±5℃

e. 极限真空度（Pa）：$4×10^{-1}$Pa

f. 压升率（Pa/min 或 Pa/h）：1.33Pa/h

g. 气冷压强（MPa）：≤0.1MPa。

h. 加热功率：210kW。

（5）国内部分生产厂家的真空退火炉的技术参数

下面分别介绍国内几个真空生产厂家的真空退火炉的工艺参数，北京机电研究所真空退火炉技术参数见表 3-40，沈阳佳誉真空科技有限公司真空退火炉技术参数见表 3-41。

表 3-40   北京机电研究所真空退火炉技术参数

设备名称	型号	有效加热区尺寸（宽×长×高）/mm×mm×mm	额定装炉量/(kg/次)	最高温度/℃	加热室极限真空度/Pa	加热功率/kW	整机总功率/kW	冷却水用量/(m³/h)	总重量/kg
立式真空退火炉	LZT-120	φ1200×1320	500	1320	$2.0×10^{-1}$ $4.0×10^{-3}$	375	<400	8	18
	LZT-150	φ1500×1200	1000	1320	$2.0×10^{-1}$ $4.0×10^{-3}$	480	<530	10	27
卧式真空退火炉	WZT-10	100×150×100	5	1300	$6.6×10^{-1}$	10	<13	0.5	0.8
	WTZ-30	300×500×300	50	1320	$2.0×10^{-1}$ $4.0×10^{-3}$	57	<70	2	3.4
	WTZ-50	450×670×400	200	1320	$2.0×10^{-1}$ $4.0×10^{-3}$	75	<120	3	3.5

表 3-41   沈阳佳誉真空科技有限公司真空退火炉技术参数

型号	有效工作尺寸/mm×mm×mm	装炉量/kg	最高工作温度/℃	温度均匀性/℃	极限真空度/Pa	压升率/(Pa/h)	控制方式
VPA-446	400×400×600	200	1100	≤±5	$2.6×10^{-3}$	≤0.6	全自动/手动
VPA-449	400×400×900	300	1100	≤±5	$2.6×10^{-3}$	≤0.6	全自动/手动
VPA-669	600×600×900	500	1100	≤±5	$2.6×10^{-3}$	≤0.6	全自动/手动
VPA-6612	600×600×1200	600	1100	≤±5	$2.6×10^{-3}$	≤0.6	全自动/手动
VPA-7712	700×700×1200	800	1100	≤±5	$2.6×10^{-3}$	≤0.6	全自动/手动
VPA-8812	800×800×1200	1000	1100	≤±5	$2.6×10^{-3}$	≤0.6	全自动/手动

3.4.2　真空回火炉

采用真空回火的目的是将真空淬火表面光亮的优势保持下来，如果真空淬火后采用常规设备（空气炉等）进行回火处理，特别是进行高温、中温回火，则工件表面将发生氧化、表面不光亮等缺陷，如采用盐浴回火、油浴回火等，则整体颜色不再光亮，同时需要增加清洗等工序，因此真空淬火后采用真空回火则可保持工件的表面光亮，这是工艺要求的重要方面。

真空回火炉的最高使用温度一般为 700℃，气冷压力为 2×10^{-5} Pa，真空回火炉由炉体、加热室、热搅拌装置和风冷装置等组成。炉体和炉盖为双层水冷结构，炉体与炉盖间的密封采用双层密封结构，确保真空炉负压和正压运转时安全可靠。电热元件为镍铬合金带，隔热屏为全金属屏或夹层结构。加热时关闭加热室的前后门，启动热搅拌装置确保加热均匀；冷却时打开前后门并启动风冷装置，气流热量经散热器排除。真空回火炉内的气体为非氧化性的气氛，如氩气、氮气以及氮氢混合气体等。

典型 WZHA-60 型真空回火炉的结构如图 3-56 所示。

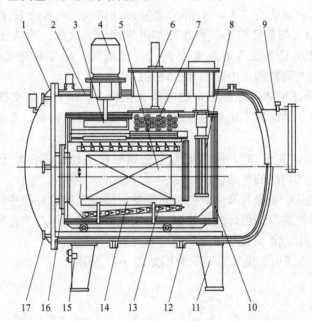

图 3-56　WZHA-60 型真空回火炉结构及金属隔热屏结构

1—炉门；2—炉壳；3—风扇；4—风扇电机；5—有效加热区；6—热交换器气缸；7—热交换器；
8—加热体；9—真空机组接管；10—全金属隔热屏；11—支架；12—冷却水管；
13—导风板；14—炉床；15—炉胆；16—加热室门；17—螺栓手柄

（1）设备的结构特点

① 炉壳由炉体和炉门组成，炉体是双层圆筒、中间是空的结构，内部通冷却水，炉体与炉门一般是嵌入式结构，采用压紧式形式，也可采用铰链连接，确保炉门的密封。炉门为双层碳钢结构，通水冷却。

加热室呈箱形结构，底部有车轮可前后移动，卸下风扇、热交换器、加热体部件及测温热电偶等，可将加热室拉出炉体，便于设备维修和调整更换部件。

② 送料机构为导轨料车式送料机构，传动机构系丝杠导轮悬臂叉式升降机构，采用 PC

机控制料车行进及工位动作，从而实现了装料、出料的半自动化操作。

③ 加热室采用石墨棒发热体元件，9根石墨棒分三组均布，炉温均匀性好，升温迅速，价格便宜，使用寿命长。

④ 加热室设有转速分为两挡可调的电机风扇，用于改变气体流方向与流量的导风板以及可升降的热交换器，有利于改变和调节循环气流。充气压力在加热时 $0.6 \times 10^5 \sim 0.7 \times 10^5 Pa$，冷却时为 $1.2 \times 10^5 Pa$，强力循环冷却，实现真空回火的快速加热和冷却，缩短工艺时间，节省能源和材料消耗，避免某些钢材的第二类回火脆性；可调节导风板方位，实现最佳的气流导向与分布，获得最优的炉温均匀性。风冷系统布置在炉内的热交换器、导风屏和离心风扇的叶轮或叶轮与电极炉壳的后面，风扇冲着热交换器。

⑤ 真空系统是为了使零件经真空回火后表面颜色合格，产品质量稳定，配备有罗茨泵、机械泵和高真空油扩散泵机组，与气动碟阀、气动角阀等组成真空系统，极限真空度达 $6.6 \times 10^{-5} Pa$，工作真空度为 $1.3 \times 10^{-2} Pa$。

⑥ 充气系统是为了消除零件在加热过程中的无氧化，在零件加热时充入低于一个大气压的高纯度氮气（99.999%），或充入 $90\% N_2 + 10\% H_2$ 的混合气体，使炉内气氛呈弱还原性，以中和炉内残存的氧化性气氛，N_2 的纯度为99.999%，充入的 H_2 应除湿干燥，以获得回火光亮度达90%以上的最佳效果。而在冷却时应高于大气压。为防止某些材料在加热的过程中氧化，一般充入10%左右的纯度为99.9%的氢气，配备有充气系统。即由储气罐、手动蝶阀、减压阀、气动蝶阀、电磁阀和管路等组成。

⑦ 水冷系统为保证炉体各部分正常的工作，在炉门、炉壳、热交换器、电极柄部、真空泵等都要进行水冷，同时为了防备因停水造成对上述部件的影响，必须备有单独的水塔或水箱。

⑧ 炉温均匀性高，为 ± 3℃，隔热屏为全金属五层不锈钢板，对于提高回火光亮度有益，有利于获得硬度均匀性的产品。

⑨ 电控系统采用PC机等对真空炉的加热系统、冷却系统进行程序的控制。温度控制的自动化仪表，其可靠性高。采用计算机控制，可实现对机械动作、工艺程序和技术参数的自动控制，实现了WZHA-60型真空回火炉的自动化操作。

WZHA-60型真空回火炉供氮系统示意图如图3-57所示。

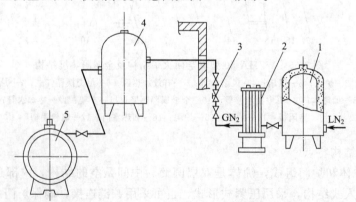

图 3-57　WZHA-60型真空回火炉供氮系统示意图

1—LN₂槽；2—蒸发器（GN₂为气热 N₂）；3—减压阀；4—储气罐；5—WZHA-60 炉

（2）WZHA-60型真空回火炉技术参数

① 加热功率：80kW。

② 装机总功率：116.5kW。

③ 炉膛的有效加热区尺寸：600mm×900mm×450mm。

④ 最高加热温度：700℃。

⑤ 炉温的均匀性（℃）：≤±3℃。

⑥ 最大装炉量（kg）：400kg。

⑦ 极限真空度（Pa）：$6.6×10^{-3}$Pa。

⑧ 工作真空度（Pa）：$1.3×10^{-2}$Pa。

⑨ 压升率（Pa/h）：$<0.6×10^{-1}$Pa/h。

⑩ 空炉升温时间（min）：30min（从 20～600℃）。

⑪ 旋片式机械泵抽速（l/s）：70。

⑫ 罗茨泵抽速（l/s）：600。

⑬ 高真空油扩散泵抽速（l/s）：17000。

⑭ 真空机组功率（kW）：22.5。

⑮ 冷却风机功率（kW）：11。

⑯ 气冷压强（MPa）：0.12（90％N_2＋10％H_2）。

⑰ 气体的消耗量（m^3/炉）：氮气消耗量 3.78m^3/炉，氢气消耗量为 0.43m^3/h。

⑱ 冷却水的消耗量（m^3/h）：加热时为 1.5m^3/h；冷却时为 4.5m^3/h。

⑲ 炉体总重量（t）：4t。

WZH 型真空回火炉的另一种形式采用双气体循环系统设计，为卧式单室双循环气流真空回火炉，其特点如下。

① 在炉胆顶部布置热风循环风扇，在加热时回充少量 N_2（约 0.05MPa），并启动风扇，使热气流经过加热器流向工件，形成加热对流，以确保工件加热的均匀性。

② 在炉胆后部设置冷却循环风扇，冷却时回充 0.12～0.13MPa 的氮气，需要时可加入一定比例的氢气，以防止氧化，冷却气体经热交换器和导风板流向工件，形成强制对流循环冷却，由于冷速的增加，从而避免了某些合金材料的回火脆性，缩短了生产周期，提高了生产效率。

③ 为保证工件回火后的表面质量和光亮度，真空系统采用高真空扩散泵、罗茨泵及旋片机械真空泵机组，满足工艺要求的真空度。

WZH 型真空回火炉由炉壳、炉胆、加热室热循环风扇、冷却循环风扇、真空系统、充气系统、水冷系统、料车、配电装置和控制系统组成，其结构形式见图 3-58。

该炉加热时抽真空达到预定真空度后向炉内回充氮气，启动加热循环风扇 10，随后通电加热，热流循环保证加热温度均匀，保温结束后，停止加热风扇，快速充入氮气，同时打开炉胆后小门并启动冷却风扇。使气体从后小门抽出经热交换器和离心式风机吹向四周，经炉壳内壁再经炉胆前壁与炉胆体中间的开口缝隙进入炉胆内，气体强制循环以保证工件得到均匀快速的加热，从而保证了工件的热处理回火质量。

WZH-45 型真空回火炉的结构性能特点如下。

① 炉壳为双层圆筒结构，夹层内通入冷却水，内外炉筒、封头及炉门均为碳钢结构，炉门与炉体为铰链连接，并有 7 个弓形夹紧固，炉内可充正压至 0.12MPa。

② 炉胆由隔热屏、加热元件、加热室风扇、料台以及导风板、炉门等组成。炉胆为圆筒形，由五层不锈钢板制成隔热屏，加热元件为厚 2mm，宽 30mm 的 0Cr25Al5 电阻带。炉胆上部安设加热风扇以确保热流循环均匀加热；炉胆底部有四个轮子，便于炉子维修拉出或

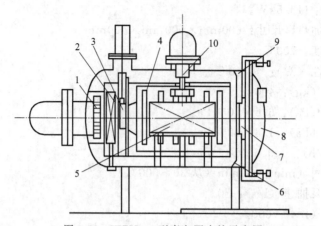

图 3-58　WZH-45 型真空回火炉示意图

1—冷却风扇；2—热交换器；3—炉胆后小门；4—炉胆体及发热元件；5—料筐；6—炉胆前壁
（即导风口）；7—炉前门；8—炉门；9—炉壳；10—加热循环风扇

装入炉胆。炉胆前壁与炉胆体间有 30mm 的开口缝隙，为风冷进气口，冷却时只需要打开炉胆后小门即可使冷却气体流经热交换器循环流动，达到冷却的功能。

③ 风冷装置由电动机离心风扇叶轮、热交换器和导风罩组成。风扇叶轮直接装在电动机轴上，并一起安装在炉壳的后部，风扇前面装有热交换器，整个风冷装置用电动机罩封闭，炉内抽真空时，风冷装置同时被抽真空。冷却时先向炉内充入少量惰性气体约0.05MPa 以保护电动机，然后启动电动机继续向炉内充气直到 0.12MPa 为止，气流循环如图 3-59 所示。

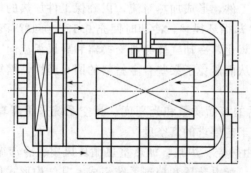

图 3-59　WZH 型真空炉炉胆气流循环示意图

④ 真空系统采用高真空扩散泵、罗茨泵和旋片式机械真空泵，并与气动蝶阀、气动角阀、压差阀及管路等组成真空机组，真空系统见图 3-60。

⑤ 充气系统。工件加热时充入低于 1 个大气压的氮气，而冷却时充入略高于 1 个大气压的氮气，为防止工件氧化，充氮气时可加入一定量的氢气，与氢气的配比可在储气罐内完成，可将体积比变为压力比，如储气罐的工作压力为 0.5，先充入氮气，充至 0.45，然后充入氢气，使压力达到 0.5，则其比例为 9:1，充气系统示意图见图 3-61。

为了充气安全，在炉体上方设有安全阀，此外充氢气管路、阀门、接头及气瓶出口均不得向大气中泄漏。空气中的氢气含量应≤1%（体积比），充气系统勿靠近火源，要注意通风。

⑥ 水冷系统。本设备炉门、炉壳、热交换器、电极、真空机组均需要水冷，配备上下水、汇流管分配器及下水漏斗装置等。

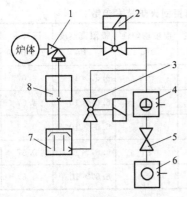

图 3-60　真空系统示意图

1—角阀；2—气动蝶阀（真空阀）；3—气动蝶阀（预抽阀）；
4—罗茨泵；5—压差阀；6—旋片机械泵；7—扩散泵；8—冷阱；

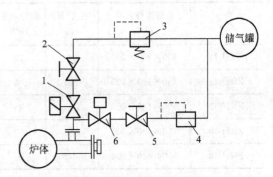

图 3-61　充气系统示意图

1—φ50mm 气动蝶阀；2—手动蝶阀；3、4—减压阀；5—手动球阀；6—微量电磁充气阀

⑦ 炉外装出料小车采用手动液压叉车，置于炉体下部的导轨上运动，操作方便。

⑧ 动电控系统。本设备运行程序采用 PC 机控制，研制程序控制软件可对真空系统、加热系统、循环水系统及加热冷却风扇的运行实施准确可靠的控制，温度控制采用智能化控温仪表，控温精度高，可靠性好，操作方便。

（3）国内生产厂家真空回火炉技术参数

下面分别介绍以下国内几个真空回火炉制造厂家生产的真空回火炉的技术参数，北京机电研究所真空回火炉技术参数见表 3-42，沈阳佳誉真空科技有限公司真空回火炉技术参数见表 3-43，南京光英炉业有限公司真空回火炉技术参数见表 3-44，其他厂家真空回火炉的技术参数见表 3-45。

表 3-42　北京机电研究所真空回火炉技术参数

设备名称	型号	有效加热区尺寸（宽×长×高）/mm×mm×mm	额定装炉量/kg	最高温度/℃	加热室极限真空度/Pa	加热功率/kW	整机总功率/kW	冷却水用量/(m³/h)	总重量/t
单室真空正压回火炉	WZH-20	200×300×200	20	700	$4.0×10^{-3}$	15	30	1	2
	WZH-30	300×500×300	80			30	50		3
	WZH-45	450×670×400	150			40	80	3	4
	WZH-60	600×900×600	500			80	130		7
	WZH-70	670×900×400	300		$6.6×10^{-3}$	63			

表 3-43　沈阳佳誉真空科技有限公司真空回火炉技术参数

型号	有效工作尺寸/mm×mm×mm	装炉量/kg	最高温度/℃	温度均匀性/℃	极限真空度/Pa	压升率/(Pa/h)	控制方式
VPT-224	250×250×400	60	700	≤±5	$2.6×10^{-3}$	≤0.6	全自动/手动
VPT-446	400×400×600	200					
VPT-557	500×500×700	300					
VPT-669	600×600×900	500					
VPT-6612	600×600×1200	600					
VPT-7712	700×700×1200	800					
VPT-8812	800×800×1200	1000					

表 3-44　南京光英炉业有限公司真空回火炉技术参数

型号	有效工作尺寸/mm	装炉量/kg	加热功率/kW	最高温度/℃	温度均匀性/℃	极限真空度/Pa	压升率/(Pa/h)	压强/bar
ZRH-15	$300 \times 200 \times 200$	60	15	700	± 5	6.67×10^{-3}	0.67	2
ZRH-24	$450 \times 300 \times 300$	120	24	700	± 5	6.67×10^{-3}	0.67	2
ZRH-35	$600 \times 400 \times 400$	200	35	700	± 5	6.67×10^{-3}	0.67	2
ZRH-40	$750 \times 500 \times 500$	350	40	700	± 5	6.67×10^{-3}	0.67	2
ZRH-50	$900 \times 600 \times 600$	500	50	700	± 5	6.67×10^{-3}	0.67	2

表 3-45　国内其他厂家真空回火炉技术参数

型号	有效工作尺寸/mm×mm×mm	装炉量/kg	加热功率/kW	最高工作温度/℃	温度均匀性/℃	工作真空度/Pa	压强/Pa	生产厂家
ZR-30	$620 \times 420 \times 300$	120	30	700	$\leqslant \pm 5$	$10^{-1} \sim 10^{-2}$	9×10^4	首都航天机械厂
ZR-48	$1000 \times 600 \times 450$	300	65	700	$\leqslant \pm 5$	$10^{-1} \sim 10^{-2}$	9×10^4	
HZR-24	$450 \times 300 \times 300$	100	24	700	$\leqslant \pm 5$	6.7×10^{-2}	2×10^5	北京华翔公司
HZR-35	$600 \times 400 \times 300$	200	35	700	$\leqslant \pm 5$	6.7×10^{-2}	2×10^5	
HZR-50	$900 \times 600 \times 450$	300	50	700	$\leqslant \pm 5$	6.7×10^{-2}	2×10^5	
HZR-80	$900 \times 600 \times 600$		80	700	$\leqslant \pm 5$	6.7×10^{-2}	2×10^5	
ZH-24A	$500 \times 350 \times 250$	80	24	650	$\leqslant \pm 5$	—	—	上海机械制造工艺研究所
ZRH50-7	$900 \times 600 \times 450$	240	50	700	$\leqslant \pm 5$	$4 \times 10^{-2} \sim 6.6 \times 10^{-2}$	2×10^5	北京电炉厂
SVT-50	$900 \times 600 \times 450$	240	50	700	$\leqslant \pm 5$	6.6×10^{-2}	2×10^5	北京世贸公司
—	$\phi 900 \times 1200$		75	650	$\leqslant \pm 5$	—	—	西安电炉研究所

（4）其他类型的国外典型真空回火炉与技术参数

① 法国 ECM 公司的 RHCV 型真空回火炉　工件在中性气氛炉如氮气、氮氢混合气或氩气中回火，其结构如图 3-62 所示，技术参数见表 3-46。

表 3-46　RHCV 型真空回火炉技术参数

型号	有效加热区（长×宽×高）/mm×mm×mm	最高温度/℃	加热功率/kW	温度均匀性/℃	极限真空度/Pa
RHCV304560	$300 \times 450 \times 600$		32		
RHCV506090	$500 \times 600 \times 900$	750	80	± 3	1
RHCV7070116	$700 \times 700 \times 1160$		110		

② 美国 Ipseh 公司的 VDFC 型真空正压回火炉　该炉为装炉量为 180～1000kg，温度为 760℃，工作压强为 2×10^5 Pa，采用不锈钢及陶瓷纤维毡夹层式隔热屏，其结构如图 3-63 所示。

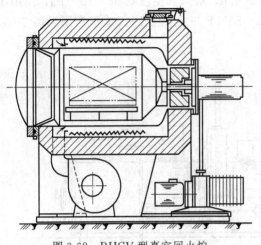
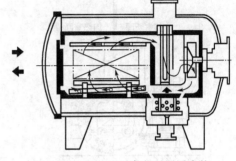

图 3-62　RHCV 型真空回火炉　　　　　图 3-63　VDFC 型真空正压回火炉

③ 日本部分厂家的真空回火炉　T 型真空回火炉，炉内装有冷却管系统直接冷却炉内气氛，可缩短回火工艺时间，提高生产效率。控制系统采用图像显示与数字温度仪表易于控制，回火充惰性气体保护，T 型真空回火炉的结构见图 3-64，产品技术规格如表3-47 所示。

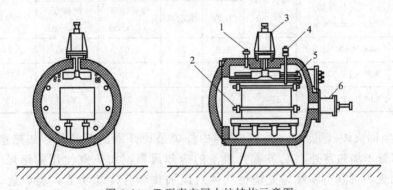

图 3-64　T 型真空回火炉结构示意图

1—保护气氛进口；2—加热元件；3—循环风扇；4—热电偶；5—冷却管；6—接真空系统阀门

表 3-47　T 型真空回火炉技术规格（日本中外炉公司）

型号	有效炉膛尺寸 （宽×长×高） /mm×mm×mm	最大装载 量/kg	炉温 /℃	温度均匀 性/℃	真空度 /Pa	功率 /kW	冷却水 /(m³/h)	气体 /(m³/h)
T-20	460×610×300	200	150~750	≤±5	10	32	5	2
T-30	610×920×460	450	150~750	≤±5	10	65	7	4
T-40	610×920×610	520	150~750	≤±5	10	65	7	5
T-50	760×1220×610	650	150~750	≤±5	10	130	10	7

SVTF 三室真空回火炉由加热室和两个冷却室组成，在高速钢多次回火工艺中，在一侧冷却室冷却炉料时，从另一侧可装入另一批回火炉料，缩短操作冷却时间，中间加热室始终保持惰性气氛下，使用温度 200~600℃，最高 650℃，温度均匀性为±5℃，炉料从 550℃

冷却到50℃需要60min，常温升温到550℃需要30min，极限真空度$6.65×10^{-1}$Pa，使用压力$1～10^4$Pa，各室在15min以内可排气到10Pa。SVTF三室真空回火炉示意图见图3-65，产品技术规格见表3-48。

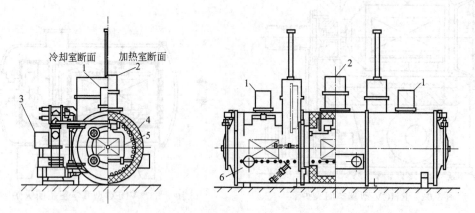

图3-65　SVTF型三室真空回火炉结构示意图（日本清水电设公司）
1—冷却风扇；2—颅内循环风扇；3—油封回转泵；4—发热体；5—导流板；6—装料电动机

表3-48　SVTF型三室真空回火炉技术规格（日本清水电设公司）

型号	有效炉膛尺寸（宽×长×高）/mm×mm×mm	最大装载量/kg	功率/kW		排气泵		氮气/(m³/次)	冷却水/(L/min)
			加热	电动机	油回转泵/(L/min)	机械泵/(m³/h)		
SVTF-400-Ⅲ	600×800×500	400	150	25	3500	2000	8	200
SVTF-800-Ⅲ	650×1300×650	800	200	40	7000	2000	12	300
SVTF-1000-Ⅲ	600×2000×600	1000	300	80	7000×3	3500	16	400

VT型真空回火炉（见图3-66）为日本中外炉公司开发的新产品，加热室采用密封结构，冷却器移置于加热室外，配备有大风量的冷却风扇，加热室使用的绝缘热材料很少，VT-30真空回火炉可真空除气，充惰性气体对流加热和有冷却功能，装炉量300kg，充入$0.92×10^5$Pa的氮气加热和冷却，冷却时间比原工艺缩短了一半，产品回火后表面颜色光亮。

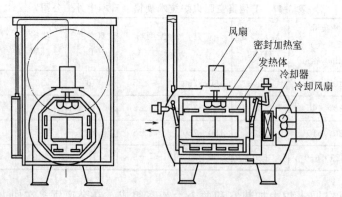

图3-66　VT型新型真空回火炉

④ 其他国家的主要真空回火炉生产厂家、型号及技术指标见表3-49。

表 3-49　其他国家的主要真空回火炉生产厂家、型号及技术指标[2]

序号	型号	生产国及厂家	总功率/kW	最高工作温度/℃	最高装炉量/kg	炉温均匀性/℃	工作真空度/Pa	冷却压力	有效加热区尺寸/mm×mm×mm	生产日期
1	VCW-214	德国 IpsenCo	25	700	50	≤±5	0.13		380×610×250	1968
2	VMH-121830	日本 HayesCo.	50	790	180	≤±5.6	1.3		305×457×762	20 世纪70 年代
3	VDFC-4	德国 IpsenCo	75	760	400	≤±5	1		610×910×460	20 世纪70 年代
4	VDFC-513	波兰 Elterma Co.	115	700	400	≤±5	13	0.12MPa	610×910×610	1988
5	T-30	日本 CHugai Ro Co.	65	750	450	≤±5	10		610×920×460	20 世纪80 年代
6	B74R	法国 BMI Co.		800			1			20 世纪80 年代
7	RHCV 50.60.90	法国 ECM Co.	80	750	700	≤±3	1		500×900×600	20 世纪90 年代
8	SVTF-400-Ⅲ	日本清水电设 Co.	715	650	400	≤±5	1		600×800×500	20 世纪80 年代

除表中所列生产厂家外，国外还有不少生产真空回火炉的厂家，从表可以看出，其技术指标与国内生产的真空回火炉基本相近。

（5）真空回火炉的发展与存在的主要问题

① 真空回火炉的发展概况　真空热处理技术的日益迅速发展，给零件的热处理工艺水平的提高奠定了基础，因此真空淬火炉和真空回火炉已经成为不可缺少的关键设备，真空淬火炉处理的零件本身具有变形小、表面无氧化、脱碳、表面光亮和无腐蚀、无污染等优点，而如果采用盐浴炉、空气电阻炉、硝盐炉等设备进行回火则丧失了真空淬火的特性和意义，因此国内外众多的热处理企业已经拥有一台以上的真空回火炉设备，同时向大型化、智能化、高效节能、正压回充氮气等方向发展。

② 目前真空炉存在的问题　结合真空回火炉的工作特点，其在生产过程中存在下列问题：炉内的真空度偏低，零件的表面颜色变深，影响了外观质量；内部零件加热不均，造成回火后的硬度有变化；炉内气体的冷却速度有待提高；热处理成本偏高；冷却气体回收困难等，回火时间长等缺陷。

③ 真空回火炉的发展趋势　总结国内外真空炉为单室炉的结构形式，吸收国外先进的技术，我国目前自主开发了许多类型的真空回火炉，主要的特点为：

a. 加热和冷却均采用了强制气体内部循环的技术；

b. 在炉膛的顶部装有热循环风扇，形成对流来加热零件；

c. 炉膛后面的冷却风扇使冷却气体经热交换器和导风板，在零件的表面形成强制对流冷却；

d. 循环氮气的回收技术；

e. 向专用真空回火炉及双室回火炉发展，提高生产效率。

3.5　真空化学热处理炉

真空化学热处理炉是指在真空炉内可以进行渗碳、碳氮共渗、渗氮、氮碳共渗、渗铬等热处理工艺的真空设备。其中真空脉冲化学热处理炉是属于其中的一种，主要用于各种钢制工件、工模具、测量工具及铁基粉末冶金制品的渗氮、氮碳共渗、氧氮共渗、低真空回火（或时效）处理，真空脉冲渗碳炉用于渗碳和碳氮共渗等。

真空脉冲化学热处理炉的特点。

（1）采用正压、负压、正负压多种脉冲工艺，炉压可实时正压调控。

（2）可配多种控制系统（位式、PID 调节、指示、智能化控温仪表等），更精确地控制炉内的工艺参数。

（3）配有真空换气正负压自动控制系统。

（4）保留原有渗氮、渗碳炉的全部功能，是一种升级换代产品。

（5）卧式为圆体卧式结构，炉膛为圆形，热辐射集中，炉温均匀，电热元件为单元插入式，可不停炉更换。炉罐用耐热钢制造，工件进出炉均采用料盘或料车，操作方便。

3.5.1 真空渗碳炉

真空渗碳炉是在双室油淬真空炉的基础上，在加热室里增加了渗碳搅拌装置、供气系统、炭黑处理系统等，加热元件通常采用石墨板和石墨管。真空渗碳时，气氛碳氢化合物裂解后直接给渗碳处理，炉内产生炭黑是无法避免的，故真空渗碳炉要求能够排除和烧掉炭黑，无论从工艺上或装备上，排除炭黑都是十分必要的。近年来国内外相继出现了热壁式真空渗碳炉不仅解决了炭黑的问题，同时适用范围广，如吸热式气氛渗碳、氮基气氛渗碳等，均得到十分广泛的应用。

目前国内真空渗碳炉炉型有 ZCT、WZST、HZTC、ZT2、VSQ、VC 型等，这里只介绍应用比较广泛的 WZST 和 VC 两种类型的真空渗碳炉。

（1）WZST 型真空渗碳炉

① ZCT、WZST、HZTC 型真空渗碳炉技术参数　见表 3-50。

表 3-50　ZCT、WZST、HZTC 型真空渗碳炉技术参数

型号	有效加热区尺寸 /mm×mm×mm	装炉量 /kg	最高温度 /℃	加热功率 /kW	压升率 /(Pa/h)	生产单位
ZCT-65	620×420×300	100	1300	65	0.67	首都航天机械公司工业炉厂
ZCT-100	1000×600×400	300	1300	100	0.67	
WZST-30	450×300×330	60	1300	40	0.67	北京机电研究所
WZST-45	670×450×400	120	1300	63	0.67	
WZST-60	900×650×450	210	1300	100	0.67	
HZTC-65	600×400×300	120	1300	65	0.67	北京华翔公司
HZTC-100	900×600×400	300	1300	100	0.67	

② WZST 型真空渗碳炉的结构及特点　这里 WZST 型真空渗碳炉是在 WZC 真空炉的基础上发展的，即增加了渗碳结构及附件研制开发的真空炉新产品。考虑到炭黑是渗碳气体（C_3H_8）裂解而产生的，工件渗碳时，渗碳气体最好仅存在于加热室胆隔热层以内，渗碳时往炉胆隔热层内充入渗碳气体的同时，在炉胆隔热层外壁和炉壳内壁间的空间充入高纯氮气，可以减少炭黑在炉壳内壁和隔热屏处的积存，其结构（炉膛）如图 3-67 所示。渗碳炉喷嘴的设计如图 3-68 所示。

渗碳炉喷嘴分为主喷嘴与辅助喷嘴，主喷嘴有两个，分布在炉膛底部，辅助喷嘴有 6 个，分布在炉膛两侧，如图 3-68 所示。为了控制喷嘴的气体流量，各喷嘴和流量计的配置

有一定的要求，使进入炉内的渗碳气体分布均匀，无气体短路现象，并使炉膛周围的流量可分别自由调节，可使渗碳件获得较好的渗碳均匀性。

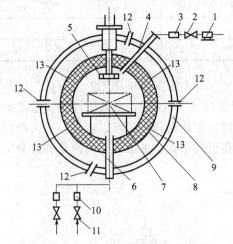

图 3-67　真空渗碳炉炉膛结构示意图

1—排气泵；2、11—阀；3—过滤器；4—排气管；

5—风扇；6—进气管；7—工件；8—绝热层；9—炉壳；

10—流量计；12—氮气入口；13—隔离板

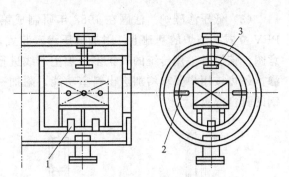

图 3-68　真空渗碳炉喷嘴的分布

1—主喷嘴；2—辅助喷嘴；3—风扇；

真孔渗碳时，由泵排除的气体含极细的炭黑颗粒，进入泵内将污染真空泵油，使泵的排气能力下降，性能与寿命降低，为了避免此缺陷，新研制的炭黑过滤器装置，其原理见图3-69。在渗碳时，关闭排气阀2，开启排气阀3，使含炭黑的渗碳气体先经过干过滤器5，再经过油过滤器4，可以获得良好的过滤效果。

另外为了使渗碳气体流动，提高渗速，加热室设计有搅拌风扇，搅拌风扇轴为钼制，具有耐高温性能；扇体扇叶为高强度石墨制造，可分解便于安装拆卸方便。

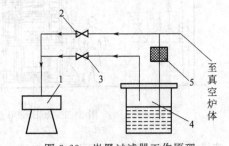

图 3-69　炭黑过滤器工作原理

1—泵；2、3—排气阀；4—油过滤器；5—干过滤器

（2）VC 型真空渗碳炉　VC 型真空渗碳炉的结构如图 3-70 所示，其技术参数见表3-51。表为国内几个厂家生产的真空渗碳炉的技术参数。

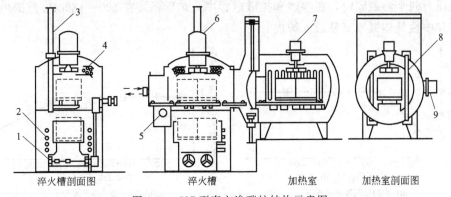

淬火槽剖面图　　　淬火槽　　　加热室　　　加热室剖面图

图 3-70　VC 型真空渗碳炉结构示意图

1、8—加热器；2—搅拌器；3—提升缸；4—冷却管；5—操纵器；6—冷却风；7—循环风扇；9—排气口

表 3-51   VC 型真空渗碳炉技术参数（选自日本中外炉公司产品）

型号	有效加热区尺寸 /mm×mm×mm	装炉量 /kg	炉温 /℃	真空度 /Pa	功率 /kW	渗碳气流量 /(m³/h)	一次充氮 /m³	冷却水流量 /(m³/h)
VC-40	610×920×610	420	1000	25	155	1.5	16	14
VC-60	760×1220×610	660	1000	25	215	2.0	18	16

（3）低压渗碳炉   法国在 1988 年研制成第一台连续式低压渗碳 ICBP 多用炉，它是在 PFV 立式真空炉的基础上，附加低压渗碳装置，图 3-71 为 ICBP200 型低压连续式渗碳炉示意图，该设备采用传统的气氛多用炉生产线进行布置，在此设备不仅可以渗碳，还可碳氮共渗，还可按用户要求增加进出料室功能，附加一个高压气淬室，可以进行高速钢和合金工具钢的真空淬火。

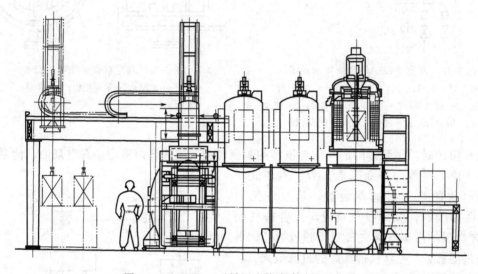

图 3-71   ICBP200 型低压连续式渗碳炉示意图

该设备采用 INFRACARB 低压渗碳工艺，其原理是往炉内通入一定数量的丙烷，丙烷在炉内的高温下裂解成原子状态的碳和氢，使炉膛内的碳处理饱和状态，这种炉内碳的状态可用碳富化率 $F[mg/(h \cdot cm^2)]$ 来表示，当工件表面积不超过临界值，而丙烷的流量又固定不变时，F 值也是固定的（图 3-72），因此，渗碳过程可用温度、时间、丙烷量和氮气的流量以及压力四个参数固定，在渗碳和扩散过程中，炉压保持在 100～1800Pa 范围内，渗碳气体丙烷和中性气体氮气交替通入炉内。

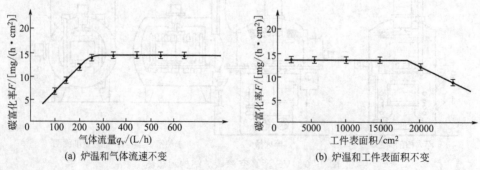

（a）炉温和气体流速不变   （b）炉温和工件表面积不变

图 3-72   碳富化率与气体流量和工件表面积的关系

在整个渗碳周期内，要求有一个由强渗向扩散转变的过程，此时间的长短取决于炉温，气体的裂解和裂解产物的膨胀特性，以及真空泵的抽气速率等，在 ICBP 炉和 INFRACARB 系统中仅需 5s 的转化时间，根据工件的渗层深度要求，工件材料特性和其他初始参数，计算机模拟系统计算出渗碳＋扩散的循环次数、最后扩散时间、总处理时间、最终表面碳浓度和最后得到的渗碳层浓度。实践证实，计算模拟与工件实测的渗层误差不超过 5％。图 3-73 为一个渗碳和扩散周期内，工件表面层碳浓度的变化。

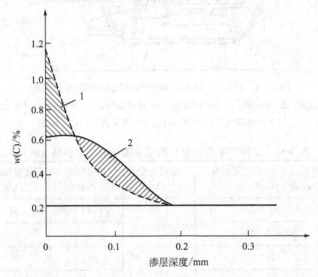

图 3-73　在一个渗碳和扩散周期（渗碳 2min，扩散 2min）内，工件表面层碳浓度的变化
1—渗碳后的碳浓度；2—渗碳＋扩散后的碳浓度

（4）真空离子渗碳高压气淬炉　HZTQ 型真空离子渗碳高压气淬炉（见图 3-74），既可用于离子渗碳或真空高压气淬，也能够在同一炉内完成从离子渗碳到高压气淬等的各个工艺过程。该炉由高压炉体、加热室、强制对流冷却系统、渗碳气供给系统、真空系统、电气控制系统和直流电源等部分组成，该炉结构与高压气淬炉相似，所不同的是 HZTQ 型真空离子渗碳高压气淬炉的炉床本身就是极限，表 3-52 为 HZTQ 型真空离子渗碳高压气淬炉的技术参数。

表 3-52　HZTQ 型真空离子渗碳高压气淬炉的技术参数[3,18]

序号	有效加热区尺寸(长×宽×高)/mm×mm×mm	最高温度/℃	加热功率/kW	直流电源功率/kW	压升率/(Pa/h)	气冷压强/Pa
1	600×400×400		80	25		
2	900×600×600	1300	150	50	0.67Pa	5×10⁵
3	1100×700×700		200	50		

（5）离子渗碳炉　国产双室离子渗碳淬火炉可以在同一炉内完成离子渗碳和油淬工艺过程，该炉型由炉体、加热室、真空闸阀、冷却室、淬火油槽、真空系统、渗碳气供给系统、电气控制系统及直流电源灯部分组成，表 3-53 为三种型号双室真空离子渗碳炉的技术参数，图 3-75 为 ZLSC-60A 型双室真空离子渗碳炉的结构示意图。表 3-54 为日制双室真空离子渗碳淬火炉的技术参数，图 3-76 为 FIC 型真空离子渗碳炉的结构示意图。

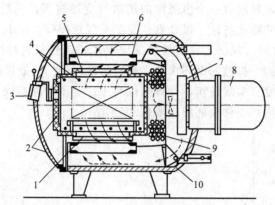

图 3-74　HZTQ 型离子渗碳高压气淬炉结构示意图

1—下底盘；2—装卸料门；3—观察窗；4—电热元件；5—顶盖；6—气体分配器；
7—涡轮鼓风机；8—电动机；9—热交换器；10—炉壳

表 3-53　三种型号双室真空离子渗碳炉的技术参数（国内）

型号	有效加热区尺寸(长×宽×高) /mm×mm×mm	最高温度 /℃	加热功率 /kW	直流电源功率 /kW	压升率 /(Pa/h)
ZLSC-60A	500×350×300		45	15	
ZLT-30	450×400×250		30	20	
ZLT-65	620×420×300	1300	65	25	0.67
ZLT-100	1000×600×410		100	50	
HZCT-65	600×400×300		65	25	
HZCT-100	900×600×410		100	50	

表 3-54　日制双室真空离子渗碳淬火炉的技术参数（日本真空技术株式会社产品）

型号	FIC-45	FIC-60	FIC-75
有效加热区(长×宽×高)/mm×mm×mm	675×450×300	900×600×400	1125×750×500
装炉量/kg	200	400	650
最高温度/℃	1150	1150	1150
处理时间/h	2	2.5	3
极限真空度/Pa	10-1	10-1	10-1
冷却水消耗量/(m³/次)	5	8	10
C_3H_8消耗量/(L/min)	5	10	13
N_2消耗量/(m³/次)	3.5	4.5	6

3.5.2　离子渗氮炉

　　工件置于低压容器内，在辉光电场的作用下，带电离子轰击工件表面，使其温度升高，实现所需原子渗扩进入工件表层的化学热处理方法，称为离子化学热处理。又称等离子体化学热处理或离子轰击热处理技术。

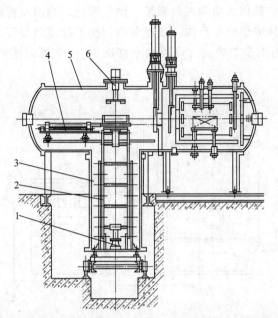

图 3-75　ZLSC-60A 型双室真空离子渗碳炉的结构示意图

1—油搅拌电机；2—升降机构；3—淬火油槽；4—工作车；5—冷却室；6—风机

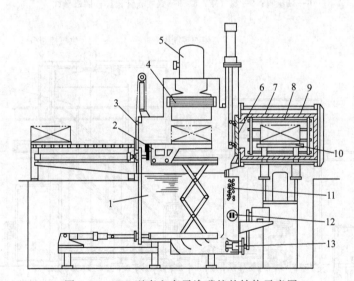

图 3-76　FIC 型真空离子渗碳炉的结构示意图

1—油槽；2—工件运行机构；3—炉门；4—热交换器；5—风冷风扇；6—中间门；7—加热室；8—石墨管（阳极）；
9—隔热层；10—炉床（阴极）；11—油冷却器；12—油加热器；13—油搅拌器

可见，离子轰击热处理炉是利用低真空的气体辉光放电发生电离，进而气体轰击工件表面进行加热，并使碳、氮或其他元素渗入工件表面的化学热处理设备。

离子轰击热处理炉具有渗入速度快、表面相结构容易控制、零件变形小、节省能源和无污染等优点，离子轰击热处理炉改变通入的气体，还可以进行渗流硫、氮碳共渗、硫氮共渗、碳氮硫三元共渗等化学热处理。

离子轰击热处理根据炉体形状，可分为罩式炉、井式炉和卧式炉等，其中以前两种应用较多，使用范围广泛。

离子渗氮炉是由真空炉体、电源控制系统、供气系统、测温及控制系统及真空获得系统等部分组成，对于多炉体或组合生产线，还有电源切换系统或机械移动结构，其基本组成如图 3-77 所示。图 3-78 为由多个炉底（可以水平移动）、一个可以进行升降的炉罩组成的离子渗氮生产线。

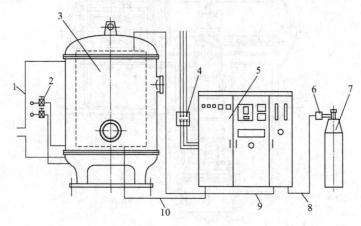

图 3-77　离子渗氮炉的组成

1—冷却水回水管；2—冷却水阀门；3—真空炉体；4—自动空气开关；5—电源控制柜；
6—减压阀；7—氨气瓶；8、9—氨气软管；10—阴极导线

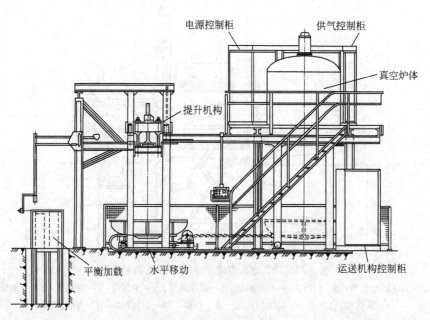

图 3-78　离子渗氮生产线

3.5.2.1　离子渗氮炉的结构与特点

（1）LD 型和 LDZ 型罩式离子渗氮炉　图 3-79 与图 3-80 为 LD 型深井与钟罩式离子渗氮炉的外形，表 3-55 为其技术参数。实现微机控制的全自动离子渗氮炉，可以一套电源配两套炉体，交替进行辉光放电处理工件；微机可储存多套离子渗氮工艺程序，控制其全部过程，表 3-56 为 LDZ 罩式离子渗氮炉的技术参数，表 3-57 为 LDZ 型微机控制全自动离子渗氮炉的技术参数，表 3-58 为 LDM 型系列离子渗氮炉技术参数。

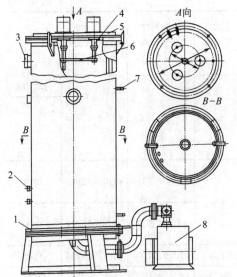

图 3-79　LD 系列深井离子渗碳炉结构示意图

1—炉底座；2—进气嘴；3—观察孔；4—吊挂阴极；
5—炉盖；6—阴极吊盘；7—冷却水嘴；8—真空泵

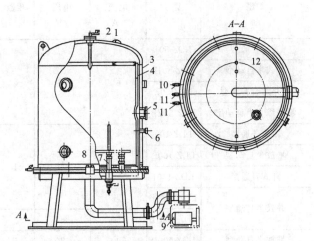

图 3-80　钟罩式离子渗氮炉的结构图

1—密封圈；2—放气检修孔；3—钟罩；4—隔热屏；5—观察孔；
6—放气阀；7—堆放阴极；8—阴极料盘；9—真空泵；
10—进水管；11—排水管；12—真空计座

表 3-55　LD 型系列离子渗氮炉技术参数

型号	炉膛尺寸(直径×高)/mm×mm	外形尺寸(直径×高)/mm×mm	最大装载量/kg	额定电流/A
LD-25	φ800×800	φ1050×1850	1000	25
LD-50	φ1000×1000	φ1250×2050	2000	50
LD-75	φ1200×1200	φ1450×2300	3000	75
LD-75J	φ800×2000	φ1050×3400	1000	75
LD-100	φ1400×1400	φ1660×2350	4000	100
LD-100J	φ900×2500	φ1460×3900	2000	100
LD-150	φ1600×1600	φ1880×2750	6000	150
LD-150J	φ1000×3500	φ1560×5000	3000	150
LD-200	φ1800×1800	φ2080×3000	8000	200
LD-200J	φ1100×5000	φ1660×6500	4000	200

表 3-56　LDZ 型罩式离子渗氮炉的技术参数（北京电炉厂）

炉型	型号	额定电流/A	电源电压/V	相数	最高工作温度/℃	炉膛尺寸(直径×高)/mm×mm	外形尺寸(直径×高)/mm×mm	重量/kg
堆放普通型	LDZ-25	25	380	3	650	φ810×800	φ1240×2000	1600
堆放半自动型	LDZ-25B							
堆放普通型	LDZ-50	50	380	3	650	φ1060×1100	φ1557×2350	3730
堆放半自动型	LDZ-50B							

续表

炉型	型号	额定电流/A	电源电压/V	相数	最高工作温度/℃	炉膛尺寸（直径×高）/mm×mm	外形尺寸（直径×高）/mm×mm	重量/kg
井式普通型	LDZ-50J							2270
井式半自动型	LDZ-50JB	50	380	3	650	φ770×1720	φ1240×3695	
堆吊综合普通型	LDZ-50Z							2350
堆吊综合半自动型	LDZ-50ZB							
堆放普通型	LDZ-100					φ1300×1340	φ1875×2800	5000
堆放半自动型	LDZ-100B	100	380	3	650			
井式普通型	LDZ-100J					φ700×2720	φ1240×3710	3010
井式半自动型	LDZ-100JB							
	LDZ-150JB	150	380	3	650	φ1000×4000	φ1670×5200	5500
堆放半自动型	LDZ-500B	500	380	3	650	φ1700×1600	φ2400×3350	11000

表 3-57　LDZ 型微机控制全自动离子渗氮炉的技术参数

型号	额定功率/kW	工作空间尺寸(直径×高)/mm×mm	额定温度/℃
LDZ-25	25	φ900×900	
LDZ-50	50	φ900×1800	
		φ1100×1100	
LDZ-100	100	φ900×2800	650
		φ1400×1400	
LDZ-150	150	φ2000×2000	
LDZ-200	200	φ2200×2200	
LDZ-300	300	φ3000×4000	

表 3-58　LDM 型系列离子渗氮炉技术参数

型号	炉膛尺寸(直径×高)/mm×mm	外形尺寸(直径×高)/mm×mm	最大装载量/kg	额定电流/A	备注
LDM-25	φ800×800	φ1050×1850	1000	25	
LDM-50	φ1000×1000	φ1250×2050	2000	50	
LDM-75	φ1200×1200	φ1450×2300	3000	75	
LDM-75J	φ800×2000	φ1050×3400	1000	75	
LDM-100	φ1400×1400	φ1660×2530	4000	100	
LSDM-100J	φ900×2500	φ1460×3900	2000	100	脉冲基本型
LDM-150	φ1600×1600	φ1880×2750	6000	150	
LDM-150J	φ1000×3500	φ1560×5000	3000	150	
LDM-200	φ1800×1800	φ2080×3000	8000	200	
LDM-200J	φ1100×5000	φ1660×6500	4000	200	

续表

型号	炉膛尺寸(直径×高)/mm×mm	外形尺寸(直径×高)/mm×mm	最大装载量/kg	额定电流/A	备注
LDMZ-25	φ800×800	φ1050×1850	1000	25	
LDMZ-50	φ1000×1000	φ1250×2050	2000	50	
LDMZ-75	φ1200×1200	φ1450×2300	3000	75	
LDMZ-75J	φ800×2000	φ1050×3400	1000	75	
LDMZ-100	φ1400×1400	φ1660×2530	4000	100	
LSDMZ-100J	φ900×2500	φ1460×3900	2000	100	脉冲自动型
LDMZ-150	φ1600×1600	φ1880×2750	6000	150	
LDMZ-150J	φ1000×3500	φ1560×5000	3000	150	
LDMZ-200	φ1800×1800	φ2080×3000	8000	200	
LDMZ-200J	φ1100×5000	φ1660×6500	4000	200	

（2）真空脉冲渗氮炉 真空脉冲渗氮是近几年才出现的一项化学热处理新技术，它具有以下特点。

① 化学热处理用的真空炉不需要太高的真空度，因而价格便宜，真空脉冲化学热处理炉国内已生产系列产品，供用户选择与使用。

② 采用真空脉冲渗氮方法所使用的氨气量大为减少，并且从炉内排出的废气通入水中中和，不像普通气体渗氮时，大量的废气排出点燃而污染环境。

③ 在渗氮过程中，真空泵周期性短时间开动，产生的噪声时间短，车间平静。

④ 真空脉冲渗氮过程中的通氨是采用间歇式的换气通氨方式，在同样的渗氮时间内，其通氨时间远短于普通的气体渗氮法，既节省了氨气，又使氨在炉内得到充分的有效的利用，并且出炉时无氨气味，免受长期以来普通气体渗氮所带来的氨气刺激和对于人体的危害，作业环境大为改善。

⑤ 采用低真空渗氮，工件表面无氧化，还有一定的脱脂作用。

⑥ 可以配备计算机实现全自动操作，提高产品质量，降低操作者的劳动强度。

⑦ 可通过改变炉压、氨气流量、渗氮周期及渗氮时间等方式，来调控渗层组织结构和渗层深度及硬度等。

⑧ 对有深孔、小孔、盲孔、狭缝的工件，其内壁可获得均匀渗层。

可见采用真空脉冲渗氮不仅降低生产成本，同时改善了工作环境与减轻了劳动强度，采用真空渗氮可实现清洁热处理的目标。

具体的真空脉冲化学热处理炉的技术参数在前面作了介绍，这里不再赘述。

（3）离子渗氮的实践 离子渗氮是利用高压电场在稀薄的含氮气体引起的辉光放电进行渗氮的一种化学热处理方法，称为离子渗氮，又称辉光离子渗氮和离子轰击渗氮。它是在专用的离子渗氮炉，以工件为阴极、炉壁为阳极接通高压直流电，使连续通入炉内的稀薄供氮的气体发生分离，进而产生的氮等离子不断轰击工件表面，动能转化为热能，使其被加热，与此同时产生的活性氮原子大部分渗入工件表面。它克服了常规气体渗氮的工艺周期长和渗层脆等严重缺点，其具有以下优点：①渗氮速度快，与普通气体渗氮相比，可显著缩短渗氮时间，渗氮层在0.30～0.60mm渗氮时间仅为普通气体渗氮的1/5～1/3，大大缩短了渗氮周期；②有良好的综合性能，可以改变渗氮成分和组织结构，韧性好，工件表面脆性低，工件变形小；③可节省渗氮气体和电力，减少了能源消耗；④对非渗氮面不用保护，对不锈钢和耐热钢可直接处理不用去除钝化膜；⑤没有污染性气体产生；⑥可以低于500℃渗氮也可在610℃渗氮，质量稳定。因此离子渗氮在国内外得到推广和应用。其缺点是存在温度不均匀性等问题。

离子渗氮的渗层具有良好的综合力学性能，特别容易形成单一的γ′相化合层，渗层表面十分致密具有较好的韧性，故采用气体渗氮的零件均可采用离子渗氮工艺，由于离子渗氮工件形状对表面温度的均匀性影响较大，同一零件若不同部位的形状不同，或不同形状的工件同炉渗氮，会出现很大的温差，直接影响了表层的渗氮质量，故该工艺适合于形状均匀对称的大型零件和大批生产单一零件。对于形状复杂的零件必须采取保护措施，以此来改观工件表面的温度均匀性。离子渗氮对于碳钢而言，扩散层为氮在α相中的过饱和固溶体，或有γ′相呈针状析出，而合金钢的扩散层为α相及其分布着与α相有共格关系的合金元素的渗氮物，不同的渗氮方法在渗氮层的组织结构的差别表现为①渗氮层表面的氮浓度、化合层的厚度及浓度梯度，②化合物层的致密性及扩散层中γ′相的分布。

① 离子渗氮设备　离子渗氮设备是由渗氮工作室、真空系统（抽真空和真空测量系统）、渗氮介质供给系统、供水系统、电力控制系统和温度测量及控制系统等组成，辉光离子渗氮炉的结构，其炉型有罩式炉、通用炉和井式炉三类，一般零件多采用罩式炉处理，罩式炉的结构见图3-81。

渗氮介质的供给系统包括气源、通气管路、干燥净化及流量测量等装置，应保证通入炉内的渗氮气体的纯度和水分含量符合要求。

炉体与真空炉相似，双层水冷的圆筒形结构，内室比外壁厚，内室用6～8mm的不锈钢板或普通钢板焊成，外壁用3mm碳素钢板围成，炉底用8～10mm的钢板制作。工件置于与炉床绝缘但又连接在一起的阴极托盘上，阴极托盘结构见图3-82，长杆型工件可用图3-83吊钩。

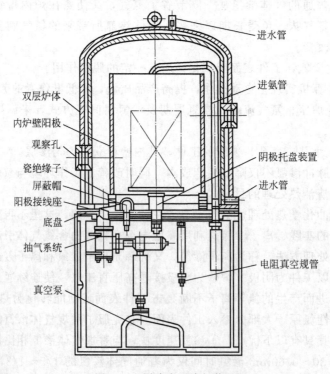

图3-81　罩式离子渗氮装置

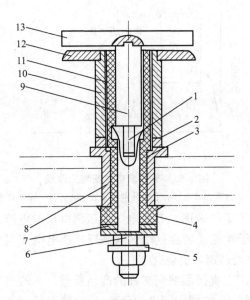

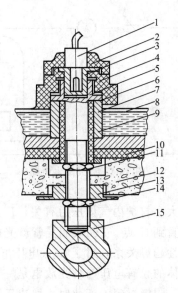

图 3-82　阴极托盘结构图

1—下阴极柱；2—套圈；3—上绝缘套；4—下绝缘套；

5—垫圈；6—螺母；7—大垫圈；8—套；9—上阴极柱；

10—金属套；11—屏蔽套；12—间隙屏蔽板；13—阴极板

图 3-83　阴极吊钩结构图

1—阴极引线插头；2—聚四氟乙烯保护套；

3—引线插座；4—聚四氟乙烯保护套；5—引线

接线柱；6—橡胶密封垫；7—隔水套管；8—炉顶

冷却水套；9—绝缘套；10—石棉水泥绝缘垫；

11—螺母；12—泡沫刚玉保温板；13—间隙屏蔽板；

14—螺母；15—阴极吊环

阴极装置有良好的绝缘、密封、耐高温性，渗氮时工件温度经常在 500~600℃ 或更高，为了减少热损失，炉内应设置隔热屏。绝缘材料与阴极辉光接触部位应采用间隙屏蔽装置，以防产生弧，这本身利用了辉光在小于 1mm 的缝隙中会熄灭的原理，在二者接触部分加上金属套。

阳极一般借用炉壳，也可在炉内加装隔热屏，或辅助阳极（内阳极），由接线柱引到炉外，阴阳极距离应大于 20mm，炉壳与炉底的接触部位用真空橡胶圈密封，应采用水套进行冷却。其他部位用螺钉将真空橡胶圈压紧。

离子渗氮炉供电系统可输出 0~1000 伏的直流电压，功率随工件的总起辉面积而变化，通常为 2~5W/cm²，为保证正常的工作，供电系统要装有快速自动灭弧装置，在真空系统中，该炉配有机械真空泵，保证真空度符合工艺要求。

② 离子渗氮的基本原理　将真空室内的真空度抽至 $133 \times 10^{-2} \sim 5 \times 133 \times 10^{-2}$Pa，充入少量气体介质氨气或氮气、氢气的混合气体，使室内压强保持 $(1 \sim 10) \times 133$Pa，真空室内有阴阳两极，工件接在阴极，外围设置为一个阳极（炉罩），如图 3-84 所示。

在阴阳两极通直流电后，氨气在高压电场作用下部分分解成氮，和电离成氮离子及电子，阴极（工件）表面形成一层紫色辉光，高能量的氮离子轰击工件表面，动能转为热能使工件表面温度升高。

图 3-85 为辉光放电的电流电压曲线[9]。从图中可以看出，在炉内压力稳定的条件下，开始两极间只有十分微弱的电流产生，随着电压增加，电流增加，电压到一定的 D 点时，气体电离，由绝缘体成为良导体，阴极的部分表面开始起辉，D 点电压为起辉电压，但此时两极间的电压与电流不成线形关系，如 EF 线。升高电源电压或减小电阻均不会改变电压，电流密度也不变化，该区为正常辉光放电区；辉光覆盖面积逐渐增大，电流也相应增

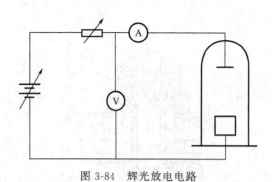

图 3-84　辉光放电电路

图 3-85　辉光放电伏安特性曲线

Ⅰ—正常辉光放电区；Ⅱ—异常辉光放电区；Ⅲ—弧光放电区

加，其大小与炉内气体压力有关，F 点辉光覆盖了工件表面，升高电源电压则电压与电流均增大，直到 G 点，FG 段叫异常辉光放电区。离子渗氮主要在这个区间进行，放电电压与电流呈线性趋势关系，过了 G 点电压下降，电流增大迅速，会烧化工件。

　　气体的起辉电压与辉光放电是一个重要参数，它直接影响到工件的产品质量。一般当气体成分、阴极材料不变化时，取决于炉内气压压强 P_0 与阴阳两极的距离 d_0 的乘积。

　　表 3-59 列出几种气体的起辉电压 V_{min}。与此同时，工件表面的油污、氧化物等被强烈的溅射而除去，氮的正离子在阴极夺取电子后逐渐成为氮原子被工件表面吸收，并向内扩散。氮离子冲击工件表面还能产生阴极溅射效应，溅射出铁离子，在离子轰击作用下从阴极表面上冲出铁离子，在等离子区与氮离子和电子结合而成渗氮物以均匀的层状被吸附在阴极表面上，形成氮浓度很高的渗氮铁（FeN），氮又重新附在工件表面上，沉积在工件表面的 FeN，在离子轰击和热激活作用下，$FeN \rightarrow Fe_2N + [N]$ 分解后产生活性的氮原子，从而被工件表面吸收并向内扩散，Fe_2N 又受到上述作用依次发生下列反应：$Fe_2N \rightarrow Fe_3N + [N]$，$Fe_3N \rightarrow Fe_4N + [N]$ 及 $Fe_4N \rightarrow Fe + [N]$ 的分解，其中放出的氮原子渗入工件表面，向工件内部扩散，在工件表面形成渗氮层。随着时间的延长，渗氮层逐渐加深。由此可见离子渗氮过程的强化是由于辉光放电对形成渗氮扩散层的重要作用：活化气相，加快对氮原子的吸附和扩散[11]。其离子渗氮过程见图 3-86。离子渗氮是在真空容器内高压电场作用下进行的，离子渗氮时阴极的溅射作用，除掉了氧化膜，可使工件的表面始终处于活化状态，因此有利于氮原子的渗入，同时由于离子的轰击表面一定深度内产生晶体缺陷（如产生位错等），其方向与氮原子的扩散方向一致，有利于氮原子的扩散，在渗氮层中氮在高浓度的 ε 相中扩散最慢，而 ε 相又处于最表面，在扩散层中氮原子的扩散起着至关重要的作用，离子渗氮对表面层发生作用，因此有助于 ε 相中氮原子的扩散，加速了渗氮过程。故离子渗氮明显提高了渗氮速度，节省了能源和缩短了工艺周期。

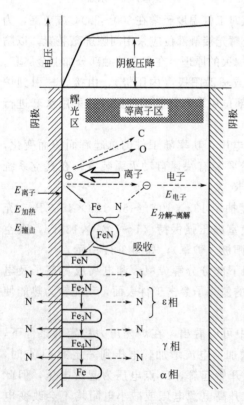

图 3-86　离子渗氮原理示意图

表 3-59　钢铁材料在不同介质的起辉电压

气体介质	$P_0 \times d_0 /(Pa \times mm)$	起辉电压(V_{min})/V
O_2	933.1	450
H_2	1466.3	285
N_2	969.8	275
空气	759.8	330
NH_3	1303	400

由于辉光放电时阴阳两极的电压降与辉光度是不一致的，阴极的很窄的区域内，电压急剧下降，亮度最大，成为阴极辉光放电区，一般将该区域所处位置与到阳极表面的距离称为辉光厚度，炉内压力增加，厚度越小则强度愈高，如两极间距小于辉光厚度，辉光自动熄灭。生产中常利用这一性质对需保护的工件部位合理放置。

③ 离子渗氮工艺参数与操作过程

a. 离子渗氮的工艺参数　离子渗氮工艺的制定应根据零件的使用性能要求、工作条件、材质和具体零件而定，常用的离子渗氮的工艺参数如下。

ⓐ 真空度　如果真空度低则有空气进入，空气在渗氮过程中会使金属表面氧化，影响渗氮质量，故真空度一般抽至 $133 \times 10^{-2} \sim 5 \times 133 \times 10^{-1}$Pa 才能送电起辉。

ⓑ 气体成分　一般采用氨气也可用氨和氢的混合气体，改变氨和氢的比例，可使渗氮层的结构和 ε 相层的厚度发生变化，氢气所占的比例越大，则渗氮层中 ε 相层越薄。

ⓒ 气体压力、气体流量与真空泵的抽气率　它们为相互关联的三个参数，在气压一定的条件下，真空泵的抽气率越大，氨气的消耗量越大。气压对电流密度有直接的影响，气压增加电流密度加大，同时又影响到升温速度和保温温度。气压在 $(1 \sim 10) \times 133$Pa 范围内，对渗氮层的质量基本无影响。

ⓓ 电流密度　根据渗氮温度的要求来选择电流密度，通常遵循下列原则：升温阶段，电流密度需要大一些，加快升温速度；在保温阶段，能量消耗低，电流密度可以小一些。电流密度在 $0.5 \sim 20$mA/cm^2 变化对渗氮层的质量没有明显影响，常用 $0.5 \sim 15$mA/cm^2。

ⓔ 阴、阳两极之间的距离　原则是二者之间的距离大于辉光厚度就可维持辉光放电，两极间的距离以 $30 \sim 70$mm 为宜。

ⓕ 辉光电压　离子渗氮所需电压与电流密度、炉内气压、工件表面的温度、阴阳两极间的距离等诸多因素有关，一般通过调节电压和气压来达到一定的温度，在上述参数保持不变的前提下，气压增加，则电压下降；而电压升高，会造成电流密度增加。一般保温阶段常用的电压为 $500 \sim 700$V。其表面功率为 $0.2 \sim 0.5$W/cm^2。

ⓖ 渗氮温度和保温时间　渗氮温度和保温时间是离子渗氮的重要的工艺参数，对渗氮层的质量影响很大。450℃离子渗氮后表面硬度很高，形成了弥散度很大、与基体相共格的合金渗氮物，在不形成化合物层的条件下，改变渗氮炉内的氮、氢比例，可调整渗氮层硬度。根据材料钢种的不同，离子渗氮温度通常在 $450 \sim 650$℃ 范围内选择，但要低于钢的调质时回火温度 $30 \sim 50$℃[9,19,20]。渗氮温度通常为 $450 \sim 650$℃，渗氮层厚度为 $0.2 \sim 0.6$mm 时，渗氮时间为 $8 \sim 30$h。渗氮温度对渗氮层表面硬度的影响见图 3-87。

从图中可以看出，随着温度的升高，渗氮层表面硬度降低。这是由于氮原子的扩散系数随着温度的升高而增加，扩散速度加快，造成表面氮原子浓度的减小，故硬度降低。图 3-88 给出了渗氮层深度与温度的关系。可见在 650℃ 以下由于温度的升高使氮原子的扩散速度加

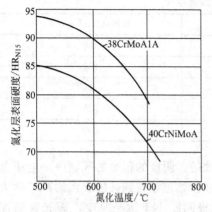

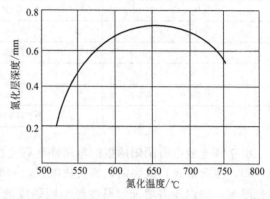

图 3-87　渗氮温度对渗氮层表面硬度的影响　　　图 3-88 离子渗氮温度对扩散层深度的影响（38CrMoAlA）

快，渗氮层深度随温度升高而增加，650℃渗氮层深度达到最大；高于 650℃ 离子浓度减小，故渗氮层深度减薄。当渗氮温度高于 750℃ 时，扩散速度加快使表面的氮离子浓度降低，减小了渗氮层氮浓度的梯度，故氮的扩散速度减小，扩散层厚度降幅较大。

辉光离子渗氮是借助于高能量的氮离子轰击工件表面而进行渗氮，因而表面受压应力作用，氮离子的增加轰击使氮渗入工件表面的速度加快，故渗氮层比气体渗氮要深厚、速度也快，一般 10min 后就可用显微硬度检查出渗层厚度。高能量的离子对渗氮表面的激活作用，以及氮离子在电场作用下加速进入金属，使渗氮时间缩短了 2/3～3/4。图 3-89 表示了时间与渗氮层深度及硬度的关系。

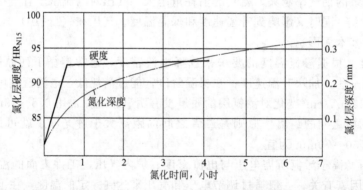

图 3-89　38CrMoAlA 钢 510℃渗氮持续时间对渗氮层深度及硬度的影响

b. 工艺参数对于渗氮的影响

ⓐ 温度对离子渗氮的影响

ⅰ 低温离子渗氮目前应用的工艺是在 400～500℃ 温度区间进行，这样渗氮能保证高的心部强度，同时尺寸和形状变化特别小。图 3-90 为 42CrMo4 钢在 450℃ 和 570℃ 两种温度下离子渗氮时的硬度的变化曲线，图中可知在渗层厚度相同的前提下，温度越高所需时间越短。在 450℃ 低温处理的表面硬度大约高出 150HV，图 3-91 为表面硬度与离子渗氮温度的关系，渗层厚度一定温度降低则表面硬度提高。在渗层厚度不变的前提下，温度降低，表面的硬度升高，其原因在于珠光体中析出大量的细小的特殊渗氮物。

ⅱ 500～580℃ 渗氮，通常的渗氮基本上在此范围内进行，该温度区间所得到的渗氮层主要取决于渗氮件的热处理工艺，合金元素的含量及所要求的化合物层的厚度或扩散层的厚度。

ⅲ高于 590℃ 以上的渗氮，在一定条件下会产生含氮珠光体，这种组织有损于承受高载荷的零件性能，故不采用此高温离子渗氮工艺。

ⓑ 时间对离子渗氮的影响 目前离子渗氮的处理时间在 10min 和 48h 范围内，在特殊情况下可用 60h 或更长时间，处理时间的长短常常要与要求的渗氮层的深度联系起来。部分钢内的合金元素也影响到一定时间内达到的硬化深度。对大部分渗氮钢和调质钢而言，渗氮时间在 60h 以上，有可能得到 1mm 以上的硬化深度。

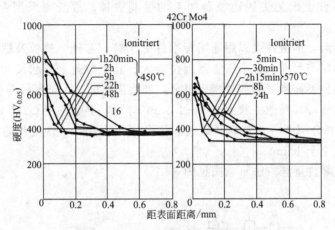

图 3-90 渗氮温度对硬度分布的影响

从图中可以看出，渗氮层深度与持续时间基本呈抛物线形状关系，前三小时渗氮深度增加较快。三小时后渗氮深度趋于平缓，表明此段时间形成的渗氮物阻碍氮原子的渗入，故渗速减慢。实践证明离子氮化处理的渗氮层的厚度小于 0.5mm 最为合适。

渗氮前一小时内，渗氮层的硬度与时间呈正比，即线形关系，达到一定硬度后随时间的延长，基本没有变化。原因是渗氮刚开始阶段（1h）工件表面快速吸收了氮原子与合金元素形成大量的渗氮物。

c. 离子渗氮的操作过程 离子渗氮的过程如下：清洗工件→炉室装料→抽真空和加热→渗氮→在真空或保护气氛中冷却→炉室卸料。

对渗氮零件的要求如下：调质处理是为渗氮作组织准备，基体为回火索氏体，以保持基体的强度和韧性及疲劳

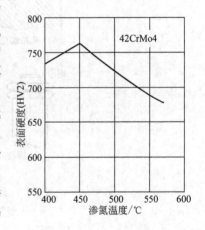

图 3-91 渗氮深度相同时硬度
与温度的关系

性能，实践证明未调质工件与调质工件渗氮后性能差别较大；精加工前或渗氮前加一次除应力退火工序，温度 550～650℃，时间 3～5h，消除加工应力，减小渗氮变形量；清除零件上的油脂，除锈和飞边毛刺、颜料残迹等，并用清水冲洗或漂洗。

对不锈钢不必要像气体渗氮那样将钝化膜除掉，在渗氮开始阴极溅射作用下，可打去该钝化膜，因此节省了大量的人力、物力和财力[8]。

ⓐ 准备工作

ⅰ检查项目 检查渗氮炉的保护接地是否可靠、完好，各个仪表、仪器等有无失灵，氨

气瓶或罐内氨气是否需要补充或更换，进排气管道有无漏气，消防设施是否齐全、有效。

ⅱ工件的清洗　因辉光放电转为电弧放电，原因是工件上的油污等绝缘物引起的场致电子发射，因此对于工件的清洗至关重要，清洗油污可以用汽油浸泡（对锈迹要用砂纸或砂轮磨去），洗过的工件用布擦干净，然后在180℃下烘干。对大量的工件用高效清洗液或用超声波清洗，再用清水漂洗多次，烘干。

ⅲ工件局部的屏蔽防护　离子渗氮工件的局部保护与气体渗氮情况有很大的区别，对不需渗氮的部位决不允许用水玻璃、涂锡或镀锡和其他涂料，因为它们会在渗氮过程中形成弧光放电，同时将工件上面的尖锐边缘和加工的毛刺去掉。故必须采用专用保护装置进行保护。

多采用机械屏蔽，屏蔽件可以用通用标准件（销钉、芯轴、螺栓及螺母等），也可以根据需保护部位的形状与尺寸，在不需渗氮部位旋入、套上或盖上形状尺寸合适的钢件（套）等屏蔽件或者用零件不需渗氮的部位相互屏蔽，如直齿端面，由于零件与屏蔽件处于一个电位在工作状态下起辉，其间隙一般为 0.3~0.5mm 即可，屏蔽件用 Q235 钢制作，钢件厚度 2~5mm。也有资料介绍[9,19]，对需屏蔽的部位可用一块或几块铁皮作防护挡板加以遮挡，二者之间的距离应小于 1mm。

几种离子渗氮零件屏蔽方法示意图见图 3-92。

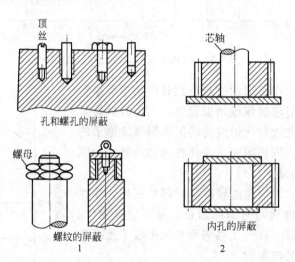

图 3-92　几种常用离子渗氮工装屏蔽方法示意图
1—用标准件屏蔽方法；2—专用屏蔽方法

ⅳ工装夹具的选用与制造　工件进行离子渗氮使用的设备型号不同，工装也有差异，使用井式炉用吊装工装，而罩式炉可将工件放于阴极盘上即可，选用通用简易工装夹具，用碳钢或耐热绝缘材料制造，可作成堆方式或吊挂式，布局合理，便于出装炉。为了防止工件的变形，长的零件如挤压机的螺杆、汽轮机的轴等，应悬挂在吊钩上或专门的夹具上，不大的工件可以放在心轴上，但要考虑相互屏蔽或同样悬挂在吊具上，也可安放在较低的基台上，对端面不渗氮的工件可上下堆放如平齿轮、泵壳等。所有的工件的装炉方式都必须考虑到能够保证气体流动的均匀性。工件之间的距离相同，对于粗大的零件应单独渗氮。常用工装夹具见图 3-93。

ⅴ装炉量的确定　加热功率在 1~3W/cm² 范围内，对于形状复杂易出现辉光集中的工件，以适当少装为宜，一般工件之间间隙为 15mm 左右。

ⅵ氨气要进行干燥处理。

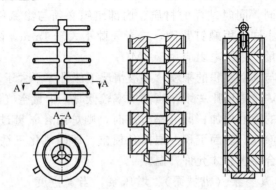

图 3-93　几种常用离子工装夹具示意图

ⓑ 装炉　首先检查阴极引线、热电偶引线及阴极支座等处的间隙保护是否均匀，严禁有短路或间隙过大，检查两极的绝缘。

ⅰ放气　闲置的渗氮炉应抽成真空状态，避免空气及其他有腐蚀性的气体进入炉内，否则会造成内部金属器件的锈蚀，或吸附气体影响正常的渗氮，先慢慢打开放气阀，使炉内压力逐渐增大，不允许将放气阀一开始拧到最大，将导致真空规管测量探头的损坏，直到听不到进气声，再打开炉门。

ⅱ装卡　将经过清洗的工件及屏蔽件装在工装夹具上。

ⅲ合理装炉　尽量将同种工件装在一炉，在多种零件混装时如果表面积大小与重量之比不大，没有办法分开，应当调整工件与阳极之间的距离，保证温度的一致，严禁内外均需渗氮的套筒与实心的轴、杆混装；不同材质或表面粗细相差悬殊的工件不能同装一炉，材质不同其渗氮工艺也有区别，渗氮后的外观不同；同一种工件间隙、零件与阳极间隙距离一致将零件沿阴极放一圈，而中间不放工件间距大于 15mm，阴极中间不放工件；关于工件与阳极距离，按气体放电原理使零件整体温度一致，采用多件共阳极处理时，阴阳两极以 30～70mm 为宜，对于截面差距较大的工件，一般采取增大零件与阳极间距，依次达到改善温度均匀性的目的；对同种零件，尺寸相差较大凹槽、内孔部位的温度高于平面、凸起部位，原因是由于不同形状部位的辉光电流密度不同，散热条件不同造成的，可采取下列五种措施：

• 利用渗氮炉各位置散热条件不同来补上尺寸差别大的缺点。井式炉吊挂加热时，中间温度最高，上下炉温低，而罩式炉在堆放工件时，下部温度偏高；

• 井式炉在各个通氨口，可改变通入冷氨及分解氨的办法，改变炉温均匀性。可在炉体上下两个通氨口通入分解氨，中部通入冷氨，从而达到零件各部位温度均匀一致；

• 利用设置辅助电极或辅助阳极的办法，采用夹具或辅助阴极，人为的减少工件的形状差别，也可制作形状尺寸与零件相似的钢附件，置于零件温度较低的位置与阴极连接，钢件与零件同时起辉，起到了相互辐射的作用，提高局部温度，减少整体温差；

• 采用辅助热源，用电阻加热器等辅助热源对工件加热，减少工件上辉光放电功率密度，从而减少不同部位电流密度的差别；

• 增设热容量小、热传递系数小而辐射能力强的材料制成封闭绝热环，减少工件的热量损失，以此来改善工件表面的温度不均匀性。

辅助阳极用于罩式炉，在零件温度偏低的部位加一个阳极，与零件距离较近，局部电流密度增加，达到提高温度的目的。试样与工件接触牢固，关闭放气阀，旋紧炉门。

ⅳ试样的选形与安装　考虑到辉光放电的特点，要求试样的温度与工件温度一致，其形状、尺寸及安装位置相同，同时试样的材质、内部组织必须与渗氮件完全相同。安装试样时，与工件紧密接触，小试样用螺钉紧固，二者间隙不大于 1mm。阴阳两极，阴极与热电偶应绝缘，可用摇表测量，绝缘电阻应大于 4MΩ。

ⅴ漏气率指压升率与真空容积的乘积　一般情况下压升率不大于 0.133Pa/min，压升率与真空压强成正比，同炉压是反比关系。当漏气率较低时，少量空气进入炉内，氧气具有使渗氮层增厚，导致表面的脆性增加；漏气率过高时，则炉内含氧量过大，阻碍了渗氮速度，严重的将导致工件无法渗氮，表面沉积一层黑色粉末，即四氧化三铁和渗氮四铁的混合物，因此必须进行测量，符合要求后才允许升温。

ⓒ升温阶段　开启真空泵（机械泵）、增压泵，当真空度（ $1 \times 10^{-2} \sim 5 \times 10^{-2}$ ） $\times$ 133.3Pa 时，送电升温，通入氨气。气压很低时和合适的渗氮温度下，零件表面上的某些覆盖物将气相化而成为废气，有利于氮原子的渗入。一般工件表面有一层油膜和存在没有完全清理干净的缺陷，如尖角、毛刺等，开始阶段辉光点燃不稳定，有较多的散弧，因此必须将炉内真空度抽至 1.333～0.133Pa，使起辉电压为 800～1000V，电流较小，因此减小了工件上的电流密度，辉光的弥散度增大，直到工件表面完全被辉光覆盖，这样关小真空蝶阀减少抽气量，并加大通氨量，来达到清理工件的目的。

清理阶段时间长短取决于电源灭弧方式，工件的形状及尺寸、表面粗糙度和清理的程度；清理结束炉压接近工作状态，由于工件已被加热一段时间，辉光厚度为 5～6mm，此时真空计在 1333Pa 左右，维持适当的升温速度和升温电流，如升温速度过快会造成工件内外温差加大，引起工件的变形增大。

当炉温接近工艺温度时，应经常停辉观察温差和工件表面温度是否一致，并及时调整升温速度基本保持受热均匀。一般经验从观察孔目测工件呈微红炉温在 520℃ 左右；工件呈暗红色工件轮廓比较清晰炉温大致为 540～550℃。一般升温电流 3～10mA/cm²，升温速度控制在 100～200℃/h；经常观察实际温度与指示温度之差，以及工件各部分加热温度是否均匀。

ⓓ保温阶段　一般根据工件的材质、组织和技术要求确定离子渗氮温度和时间，保温电压通常为 400～800V，电流密度 0.5～5mA/cm²，常用温度范围 450～650℃。冷却水量应适当，炉体表面温度保持 30℃ 左右，正压供氨。合理选择供氨量与氨气在炉膛内流动速度，对渗氮后工件表面硬度、渗氮层深度和均匀性有明显的影响，氨流量小则表面硬度低。不同功率的离子渗氮设备的合理供氨量参见表 3-60，工件内孔及凹槽等处，由于辉光较弱，呈现出低硬度，同时渗层也不均匀。

表 3-60　不同功率离子渗氮设备的合理供氨量

炉子功率/kW		10	25	50	100
合理供氨量 /(mL/min)	短时间渗氮	200	365	551	110
	长时间渗氮	100	215	375	750

ⓔ冷却阶段　渗氮结束后，切断电源，继续向炉内通气或在真空状态下随炉冷却到 100℃ 左右出炉，冷却过程中必须注意的是要保证工件表面不被氧化，同时加快冷却速度和提高设备的利用率。离子渗氮一般采用炉冷方式，炉断电后冷却水继续循环，若水温太高，应加入自来水以加速冷却能力，直到炉温降至 100℃ 以下，保温结束后的 0.5～1h 内用高电

压、小电流使工件维持阴极溅射，防止由于炉内漏气而使工件表面有氧化色的倾向，以保证外观均匀的银灰色光泽。

3.5.2.2　离子渗氮后组织与性能

（1）离子渗氮后组织　钢在离子渗氮时渗层中的渗氮相和组织，同普通气体渗氮没有区别，合金元素对渗氮层的影响规律与普通气体渗氮一样，在共析温度下，从表面到心部依次为化合物层（ε相和γ′相）及扩散层，对于碳钢来说其扩散层为氮在α相中的过饱和固溶体，或有γ′相呈针状析出；而对合金钢扩散层为α相及其上分布着与α相有共格关系的合金渗氮物。不同的渗氮方法在渗氮层的组织结构上的差异，体现在渗氮层表面的氮浓度、化合物层的厚薄及渗氮层中浓度梯度不同，其次在化合物层的致密性及扩散层中γ′相的分布、也有所不同。普通气体渗氮时先用高的氮势，导致渗层变脆，需进行退氮处理；而离子渗氮，则表层有良好的韧性（形成了单一的γ′相及化合物层有良好的致密性有关）。由于离子渗氮层的相的分布和晶格缺陷结构与普通气体渗氮不同，因此其渗氮后的性能有差别。

（2）离子渗氮性能

① 离子渗氮后的硬度　由于渗层中含氮相的分布状态不完全相同，故硬度的分布与普通气体渗氮有较大的差异，图3-94为45钢在520℃离子渗氮不同时间得到的渗层硬度曲线。工件在短时间进行离子渗氮，其表面即可达到该钢长时间气体渗氮所能达到的硬度。图3-95为38CrMoAl在570℃渗氮温度下渗氮时间与表面的硬度关系，可以看到离子渗氮与普通气体渗氮相比有明显的区别[20]。

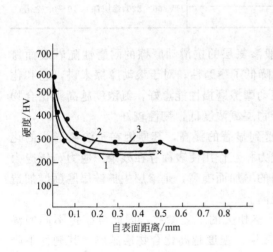

图 3-94　45 钢 520℃离子渗氮不同时间后的硬度分布

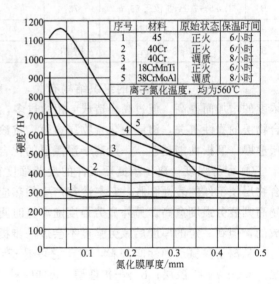

图 3-95　38CrMoAl570℃渗氮时间对表面硬度的影响

② 韧性　表面的脆化是渗氮的缺点，而离子渗氮后工件的韧性，随着渗氮层的扩散组织结构的不同，韧性也有变化，以保证强化材料的广泛的塑性范围，见图3-96。资料介绍[21]可根据扭转试验的应力应变曲线上出现的屈服现象和产生第一根裂纹的扭转角（标明在每条曲线上）的大小来衡量渗氮件的韧性。

对应的渗氮工艺及组织结构见表3-61，从图和表中可见，仅有扩散层而无化合物层（白

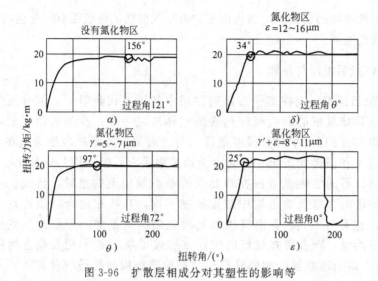

图 3-96 扩散层相成分对其塑性的影响等

（铬钼钒调质用钢，表面硬度 $HV_1 760～820$，层深度 0.19～0.22mm

a、B、σ——离子渗氮，510℃，24h；3——气体渗氮，500℃，36h)

亮层）的渗氮层韧性最好，化合物层越厚则韧性越差。

表 3-61 渗氮工艺及渗层组织

序号	渗氮层组织与厚度/μm	屈服角	出现第一条裂纹扭转角	备注
a	无化合物层，扩散层 $90\mu m$	121°	156°	1. 材料：32Cr3MoV
B	$\gamma=5～7\mu m$，扩散层 $55\mu m$	72°	97°	2. a、B、σ 离子渗氮 520℃×24h
σ	$\varepsilon=12～16\mu m$，扩散层 $55\mu m$	9°	34°	3. 气体渗氮，500℃×36h 表面硬度
3	$\gamma+\varepsilon=8～11\mu m$	未测出	25°	$HV 760～820$，渗层深 0.19～0.22mm

③ 耐磨性 同渗氮层的组织结构有关，一般渗氮层的抗滑动摩擦的耐磨性随着表面氮浓度的增加而提高，但过高会造成 ε 相的过多，降低了耐磨性；对于滚动摩擦来讲，它和化合物层的脆性有关，渗层中化合物层愈薄，抗滚动摩擦磨损性能愈好，氮浓度越高则化合物层愈厚，磨损性能越差，一般离子渗氮层的化合物层氮浓度低，韧性较好。

④ 疲劳强度 离子渗氮后工件的疲劳强度得到显著的提高，其原因在于渗氮形成的化合物层使工件的表面膨胀，它与冷却产生的热应力相互作用使表面存在残余压应力，压应力越高则疲劳强度愈高。另外疲劳强度随渗氮时间的增加而提高，是渗层中扩散层厚度增加造成的，但到一定的厚度后疲劳强度不会进一步提高。

从离子渗氮后的性能来看，由于它可易于调整相关的工艺参数，因此可获得不同的渗层。a.$\varepsilon+\gamma+$扩散层；b.$\gamma+$扩散层；c. 单一扩散层。温度越高化合物层越厚，其韧性下降越快，$\varepsilon+\gamma$ 脆性较大，随着时间的延长化合物层增厚的速度明显减慢，同时减慢的时间提前。表面与扩散层有相近的组织，故耐磨性能良好。渗氮层的疲劳强度大大提高，离子渗氮后零件的表面可保持原来的表面粗糙度。

3.5.2.3 离子氮化炉的应用

（1）热作模具钢和冷作模具钢模具的渗氮。对热锻模要求有热稳定性、良好的韧性、高的抗磨损性，又要有低的黏附性及热裂不敏感性，对锻模而言磨损为主要的失效原因，采用若有一层 4～6 微米厚的 γ，氮化层和约 0.3mm 的扩散层结构，可获得良好的效果，锻模离子氮化可使成型面的黏着性降低，制品的离型性得到了很大的改善，使热疲劳和冲击韧性提高，因而使用寿命延长，对于热拉伸模而言，可得到韧性好和耐磨的化合物层，减小了摩擦系数，使受力层的磨损减少，对于钢压铸模、铝挤压模离子渗氮后可提高寿命 2～3 倍；对冷作模具除要求有足够的心部强度外，还要表面耐磨而脆性小，其基体中碳化物含量高，离子渗氮后的表面硬度高，具有高的耐磨性，非常适合冷作成型加工工艺使用，如卷板、轧制、冲裁、拉延和弯曲等。如用 Cr12MoV 钢制造的蜗壳拉伸成型模，$500℃×5h$ 离子渗氮，表面硬度 $HV_5 1200$，化合物层厚度为 0.015mm，渗层深度 0.12mm，使用寿命提高 25 倍[28]。

（2）汽车发动机零件渗氮。由于在发动机上工作的零件，要求具有高的硬度，良好的抗疲劳强度，较高的抗咬合性和耐摩擦能力。如进（排）气门、导管、挺杆、曲轴、活塞环等进行离子氮化均产生了良好的效果，45 钢制造的曲轴离子渗氮 1～2h，表面硬度、耐磨性及疲劳强度提高，防止了变形。

（3）不锈钢和耐热钢零件的渗氮。对需要渗氮的不锈钢和耐热钢制品，采用离子渗氮的方法效果特别好，辉光放出的离子高速轰击作用，可以清除掉工件表面的钝化膜，因此渗氮前不用特殊地进行钝化膜处理，离子渗氮速度快，且渗氮层均匀，如 2Cr13 在 $550℃×15h$ 氮化后渗层为 0.2mm，硬度为 $HV_{0.2}1100$；Cr18Ni8 在 $580℃×48h$ 渗层深为 0.1mm，硬度 $HV_{0.2}1000$。与结构钢相比，不锈钢和耐热钢中含有较多的合金元素，它们阻碍氮原子的扩散，使氮化速度减慢，故氮化层的厚度变薄，尤其是不锈钢及耐热钢不锈钢，氮原子在不锈钢中扩散系数较小。

3.5.2.4　离子渗氮炉的发展

随着科学技术的不断发展，离子渗氮炉因其有许多优于气体氮化炉的特点，在实际生产中得到不断改进和扩大了使用范围，下面简要介绍如下。

（1）卧式离子渗氮炉。该炉较长，可实现机械化生产，提高了生产效率，极大改善工人的劳动条件，具有加热元件、机械出装炉装置。

（2）多功能离子加热装置。该炉是在多用真空炉的基础上加以改进的，由于加热室内在真空状态下，没有工件的氧化和其他的影响，因此可用于进行离子的渗氮、渗碳、氮碳或碳氮共渗等化学热处理，同时还可作为加热设备进行真空淬火、回火、退火、烧结、堆焊等，目前已发展较高的化学离子渗氮，有保温和加热装置，该炉型设计合理，操作十分方便。

（3）双重加热离子渗氮炉。在依靠高能离子轰击加热工件的同时还可用电热元件的辐射和热气对流来加热工件。还可缩短生产周期，节能降耗，热效率高。其结构同真空回火炉，真空室内两侧放有加热元件，强力风扇循环系统，来保证炉内的介质气体对工件的加热均匀一致，用中性气体加热工件后将其抽出然后通入介质工作气体（氨气），再依靠离子轰击工件表面，保持了工件温度和渗氮效果。

3.6　真空炉的操作、安全与维修技术

3.6.1　真空炉使用前的准备工作

（1）检查炉体各部分电器是否正常。

（2）检查水路、水压和流量系统是否符合要求。

（3）检查真空泵和真空系统是否正常。

（4）检查控制柜和测温仪表及指示灯是否正常。

（5）对被处理工件用酒精或汽油彻底清洗干净。

（6）凡进炉的工件、工装、料筐等应清洁和干燥。

（7）用吸尘器清理炉内氧化皮和杂物。

（8）用绸缎布或毛织物蘸酒精或汽油擦拭炉门和炉盖密封处。

（9）工件摆放应平稳，不得在运行或吹气过程中散落和歪斜。

3.6.2 真空淬火炉的操作、维护及常见故障的排除方法

（1）真空淬火炉的操作步骤　见表 3-62。

表 3-62　真空淬火炉的具体操作步骤

程序	操作步骤
启炉准备	(1)检查各电接头是否紧固,电器是否正常,控制柜和测温仪表及指示灯是否正常,各组成部分是否正常清洁 (2)检查真空泵和真空系统是否正常 (3)电极与炉壳之间的绝缘电阻不得小于 1000Ω (4)调节温度仪表、继电器等,使之符合工艺规程要求 (5)打开回充氮气开关,保证气源压力为 3MPa (6)打开压缩空气开关,保证气压不低于 0.5MPa (7)打开水冷系统总开关,保证水压在 0.1～0.15MPa (8)转换开关,根据需要调在气淬或油淬位置 (9)磁性调压器控制箱上的电源开关合上
启炉步骤	(1)打开所有水冷系统阀门,保证畅通,炉子工作时排出水温不高于 35℃,定期清理水管内水垢 (2)打开前炉盖,将盛放工件的料筐送入冷却室,然后关闭前炉门 (3)气动油泵,液压系统工作 (4)打开中间真空隔热门 (5)进出料机构工作,将料筐推入加热室,并退回至冷却室 (6)关闭中间真空隔热门,液压系统停止工作 (7)启动机械真空泵,打开真空阀门,使加热室冷却室同时抽真空 (8)真空度达到 1333.2Pa 时,启动机械增压泵 (9)工件入炉后,抽真空至 6.67Pa,炉子通电加热按工艺要求升温,保温 (10)保温结束后,关闭加热室,关闭冷却室上的真空阀门,机械增压泵也停止工作 (11)启动油泵,液压系统工作,真空泵停止工作 (12)打开中间真空隔热门 (13)断电,停止加热 (14)进出料机构将工件拖到冷却室 (15)关闭中间真空隔热门 (16)正压气淬时,向冷却室内回充高纯氮气至 2×10^5～6×10^5Pa (17)启动油搅拌器,淬火机构将料筐送入淬火槽淬火 (18)按工艺要求在油槽中停留一定时间,然后工件出油,液压系统停止工作 (19)打开冷却室上的电磁放气阀,破坏冷却室的真空度 (20)打开前炉门,工件出炉,同时将处理件入炉 (21)关闭炉前门,重复以前的启炉操作
停炉	(1)关闭回充氮气开关 (2)关闭压缩空气开关 (3)拉下电源总开关 (4)关闭炉前门 (5)加热室温度低于 150℃时,关闭冷却水系统

（2）真空炉的维护与保养

① 停炉后，炉内需要保持在 6.65×10^4 Pa 以下的真空状态，炉体、仪表和控制柜应经常保持清洁，炉体外壳表面油漆应保持完好无损，定期涂刷。

② 炉内有灰尘或不干净时，应用酒精或汽油浸湿的绸布擦拭干净，并使其干燥。

③ 炉体上的密封结构、真空系统等零件拆装时，应用酒精或汽油清洗干净，并经过干燥后涂上真空油脂再组装上。

④ 炉子周围 2m 内不得存放易燃易爆危险品。

⑤ 工件、料筐、工件车等需要清洗干燥后方可进入炉内，以防止水分，污物进入炉内，定期清理炉底残留的氧化皮和其他杂质。

⑥ 各传动件发现卡位、限位不准及控制失灵等现象时，应立即排除，不要强行操作，以免损坏机件。

⑦ 定期修复和完善炉口的密封措施，机械传动按一般的设备要求定期加油或换油。

⑧ 真空泵、阀门、测量仪器、热工仪表及电器元件等配套件，均应按产品技术说明书进行使用、维修与保养。

⑨ 维修操作应在停电情况下进行，在带电情况下进行维修时，必须保证操作人员、维修人员及设备的绝对安全。

（3）真空炉故障排除方法　为便于从事真空热处理工作的技术人员、管理人员以及操作者管理与使用真空炉，表 3-63 比较详细列出了故障内容、产生原因及排除方法，供参考。

表 3-63　真空炉故障排除方法[1,18,22]

故障内容	产生原因	排除方法
真空泵		
真空度低	(1)泵油黏度过低 (2)泵油量不足 (3)泵油不合格 (4)轴的输出端漏气 (5)排气阀门损坏 (6)叶片弹簧断裂 (7)泵缸表面磨损	(1)换用规定牌号的油 (2)加油 (3)更换新油 (4)更换轴端油封 (5)更换新阀片 (6)更换新弹簧 (7)修复或更换
泵运转出现卡死现象	(1)杂物抽入油内 (2)长期在高压力下工作使泵过热 (3)机件膨胀,间隙过小	(1)拆泵修理 (2)泵不宜在高压强下长期工作 (3)加强泵的冷却
泵运转有异常噪声	(1)泵过热 (2)泵腔内部零件局部磨损	(1)泵不宜长期在高压强下工作 (2)更换磨损零件
泵启动困难	(1)泵腔内充满油 (2)电动机电路短路 (3)电动机有故障 (4)传送带太松 (5)泵腔内有脏物 (6)泵腔润滑不良	(1)停泵后应将泵内充大气 (2)排除电路故障 (3)检修电动机 (4)涨紧传送带 (5)拆泵修理 (6)加强润滑
喷油	(1)进气口压强太高 (2)油太多超过油杯	(1)降低进气口的压强 (2)放出多余的油
油温过高	(1)杂物吸入泵内 (2)吸入气体温度过高 (3)冷却水量不足	(1)取出杂物 (2)进气管路上装冷却装置 (3)增加冷却水流量

续表

故障内容	产生原因	排除方法
机械增压泵		
真空度低	(1)转子与转子、转子与定子的间隙大,转子与端盖侧向间隙大 (2)轴的输出端漏气 (3)前级泵真空度低 (4)泵腔内含油蒸汽	(1)调整间隙,修理或更换泵 (2)更换轴端油封 (3)修理或更换前级泵 (4)清洗泵并烘干
泵运转有噪声	(1)传动齿轮精度不够或损坏 (2)轴承损坏 (3)转子动平衡不好 (4)入口压力过高	(1)更换齿轮 (2)更换轴承 (3)标准转子动平衡 (4)控制入口压强
油扩散泵		
抽速过低	(1)泵心安装不正确 (2)泵油加热不足	(1)检查喷口安装位置和间隙是否正确 (2)检查加热器功率及电压是否符合规定要求
真空度低	(1)泵油不足,泵油变质 (2)泵冷却不好 (3)系统和泵内不清洁 (4)泵心安装不正确 (5)泵漏气 (6)泵过热	(1)加油、换油 (2)改善冷却条件 (3)清洗并烘干 (4)检查喷口位置和间隙 (5)清除漏气 (6)降低加热功率改善冷却条件
真空炉主体及电气系统		
最高温度达不到额定值	(1)隔热屏损坏 (2)电热元件老化	(1)检修或更换隔热屏 (2)更换电热元件
绝缘电阻低于正常使用值	(1)碳纤维与电极接触 (2)局部短路 (3)绝缘件污染	(1)清除碳纤维 (2)排除短路部位 (3)清洗或更换绝缘件
温度控制失灵	(1)热电偶的偶丝断或污染 (2)温度控制仪表故障 (3)热电偶补偿导线接反或短路	(1)更换热电偶 (2)按仪表说明书检修 (3)重接或排除
自动控制线路工作不正常	(1)仪器仪表有故障,不按规定发信号 (2)中间继电器工作不正常	(1)检修仪表 (2)检修或更换中间继电器
传送机构不动作或中途中断	(1)机械压块未压行程开关 (2)行程开关故障 (3)电动机故障 (4)液压传动机构的电磁故障	(1)调整压块或行程开关 (2)检修或更换行程开关 (3)检修电动机 (4)检修或更换电磁阀
对真空热处理零件质量与设备有影响的故障		
油淬零件表面不亮	(1)炉子真空度低 (2)淬火冷却油脱气不彻底 (3)入油温度过高	(1)提高炉子真空度 (2)淬火冷却油脱气 (3)按规定温度入油
气淬零件表面不亮	(1)炉子真空度低 (2)保护气体纯度不够 (3)充气管路没有预抽气	(1)提高炉子真空度 (2)提高保护气体的纯度 (3)每次开炉前应把充气管路预抽干净
零件表面合金元素挥发	真空度过高	按零件材料不同控制炉子真空度

3.6.3　离子渗氮炉的操作要点与维修

离子轰击热处理炉是利用低真空状态的气体辉光放电发生电离，进而气体轰击工件表面进行加热，并使碳、氮或其他元素渗入工件表面的化学热处理设备。

离子轰击热处理炉具有渗入速度快、表面相结构容易控制、工件变形小、节约能源和无污染等特点，改变通入离子轰击热处理炉的气体，可实现渗硫、氮碳共渗、硫氮共渗、碳氮硫三元共渗等热处理，是十分重要的热处理设备，其中离子渗氮炉是应用最为广泛的一类设备。

（1）生产前的准备工作

① 检查炉子、控制柜等电器是否正常。

② 检查冷却水路、水压和流量是否符合要求。

③ 检查真空泵和真空系统是否正常。

④ 检查控制柜、测温仪表及指示灯是否正常。

⑤ 对于被处理的工件用酒精或汽油彻底清洗干净。

⑥ 凡进入炉内的工件、工装、料筐等均需要清洁与干燥。

⑦ 采用吸尘器清理炉内的氧化皮及杂物等。

⑧ 用绸布或毛织物蘸酒精或汽油擦拭炉门和炉盖密封处。

⑨ 戴干净手套摆放工件，且应确保平稳，不得在运行和吹气过程中散落与歪斜。

⑩ 根据需要进行布置辅助阴极或辅助阳极。

⑪ 将密封圈仔细擦拭干净后吊放炉罩，且应平稳落下。

（2）离子渗氮炉操作要点

① 抽真空。接通总电源，关闭蝶阀，开启真空泵，缓慢打开蝶阀，以避免喷油现象，抽真空到极限真空度。

② 向炉内通少量氨气，冲洗炉体数分钟。在真空度达到 67Pa 以上时，可对炉内输入 400～500V 高压电流，使工件起辉，打弧活化工件表面。

③ 在 30～60min 内使辉光稳定，逐步减少限流电阻或降低灭弧灵敏度。

④ 按工艺规定调整真空度、电压、电流、气体流量等参数，真空度通过调整流量计流量和蝶阀开度来实现。

⑤ 升温过程中通过观察孔经常观察炉内情况，如有打弧或局部温度过高等现象，要及时调整相关参数，如降低电压，以便减缓升温速度，或暂停供气等。

⑥ 升温到 200℃时通冷却水，使炉体温度控制在 40～60℃。

⑦ 当工件温度即将达到工艺要求的温度时，观察热电偶的测温仪表与光电温度计的测温误差，以热电偶测温仪表控制温度。如果不具备测温条件时，可根据目测经验进行判断：闭目几分钟，关闭高压电流，从观察孔能隐约看到工件暗红色的轮廓，即可认为温度在 520～540℃ 范围内。

保温阶段的电流密度应小于升温时的电流密度，真空度为 267～800Pa，辉光层厚度一般为 1.5～3mm。同时在保温期间应稳定气体流量和抽气速率，以稳定炉内压力。

⑧ 保温结束后立即停炉降温。首先关闭气瓶或气罐、电磁阀和流量计等停止供气，随后停止供电，降低电压，切断高压电源，关闭各开关，手柄复位。

⑨ 将炉内抽真空至极限真空度，关闭蝶阀，停止真空泵运行。

⑩ 根据工件的复杂程度和工艺要求，控制冷却速度。

⑪ 工件温度降至200℃以下，可停止冷却水。工件温度达150℃以下，即可打开放气阀向炉内充气，并吊起炉罩，取出工件。

（3）离子渗氮炉的维护与保养

① 炉体、仪表和控制柜应保持清洁。

② 炉子周围2m内无存放的易燃易爆物品（汽油、煤油、酒精、甲醇等）。

③ 炉体外壳表面油漆应保持完好无损，并定期喷刷。

④ 起吊炉壳在对炉内充气结束后进行。

⑤ 使用温度不得超过炉子的最高额定温度。

⑥ 定期修复与完善罩口的密封。

⑦ 定期对机械传动部分进行润滑。

⑧ 定期检查离子渗碳炉加热器接线端是否夹紧，并及时紧固。

⑨ 不得将有腐蚀性物质和水分的工件带入炉内。

⑩ 热壁加热器一旦有互相连接现象，应断电后立即分离。

⑪ 定期清除炉底残留的氧化皮或其他杂质等。

（4）电气故障与维修　离子渗氮炉是应用十分广泛的热处理设备，随着科学技术的进步，其向着智能化、自动化的方向发展，表3-64列出了其常见的电气系统的故障与维修措施，供参考。

表3-64　离子渗氮炉电气系统常见故障与维修

故障现象	故障原因	采取措施
整流电路没有输出电压	没有同步电源信号	检查同步电源是否短路
	没有控制移相电压	检查反馈放大电路
	没有触发脉冲	①查锯齿波发生电路 ②查移相控制电路 ③载频调制电路 查驱动脉冲变压器电路
	过载、过电流保护误动作	查保护控制电路
	三相电源缺相或相序不对,电路保护	①查外部三相电源是否短路或熔断器是否开路 ②查相序相位
输出电压严重波动	晶闸管器件品质变差	更换晶闸管
	触发晶闸管功率不够,晶闸管没有导通	查功率驱动电路
	触发脉冲不同步	查触发脉冲电路和锯齿波发生器
晶闸管小载荷时工作正常,大电流时失控	晶闸管的环境温度过高	查晶闸管的冷却装置
	晶闸管的高温特性变坏,大电流时失去阻断能力	更换质量好的晶闸管
晶闸管主回路加上电压后,不加触发脉冲就导通	环境温度超过规定要求	查晶闸管的冷却装置
	晶闸管触发电流和维持电流小	更换晶闸管

续表

故障现象	故障原因	采取措施
晶闸管加上触发脉冲导通,去掉触发脉冲关断	负载短路时电阻太大,不能产生晶闸管导通时的维持电流	查并联在负载上的电阻是否为断开或阻值变大
整流输出不能到最大值	电流、电压负反馈太深	查反馈回路电阻值
	限位电压太小	调整限位电位器
	放大电路输出电压过小	查放大电路
快速熔断器烧断	过载或负载短路	查负载线路或阴极装置是否有击穿现象
晶闸管烧坏	RC 过压保护电路断开	查 RC 过压保护电路
	RC 吸收电路断开	查 RC 吸收电路
	续流二极管断开或击穿	查续流二极管
长期不使用设备,在重新使用时,合闸后烧坏快速熔断器和晶闸管	晶闸管长期存放导致性能下降,且通电失去阻断能力而击穿,或者元器件受潮,沉积灰尘,造成电源短路	使用时对于元器件主要参数进行检测,并清扫灰尘

（5）离子渗氮炉常见故障及对策　见表 3-65。

表 3-65　离子化学热处理炉（渗氮炉）设备常见故障及对策[18,22]

故障名称	产生原因	对策
真空泵抽气时真空度上不去,关闭阀门后压升率很大极限真空度不够高	①炉体或真空管道漏气 ②密封圈老化漏气 ③真空泵油不足 ④真空泵磨损	①检查炉体、管道、密封圈、补漏 ②更换密封圈 ③补充真空油 ④大修或更换真空泵
真空泵抽气时真空度上不去,但压升率不高	①真空泵油太少或老化,油不清洁 ②真空泵内腔或刮板损坏 ③轴的输出端漏油	①加油或换油 ②修复或更换 ③更换轴端油封
阴极输电装置定点打弧	①密封处漏气 ②护隙破坏	①检查与紧固,防止漏气 ②进行调整
流量计浮子贴玻璃管壁	①气源水分含量超标 ②管道太长	①更换气源加干燥罐,或更换或处理干燥剂 ②尽量缩短管道
流量计浮子自动下降	①进气或出气管有一段堵塞 ②调节阀变形 ③供气不足或压力小	①疏通管道 ②先开大、再开小或更换针阀 ③检查气源是否充足,压力是否满足要求,充分供气
外加电压加不上而电流急增	①电源有短路处 ②阴阳极间绝缘破坏,有短路现象	①检修电源 ②检查阴极,排除短路现象
真空泵启动困难	①泵腔内充满油 ②电动机短路或其他故障 ③传动带太松 ④泵腔内有脏物 ⑤泵腔润滑不良	①停泵后应将泵内充大气 ②排除电动机故障,检修电动机 ③张紧传动带 ④拆泵维修 ⑤加强润滑更换

故障名称	产生原因	对策
真空泵喷油	①进气口压力过大 ②油太多超过油标	①降低进气口压力 ②放出多余的油
真空泵油温过高	①杂物吸入泵体 ②吸入气体温度过高 ③冷却水量不够	①取出杂物 ②进气管上装冷却装置 ③增加冷却水流量
绝缘电阻低于要求值	①局部短路 ②绝缘件污染	①排除短路部位 ②清洗或更换绝缘件
温度控制失灵	①热电偶偶丝断裂或污染 ②温度控制仪表故障 ③热电偶补偿导线接反或短路	①更换热电偶 ②检修仪表 ③重新或排除故障
多室传送机构不动作或中途中断	①机械压块未压住形成开关 ②形成开关故障 ③电动机故障 ④液压传动结构的电磁阀故障	①调整压块或形成开关 ②检修或更换形成开关 ③检修电动机 ④检修或更换电磁阀

3.6.4 常用真空检漏法

真空热处理设备的压升率是十分重要的技术指标，它对真空系统有直接的影响，同时也会造成炉体寿命降低与产品质量的不稳定，因而是需要关注的指标，表3-66列出了常见的真空检漏方法，供参考。

表 3-66　真空热处理设备常用的真空检漏法比较

种类	名称	检漏方法	充入气体	灵敏度	检漏时间	优缺点
压力检漏法	水泡法	把被检件浸入水中，观察气泡	空气	$133 \sim 10^{-6}$	几分钟到几小时	简单可靠。但灵敏度长时间观察，灵敏度更高，比较实用
	肥皂泡法	用肥皂涂于被检处观察肥皂泡	空气	$10 \sim 10^{-2}$	几分钟	简单。但灵敏度不高，与操作者熟练程度有关
真空检漏法	电离计法	用电离计检测	酒精，乙醚，丙酮涂于被检处	$10^{-4} \sim 10^{-8}$	几秒	可直接利用电炉上的真空计，灵敏度较高，常用
	氦质谱仪法	用氦质谱仪检测	氦气	$10^{-6} \sim 10^{-11}$	几秒	对小型电炉真空度较高的较好，检漏法较复杂

· 第 **4** 章 ·

→ **真空热处理质量控制**

4.1 真空热处理的应用与要求

（1）真空热处理的应用　真空炉作为目前先进的热处理设备，因其具有处理的工件无氧化脱碳、变形小、表面光亮、使用寿命长等特点，从 20 世纪 40 年代开始应用于航空航天、电子元件等领域，到 20 世纪 80 年代，正式批量应用在工模量具、汽车、航空航天、兵器、船舶、电子、铁路、军工、机械制造、纺织、齿轮、轴承、标准件、石英玻璃、磁性材料等热处理领域。

热处理不仅可实现钢件的无氧化、无脱碳，而且还可以实现生产的无污染和工件的少畸变，因而它还属于清洁和精密生产技术范畴，目前它已成为上述领域热处理生产中不可替代的先进技术。工件畸变小是真空热处理的一个非常重要的优点。据国内外经验，工件真空热处理的畸变量仅为盐浴加热淬火的 1/3。研究各种材料、不同复杂程度零件的真空加热方式和各种冷却条件下的畸变规律，并用计算机加以模拟，对于推广真空热处理技术具有重要意义。真空加热、常压或高压气冷淬火时气流均匀性对零件淬硬效果和质量分散度有很大影响。采用计算机模拟手段研究炉中气流循环规律，对于改进炉子结构变具有重要意义，目前世界各国均致力于真空炉的研发，不少新型的真空炉问世，为零件的真空热处理奠定了坚实的基础。

现代真空热处理炉是指可进行元件的真空加热，然后在油中淬火或在常压和加压气体中淬火的冷壁式真空炉。研究开发这种类型的设备是一项综合性强、跨学科、牵涉到很多科技领域的工作。工模具材料的真空热处理的应用前景很大，大多数工模具钢目前都采取在真空加热，然后在气体中冷却淬火的方式。为了使工件表面和内部都获得满意的力学性能，必须采用真空高压气淬技术。

（2）真空炉的选型要点　真空炉按结构分可分为立式及卧式两种系列，立式系列又分为钟罩升降式与底部托盘升降式两种。卧式系列又分单开门结构与前后双开门结构两种。炉体均采用水冷夹壁结构。炉体可选择由不锈钢、碳钢或它们的组合制成的双层水冷结构。

真空炉的主要选型是根据零件的技术要求与特点，对真空炉的极限真空度、工艺要求等指标自行选择真空炉与工艺参数的，用于通常钢材的淬火、回火、退火、化学热处理，高温钎焊、粉末冶金和烧结，以及其他特殊的材料的热处理等。

① 真空热处理炉型　其包括：真空淬火炉、真空化学热处理炉、真空回火炉、真空退火炉、真空烧结炉、专用炉以及特殊真空炉等。

② 真空炉加热室的选择　石墨反射屏：一般在真空炉上使用的有硬毡和软毡两种，适用于一般钢材的淬火、回火、退火、高温钎焊、粉末冶金和烧结等。

金属隔热屏　一般在真空炉上使用的有不锈钢和钼两种。钼反射屏适用于高温、对炉内环境要求较高的材料的（如：高温合金、钛合金、磁性材料等）淬火、退火、高温钎焊、烧结等。不锈钢反射屏适用于回火、低温退火、时效、真空铝钎焊等，一些低温炉型的选择，另外也可采用耐热不锈钢、钼屏与碳毡、莫来石纤维或硅酸盐纤维复合而成。

③ 真空度的选择　淬火热处理可选用中真空的（一般极限 4×10^{-1} Pa）真空炉，采用两级泵（前级泵和罗茨泵）如进行轴承钢、模具钢、结构钢等的真空热处理。对于大多数的合金结构钢、合金工具钢和高速钢的淬火加热，真空度选择 $1.33 \sim 13.3$ Pa，高合金钢的回火真空度一般选择 1.33×10^{-3} Pa，一般真空热处理炉均有真空度的控制设置，零件入炉抽真空达到极限真空度后，回充一定的高纯氮气（纯度 99.999%）达到设定值，保持一定要求的真空度，确保无氧化、无脱碳加热的同时不使合金元素蒸发。真空度影响热处理的表面质量，因此维护密封结构件，定期洗炉与清除内部污物，确保炉子处理良好状态，发挥炉子的正常功能。

对一些要求高真空的产品，如（高温合金、钛合金、磁性材料等的真空热处理或高温钎焊。可选择三级泵（前级泵。罗茨泵、扩散泵等）一般要求真空度的极限在 10^{-4} Pa。

④ 控制系统的选择　标准配置：以进口温度控制仪和可编程控制器为核心，实现了温度可编程、手动和自动控制。

计算机控制系统：以工控机和可编程控制器为核心工艺编程，储存、做成报表。可计算机独立操作，自动、手动，工艺编程等。

计算机群控系统：以工控机为核心对多台真空炉的监测、采集数据、运行情况、报表管理等为一体的高科技控制系统。

4.2　真空热处理工艺制定原则

真空热处理具有无氧化、无脱碳、脱气、脱脂、表面质量好，变形微小、热处理零件综合性能优异，使用寿命长，无污染无公害，可实现清洁生产，设备自动化程度高，报警系统完善等一系列特点，在 20 世纪后期到现在得到了迅速发展与应用。

制定真空热处理工艺包括以下几个方面的内容：确定加热温度规范（温度、加热时间以及冷却方式等）；决定真空度与气压调节参数；选择冷却方式、冷却介质等。

真空炉型的选用应根据其具体的产品工艺要求而定，目前真空退火炉、真空淬火炉、真空回火炉、真空烧结炉、真空化学热处理炉等已经批量应用，下面介绍其应用情况。

（1）真空退火　真空退火的材料除了钢、铜及其合金外，也可进行与气体有亲和力的金属如钛、钽、铌等退火，真空退火真空度的选择应根据金属的氧化特性，避免合金中的化合物分解与脱溶等。需要注意的是真空退火的零件必须进行清洗、脱脂和烘干处理，否则在加热过程中容易产生氧化、腐蚀、脱碳和渗碳等缺陷。

真空退火的脱气效果取决于加热温度、时间和真空度等工艺参数，另外还与气体以及金属化合物的物理性质有关，表 4-1 为部分材料的真空退火热处理工艺，供参考。

表 4-1　各种金属材料真空退火工艺参数[1,4,5,7]

材料类别	材料名称或钢号	退火温度/℃	真空度/Pa	说明或注意事项
钢	45	850～870	0.133～1.33	炉冷或气冷至300℃左右出炉
	40Cr	890～910	0.133	炉冷或气冷至200℃左右出炉
	Cr12MoV	850～870	≥0.133	缓冷至300℃左右出炉
	W18Cr4V	870～890	0.133	720～750℃等温3～4h炉冷
	铁素体不锈钢	630～830	1.33～0.133	气冷或缓冷
	马氏体不锈钢	830～900	1.33～0.133	气冷或缓冷
	奥氏体不锈钢	1000～1050	1.33～0.133	快冷
	9SiCr、9Mn2V、CrWMn	780～850	1.33	缓冷
	5CrNiMo、5CrMnMo	820～870	1.33	缓冷
铜	纯铜	650～750	13.3	小尺寸选退火温度的下限，大尺寸选退火温度的上限；黄铜要充惰性气体以及防止锌蒸发
	黄铜	650～750	（光亮退火）	
	铝青铜	650～750	13.3	
	锡青铜	600～700	（除气退火）	
	铜丝	250～500	270～670	
难熔金属及合金	钼及合金	1100～1400	133.3×10^{-5}	防止钼吸氢形成脆性
	钛及合金	700～800	133.3×10^{-5}	注意除氢
	钽及合金	1200～1400	133.3×10^{-5}	防止钽的氧化和吸氢
	锆及合金	700～750	133.3×10^{-5}	防止氢脆
	钨及合金	1100～1500	133.3×10^{-5}	防止氧化
	铌及铌合金	1300～1400	133.3×10^{-5}	防止氧化
	坡莫合金	900～1200	133.3×10^{-5}	

（2）真空淬火及回火　该类工艺参数有真空度、加热温度、保温时间冷却介质等，应根据工件的材质与性能要求来合理选择与确定。

① 真空度的选择　为了防止工件表面氧化脱碳以及合金元素的蒸发造成的工件性能降低与炉膛污染等，故应正确选择真空度。合金元素锰、铝、钴、铬、镍等元素饱和蒸汽压较高，故容易在加热过程中蒸发，真空度应不宜太低，钛的饱和蒸汽压较铬、锰等略低，在较低的压力下容易向表面聚集，而钨、钒、硅、钼等元素的饱和蒸汽压低，则不容易蒸发。

通常将钢的淬火加热温度分为高温与中温两类，中温是指 900℃ 以下，高温则分为 900～1100℃ 和 1100～1300℃ 两类，不同加热温度范围内的真空度是有差异的，表 4-2 为几类钢预热、淬火加热及回火真空度的选择情况，供参考。

真空加热时，工作真空度要根据所处理的工件材料和加热温度来选择，首先要满足无氧化加热所需的工作真空度，再综合考虑表面光亮度、除气和合金元素蒸发等诸多因素，常用工具钢在真空热处理时推荐的真空度见表 4-3。

表 4-2　几类钢预热、淬火加热及回火真空度的选择情况

钢种	预热时真空度/Pa	淬火加热时的真空度/Pa	回火加热时的真空度/Pa	其他
弹簧钢	0.133～1.33	1.33～13.3	先抽成 1.33Pa,升至回火温度后回充氮气至(380～460)℃×133.3Pa,回火后在惰性气体中强制冷却	
轴承钢	0.133～1.33	1.33～13.3	—	空气炉低温回火
合金工具钢如 9SiCr、CrWMn、9Mn2V、5CrNiMo	0.133～1.33	0.133～1.33	—	低温回火
高碳高铬钢如 Cr12、Cr12MoV	0.133～1.33	1.33	—	
高合金钢如 3Cr2W8V、4Cr5W2VSi	0.133～1.33	1.33～13.3	—	
高速钢如 W18Cr4V、W6Mo5Cr4V2	0.133～1.33	13.3	(380～500)×133.3	
不锈钢与耐热钢	—	1.33～0.133		
高温合金如 (GH4037～GH1140)	0.133～1.33	0.0133～0.133		

注：1. 高速钢在 1050℃左右加热时，应向炉内回充高纯度的氮气，使真空度控制在 13.3Pa，以防止合金元素的蒸发。

2. 铬镍奥氏体不锈钢和耐热钢钢板和钢带热处理时，应采用高纯度的氩气来进行分压和冷却。

3. 轴承钢与弹簧钢为防止 Cr、Mn 元素的挥发，要严格控制真空度。

4. 在 900℃以前，先抽 0.1Pa 以上高真空，以利脱气。

5. 10^{-1}Pa 进行加热，相当于 1PPM 以上纯度惰性气体，一般黑色金属就不会氧化。

6. 一般 10^{-3}～133Pa 真空范围内，真空度温差为 ±5℃，如气压上升，温度均匀性下降，所以充气压力应尽量可能低些。

表 4-3　常用工具钢在真空热处理时推荐的真空度

材料	真空热处理时的真空度/Pa
结构钢、合金工具钢、轴承钢(淬火温度≤900℃)	10^{-1}～1
含 Cr、Mn、Si 等合金钢(淬火温度≥1000℃)	10(回充高纯氮气)
高速工具钢	900℃以上充氮气分压
高合金钢回火	10^{-2}～1.3

② 淬火加热温度的选择　真空加热是以辐射为主，在 700℃以下辐射加热效率很低，工件的温度滞后于炉膛的温度，故真空加热需要通过多段预热来减少工件温度的滞后问题。尤其是对于复杂的大型工件，进行多次预热显得尤为重要，淬火加热温度一般取盐浴炉处理温度的中下限，真空淬火加热温度及预热温度见表 4-4。

通常淬火加热温度取盐浴炉和空气加热炉的下限，淬火加热温度在 900℃以下时，采用 500～600℃ 一次预热，加热温度高于 1000℃ 时，一般采用两次预热，即 500～500℃、800～850℃。

表 4-4　预热温度参考表

淬火加热温度/℃	预热温度（1 次）/℃	预热温度（2 次）/℃	预热温度（3 次）/℃
800～900	550～600		
1000～1100	550～600	800～850	
1200 以上	550～600	800～850	1000～1050

③ 淬火加热保温时间的确定　在周期性真空炉中进行工件的加热，影响时间的因素较多，如炉膛的结构尺寸、装炉量、摆放的方式、工件形状和尺寸、加热温度、加热速度以及预热工艺等，一般都通过试验方法得出一个经验公式。

关于真空淬火加热时间，首先看以下工件真空加热时的特性曲线，有连续升温与分阶段升温两种加热方式，而在计算工件的最后阶段的时间包括均温时间＋保温时间，具体见图 4-1 所示。图 4-2 为在盐浴和真空中加热时零件的升温状况（炉温和被加热工件表面与中心温度），可见二者均有温差的存在。

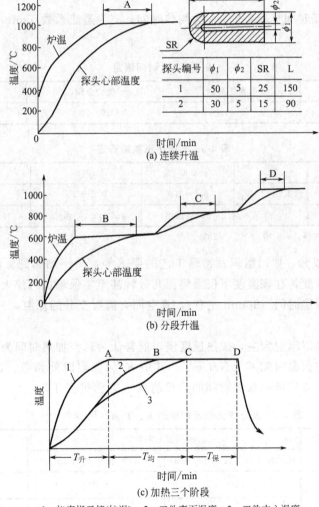

1—仪表指示值(炉温)；2—工件表面温度；3—工件中心温度

图 4-1　真空加热时的特性曲线

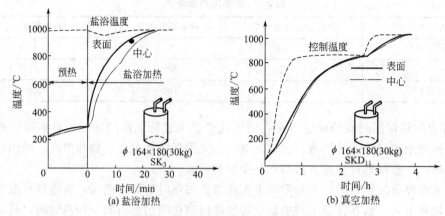

图 4-2　在盐浴和真空中加热时零件的升温状况
（炉温和被加热工件表面与中心温度）

$$t_总 = t_均 + t_保 \qquad t_均 = a' \times h$$

式中，$t_保$ 为相变时间见表 4-5；$t_均$ 为均热时间；a' 为透热系数（min/mm）见表 4-6；h 为有效厚度（mm）。

表 4-5　$t_保$ 时间确定

钢材	碳素工具钢	低合金钢	高合金钢
$t_保$/min	5~10	10~20	20~40

表 4-6　a' 透热系数的确定

加热温度/℃	600	800	1000	1100~1200
a'/(min/mm)	1.6~2.2	0.8~1.0	0.3~0.5	0.2~0.4
预热情况		600℃预热	600、800℃预热	600、800、1000℃预热

注：没有预热，直接加热，a' 应增大 10%~20%。

$t_保$ 取决于钢的成分、原始组织及特殊工艺的要求等，碳钢加热到温度均匀化后，就基本上完成了奥氏体转变，在该温度下仅需停留几分钟甚至零保温也可淬火。合金钢特别是高合金钢，则需要的保温时间（30min 左右），真空回火需要充分的保温，一般需要 1h 即可使碳化物充分析出。

考虑到真空加热以辐射为主，加热速度慢，通常认为真空加热时间为盐浴炉的 6 倍，为空气炉的 2 倍，真空保温时间 $C = KB + T$，其中 K 为保温时间系数，B 为工件的有效厚度，T 为时间余量，真空淬火保温时间的计算的 K、T 值见表 4-7。

表 4-7　真空淬火保温时间的 K、T 值（供参考）[4,8,23]

材料类别	淬火保温时间计算		备注
	保温时间系数 K/(min/mm)	时间余量 T/(min)	
碳素钢	1.6	0	560℃预热一次
碳素工具钢	1.9	5~10	560℃预热一次
合金工具钢	2.0	10~20	560℃预热一次

材料类别	淬火保温时间计算		备注
	保温时间系数 K/(min/mm)	时间余量 T/(min)	
高合金工具钢	0.48	$20 \sim 40$	560℃预热一次 800℃预热一次
高速工具钢	0.33	$15 \sim 25$	560℃预热一次 850℃预热一次

④ 冷却介质的选择　真空淬火冷却介质常用真空淬火油、高纯氮气等，应根据具体的材料与性能要求来合理选择，通常而言，模具材料如高合金钢和高速钢等进行真空淬火处理时，其选用的冷却介质为真空淬火油，该类油具有饱和蒸汽压低、临界压强低、化学稳定性好等特点，故获得了广泛的应用。真空气淬炉的冷却能力，可通过提高冷却气体的密度（压力）和流速，可以成正比增加对流传热效率，使淬火冷却速度加快。

⑤ 真空回火　一般而言，在 250℃ 以下的低温回火是在空气炉中或低温硝盐浴中完成的，$260 \sim 750℃$ 的范围回火则可在保护气氛炉或真空炉中进行，在真空回火炉中回火时，应将工作室抽至 $1.33 \sim 0.133Pa$，然后充入高纯氮气，进行回火处理。

（3）真空化学热处理　真空化学热处理是指在真空炉内完成的渗碳、渗氮、氮碳共渗、碳氮共渗、渗金属等工艺过程，在真空中等离子场的作用下进行渗碳、渗氮或渗其他元素的技术进展，又使真空热处理进一步扩大了应用范围。

① 真空渗碳

② 真空渗氮（离子渗氮）

③ 真空氮碳共渗

④ 真空碳氮共渗

⑤ 真空渗金属

关于真空化学热处理的类型，这里不再赘述，读者可参见相关书籍或资料。

4.3　真空热处理工艺参数的确定

真空热处理可确保零件无氧化、无脱碳，且表面可保持光亮的金属本色，变形量小等优良特点，经过该技术处理的零件性能或使用寿命得到明显提升。近年来，真空热处理作为一种颇有发展的热处理技术得到较快推广应用，由于真空热处理与传统热处理的差别，加之该项技术应用的时间比较短，热处理工艺有一个认识过程，工艺参数的合理确定和工艺成熟度有待热处理工作者进一步探索或提升。

首先工艺参数的选择应发挥炉子的正常性能。其次入炉前零件的清洗真空热处理零件的前清洗尤为重要，零件加工表面存在油脂清洗不干净时，将在加热过程挥发，不仅影响预抽真空度速度，延长工艺时间，同时，会对真空泵产生污染，长期如此会导致真空泵的功效下降，使用寿命降低。真空热处理零件前清洗要求较高，目前各厂采用的清洗方式有一定差异，有用一般热处理清洗机的，也有采用汽油或酒精等进行清洗。采用先进的真空清洗机，利用气泡去污技术，可以不添加任何清洗剂。根据零件的洁净度，严格按照程序进行清洗，保证表面清洁。

真空加热比盐浴加热工艺系数要复杂得多，制定真空加热工艺时要考虑的主要工艺参数如下：确定加热制度（温度、时间及方式）、决定真空度和气压调节，选择冷却方式和介质等[24]。

(1) 加热温度　真空加热有两大特点：一是在极其稀薄的气氛中加热，避免了在空气中加热产生的氧化、脱碳、侵蚀等现象，另一特点是在真空状态下的传热是单一辐射传热，其传热能力 E 与绝对温度 T 的四次方成正比，尤其是在低温阶段，升温速度缓慢，从而使工件表面与心部之间的温差减小，热应力小，工件变形也小。

加热温度的选取对于工件质量至关重要，一般的资料中都给出一个加热温度范围，但在制定工艺时，应根据工件的服役条件、技术要求和性能要求，结合其装炉方式等，选择最佳的加热温度，在不影响性能且考虑减小变形的情况下，尽量选择下限加热温度。

(2) 保温时间　保温时间的长短，取决于工件的尺寸形状及装炉量的多少，前面已经介绍了传统加热保温时间，实际上在一炉中往往同时装有若干形状与尺寸的不同的工件，甚至是不同的材质，这就需要进行综合考虑。按照工件的大小、形状、摆放方式以及装炉量，确定保温时间，同时还要考虑到真空加热主要靠辐射，低温加热时（600℃）工件升温非常缓慢，此时在工件无特殊变形要求时，应使第一次预热和第二次预热的时间要尽量缩短，并提高预热温度，因为低温时间再长，升温后工件心部要达到表面温度还是需要一定的时间，根据真空加热原理，提高预热温度，可减少工件的内外温差，使预热时间缩短，而最终的保温时间应当适当延长，使得钢中的碳化物充分溶解[2]。

保温时间的长短还与下列因素有关：①装炉量。工件尺寸相同时装炉量大，则透烧时间应延长，反之则应缩短；②工件摆放方式。由于真空炉为辐射加热，如果工件形状相同，应尽量使工件摆放整齐，避免遮挡热辐射，并留出一定的摆放空间，以确保工件能够受到最大的热辐射，对于不同工件同装一炉，除按最大工件计算保温时间外，还要增加透烧时间；③加热温度。加热温度高，可适当缩短保温时间，这需要根具体的工件进行综合考虑。

(3) 冷却时间

① 工件的预冷，对于真空淬火的中小零件，要注意到保温结束后由加热室进入冷却室后，在淬火前是否进行预冷，将影响淬火变形，其规律为：由加热室进入冷却室后，直接进行油冷或气冷，将导致尺寸变化，如果进行适当的预冷，则可保持热处理前的尺寸不变，但若预冷时间过长，将会导致工件尺寸胀大，一般的规律是对于有效厚度为 20～30mm 的工件，预冷时间为 0.5～3min。

当工件淬火前预冷不当而直接淬火时，零件中内应力以热应力为主，故出现体积收缩，而经过较长时间预冷后再淬火时，零件中的内应力以相变应力为主，从而出现体积膨胀，只有在进行适当时间预冷后，热应力和相变应力的作用相平衡，才能达到工件的尺寸不变[25]。

② 气冷，采用通入 2bar 以下氮气进行加压气淬，冷却到 100℃ 以下出炉冷却，计算气冷时间的经验公式为：$T=0.2G+0.3D$　其中 G 为装炉量（kg），D 为工件有效厚度（mm）。

③ 油冷，淬火油温一般控制在 60～80℃，工模具的出炉温度通常控制在 100～200℃，计算油冷时间的经验公式为：$T=0.02G+0.1D$　其中 G 为装炉量（kg），D 为工件有效厚度（mm）。此时出油温度一般在 150℃ 左右。

4.3.1　合金结构钢的真空热处理工艺参数

考虑到真空加热的特点，进行合金结构钢的真空热处理时，需要注意几点。

① 防止晶粒度粗大，采用淬火温度比规定温度下限或低 5～10℃ 为宜。

② 防止元素挥发。回填 N_2 到 13.3Pa 或以下。

③ 消除回火脆性要快速冷却。

表 4-8 为常用合金结构钢真空热处理工艺规范，供参考。

表 4-8　常用合金结构钢真空热处理工艺规范

钢材牌号	淬火			回火			力学性能（不小于）				
	温度/℃	真空度/Pa	冷却	温度/℃	真空度/Pa	冷却	R_m/(N/mm²)	$R_{p0.2}$/(N/mm²)	A/%	Z/%	a_k/[(N·m)/cm²]
45Mn2	840	1.3	油	550	$5.3×10^4$ ~$7.3×10^4$	油 空冷 N₂快冷	882.6	735.5	10	6	441.3
30SiMn2MoV	870	1.3	油	650	1.3~0.13		882.6	784.5	12	9	490.3
16SiMn2WV	860	1.3	油	200	空气炉	空冷	1176.7	882.6	10	8	441.3
20Mn2TiB	860	1.3	油	200	空气炉	空冷	1127.7	931.6	10	7	441.3
30Mn2MoTiB	870	1.3	油	200	空气炉	空冷	1471	—	9	5	392.2
40CrMn	840	1.3	油	520	$5.3×10^4$~$7.3×10^4$N₂	快冷	980.6	833.5	9	6	441.3
25CrMnSiA	880	1.3	油	450	$5.3×10^4$N₂	快冷	1078.7	882.6	10	5	392.2
30CrMnSiA	880	1.3	油	520	10^{-1}或 $5.3×10^4$	快冷	1078.7	882.6	10	5	441.3
50CrV	860	1.3~0.13	油	500	空气炉	快冷	1074.8	1127.7	10	—	392.2
35CrMo	850	1.3~0.13	油	550	空气炉	快冷	980.6	833.5	12	8	441.3
40CrMnMo	850	1.3	油	600			980.6	784.5	10	8	441.3
20CrMnMo	850	1.3	油	200	空气炉	空冷	1176.7	882.6	10	7	441.3
25Cr2MoV	1040	1.3~0.13	油	700	0.13	快冷	735.5	588.36	16	6	490.3
25Cr2MoV	900	1.3~0.13	油	620	0.13	快冷	931.6	784.5	14	6	539.3
38CrMoAl	940	1.3	油	640	0.13	N₂ Ar 强制 冷却	980.6	833.5	14	9	490.3
20Cr3MoWV	1050	1.3	N₂油	720	0.13		784.5	637.4	14	7	392.2
40Cr	850	1.3~0.13	油	500	N₂$5.3×10^4$	快冷	980.6	784.5	9	6	441.3
40CrNi	820	1.3~0.13	油	500	N₂$5.3×10^4$	快冷	980.6	784.5	10	7	441.3
12CrNi3	860	1.3~0.13	N₂油	200	—	空冷	931.6	686.4	11	9	490.3
37CrNi3	820	1.3~0.13	N₂油	500	0.13，N₂ $5.3×10^4$	N₂ 强制 冷却	1127.7	980.6	10	6	490.3
40CrNiMo	850	1.3~0.13	油	600		快冷	980.6	833.5	12	10	539.3
30CrNi2MoV	860	1.3~0.13	油	650		快冷	882.6	784.5	12	9	490.3
45CrNiMoV	850	1.3~0.13	油	460	N₂$5.3×10^4$	快冷	1471	1323.8	7	4	343.2
18CrNi4W	950	1.3	油	200	—	空冷	1176.7	833.5	10	10	441.3
25CrNi4W	850	1.3~0.13	N₂	550	N₂$5.3×10^4$	N₂ 强制 冷却	1078.7	931.6	11	9	441.3
30CrNi3	820	1.3~0.13	N₂油	500	—	快冷	980.6	784.5	9	8	441.3

4.3.2 弹簧钢的真空热处理工艺参数

弹簧材料要求热处理后具有较高的抗拉强度和屈服比，高的弹性极限，高的缺口疲劳强度和足够的韧性等，弹簧在服役过程中的破坏形式主要是疲劳断裂。弹簧表面的氧化、脱碳、裂纹、疤痕等缺陷，可严重影响弹簧的疲劳寿命。而采用空气电阻炉或盐浴炉等进行加热淬火，不可避免地要发生氧化、脱碳和表面合金元素贫化。如采用真空热处理则可有效避免此类缺陷，加上真空除气的作用对于提高材料韧性的有利影响，可进一步改善弹簧的疲劳寿命和可靠性，弹簧钢真空热处理一般只限于一些优质弹簧钢丝制成的重要弹簧，用钢板制成的精密弹簧元件，用很薄的弹簧钢带制造的弹簧片及其他工件。

常用弹簧钢真空热处理工艺规范见表 4-9。考虑到弹簧钢中的合金元素有蒸汽压较高的锰和铬等，故在锰系、硅锰系弹簧钢真空热处理时，淬火加热时的真空度不宜高于 133×10^{-2} Pa，含有铬的弹簧钢淬火加热时的真空度不宜超过 133×10^{-3} Pa，65Mn、60Si2MnA 以及 60Si2CrVA 钢具有回火脆性，在真空回火后应在惰性气体中强制循环冷却。

表 4-9　常用弹簧钢的真空热处理工艺规范

钢号	淬火		回火		硬度/HRC
	温度/℃	真空度/Pa	温度/℃	真空度/Pa	
60Mn	预热 500～550 加热 810～830	$133\times10^{-2}\sim133\times10^{-3}$ $133\times10^{-1}\sim133\times10^{-2}$	370～400	先抽真空至 133×10^{-2} 升至回火温度，充 N_2 至 380～460	36～40
60Si2MnA	预热 500～550 加热 860～880	$133\times10^{-2}\sim133\times10^{-3}$ $133\times10^{-1}\sim133\times10^{-2}$	410～460	同上	45～50
60Si2CrV	预热 500～550 加热 850～870	133×10^{-3} 133×10^{-2}	430～480	同上	45～52
50CrV	预热 500～550 加热 850～870	133×10^{-3} $133\times10^{-2}\sim133\times10^{-3}$	370～420	同上	45～50

4.3.3 轴承钢的真空热处理工艺参数

GCr15、GCr15SiMn 等轴承钢，用于制作轴承套圈、滚珠（柱），工模具等，要求硬度 ≥60HRC，变形符合要求。

轴承钢作为高碳高铬钢，其含碳量高主要是保证该钢具有高的硬度和耐磨性，在实际生产过程中，真空热处理的轴承钢用于制造精度高、热处理畸变小、硬度均匀和热处理后难以进行精加工的微型轴承和高精度轴承，用轴承钢制造的液压元件中叶片定子、柱塞泵中的柱塞以及其他精密零件和工模具等，采用真空热处理后可提高轴承的耐磨性和接触疲劳寿命 2 倍以上，实现轴承钢制造的液压偶件、精密零件、工模具不致氧化、脱碳和腐蚀等，并明显减少热处理后的畸变。常用轴承钢的真空热处理工艺规范见表 4-10。

表 4-10　常用轴承钢的真空热处理工艺规范

钢号	淬火		回火		硬度/HRC
	加热温度/℃	真空度/×133Pa	加热温度/℃	时间/h	
GCr15	预热 520～580 加热 830～850	10^{-3} $10^{-2}～10^{-3}$	150～160	2～3	≥60
GCr15SiMn	预热 520～580 加热 820～840	$10^{-2}～10^{-3}$ $10^{-1}～10^{-3}$	150～160	2～3	≥60
GSiMnV(RE)	预热 500～550 加热 780～810	$10^{-2}～10^{-3}$ $10^{-1}～10^{-2}$	150～170	2～3	≥62
GCrSiMnMoV(RE)	预热 500～550 加热 770～810	$10^{-2}～10^{-3}$ $10^{-1}～10^{-2}$	150～170	2～3	≥64

表中的淬火温度选用应根据实际情况选择，当零件的尺寸较小时，宜采用规定温度的下限，截面尺寸较大时，则采用温度的上限，截面尺寸较大的轴承或工件毛坯在锻造或滚圆时变形小，碳化物破碎程度差，颗粒度稍粗且不太均匀，淬火加热温度偏于上限则有利于碳化物的溶解。真空度的选择则是根据钢中是否含有蒸汽压较高的合金元素，如钢中 Mn 的含量高，则淬火加热时应选择较低的真空度（13.3Pa），轴承钢制成的轴承或零件，热处理后要求有较高的硬度，故可在普通低温硝盐炉、油炉或循环空气电炉中进行低温回火处理。而对于尺寸稳定性有严格要求的轴承或零件以及在低温下工作的轴承，在真空淬火后紧接着进行冷处理，时间为 1～2h。

4.3.4　合金工具钢的真空热处理工艺参数

表 4-11 列出了合金工具钢的部分真空热处理工艺参数，供参考。

表 4-11　常用合金工具钢真空热处理工艺规范

钢号	预热			淬火			回火			硬度/HRC
	一次预热温度/℃	二次预热温度/℃	真空度/Pa	加热温度/℃	真空度/Pa	冷却介质	加热温度/℃	真空度/Pa	冷却介质	
9CrSi	500～600		$1～10^{-1}$	850～870	$1～10^{-1}$	油	170～190	空气炉	空气	61～63
CrWMn	500～600		$1～10^{-1}$	820～840	$1～10^{-1}$	油	170～185	空气炉	空气	62～63
CrMn	500～600		$1～10^{-1}$	840～860	$1～10^{-1}$	油	170～190	空气炉	空气	60～63
9Mn2V	500～600		$1～10^{-1}$	780～820	$1～10^{-1}$	油	170～190	空气炉	空气	58～62
5CrMnMo	500～600		$1～10^{-1}$	830～850	$1～10^{-1}$	油或氮气	450～500	$5～7×10^4$	氮气	38～44
5CrNiMo	500～600		$1～10^{-1}$	840～850	$1～10^{-1}$	油或氮气	450～500	$5～7×10^4$	氮气	39～44.5
Cr12MoV	500～550	800～850	$1～10^{-1}$	1020～1040	$1～10^{-1}$	油或氮气	170～250	空气炉	空气	58～62
Cr6WV	500～550	750～820	$1～10^{-1}$	970～1000	10	油或氮气	170～250	空气炉	空气	58～62

续表

钢号	预热			淬火			回火			硬度/HRC
	一次预热温度/℃	二次预热温度/℃	真空度/Pa	加热温度/℃	真空度/Pa	冷却介质	加热温度/℃	真空度/Pa	冷却介质	
3Cr2W8V	480~520	800~850	1~10⁻¹	1050~1100	1~10	油或氮气	560~580	$5\sim6.7\times10^4$	氮气	42~47
4Cr5W2SiV	480~520	800~850	1~10⁻¹	1050~1100	1~10	油或氮气	600~650	$5\sim6\times10^4$	氮气	38~44
4Cr5W2SiV	480~520	800~850	1~10⁻¹	1050~1100	1~10	油或氮气	600~620	$5\sim6\times10^4$	氮气	40~44
3Cr2W8V	480~520	800~850	1~10⁻¹	1050~1100	1~10	油或氮气	600~640	$5\sim6.7\times10^4$	氮气	39~44.5
7CrSiMnMoV	500~600		0.1	880~900	0.1	油或氮气	450~480	$5\sim6.7\times10^4$	氮气	52~54
							200~220	空气炉	空气	60~62
H13	500~550	800~820	0.1	1020~1050	1~10	油或氮气	560~600	$5\sim6.7\times10^4$	氮气	45~50
Cr12	500~550		0.1	960~980	1~10	油或氮气	180~240	空气炉	空气	60~64

4.3.5 高速钢的真空热处理工艺参数

常用高速钢的真空热处理工艺规范见表 4-12。

表 4-12 常用高速钢真空热处理工艺规范

钢号	预热			淬火加热			回火			硬度/HRC
	一次温度/℃	二次温度/℃	真空度/×133Pa	温度/℃	真空度/×133Pa	冷却	温度/℃	真空度/×133Pa	冷却	
W18Cr4V				1260~1280			550~580			61~67
95W18Cr4V				1240~1270			550~580			63~68
W6Mo5Cr4V2				1200~1240			540~580			62~67
W6Mo5Cr4V2Al				1200~1230			540~560			64~69
W6Mo5Cr4V3Al				1210~1240			540~560			64~69
W12Cr4V4Mo	600~650	850~900	10⁻²~10⁻³	1220~1250	10⁻¹	N₂气或油	550~580	380~500	N₂气	64~68
W18Cr4V3SiAlNb				1230~1250			530~560			66~70
W12Mo3Cr4V3Co5Si				1230~1250			540~580			65~70
W7Mo4Cr4V2Co5				1230~1250			540~590			65~70
W2Mo9Cr4V2Co8				1190~1200			540~590			65~70
W9Mo4Cr4V3Co10				1220~1240			540~580			65~69
W6Mo5Cr4V5SiNbAl				1220~1240			530~560			64~68

注：1. 真空度 10~266Pa 下加热，防止 Cr、Mn、Al 合金元素挥发。

2. 导热性差，要多次预热。

3. 淬火温度比常规低 10~20℃ 为宜。

4. 为防止油淬面亮层，用高压气淬。

5. 为防止工件相互粘连，不能将光洁度高的平面叠在一起。

6. 在 530~590℃ 回火 2~3 次，为保持光亮度 90% N₂＋10% H₂。

4.3.6 模具钢的真空热处理工艺参数

（1）模具真空热处理注意事项

① 模具材料含有较多的合金元素，蒸汽压较高的元素（Al、Mn、Cr、Si、Pb/Zn/Cu）在真空加热时，易发生元素蒸发现象。故应适当控制淬火加热时的真空度，以防止合金元素的挥发。

② 减少加热模具因内外温差而产生的热应力与组织应力，对于复杂模具的大截面的模具要进行多次预热，同时要求升温速度不要太快。

③ 对于高速钢、高 Cr 钢和 3Cr2W8V 等较大截面的气冷或油冷模具钢，应尽量推荐在高压气淬炉中进行处理，如果气冷速度不够，则要进行油淬时，必须采取气冷油淬的冷却工艺，目的是防止工件表面出现白亮层组织。

④ 真空淬火加热温度基本上可与盐浴加热和空气加热的温度相同或略低于一些。

⑤ 工件装炉的合理性与否对于热处理后的质量关系较大，考虑到真空加热是以辐射为主，工件在炉内应放置适当，小零件需要用金属网分隔，以期加热和冷却的均匀，对于高速钢工件也应避免接触，否则加热时工件会出现因部分金属的挥发而相互粘连。

（2）热作模具钢材料的真空热处理工艺参数　热作模具钢的热处理是采用通过加热与冷却来获得组织与力学性能要求的，因此热处理加热设备是完成模具加热的根本所在，只有深入了解该设备的加热性能，才能确定模具加热的加热温度与保温时间，考虑到盐浴炉、空气炉、可控气氛炉在模具加热的应用领域逐渐减少，故本节不再介绍，而将模具的真空热处理作重点介绍。表 4-13 列出了部分热作模具钢的基本工艺参数，供参考。

表 4-13　热作模具钢的淬火与回火工艺规范

钢种	淬火工序					回火工序
	盐浴炉		空气炉、可控气氛炉		封箱加热	空气炉、可控气氛炉、装箱加热
	模具厚度或直径/mm	加热时间/min	模具厚度或直径/mm	加热时间/min	均热时间/min	
热作模具钢	5	5～8	≤100	20～30/25mm	30～45/25mm（800～850℃预热）	60/25mm厚或直径
	10	8～10	>100	10～20/25mm		
	30	15～20 预热	经过800～850℃预热			
	50	20～25 预热				
	100	30～40 预热				

① 模具的真空热处理工艺参数　真空度是十分重要的技术指标，为防止模具表面的合金元素加热时的挥发，应选择合理的真空度，通常合金钢热处理时，其真空度与加热温度的关系见表 4-14。

表 4-14　模具真空加热时加热温度与真空度的对应关系

加热温度/℃	≤900	1000～1100	1100～1300
真空度/Pa	≥0.1	13.3～1.3	13.3～666.0

a. 加热与预热温度　当真空热处理的加热温度为 1000～1100℃，应在 800～850℃进行

一次预热；当加热温度超过 1200℃ 时，形状简单的模具可在 850℃ 进行一次预热，较大或形状复杂的模具则应在 500～600℃ 和 800～850℃ 进行两次预热。

b. 保温时间　考虑到真空加热是以辐射为主，因此其加热速度慢、加热过程长，一般认为真空加热时间为盐浴炉的 6 倍，空气炉的 2 倍，经验公式为 $\tau=KB+T$，其中 K 为保温系数，B 为模具的有效厚度，T 为时间余量（或称为固定时间）。真空淬火保温时间的计算方法见表 4-15。

表 4-15　模具真空淬火的保温时间的计算方式[4]

模具材料种类	淬火保温时间计算		备注
	保温时间系数 K/(min/mm)	T/min	
碳素钢	1.6	0	
碳素工具钢	1.9	5～10	560℃ 预热一次
合金工具钢	2.0	10～20	
高合金钢	0.48	20～40	800℃ 预热一次
高速工具钢	0.35	15～25	850℃ 预热一次

另外对于高速工具钢刀具和高合金钢模具的淬火保温时间，文献指出[10]成熟的经验公式为：$\tau=\alpha D+t$，其中 α 为加热系数，D 为直径，t 为基础时间。

② 模具在真空热处理时的注意事项

a. 高速钢、高铬高合金钢和 3Cr2W8V 等大截面的气冷模具钢，应尽量推荐在高压气淬炉内进行冷却，如果气冷速度低，则要进行油淬时，必须采用气冷油淬的工艺，以防止油淬后模具表面出现白亮层组织。

b. 真空淬火的加热温度基本上可与盐浴加热和空气加热的温度相同或略低 5～15℃；

c. 模具装炉方式的合理与否对模具的质量有重要的影响，考虑到真空加热是以辐射为主，因此模具的放置应适当，即小型模具需要用金属网分隔，或将大型模具置于外面，以期模具的加热和冷却均匀，对于高速钢模具应不能接触，否则加热时可能造成模具彼此的粘连。

③ 模具的真空热处理工艺规范　在材料选用和设计正确的前提下，如何提高模具的使用寿命是热处理工作者关心的问题，文献介绍[9]由于模具的热处理不当而造成模具的早期失效的比例占到 44%～70%，可见因引起高度重视，这里面包括工艺制定不当、操作不当或违规、工艺规范或守则不符合实际要求、选用的热处理设备不当等，从而造成模具的硬度、金相组织、变形量、表面氧化脱碳、严重的磕碰伤、化学热处理后不符合技术要求等，因此，如何确保模具热处理过程中的产品质量符合工艺与设计要求，也是提高模具使用寿命的关键所在。

模具经过真空热处理后可获得一般热处理无法获得的性能与效果，其使用寿命有大幅度的提高，一般可提高 40%～400%，另外真空热处理可将加工余量（磨削或抛光）缩小 1/3～1/2[10]，故降低了热处理后的加工余量，提高了生产效率和降低了制造成本，故工模具采用真空热处理已经成为国内外模具行业的发展趋势，并展现出巨大的优势与前景。

模具的种类居多，其工作条件与失效形式千差万别，因此，根据具体模具的工作条件来正确选择不同的真空热处理工艺，表 4-16 为国内外众多模具的真空热处理工艺，供参考。

表 4-16　常用模具钢的真空热处理工艺规范[4,26,27]

模具材料	预热工艺		淬火工艺			回火工艺	
	温度/℃	真空度/Pa	温度/℃	真空度/Pa	冷却方式	温度/℃	硬度/HRC
9SiCr	500~600	0.1	850~870	0.1	油(40℃以上)	170~190	61~63
CrWMn			820~840		油(40℃以上)	170~185	62~63
9Mn2V			780~820		油	180~200	60~62
5CrNiMo			840~860		油	480~500	39~44
Cr6WV	一次 500~550 二次 800~850	0.1	970~1000	10~1	油或高纯氮气	160~200	60~62
Cr5Mo1V	一次 500~550 二次 800~850		970~1000			160~200	60~62
3Cr2W8V	一次 480~520 二次 800~850		1050~1100			560~580 600~640	42~47 39~44
4Cr5W2SiV	一次 480~520 二次 800~850		1050~1100			600~650	38~44
7CrSiMnMoV	500~600		880~900	0.1		450 200	52~54 60~62
4Cr5MoSiV1	一次 500~550 二次 800~850		1020~1050	10~1		560~620	45~50
Cr12	500~550		960~980			180~240	60~64
Cr12MoV	一次 500~550 二次 800~850		980~1050 1080~1120			180~240 500~540	60~64 58~62
W6MoCr4V2	一次 500~550 二次 800~850		1100~1150 1150~1250			200~300 540~560 590~610	59~63 62~66 56~60
W18Cr4V	一次 500~550 二次 800~850		1100~1150 1240~1300			180~220 540~600	58~62 62~66
7Cr7Mo2V2Si (LD)	一次 550 二次 850	0.1	1080~1150	10	油或高纯氮气	530~560	62~65
5Cr4Mo3SiMnVAl(012Al)	850		1100~1150			510~560	58~62
60Si2Mn	600		830~860			220~250	57~59

④ 模具的真空冷却方式与特点　真空淬火冷却应根据模具的形状、材质、尺寸、技术要求等来确定与选择冷却方式，目前真空淬火的冷却方式主要有油冷淬火、真空气淬、高压气淬、真空硝盐淬火以及真空水淬等，它们具有不同的应用范围。

a. 真空油淬。适用于合金工具钢、高碳高铬合金钢、高速工具钢以及部分量具等模具用钢，采用专用真空油淬火，其应用范围广，约占模具钢热处理总量的 60%。

b. 2bar 真空气淬　其氮气气体淬火冷却压力最大在 2bar，故称为低压真空气淬，氮气的纯度在 99.95% 以上，其应用范围较窄，一般用于冷速要求不高的高速工具钢、冷热作模具钢。

c. 6bar 高压气淬 其氮气淬火压力在 6bar 以上，图 4-3 为 4Cr5MoSiV1 钢在氮气压力为 9.5bar 时，与有油冷和盐浴冷却的比较，表明高的气冷压力，不但提高冷却速度，甚至可使冷速达到或超过油的冷却速度，到目前为止，是处理工模具的最理想、应用最多的气淬炉，适用于高速工具钢、高碳高铬合金钢、部分合金工具钢制模等淬火处理。

d. 10bar 超高压气淬 该炉可处理所有的高速钢、热作模具钢、冷作模具钢、Cr13 钢以及一些油淬合金钢，都能在密集装料条件下进行淬硬处理，但其目前的应用较少。

e. 真空水淬 用于满足有色金属、耐热合金、钛合金以及碳钢的冷却，其应用范围比较广。

f. 真空硝盐淬火 采用硝盐进行模具的分级或等温淬火处理，可减少工模具的畸变、开裂，防止高强度结构钢的脱碳等，静止的硝盐浴总的冷却能力与油相当，进行搅拌则可提高盐浴的冷却能力，可防止模具周围介质的局部过热等，通常使用温度控制在 160～280℃ 的范围内。

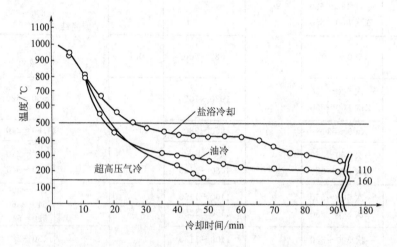

图 4-3 4Cr5MoSiV1 钢超高压气体冷却和油冷、盐浴冷却的比较

4.3.7 高强度钢和超高强度钢的真空热处理

我们通常把抗拉强度 $R_m 1100～1400MPa$ 的钢种称为高强度钢，抗拉强度 $R_m >1400MPa$、屈服强度 $R_{eL} > 1200MPa$ 并具有适当的塑性和韧性的钢种称为超高强度钢。该类钢的真空淬火加热温度和普通电阻炉、盐浴炉加热相同，但考虑到晶粒长大倾向比较敏感的钢种，在进行真空淬火时，可采用常用温度下限或比常用温度低 5～10℃ 为宜。该类钢中含有锰、铬等蒸汽压比较高的元素，故要考虑到在高温下蒸发的问题，这类钢的回火温度在 200～650℃，对于 250℃ 以下的回火可采用普通空气炉或油炉或硝盐炉等进行。对于 500～650℃ 的回火，建议采用真空回火或普通回火，并采用快速冷却的方式，目的是防止第二类回火脆性的发生。

常用高强度钢与超高强度钢的真空淬火、真空回火工艺以及力学性能见表 4-17。

表 4-17　高强度钢、超高强度钢的真空淬火、回火工艺以及力学性能

钢号	淬火			回火			力学性能（不小于）				
	温度/℃	真空度/Pa	冷却	温度/℃	真空度/Pa	冷却	R_m/MPa	R_{eL}/MPa	A_s/%	Z/%	α_k/(kg/cm²)
30Mn2MoTiB	870	133×10⁻²	油	200	空气炉	空冷	1500	—	9	5	40
30CrMnSiA	880	133×10⁻²	油	500	133×10⁻³或 N₂,400	快冷	1100	900	10	5	45
50CrV	820	133×10⁻²~ 133×10⁻³	油	500	133×10⁻³或 N₂,400	快冷	1300	1150	10		40
37CrNi3	820	133×10⁻²~ 133×10⁻³	油	500	133×10⁻³或 N₂,400	强制 冷却	1150	1000	10	6	50
40CrNiMo	850	133×10⁻²~ 133×10⁻³	N₂,油	600	133×10⁻³或 N₂,400	强制 冷却	1000	85	12	10	55
45CrNiMoV	850	133×10⁻²~ 133×10⁻³	N₂,油	460	N₂,400	强制 冷却	1500	1350	7	4	35
18Cr2Ni4W	950	133×10⁻²	N₂	200	—	空冷	1200	850	10	10	45
25Cr2Ni4W	850	133×10⁻²~ 133×10⁻³	N₂,油	500	N₂,400	强制 冷却	1100	950	11	9	45
32SiMnMoV	920	133×10⁻²	油或 (280±20)℃ 等温	320		空冷 或 N₂	≥1800 ≥1700	>1550 ≥1600	9~10 10~12	40~50 40~50	5~7 6~8
40SiMnCr NiMoV	900	133×10⁻²	油或 (310±10)℃ 等温	230~ 280	—	空冷 或 N₂	≥2000 ≥1600		≥9 15	≥35 45	≥5 8~10
40CrNiMo (4340)	850	133×10⁻²~ 133×10⁻³	油	200	—	空冷	1900~2100	1700~1800	10~12	40~45	4~6
45CrNiMoV	860	133×10⁻²	油	300	—	空冷 或 N₂	1900~2100	1540~1760	10~12	34~50	4~6

这里介绍 30CrMnSiA 钢的真空热处理。该钢经过调质处理后具有优良的综合力学性能，常用来制造承受巨大冲击及循环载荷的中等截面的重要零件，例如飞机的起落架、发动机架、机翼主梁、翼梁接头等，是目前飞机结构中应用最广泛的钢材。

30CrMnSiA 钢试样的真空热处理工艺为：在 700℃ 保温 30min，充入氮气维持压力在 13.3~1.33Pa，890℃ 保温 70min，充入氮气维持压力在 13.3~1.33Pa。保温结束后向炉内充入氮气增压至 101.3kPa，放入油中搅拌冷却，真空回火温度为 520℃，保温 180min，炉压为 101.3kPa，回火结束空冷。30CrMnSiA 钢真空处理的力学性能见表 4-18 和表 4-19。为便于比较列入了空气炉与盐浴炉处理后的数据。

表 4-18　30CrMnSiA 钢在几种热处理炉处理后的常规力学性能

热处理方法	R_m/MPa	R_{eL}/MPa	A_s/%	Z/%	α_k/(MJ/m²)
空气炉	1150	950	10	45	0.6
盐浴炉	1180	970	9	43	0.5
真空炉	1250	1140	13	50	0.7

表 4-19　30CrMnSiA 钢在几种热处理炉处理后的旋转弯曲疲劳性能

热处理方法	疲劳性能(次数)
空气炉	9.88×10^4
盐浴炉	6.31×10^5
真空炉	4.19×10^6

4.3.8　不锈钢的真空热处理

首先看以下需要采用真空热处理的几种典型材料与零件，奥氏体不锈钢多制成形状复杂的钣金件，需要进行多次冲压拉伸成型，在成型前以及成型过程中要进行退火处理，目的是使材料软化及消除冷作硬化效应而恢复其塑性。同时在冲压或拉伸过程中，为防止零件划伤等，需要在零件表面涂以油脂或其他润滑剂等，实践证明即使采用高效水溶性清洗剂、汽油、酒精、丙酮等，也很难彻底清除此污物。当奥氏体钢在普通空气炉中淬火（固溶处理）时，没有清洗干净的油脂和碳氢化合物既要氧化分解为碳原子并被炽热的钢所吸收，在内沾污的表面有轻微的增碳，经水中淬火后，这些部位呈现出花斑、整个零件得不到均匀一致的氧化层，经去除氧化皮酸洗后，这些部位（渗碳部位）的抗腐蚀性能降低而被腐蚀成小坑，严重的造成报废。

采用真空热处理即可获得满意的结果，特别是油脂类的碳氢化合物的蒸汽压较高，在抽真空及开始加热不久即被蒸发而由真空泵抽走，故不可能产生局部渗碳现象，同时保证了满足继续成型的塑性要求，并且对于材料的晶间腐蚀性能没有影响。

采用 2Cr13、3Cr13、马氏体不锈钢制成的活门壳体和液压偶件里面有直径很细小的油路气路小孔、内螺纹、盲孔，而且活门座的型面尺寸精度和光洁度要求比较高，绝对不允许在热处理时产生氧化和腐蚀点，否则密封不好，影响活门的正常工作，采用真空热处理后可以确保得到光洁的表面，无氧化和腐蚀点而且热处理后畸变小，可获得是理想的产品技术指标。

奥氏体、马氏体不锈钢以及沉淀硬化不锈钢精密铸造的叶片以及其他各种零件，其表面光洁度和尺寸精度在热处理前均已达到技术要求，一般不在进行机械加工活很少加工。对于马氏体不锈钢以及沉淀硬化不锈钢等，为了改善强度和塑性，铸造后需要在 1140℃ 左右进行均匀化处理，使自由铁素体有一定的程度的球化，随后要进行淬火、回火或固溶处理等。这些要求表面及尺寸精度要求高，而且经过几次热处理，故要求零件热处理时要做到防止氧化和表面合金元素的贫化，对于要求规定热处理表面的氧化和合金元素的贫化层深度不得超过 0.0254mm，尽量减少热处理后的畸变等，采用真空热处理是最为适宜的。

表 4-20 为常用不锈耐热钢的真空热处理工艺规范，除了淬火回火与固溶处理外，也可在真空中进行均匀化退火或消除应力退火等。

表 4-20　常用不锈耐热钢真空热处理工艺规范

合金牌号	淬火			回火			硬度/HRC
	温度/℃	真空度/×133Pa	冷却	温度/℃	真空度/×133Pa	冷却	
2Cr13	1040~1060	10^{-2}	N$_2$气或油	230±30	760	空冷	40~40
				250±30			36~40
				560±20	$10^{-2} \sim 10^{-3}$ 或380~600	炉冷或 N$_2$气	32~36
				580±20			—
4Cr13	1050~1100			250±30	760	空冷	40~50
9Cr18	1010~1050	<10^{-2}		200±30		空冷	50~60
Cr17Ni2	950~1040	10^{-2}	油	500±20	10^{-3}	N$_2$气	45~50
				250±30	空气炉	空冷	
1Cr18Ni9Ti	1100~1150		N$_2$或 Ar 气				—
1Cr21Ni5Ti	950~1050						—
1Cr11Ni12 W2MoV	1000~1020	$10^{-2} \sim 10^{-3}$	N$_2$气或油	660~710	10^{-3}	N$_2$气	HB3.4~3.7
				540~600	$10^{-2} \sim 10^{-3}$		3.1~3.45
1Cr14Ni13 W2VB	1050±10		N$_2$气或油	660~680	$10^{-2} \sim 10^{-3}$	N$_2$气	HB3.3~3.6
				550~600			3.1~3.35
				时效			
0Cr17Ni4 Cu4Nb	1030~1050	10^{-2}	Ar 气或油	480	$10^{-2} \sim 10^{-3}$ 或 Ar 380~600	惰性气体	>40
				495			>38
				550			>35
				580			>31
0Cr17Ni7Al (17-7PH)	固溶 1050± 10＋调整 760±10	10^{-2}	Ar 气	时效	高纯 Ar		≥HB363
0Cr115Ni17 Mo2Al(15-7MoPH)	固溶 1050± 10＋调整 950 ±10-73℃ 冷处理	$10^{-2} \sim 10^{-3}$ 10^{-2} —		565±10 时效 510±10	380~600 或 10^{-3}	Ar 气	≥HB383

注：1. 当淬火温度相同，真空淬火马氏体不锈钢晶粒度比普通电炉晶粒度大一级，对材料冲击韧性没影响。

2. 双相不锈钢（1Cr$_{21}$Ni$_5$Ti）冷速不能太慢，在 700~800℃有脆性相析出，在 500~650℃，有 475℃脆性，因此冷速很重要。

3. 马氏体不锈钢可以油淬，也可以气淬。

4. 奥氏体镍铬钢用氩冷却和分压，防微 N 而使机械性能变坏。

5. 对薄件，采用一段或二段预热。

　　在真空热处理工艺的制定与生产过程中，这里需要注意几个关键问题，这将直接影响到产品质量与生产效率等。

　　（1）当热处理淬火温度相同时，真空淬火的马氏体不锈钢的晶粒度比普通电炉加热淬火的晶粒度大一级，这是真空除气作用而使钢材中阻碍晶粒长大的气体杂质和气体化合物的去除有关，但对材料的冲击韧性并无显著影响。

（2）马氏体不锈钢的奥氏体稳定性不算太高，通常要达到完全淬火需要油冷。当马氏体不锈钢零件截面不太厚时，采用真空气淬可淬透，表面光亮度好，畸变小等。

（3）在制定不锈钢零件的真空热处理工艺规范时，要根据零件的材质、形状、厚度以及热处理后的畸变量、尺寸精度等要求确定。对于热处理后没有畸变要求或壁厚较薄的零件，可取消预热，直接升温到淬火（固溶）温度，常用的马氏体和沉淀硬化不锈钢，回火和时效的温度范围有 250℃ 以下的低温回火和 500～700℃ 的高温回火。低温回火可在普通空气电阻炉或其他炉中进行，高温回火可在真空炉内进行，回火时间可按表 4-21 中时间的 1.5 倍计算即可。

表 4-21 采用通入惰性气体的真空回火时间

直径或厚度/mm	回火时间/min
≤10	30～60
10～30	60～75
31～45	75～90
46～77	90～120
78～100	120～150

4.3.9 高温合金的真空热处理

高温合金的真空热处理工艺见表 4-22。

表 4-22 常用高温合金真空热处理工艺规范

合金牌号	固溶温度/℃	固溶时间/h	冷却	真空度/Pa	时效温度/℃	时效时间/h	冷却	真空度/Pa
GH37	一次 1180±1 二次 1050±10	2 4	气冷	0.1～1	800±10	16	气冷	$10^{-1}～10^{-2}$
GH143	一次 1150±10 二次 1065±10	4 16	气冷	$10^{-1}～1$	700±10	16	气冷	$10^{-1}～10^{-2}$
GH49	一次 1200±10 二次 1050±10	2 4	气冷	$10^{-1}～1$	850±10	8	气冷	$10^{-1}～10^{-2}$
GH151	一次 1250±10 二次 1000±10	5 5	气冷	$10^{-1}～1$	950±10	10	气冷	$10^{-1}～10^{-2}$
GH44	1120～1160	～30	气冷	$10^{-1}～1$				
GH128	1215±10	20	气冷	10^{-2}				
GH169	950～980	1	油冷	$10^{-1}～1$	725±10	1	气冷	$10^{-2}～10^{-3}$
GH141	1180±10	0.5	气冷	$10^{-1}～1$	900±10	4	气冷	$10^{-1}～10^{-2}$
GH130	一次 1180±10 二次 1050±10	1.5～4 4	气冷	$10^{-1}～1$	800±10	16	气冷	$10^{-1}～10^{-2}$
GH302	一次 1180±10 二次 1050±10	2 4	气冷	$10^{-1}～1$	800±10	16	气冷	$10^{-1}～10^{-2}$
GH131	一次 1130～1200 二次 1160±10	1.5～2	气冷	$1～10^{-2}$				

合金牌号	固溶温度/℃	固溶时间/h	冷却	真空度/Pa	时效温度/℃	时效时间/h	冷却	真空度/Pa
GH132	980～1000	0.5～2	气冷	10^{-1}	710±10	12～16	气冷	10^{-3}～10^{-2}
GH135	一次 1080±10 二次 1140±10	8 4	气冷	10^{-1}～1	830±10 700±10	8 16	气冷	10^{-2}～10^{-1}
GH39	1050～1080	8	气冷	10^{-2}～10^{-1}	830±10 650±10	8 10	气冷	10^{-3}～10^{-2}

注：1. Fe基Ni基高温合金含有 Al、Mn、Ti 元素以及高含量的 Cr，一般先抽高真空 10^{-3}～10^{-2}Pa，然后在高温加热时通入高纯氩，使真空度到 0.1～1Pa，对已加工成品尺寸用 10^{-3}～10^{-2}Pa高真空性时效处理。

2. 热处理时间长。特别固溶时效合金，经 16 小时以上，其泄漏率要非常小，压升率最好在 0.133Pa/h，否则时效时空气渗入零件会被氧化。

3. 高温合金固溶处理要求较快冷却速度，一般水淬炉。

4.3.10　钛合金的真空热处理

表 4-23 列出了钛合金真空淬火（固溶）和时效处理的工艺参数，供参考。

表 4-23　钛合金淬火（固溶）时效工艺规范

合金牌号	真空度/Pa	固溶温度/℃	时间/h	时效温度/℃	时间/h
TC₃		820～920		450～550	
TC₄		850～950		450～550	
TC₆		860～900		500～620	
TC₈		900～950		500～620	
TC₉	10^{-2}～10^{-3}	900～950	0.5～2	500～620	2～12
TC₁₀		850～900		500～620	
TB₁		800		480～500 550～570	
TB₂		800		500	

4.4　真空热处理质量控制

零件经过真空热处理后获得了其需要的力学性能，而正确的热处理既可确保零件具有高的质量与长的使用寿命，而且对于降低制造成本和提高生产效率有重要的作用。加强零件的真空热处理质量过程控制，主要包括淬火变形和淬裂的防止；淬火缺陷的防止与挽救；化学热处理质量得到控制；表面的颜色等。

零件热处理后能够满足其设计和使用要求，其硬度和组织等要发生一定的改变，零件的热处理是一个十分重要和复杂的工序，它是根据零件的设计、选材、加工流程、热处理与机械加工的编排顺序、热处理工艺的实施以及质量的检测等进行具体的热处理过程，这包含了许多的热处理知识和实践问题，事实上对任何材质的零件，为了满足其工作要求，均要对其进行必要的热处理。

设备的选择依据产品的技术要求、精密程度、生产效率等来确定采用的真空炉类型，热处理具有批量生产作业的特点，从机械加工转入热处理工序，大多为半成品或成品，重点放在过程质量的控制上是十分必要的，因此从人、机、料、法、环和检六大因素入手对容易出现问题的环节进行认真的分析。

任何零件热处理缺陷的产生必有其存在的原因和条件，如何通过必要的手段和方法，作出正确的判断是至关重要的。其出现的质量问题也不尽相同，因此零件的热处理质量控制是一个十分复杂和系统的工程，作为外部表面状态例如硬度、锈斑、腐蚀、氧化皮、变形等不需使用复杂的工具（例如硬度计、放大镜、量具、锉刀等），则会很容易地检测和控制。而对于内部化学成分、硬化层和渗层深度、金相组织、缺陷等要借助于光学显微镜、光谱分析、电子探针、探伤仪等进行分析，因此一旦出现内部等缺陷则比外部缺陷更为可怕，要在工艺流程的编制、过程的控制和检测等方面应体现可预见性，抓住影响产品质量的关键问题，采取确实可行的手段则可避免热处理质量问题的产生。

目前对热处理质量控制的基本方针是预防为主、减少变差，把预防为主与检验正确的结合起来，重点放在过程控制上来则有助于质量的稳定和提高，同时将缺陷产生的概率大幅度降低。需要注意零件的热处理质量的控制是在材料、形状、工艺方法和热处理技术要求已经确定的前提下而进行的，因此对热处理工艺参数应进行细化，并编制工艺守则和操作指导书以及相应的检验规程等，便于进行实际的运作，这样就可以在生产过程质量进行有效的控制。预备热处理和最终的热处理的质量检验有硬度、金相组织、变形量和外观等，对于表面处理和化学热处理则有硬化层深度和硬度、组织、变形量等，因此在实际的热处理过程中，要正确执行工艺并确保产品热处理质量符合要求。

4.4.1　影响工件真空热处理质量的因素

为便于学习，今将零件真空热处理过程中，影响零件热处理质量的因素列于表 4-24 中，供参考。

表 4-24　影响工件真空热处理质量的因素[5,8]

影响因素	主要内容
真空炉质量	真空炉有一定的极限真空度、泄漏(压升率)率与炉温均匀性
前处理	机加工后工件应进行表面脱脂处理,以免污染真空加热室和影响工件表面处理质量
装炉方式	真空加热靠温度辐射,装炉时应注意工件的整齐排列,和尽量避免相互遮挡
真空度	对容易含挥发合金元素的钢或合金加热时,真空度不宜过高,可通入高纯惰性气体 1～2kPa
加热温度	真空淬火的加热温度一般取盐浴炉或空气炉加热温度的下限。真空回火、真空退火、真空固溶处理及真空时效处理的加热温度,一般与常规处理时的加热温度相同,工件达到预定加热温度前需要预热
保温时间	真空淬火加热保温时间一般比盐浴炉加热时间长 3～6 倍,比空气炉长 1 倍,真空回火加热的保温时间略长于空气炉加热时的保温时间,但比硝盐炉长 1～2 倍,真空退火加热的保温时间一般比空气炉长 1 倍
淬火冷却方式与冷却介质	一般合金结构钢与工具钢真空加热后进行油淬。高速钢和冷冲模在油冷时易渗碳,应进行气体冷却。工模具截面较大或装炉量过多时,需要高压气淬。真空加热后还可在盐浴等温或分级淬火,也可水淬
变形	真空炉加热靠辐射完成,加热缓慢,工件内外温差小,变形明显小于盐浴加热

4.4.2　真空淬火的质量效果

（1）真空淬火对工件表面质量的影响

① 真空状态下加热氧化物的还原作用。

② 元素发挥的影响。

③ 钢种的影响。

④ 冷却方式的影响。

⑤ 回火的影响。

⑥ 真空泵、油增压泵、油扩散泵返油的影响。

⑦ 真空淬火油脱气。

⑧ 炉子泄漏率。

⑨ 加热速度影响。

⑩ 充气管道的漏气问题。

（2）减小真空淬火变形的具体措施

① 加热技术方面减少变形

a. 多次预热。

b. 在 800℃以下进行对流加热。

c. 提高炉温均匀性，合理布置。

d. 合理控制炉内压力，回填 N_2 以 13.3Pa 为宜。

② 冷却技术方面减少工件变形

a. 尽量采用高压气淬代油淬。

b. 为减少组织压力，先油淬在 M_s 点以上出炉气冷。

c. 气体分级淬火。

d. 控制油搅拌开动时间。

e. 减少工件在热态下振动。

f. 料盘、工具的变形，会影响工件变形。

g. 厚薄不均匀，锐角处包扎氧化铝棉。

h. 合理装炉。

i. 高压气淬时，冷却气体的喷射方式。

（3）真空淬火后钢的力学性能　在真空淬火加热时，工件有脱气、不氧化、不脱碳，因而有较高的力学性能，表 4-25 为 Cr 12MoV 钢在真空淬火与盐浴淬火后性能比较，供参考。

表 4-25　Cr 12MoV 钢真空淬火、回火与盐浴淬火、回火后力学性能比较

淬火温度 /℃	回火温度 /℃	R_m/(N/mm²)		F/mm		a_k/(N·m/cm²)		（硬度 HRC）真空淬火		（硬度 HRC）盐浴	
		真空	盐浴	真空	盐浴	真空	盐浴	淬火态	淬回火态	淬火态	淬回火态
950	180	4239	3105	4.3	2.87	12.7	18.4	60.8	61	61.3	60.5
980	180	3756	2814	4	2.4	21.6	14.7	64.7	61.9	65.8	63
1020	240	3851	3048	4.4	2.36	21.6	21.6	65.8	60.8	66.2	60.8

淬火温度 /℃	回火温度 /℃	R_m/(N/mm²)		F/mm		a_k/(N·m/cm²)		(硬度 HRC)真空淬火		(硬度 HRC)盐浴	
		真空	盐浴	真空	盐浴	真空	盐浴	淬火态	淬回火态	淬火态	淬回火态
1080	240	3584	2139	4.1	1.76	25.1	14.7	61.9	58.6	65.5	59.7
1120	520(冷)	2501	2755	5.1	3.5	27.5	26.5	55.3	55.6	59.3	60.7

注：真空淬火：800℃预热 25min，淬火保温 20min。

　　盐浴淬火：淬火温度为 950～1020℃时，400℃预热 1h，淬火保温 9min；

　　淬火温度为 1080～1120℃时，850℃预热 6min，淬火保温 3min，600～650℃分级 2～3min 后空冷。

（4）真空淬火产品的使用寿命　真空淬火的工件因其在真空状态下进行加热，故其表面无氧化脱碳，变形小，加工余量小，可实现热处理后不加工等特点，其使用寿命比盐浴淬火等高出数倍甚至数十倍，是最有发展前景的热处理技术，随着对于零件热处理技术的提高，真空热处理将会取代盐浴热处理、非保护性加热炉等。

4.4.3　真空回火的质量效果

关于真空回火的光亮度变成灰色或暗灰色的原因，应从以下几个方面进行分析。有学者认为真空度从 10^{-2}Pa 到 10^{-4}Pa，水蒸气峰继续保持相当大的比例，O_2 的光谱已近消失。高于 650℃ 水蒸气开始分解，出现链式反应，在低于 650℃ 温度范围内，真空炉呈微氧化气氛（或微氧化状态），从而室温至 600℃ 温度，正好是回火处理区域，也就可解释通常真空回火后表面光亮度灰暗或不稳定的原因。

提高真空回火的光亮度的方法或措施如下。

① 提高工作真空度。从 1～10Pa 提高到 $1.3×10^{-2}$Pa，目的减少 O_2 含量，消除 O_2 对工件氧化的影响。

② 充入 N_2 中加入 10%H_2，使炉内氧化性气氛与 H_2 中和，形成弱还原性气氛。

③ 减少真空炉隔热屏吸收和排放水气的影响，排除耐火纤维隔热屏吸水性大的弊端，采用全金属隔热屏设计。

④ 回火后快冷，使工件出炉温度低，提高回火光亮度。

⑤ 提高回火温度均匀性，有利于回火光亮度一致。用上述方法可使回火工件光亮度达到真空淬火的 90% 以上。

4.4.4　真空热处理质量检验

零件的热处理质量检验是依据国家标准、行业标准和企业内控标准的规定程序和项目，其具体是按该模具的工艺文件或规程、技术标准所要求的指标进行严格检验的。另外，在热处理过程中，应严肃工序工艺守则与规范的权威性，杜绝违规违章等现象的发生，防止或减少模具废品或次品的产生。

零件的热处理质量检验为热处理过程中的重要环节和工序，对于批量作业的零件应按工艺文件的规定进行首件检查或首批质量检查，只有当零件的金相组织、硬度、表面状态以及其他性能符合要求后方可批量热处理。其中检验的项目和方法以及判定的标准则按图纸、工艺卡片、技术标准等执行，一般而言，零件热处理的质量检验有以下五个方面的内容：外观、变形量、硬度、金相组织以及脆性等。

（1）热处理质量检验要求　零件热处理后的质量检验时依据其技术要求与检验规程进行

的，常用热处理的质量检验包括外观检验、变形量的检测、硬度检测、金相检验（组织、渗层、脆性等）、无损检测等。

① 一般零件的热处理检验要求　一般零件热处理后的质量检验内容可按相关的标准或技术要求执行，通常检验的内容与要求见表 4-26。

表 4-26　零件热处理质量检验内容与要求

检验内容	检验内容与方法
外观	① 零件应清洗干净，并确保其工艺与操作等符合工艺规定，进行首件外观检查，采用目测或低倍放大镜观察零件表面有无裂纹、烧伤、磕碰伤、表面腐蚀、麻点与锈蚀等 ② 对于重要或容易产生裂纹的零件应进行无损探伤、喷砂等手段进行普查
畸变	① 对轴类零件采用顶尖或 V 型块支撑两端，用百分表测量径向圆跳动 ② 对于板形或薄片形零件在检验平台上用塞尺检验其平面度 ③ 对套筒、圆孔类零件，用百分表、游标卡尺、塞规、内径百分表、螺纹塞规及环规等检验零件的外圆、内孔、螺纹等尺寸
硬度	① 进行硬度块的校核，将零件表面清理干净，去除表面氧化皮、脱碳层及毛刺等，表面不允许有明显的磨伤、刀纹等加工痕迹 ② 根据零件的具体要求、被测部位的大小以及厚薄等作为选择依据，选用要求的硬度计进行检查，退火、正火、调质处理等采用布氏硬度计，淬火件用洛氏硬度计，渗碳或渗氮等硬化层较薄的用维氏硬度计，硬度检验应每处不少于 3 点，不均匀度在要求的范围内 ③ 零件应在工作台上稳固，以平面检测为准，如无条件只能检测圆柱面硬度或曲面、球面等硬度时，应加修正值 ④ 对于形状比较特殊、采用通常的平台难以检测硬度的，应考虑选择或制作专用夹具或辅助支撑物，要求确保零件的稳定与牢靠
金相	① 根据工艺要求与检验规程，按要求检查 ② 对于比较重要的零件、本批零件产生质量问题、工艺变更、分析废品等要求时，应进行正确的金相检测 ③ 对于进行化学热处理的零件应进行渗层深度、组织与结构、脆性等检验
力学性能	① 根据零件的性能要求进行力学性能检测，试样的截取部位及试样尺寸应符合有关规定 ② 试样与零件应为同批材料，并进行同炉处理

② 工模具的质量检验要求　工模具的热处理质量检验为热处理过程中的重要环节和工序，对于批量作业的工模具应按工艺文件的规定进行首件检查或首批质量检查，只有当工模具的金相组织、硬度、表面状态以及其他性能符合要求后方可批量热处理。其中检验的项目和方法以及判定的标准则按图纸、工艺卡片、技术标准等执行，一般而言，工模具热处理的质量检验有以下五个方面的内容：外观、变形量、硬度、金相组织以及脆性等。

a. 热作模具钢的热处理质量检验

ⓐ 外观检查：热处理后模具的型腔和工作部位的任何地方，不允许有肉眼可见的裂纹、深的划伤（痕），表面不得有明显的磕碰伤，化学热处理后无表面剥落，砂光后的工作面严禁有腐蚀现象。

ⓑ 变形量的检查：用刀口尺或平尺检测模具模面的平面度或平行度，必要时用塞尺测量，通常规定其变形量应小于磨削余量的 1/3～1/2。

ⓒ 硬度的检查：将需要检测的部位打磨干净（磨光或抛光），根据工艺规定选择硬度计检测，一般采用洛氏硬度计则检测 3～4 点，也可根据需要采用显微、维氏、布氏、肖氏、里氏等检测。根据检测的结果，进行模具回火或时效的温度的调整，对于硬度偏低的模具，

建议在该处继续磨光，以确定硬度低的真正原因，必要是进行火花鉴别或进行成分化验。目的是找到硬度达不到要求的原因。

进行化学热处理的模具的表面硬度的检测，多采用表面洛氏或维氏硬度计检测，此时模具表面的光洁度和磨削程度会影响检测结果，故应当注意。

ⓓ 金相组织的检查：热作模具钢的金相组织的检查是按 JB/T8420—1996《热作模具钢显微组织评级》执行，常用的热作模具钢的显微组织特征及马氏体针的最大长度见表 4-27 规定。

表 4-27 热作模具钢显微组织特征和马氏体针最大长度[5,26~29]

材料牌号	马氏体级别	显微组织特征	马氏体针最大长度/mm
5CrNiMo	1	马氏体＋细珠光体＋铁素体	0.006
	2	隐针马氏体＋极少量残留奥氏体	0.008
	3	细马氏体＋极少量残留奥氏体	0.014
	4	针状马氏体＋残留奥氏体	0.018
	5	较粗大马氏体＋较多残留奥氏体	0.024
	6	粗大针状马氏体＋大量残留奥氏体	0.040
4Cr5MoSiV1	1	马氏体＋贝氏体	0.003
	2	隐针马氏体＋极少量残留奥氏体	0.004
	3	细针马氏体＋少量残留奥氏体	0.010
	4	针状马氏体＋残留奥氏体	0.016
	5	较粗大马氏体＋残留奥氏体	0.030
	6	粗大针状马氏体＋大量残留奥氏体	0.036
5Cr4W5Mo2V	1	马氏体＋细珠光体＋少量碳化物	0.003
	2	隐针马氏体＋极少量残留奥氏体＋碳化物	0.004
	3	细针马氏体＋少量残留奥氏体＋碳化物	0.010
	4	针状马氏体＋残留奥氏体＋碳化物	0.016
	5	较粗大马氏体＋较多残留奥氏体＋碳化物	0.030
	6	粗大针状马氏体＋大量残留奥氏体＋碳化物	0.036
3Cr2W8V	1	马氏体＋细珠光体＋少量碳化物	0.003
	2	隐针马氏体＋少量残留奥氏体＋碳化物	0.004
	3	细针马氏体＋少量残留奥氏体＋碳化物	0.010
	4	针状马氏体＋残留奥氏体＋碳化物	0.016
	5	较粗大马氏体＋较多残留奥氏体＋碳化物	0.030
	6	粗大针状马氏体＋大量残留奥氏体＋碳化物	0.036
4Cr3Mo3W2V	1	马氏体＋细珠光体＋少量碳化物	0.003
	2	隐针马氏体＋极少量残留奥氏体＋少量碳化物	0.004
	3	细针马氏体＋少量残留奥氏体＋少量碳化物	0.010
	4	针状马氏体＋残留奥氏体＋少量碳化物	0.016
	5	较粗大马氏体＋较多残留奥氏体＋极少量碳化物	0.030
	6	粗大针状马氏体＋大量残留奥氏体＋极少量碳化物	0.036

材料牌号	马氏体级别	显微组织特征	马氏体针最大长度/mm
4Cr3Mo2NiVNbB	1	马氏体+细珠光体+针状铁素体+少量碳化物	0.003
	2	隐针马氏体+极少量残留奥氏体+碳化物	0.004
	3	细针马氏体+少量残留奥氏体+碳化物	0.010
	4	针状马氏体+残留奥氏体+碳化物	0.016
	5	较粗大针状马氏体+较多残留奥氏体+碳化物	0.030
	6	粗大针状马氏体+大量残留奥氏体+碳化物	0.036

ⓔ 化学热处理的检查包括渗层厚度、表面硬度和金相组织以及脆性的检测：这主要指蒸汽处理、氧氮共渗、硬氮化、软氮化（低温氮碳共渗）、碳氮共渗、渗硼、TiN 涂层等表面强化处理，其应按相关的标准验收。

b. 冷作模具钢的热处理质量检验

ⓐ 外观检查：模具表面不允许有磕碰、划伤、烧蚀以及严重的氧化脱碳、腐蚀麻点以及锈蚀现象，不得有肉眼可见的裂纹，模具的表面清洁，孔眼处无盐渣，铁丝处捆绑等附着物应清理干净。

ⓑ 变形量的检查：模具热处理后的变形量应不超过磨削余量的 $1/3 \sim 1/2$，模具热处理后的变形量要求见表 4-28。

表 4-28　冷作模具钢热处理后变形量的规定

工作部分尺寸/mm	/mm		
	碳素工具钢	低合金工具钢	高合金工具钢
50~120	$^{0}_{010}$	±0.06	$±^{0.04}_{0.02}$
121~200	$^{0}_{0.15}$	$±^{0.08}_{0.05}$	$±^{0.05}_{0.03}$
201~300	$^{0}_{0.20}$	$±^{0.08}_{0.04}$	$±^{0.06}_{0.04}$
中心孔距变形率/%	±0.10	±0.06	±0.04

ⓒ 硬度检查：模具热处理后应全部进行硬度检查，对于大型和批量的模具，如不能用仪器检测，也应用锉刀等检查。

模具毛坯退火后硬度要求为：碳钢为 180~207HBW，低合金工具钢为 207~241HBW，高（中）合金钢为 217~255HBW。

冲裁模和冲模的硬度检查部位应在离刃口 5mm 内进行，硬度必须达到要求，并不得有软点或软带，冷锻、冷挤、弯曲以及拉深类模具等主要受力部位应符合技术要求。碳素工具钢制小凸模尾部固定部分硬度应控制在 30~40HRC[27~29]，其余部位的硬度应达到图纸规定。

火焰表面淬火的大型模具，工作面硬度大于规定硬度值的上限，一般不允许有回火带及低硬度区域，结构和形状复杂的允许有不大于 20mm 的硬度区，但硬度值不能低于下限值 10HRC。

ⓓ 金相组织的检查：A　模具退火后的金相组织要求见表 4-29。

表 4-29　冷作模具钢退火后金相组织要求

钢种	珠光体等级	网状碳化物等级	带状碳化物等级
碳素工具钢	4～6	≤3	—
低合金工具钢	2～4	≤2	≤4
高合金工具钢	1～3	≤2	≤3

其中 Cr12 型大块碳化物依据 JB/T7713—2007 评级，W18Cr4V 等高速钢中大块碳化物依据 GB/T4462—1984 评级，淬火回火依据企业内控标准评级。

B 模具钢淬火后马氏体级别参见表 4-30 评级，模具表面渗氮、渗硼及渗其他金属按相关标准评级，高碳合金钢制冷作模具的显微组织检验按 JB/T7713—2007 评定。

表 4-30　冷作模具钢热处理金相检验项目与要求

模具类别	钢号	金相组织	
		马氏体级别	网状碳化物级别
落料冲孔模	T7A～T12A	≤3	≤3
	9Mn2V	≤2	≤3
	GCr15	≤2	≤3
	CrWMn	≤2	≤2
	9CrWMn	≤2	≤2
	9SiCr	≤2	≤3
冲头	T7A～T12A	≤3	≤3
	W6Mo5Cr4V2	淬火晶粒度≤10级,回火程度≤1级	
	9Mn2V	≤2	≤2
硅钢片冲模	Cr12、Cr12MoV	≤2	共晶碳化物≤3级
	9SiCr	≤2	≤3
弯曲模	T7A～T12A	≤3	≤3
	9Mn2V	≤2	≤2
	Cr12、Cr12MoV	≤3	共晶碳化物≤3级
拉深模	T7A～T12A	≤3	≤3
	Cr12、Cr12MoV	≤3	共晶碳化物≤3级
	9SiCr	≤3	≤3
滚丝轮	Cr12MoV	≤2	≤3
	W6MoCr4V2	淬火晶粒度≤11级,回火程度≤1级	

c. 高速钢热处理质量检验

A 原材料的检查　ⓐ退火后的硬度在 269HBW 以下；ⓑ低倍组织。热浸后宏观不得有残余缩孔、夹杂、分层、裂纹、气泡和白点等缺陷，表面不允许有肉眼可见的裂纹、折叠、结疤和夹杂，中心疏松和一般疏松不大于 1 级；ⓒ碳化物不均匀级别应符合技术要求，图 4-4 为级别评定图，其具体评级说明见表 4-31。

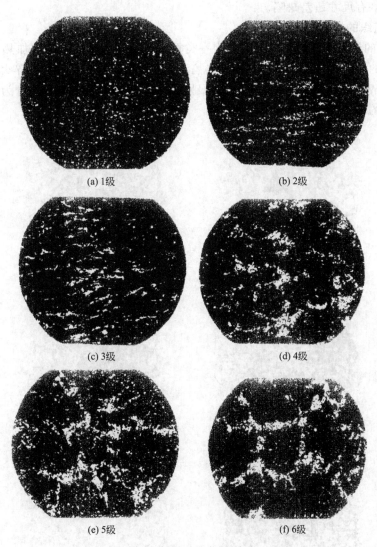

(a) 1级　　　　　　　　　　(b) 2级

(c) 3级　　　　　　　　　　(d) 4级

(e) 5级　　　　　　　　　　(f) 6级

图 4-4　高速钢锻件碳化物级别图（×100）

表 4-31　高速钢锻件碳化物级别不均匀性评级图说明

级别	评级图说明
1	碳化物均匀分布[图 4-4(a)]
2	碳化物呈断续网状[图 4-4(b)]
3	碳化物略有堆积或呈较粗断续带状[图 4-4(c)]
4	碳化物堆积,部分区域出现分叉[图 4-4(d)]
5	碳化物堆积较 4 级严重,部分区域出现网状倾向[图 4-4(e)]
6	碳化物呈破碎网状[图 4-4(f)]

　　B　外观检验　零件表面不允许有磕碰、划伤、烧蚀以及严重的氧化脱碳、腐蚀麻点以及锈蚀现象,不得有肉眼可见的裂纹,表面清洁,孔眼处无盐渣,铁丝处捆绑等附着物应清

理干净，不允许有尺寸超差缺陷。

C 金相组织的检验

ⓐ 晶粒度的检测与评定。高速钢作为一类重要的模具用钢，在淬火加热过程中对其进行淬火晶粒度的检查，来配合高速钢的加热控温，也作为判定刀具或模具淬火质量的重要依据，图 4-5 为 W18Cr4V 高速钢淬火晶粒度级别评定图（450 倍）。该图谱分为 8 个级别，一般刀具和模具的级别控制在 11～9.5 级。

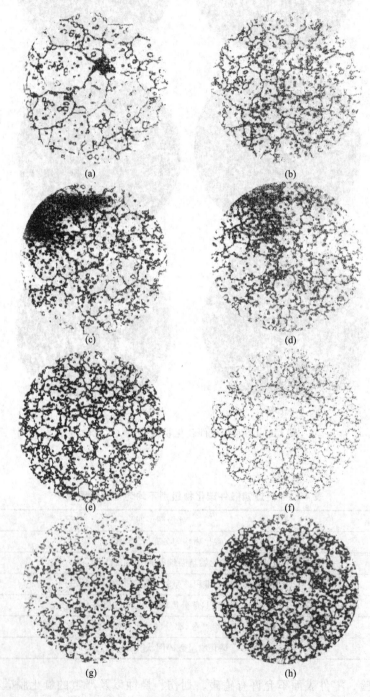

图 4-5 W18Cr4V 钢淬火晶粒度评定图 ×450

该钢的晶粒度评定原则见表 4-32 中规定。

表 4-32　W18Cr4V 钢晶粒度特征与温度的对应关系[5,26~30]

等级	奥氏体晶粒度/级	加热温度/℃	组织特征	淬火温度/三次回火硬度/HRC	热处理结论
1	7.0~7.5	1320	晶粒粗大,碳化物呈角状及断续网状,有黑色组织出现	64.5/66	过烧
2	7.5~8.0	1300	晶粒粗大,碳化物呈角状,并在晶界有碳化物析出	65/66	过热
3	8.0~8.5	1295	晶粒大,碳化物充分溶解,并开始聚集	66/66	合格
4	8.5~9.0	1290	晶粒偏大,碳化物溶解充分	65/66	合格
5	9.0~9.5	1285	晶粒适中,碳化物溶解良好	65/66	合格
6	9.5~10.	1275	晶粒适中,碳化物有足够的溶解	65/65	合格
7	10.0~10.5	1265	晶粒偏小,碳化物有较多量的溶解	65/65	合格
8	10.5~11.0	1250	晶粒细小,晶粒不清,碳化物溶解不足	65/63	加热不足

ⓑ 高速钢淬火与回火组织检测。高速钢制工具与模具是采用炉前检测晶粒度的方法来控制淬火加热温度的,回火后的检测有淬火过热程度和回火程度,并按图 4-6~图 4-8 进行等级的评定,一般过热程度应不大于 2 级,高速钢回火程度应不大于 2 级。

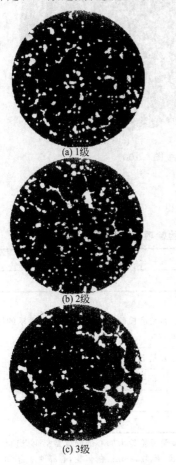

(a) 1级

(b) 2级

(c) 3级

图 4-6　W18Cr4V 钢淬火过热评级图 100×

(a) 1级

(b) 2级

(c) 3级

图 4-7　W6Mo5Cr4V2 钢淬火过热评级图 100×

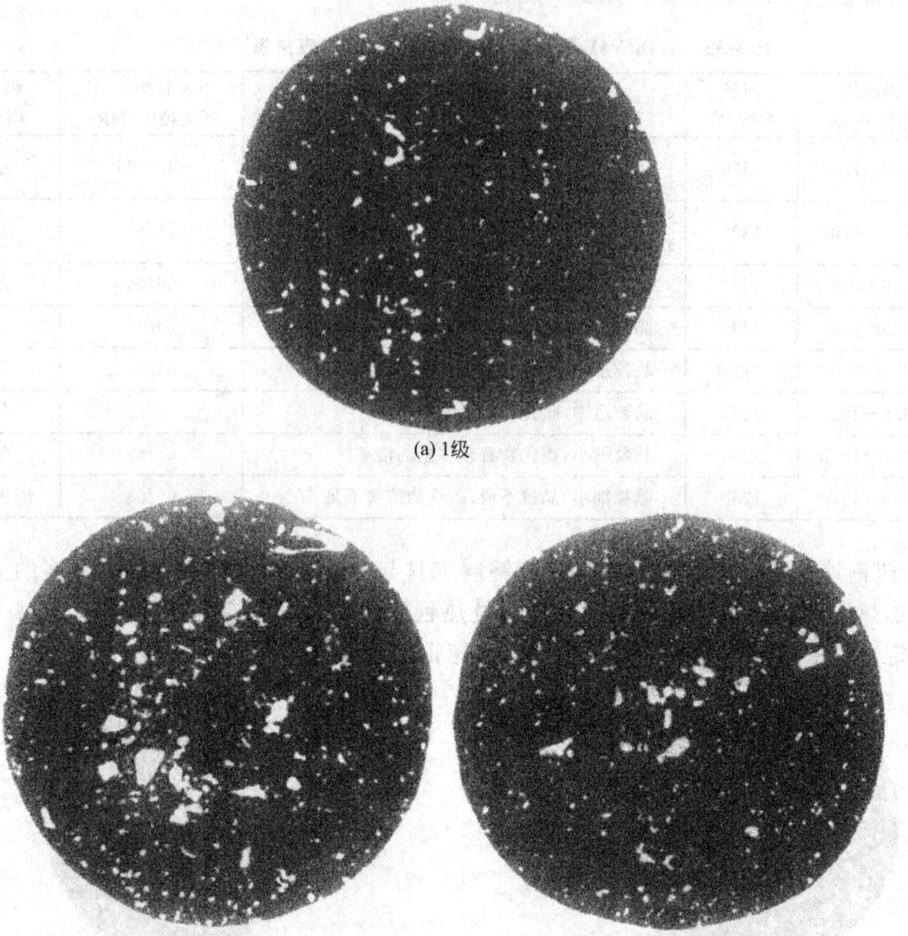

(a) 1级

(b) 2级

(c) 3级

图 4-8 W18Cr4V 钢回火程度评级图 100×

d. 化学热处理质量检验

渗碳和碳氮共渗件的质量检验项目及要求见表 4-33。

表 4-33 渗碳和碳氮共渗件的质量检验项目及要求

<table>
<tr><th>检验项目</th><th>要求</th></tr>
<tr><td>外观</td><td>表面不得有氧化皮、碰伤及裂纹等缺陷</td></tr>
<tr><td>硬度</td><td>(1)表面硬度 工件经淬火和低温回火后，通常只作渗层表面硬度检验，应符合图样技术要求的硬度范围。一般在 56～64HRC 范围内，表面硬度偏差不得超过下表中的规定：
<table>
<tr><th rowspan="2">工件类型</th><th colspan="2">表面硬度偏差 HRC</th></tr>
<tr><th>单件</th><th>同一批件</th></tr>
<tr><td>重要件</td><td>3</td><td>5</td></tr>
<tr><td>一般件</td><td>4</td><td>7</td></tr>
</table>
(2)心部硬度 对工件心部硬度的检验没有统一要求。渗碳齿轮轮齿的心部硬度是指距齿顶全齿高 2/3 处的硬度。齿轮模数≤8mm 时，心部硬度要求为 30～45HRC；模数>8mm 的齿轮，心部硬度为 33～48HRC</td></tr>
</table>

检验项目	要求
渗层深度	(1)金相测定法 渗层深度检验通常用金相测定法对随炉试块进行检验。随炉试块为退火状态;对淬火状态的试块,可按规定进行等温退火。渗层深度的测量标准有以下两种: ① 碳素钢的渗层深度为共析层+共析层+1/2过渡层,且过共析层+共析层之和不得小于总深度的75% ② 合金钢的渗层深度为过共析层+共析层十全部过渡层,且过共析层+共析层之和应为总深度的50% 渗层深度为工件成品的渗层深度,即图样要求的渗层深度,若渗后仍需进行磨削加工时,则渗层深度应为图样技术要求的渗层深度加磨量 (2)有效硬化层深度法 有效硬化层深度的检验方法按 GB/T 9450—2005《钢件渗碳淬火硬化层深度的测定和校核》中的规定进行。有效硬化层深度的偏差不得超过下表的规定: 有效硬化层深度/mm / 有效硬化层深度偏差/mm(单件 / 同一批件) ≤0.5 / 0.10 / 0.20 >0.5~1.5 / 0.20 / 0.30 >1.5~2.5 / 0.30 / 0.40 >2.5 / 0.50 / 0.60
金相	渗碳和碳氮共渗淬火、回火后,主要检验项目有渗层组织、心部组织和碳化物级别 (1)渗层组织 检验马氏体的粗细,碳化物的形状、大小、数量和分布,残留奥氏体的数量 ① 渗层组织主要为细针状回火马氏体、少量残留奥氏体和数量不多、均匀分布的细小粒状碳(氮)化合物 ②马氏体和残留奥氏体1~5级为合格;碳化物1~6级为合格;受冲击载荷的工件为1~5级合格 (2)心部组织 主要检查游离铁素体的数量、大小及分布 ① 心部组织为细低碳马氏体 ② 心部铁素体的级别,对模数≤5mm 的齿轮,1~4级为合格;模数>5mm 的齿轮,1~5级为合格 (3)碳化物级别 汽车渗碳齿轮的常啮合齿轮1~5级为合格;换挡齿轮1~4级为合格;重载齿轮 1~3级为合格
畸变	按图样技术要求或工艺规定进行检验

渗氮件质量检验的主要项目有外观、渗氮层深度、表面及心部硬度、渗氮层脆性、金相组织及畸变,渗氮件的质量检验项目及要求见表 4-34。

表 4-34 渗氮件的质量检验项目及要求

检验项目	要求
外观	正常的渗氮表面呈银灰色、无光泽。若表面呈蓝色、黄色或其他颜色,说明设备漏气,在渗氮或冷却过程中工件表面被氧化。若出现亮点,说明该处未渗氮,其原因是表面不干净。不应出现裂纹及剥落现象。离子渗氮件表面应无明显电弧烧伤等表面缺陷
硬度	通常用维氏硬度计或轻型洛氏硬度计测量,载荷的大小应根据渗氮层的厚度来选择,见下表: 渗氮层厚度/mm / <0.2 / 0.2~0.35 / 0.35~0.50 / >0.50 维氏硬度计载荷/N / <49.03 / ≤98.07 / ≤98.07 / ≤294.21 洛氏硬度计载荷/N / — / 147.11 / 147.11 或 294.21 / 588.42 当渗氮层极薄时(如不锈钢渗层),也可用显微硬度计。心部硬度可用洛氏或布氏硬度计来检验表面硬度应符合图样技术要求,其误差范围应符合下表规定数值: 类型 / 表面硬度误差范围(单件 / 同一批件) 硬度范围 HV / ≤600 >600 / ≤600 >600 误差范围 HV / ≤45 ≤60 / ≤70 ≤100

检验项目	要求
渗氮层深度	(1)检验方法 通常采用断口法、金相法及硬度梯度法三种,以硬度梯度法作为仲裁方法 ①断口法。将带缺口的试样打断,用25倍读数放大镜对试样断口直接测量其深度。渗氮层组织较细,呈瓷状断口,而心部组织则较粗,呈塑性破断的特征。此法简单易行,方便快捷,但测量精度较低 ②金相法。在金相显微镜下从表面测量至分界处的距离即为渗氮层深度 ③硬度梯度法。采用小负荷维氏硬度试验法,试验载荷为2.94N(必要时可采用1.96~19.6之间的载荷,但应注明载荷数值)。测得渗氮试样沿层深方向的硬度曲线,从试样表面至比基体硬度值高50HV处的垂直距离为渗氮层深度。对于渗氮层硬层变化比较平缓的工件(如碳钢及低碳低合金钢制件),其渗氮层深度可从试件表面测至比基体维氏硬度值高30HV处 (2)要求 渗氮层深度应符合技术要求,误差范围应符合下表中规定数值,

渗氮层深度要求表:

渗氮层深度范围/mm	渗氮层深度误差/mm	
	单件	同一批件
<0.3	0.05	0.1
0.3~0.6	0.10	0.15
>0.6	0.15	0.20

检验项目	要求
金相	主要包括渗氮层组织检查及心部组织检查 ①渗氮层中的白层厚度不大于0.03mm(渗氮后精磨的工件除外) ②渗氮层中不允许有粗大的网状、连续的波纹状或鱼骨状氮化物存在,这些粗大的氮化物会使渗层变脆、脱落。氮化物级别参照GB/T 11354—2005中氮化物级别图进行分级,分为5级,一般工件1~3级合格,重要工件1~2级合格,即不允许有网状氮化物、连续的波状(脉状)氮化物以及鱼骨状氮化物 ③心部组织应为均匀细小的回火索氏体,不允许有多量大块自由铁素体的存在
渗氮层脆性	通常采用压痕法评定渗氮层的脆性。以98.07N的载荷对试样进行维氏硬度测试,将测得的压痕形状与等级标准(见图4-9)进行对比,根据压痕的完整程度确定其脆性等级。通常,离子渗氮表面脆性比气体渗氮轻 渗氮层脆性等级标准共分5级:压痕边缘完整无缺为1级,不脆;一边或一角有碎裂为2级,略脆;压痕二边二角碎裂为3级,脆;压痕三边三角碎裂为4级,很脆;四边四角严重碎裂为5级,极脆。一般以1~3级为合格,重要工件1~2级为合格 在特殊情况下,载荷可使用49.03N或294.21N,但需进行换算,不同载荷时压痕级别换算见下表:

载荷/N	维氏硬度不同载荷时压痕级别换算				
49.03	1	2	3	4	4
98.07	1	2	3	4	5
294.21	2	3	4	5	5

评定渗氮层脆性的最新方法是采用声发射技术,测出渗氮试样在弯曲和扭转过程中出现第一根裂纹的挠度(或扭转角),可定量评定渗氮层脆性

检验项目	要求
疏松	渗氮层疏松级别共分5级,一般工件1~3级合格,重要工件1~2级合格,不允许微孔呈密集分布,厚度不能超过化合物层的2/3
畸变	包括由于渗氮时氮原子的大量渗入而引起的比体积的增大及工件本身变形渗氮后工件的胀大量约为渗氮层深度的3%~4%。变形量应在精磨留量内,一般为0.05mm以内,最大不超过0.10mm 对于弯曲畸变超过磨量的工件,在不影响工件质量的前提下,可以进行冷压校直或热点校直

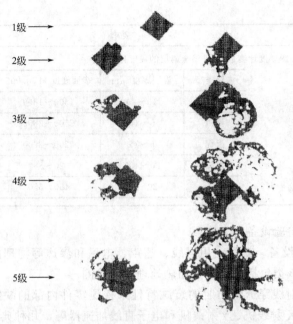

图 4-9　渗氮层脆性等级标准

渗硼件的质量检验项目及要求见表 4-35。

表 4-35　渗硼件的质量检验项目及要求

检验项目	要求		
外观	工件表面应为灰色或深灰色,且色泽均匀,渗层无剥落及裂纹		
硬度	采用显微硬度计检测,Fe$_2$B 的硬度为 1290～1680HV0.1,FeB 为 1890～2340HV0.1		
渗层厚度	渗硼层厚度应符合图样技术要求。在 200～300 倍光学显微镜下,将视场分为 6 等分,在 5 个等分点上,测量渗硼层厚度,计算算术平均值,即为渗硼层厚度。硼化物层厚度偏差不应超过下表中的规定:		
	硼化物层厚度范围/μm	硼化物层厚度偏差/μm	
		单件	同批(工件和材质相同)
	≤100	±5	±10
	>100	±10	±10
金相	渗硼层共分六类,多采用Ⅰ类(单相 Fe$_2$B),非重要件采用Ⅱ类(双相 FeB＋Fe$_2$B,FeB 约占 1/3)		

渗金属件的质量检验项目及要求见表 4-36。

表 4-36　渗金属件的质量检验项目及要求

检验项目	要求	
外观	表面光洁,无裂纹、锈斑等缺陷,色泽均匀	
	渗金属名称	外观颜色
	渗铬层	银白色
	渗钒层	浅黄色或铁灰色
	渗铌层	金黄色
	渗锌	银灰色
	渗铝	银白色或银灰色,不得出现氧化黑色

检验项目	要求		
硬度	表面硬度用显微硬度计测量,几种渗金属层的硬度见下表:		

渗层类型	渗层厚度/μm	表面硬度 HV0.005
渗铬	10~20	1500~1800
渗钒	5~15	2500~2800
渗铌	5~15	2200~2600
渗铝	50~400	520~880
渗锌	20~80	450~550

(2) 热处理质量检验设备与方法

① 无损探伤检测设备　就是利用射线、超声、电磁和渗透等物理的方法,研究零件内部状态的检测技术,该类包括缺陷检测和热处理质量检测。

A 射线检测利用射线穿透物质时的衰减特性来探测零件内部的缺陷的,射线检测的主要装备按射线源分为 X 射线机、γ 射线机和电子直线加速器等,几种典型的 X 射线机、γ 射线机的型号为:

a. X 射线机型号　携带式:国产 XXQ-2005、2505、3005,XXH (P) -2005、3005,XXG-2505。日本产 RF-200EG-SP;移动式:XYY-2515,XYT-3010,XYD-4010X;固定式:MG450;实时成像系统:XG-150、400。

b. γ 射线机　携带式:国产 TI-F,日本产 S301,德国产 PI-104H;移动式:国产 TK-100,日本产 PC-501;爬行式:德国产 M10。

B 超声波检测是利用高频声波在零件中传播、反射、衰减等特性检测缺陷的方法,几种超声波探伤仪的型号为:CTS-22、26,XCTY-11,JTS-5,JTSZ-1,CST-7,TUD210~360 等。

C 磁力检测　包括磁粉检测、渗透检测以及录磁检测等。

磁粉检测是将被检零件在磁场中磁化,在缺陷部位产生漏磁场,在被检零件表面撒上磁粉,则缺陷处有磁粉附着而显示出缺陷的检测方法。磁粉探伤机有固定型系列 CEW-100、500、2000、4000、6000、9000、12500 等,移动式有 CY500、1000、2000、3000、5000 等。

D 渗透检测　是利用毛细作用渗入被检零件的表面缺陷内,将零件清洗后,采用显像剂将残留在缺陷中的渗透剂吸出,从而以荧光或着色图像显示缺陷的形状和位置的方法。其渗透检测设备有固定式、便携式、自动化和专业化等几种。

E 涡流检测　是利用检测线圈产生的交变磁场感应出的涡流,在被检零件附近产生附加的交变磁场,零件的缺陷处的涡流磁场畸变,通过检测线圈的输出的变化来检测缺陷。表 4-37 为无损检测的方法与特点的汇总,供参考。

表 4-37　无损检测的方法与特点[5,31,32]

无损检测名称	特点与用途
磁粉探伤	探测铁磁性材料表面或近表面的裂纹、折叠、夹杂夹渣等缺陷,具有灵敏度高、操作简单、结果可靠等优点

无损检测名称	特点与用途
涡流探伤	(1)检测导电的管材、线材及薄壁零件的裂纹、气孔、折叠、发纹及夹杂等表面与近表面缺陷 (2)分选不同的金属材料及检测它们的成分、显微组织等方面的差异 (3)测定材料热处理状态、硬度、硬化层深度及直径变化等 (4)测定导电金属上非导电涂层的厚度或磁性金属上非磁性涂层的厚度
渗透法探伤	可用于除表面多孔材料以外的各种金属、非金属、磁性、非磁性材料及零件表面开口缺陷的检查，此方法不需要专门的设备，显示缺陷十分直观
超声波探伤	检测锻件、轧制件、铸件及焊缝等内部的裂纹、气孔、夹杂、缩孔及未焊透等缺陷
射线探伤	射线有 X 射线、γ 射线以及各种加速器发出的高能射线。用途与超声波探伤一致
中子射线照相	厚钢件中原子质量小的夹杂或成分、装料填充度方面的缺陷及粘接结构质量等的检验
高能射线探伤	与普通 X 射线类同
高能层析照相	与射线法照相相比，能分析任一截面的图像，能进行缺陷尺寸、位置及取向等的精确测定
光学全息法	用于裂纹、层裂、未焊合、孔洞与夹杂物及塑性变形等的检测

② 硬度检测设备　硬度检测是热处理质量的检测最常用的方法之一，它可敏感反映出采用与热处理工艺、组织结构等之间的关系，另外还具有以下特点：

a. 可用于估算材料的某些力学性能，如抗拉强度等；b. 可检测工件的特定部位，甚至组织中某相的硬度；c. 可以检测有效硬化层的深度等。根据零件热处理后的硬度要求，应选用规定的硬度检测设备，在实际的热处理检验中，一般使用的硬度计有布氏硬度计、洛氏硬度计、维氏硬度计、显微硬度计、肖氏硬度计、里氏硬度计等，它们的应用范围有较大的区别。几种硬度计的适用范围和特性对比见表 4-38。

表 4-38　常见硬度计的试用范围和特性[4,33]

硬度计名称	硬度标尺	典型型号	压头类型	总试验力/N	硬度值有效范围	应用范围
布氏硬度计	HBS/HBW	HB-3000	钢球直径有 2.5、5、10 三种	9.807N～29.42kN	35～450HBW	钢、铸铁、铜及其合金、轻金属、轴承合金等
洛氏硬度计	HRC	HR-150A	120°金刚石圆锥体	1471.0	HRC20～67	淬火钢、调质钢、渗碳淬火钢
	HRB	HR-150B	$\Phi\frac{1}{16}$ in 淬火钢球	980.7	HRB25～100	软钢、退火钢、正火钢、铸铁以及有色金属等
	HRA	HR-150C	120°金刚石圆锥体	588.4	HRA70～85	硬质合金、表面淬火钢、硬度较高的薄壁件等
维氏硬度计	HV	HV-5～50	两面夹角为 136°的金刚石四棱角锥体	1.961～50 和 50～1000	HV25～1145	较薄材料、渗碳和渗氮层的表面硬度

硬度计名称	硬度标尺	典型型号	压头类型	总试验力/N	硬度值有效范围	应用范围
显微硬度计	HMV	HMV-1T	两面夹角为136°的金刚石四棱角锥体	0.098～9.8	HMV300～1145	特别微小、超薄件、细丝和软质材料等
肖氏硬度计	HS				20～90HS (72HRB～65HRC)	大型零件或工具
里氏硬度仪	HL、TH	TH-130～160系列 HL-11系列			300～900HL	碳钢和铸钢、耐热钢、合金工具钢、铜铝合金等

A 布氏硬度检测 对于原材料和铸、锻件的硬度检测通常是采用布氏硬度（HBW）检测，当然也可采用小负荷洛氏硬度（HRB）或维氏硬度（HV）检测，其硬度的范围应符合布氏硬度规定的要求，技术要求和不同布氏硬度试验技术条件下施加的载荷，可参见第1章有关内容。

在实际的硬度检测过程中，只要用专门的刻度放大镜量出压痕直径（d），根据其大小从硬度表中查出相应的布氏硬度值。布氏硬度的表示方法为：硬度值＋符号 HBS（W）＋试验条件（球体直径＋试验力＋试验保持的时间），例如170HBW10/1000/30分别表示用直径 10mm 的钢球，在 9807N（1000kgf）的试验力作用下，保持 30s 时测的硬度值为170HBSW。

布氏硬度试验时压头球体的直径（D），试验力（F）以及试验力保持时间（t），应根据被测金属材料的种类、硬度值的范围以及金属材料的厚度进行合理选择。常用压头的直径（D）有 2.5mm、5mm、10mm 三种，试验力在 9.807N～29.42kN 范围内。

布氏硬度适用于铸铁、有色金属以及合金、各种退火及调质的钢材，对于软金属则更为合适。布氏硬度与其他力学性能存在一定的近似关系，可按国家标准进行换算即可。在实际的应用中，应根据试件的材料、硬度范围，选择压球直径和施加载荷，然后根据所测的压痕直径，从附录中查出硬度值。

B 洛氏硬度检测 钢铁工件淬火、回火后的硬度、表面淬火和回火后硬度，以及渗碳淬火回火后的硬度等，通常是选用洛氏硬度计来检测的，另外洛氏硬度计采用不同的压头和载荷时，即可检测硬度很低的有色金属及合金的硬度等，也可检测硬度很高的硬质合金等硬度，因此，洛氏硬度的应用是最为广泛的。洛氏硬度可采用同一台硬度计检测由极软到极硬的材料的硬度，即使用不同的压头与载荷配合，组成了 15 种不同洛氏硬度标尺，洛氏硬度标尺及适用范围可参见第 1 章有关内容。

C 维氏硬度检测 在热处理质量检验中，常用维氏硬度检测表面的硬化层和化学热处理（如渗氮和碳氮共渗等）渗层的硬度和深度等，维氏硬度符号和试验力可参见有关内容，其中，由于显微维氏硬度检测时的载荷和压痕较小，故制备试样时需要进行磨制和抛光，其检测时是要采用夹持夹具。

为了便于准确测定硬度值，在试验前应最好预测可能的硬度与试样厚度，以便于选择其载荷，在试样厚度允许的情况下，应尽量选择较大的载荷，以得到较大的压痕，来提高测量的精度。表 4-39 为进行维氏硬度检测时试验最小厚度与合理载荷的关系。

表 4-39　维氏硬度检测允许的试样最小厚度与合理载荷的关系

试样厚度/mm	维氏硬度/HV			
	20～30	50～100	100～300	300～900
	合理载荷/N			
0.3～0.5	—	—	—	49.03～98.1
0.5～1.0	—	—	49.03～98.1	98.1～196.1
1～2	49.03～98.1	98.1～245.2	98.1～196.1	—
2～4	98.1～196.1	245.2～294.2	196.1～490.4	196.1～588.4
≥4	≥196.1	≥294.2	≥490.4	—

关于表面热处理后硬度的检测方法，可根据具体的处理方式进行选择。

a. 进行化学热处理的零件的主要技术参数为硬化层深度和表面硬度，硬化层深度可采用金相法或维氏硬度计来检测，只是渗氮的厚度较薄，不便于检查。表面硬度应选择维氏硬度计、表面洛氏硬度计或洛氏硬度计等检测。

b. 进行表面淬火的零件，其主要技术参数为表面硬度、局部硬度等，硬度的检测可采用维氏硬度计，也可选用洛氏或表面洛氏硬度计。维氏硬度计是测试表面硬度的重要手段，一般可选用 0.5～100kg 的试验力进行，有效硬化层的深度也可采用维氏硬度计进行；表面洛氏硬度计也十分适合于测试表面淬火的硬度，其有三种标尺可以选择，其适用于表面硬化深度超过 0.1mm 的模具；洛氏硬度计适合于硬化层厚度较厚时（超过 0.8mm），可采用 HRC 检测，当硬化层深度在 0.4～0.8mm 时，可采用 HRA 标尺进行检测。

c. 局部热处理的模具，该类模具的局部硬度较高，故硬度的检测应在指定的区域内进行，可选择洛氏硬度计检测，如果硬化层较浅，则选用表面洛氏硬度计测试 HRN 硬度值。

D 显微硬度检测　显微硬度（Microhardness）是硬度试验时，试验力在 1.961N（维氏）及 9.807N（努氏）以下的微小硬度，其试验力小故可把硬度测量区域缩小到显微尺度以内进行检测，其有维氏和努氏硬度两种。通常用来测量微细制品的硬度，适用于固溶、时效、沉淀硬化、再结晶、金属表层受外界影响表面性质的变化的研究。

E 肖氏硬度和里氏硬度检测　与洛氏硬度计和维氏硬度计相比，前两种设备比较笨重，只能在专门的检测室进行，而无法对大型零件（模具）进行现场检测，肖氏硬度计和里氏硬度计则均为手提式，携带与使用方便，可在作业场地进行操作，下面分别介绍如下。

a. 肖氏硬度（HS）　该类硬度计有目测式（C 型、SS 型）和表盘自动记录式（D 型）两种，其技术参数参见表 4-40。作为一种流动性和巡回性的检查工具，检测效率高和操作方便，特别适合大型毛坯和模具的硬度检测。

表 4-40　各种肖氏硬度计的技术参数

项目	C 型	SS 型	D 型
重锤质量/g	2.36	2.50	36.2
落下高度/mm	254	255	19
冲击速度/(m/s)	2.33	2.24	0.61
100HS 的回跳高度/mm	165	165.76	12.35
读数方法	目测	目测	表盘

b. 里氏硬度（HL）　里氏硬度计有 D、DC、G、C 等几种类型的冲击装置，其具有操作简便、携带方便等特点，适用于各种大型、重型工件的硬度检测，里氏硬度的测量范围见表 4-41。

表 4-41　里氏硬度的测量范围

测量范围	HL 型（D 型）	相应的静载硬度
钢	300～800	80～650HBW
	300～890	80～940HV
	510～890	20～68HRC
铝铸件	200～560	30～160HBW
铸铁	360～660	90～380HBW
黄铜	200～550	40～170HBW
铜合金	200～690	45～315HBW

F 锉刀硬度检测　采用锉刀进行硬度的检测是使用检测硬度的标准锉刀及标准试块，对被检工件进行对比检测的方法，被检工件与锉刀承受的压力一般在 45～53N（4.5～5.4kgf）范围内，检验者应具有一定的检测经验方能从事该项作业。表 4-42 和表 4-43 为标准锉刀和标准试块的硬度级别。

表 4-42　标准锉刀的硬度级别

标准锉刀的颜色	标准锉刀硬度级别	相应洛氏硬度范围/HRC
黑色	锉刀硬-65	65～67
蓝色	锉刀硬-62	61～63
绿色	锉刀硬-58	57～59
草绿色	锉刀硬-55	54～56
黄色	锉刀硬-50	49～51
红色	锉刀硬-45	44～46
白色	锉刀硬-40	39～41

表 4-43　标准试块的硬度级别

标准试块级别	相应标准锉刀级别	洛氏硬度范围 HRC
1	锉刀硬-65	64～66
2	锉刀硬-62	60～62
3	锉刀硬-58	56～58
4	锉刀硬-55	53～55
5	锉刀硬-50	48～50
6	锉刀硬-45	43～45
7	锉刀硬-40	38～40

③ 抗拉强度的检测　该类性能采用专用的拉伸试验机进行的,是对有要求的零件必须进行的指标检查,常用的拉伸试验机有机械式和液压式两类,一般是由机身、加载机构、测力机构、载荷伸长记录装置和夹持机构五部分组成,拉伸试样按 GBT228—2002 规定制作,通过拉伸试验,可以测定材料的弹性变形、塑性变形和断裂过程中最基本的力学性能指标,为工程的设计提供重要的依据。

④ 其他检测设备　对生产过程中的内部组织和表面状态的控制和检测采用金相显微镜(如 XJB-200 型),可以判断有无氧化脱碳,晶粒度的大小,渗层深浅,显微组织分析,进行失效分析以及有无缺陷等检测;对冲击韧性的检测采用冲击试验机进行,可以获得材料的动态性能的试验方法,它是对材料使用中至关重要的脆性倾向问题和材料冶金质量、内部缺陷等非常方便的检查方法,在产品质量检验、产品设计和科研工作中得到了广泛的应用,习惯上用冲击值表示材料抵抗载荷能力的大小;疲劳试验机用于研究零件在交变载荷作用下断裂的能力,由于失效的机器零件约有 80% 的为疲劳破坏,因此进行疲劳试验是有重要意义的;磨损试验机是用于检测材料在摩擦力作用下其表面形状、尺寸发生的磨损情况,可以了解金属材料的化学成分、组织状态以及力学性能与磨损的关系,为利用热处理尤其是化学热处理、表面涂敷技术等可以大幅度提高材料的耐磨性。

⑤ 化学成分与组织分析方法

a. 成分分析　材料的化学成分是保证材料质量的基础,一般采用传统的分析法进行,具体见表 4-44。火花鉴别主要设备为砂轮机,采用中等硬度 36~60 号普通氧化铝砂轮,应对比标准样块,仔细观察火花束的长度和各部分花型特征。

表 4-44　材料成分分析的方法与特点

分析方法	特点与用途
火花鉴别	简单、方便,但比较粗糙,需要有丰富的实践经验
化学分析	为比较传统的分析方法,每分析一个元素需要一个比较长的分析过程,操作比较复杂
光谱分析	快速、方便、准确,已经成为化验常用的分析方法

现代分析法即采用现代化的手段进行成分的分析,它克服了传统分析法的无法测定尺度上的成分不均,沉淀相、夹杂物的化学成分,无法得知材料中所存在的相及其各相的晶体结构等缺点,其特点见表 4-45。

表 4-45　现代成分分析手段与特点

检测仪器名称		分析性能					特点
		空间分辨率 /μm	分析深度 /μm	采样体积质量/g	可检测质量极限 /g	可检测浓度极限 /(mg/kg)	
电子探针 (EPA 或 FPMA)	能谱仪 (EDS)	0.5~1	0.5~2	10^{-12}	10^{-16}	50~10000	分析合金中某一相或某个夹杂物的成分、成分偏析,常作为扫描(或透射)电子显微镜的附件与其一起使用,可为某一点、某一条线或某一指定的微观面的成分分析
	波谱仪 (WDS)						

检测仪器名称	分析性能					特点
	空间分辨率 /μm	分析深度 /μm	采样体积质量/g	可检测质量极限 /g	可检测浓度极限 /(mg/kg)	
离子探针(IMA 或 SIMS)	1~2	<0.005	10^{-13}	10^{-19}	0.01~100	主要用于对夹杂物和析出物的鉴定、表面镀膜和表面处理层中主要元素及微量元素的分析,氧元素与氢元素得到测定,特别是对断口表面的氧元素的测定,同时也可进行点、线和面的成分分析
俄歇能谱	0.1	<0.005	10^{-16}	10^{-18}	10~1000	主要用于测试合金元素在合金表面、晶界、相界上吸附、偏析和扩散分析
X 射线衍射法	—	—	—	—	—	测定材料的物相,获知材料的晶体结构;材料的晶粒或粉末的粒度,内应力的大小,结构的方向等

b. 组织分析　这包括宏观(低倍)分析法、断口分析与显微分析,宏观的分析是用肉眼或放大镜对材料的某一面进行检验,宏观的分析方法和种类参见表 4-46。

表 4-46　宏观分析的方法和种类[5,27,30,32]

分析名称	具体分析方法或步骤	主要分析的目的
酸浸试验	将钢材的横截面侵蚀后进行观察,参见 GB/T220—2007 执行	对宏观缺陷给予分类和评定
塔形试验	把车削成塔形的钢材在酸中侵蚀后进行观察,参见 GB/T15711—1995 执行	检验钢中是否有裂纹
硫印试验	1. 车光或磨光的试样表面采用乙醇擦拭干净 2. 把 5%~10%硫酸水溶液浸润过的印相纸药面覆盖在试样的检验面上,试样与相纸之间不能留有气泡 3. 浸蚀 3~5min 后,用清水把相纸洗净 4. 采用 30%的碳酸钠定影,清水冲洗 30min 后烘干	检验钢中硫的偏析
磷印试验	1. 将试样在 50mL 含有 1g 偏重亚硫酸钾的硫代硫酸钠饱和溶液中侵蚀 8~10min 后,用水冲洗并吹干 2. 把 3%盐酸溶浸透相纸的药面覆盖在试样的检验面上,相纸与检验面之间不得留有气泡 3. 相纸上白色或颜色较暗处,即为钢中磷化物存在处	检验钢中的磷的偏析

注:酸浸试验和塔形试验用酸浸溶液的配方有以下几种:
(1) 一般钢材为 50%盐酸+50%水 (体积),温度为 65~80℃;
(2) 一般的钢材为 38 份盐酸+12 份硫酸+50 份水 (体积);
(3) 不锈钢采用王水配方即 1 份硝酸 (体积) +3 份盐酸 (体积)。

　　断口形貌真实反映材料抵抗外力发生断裂的过程，断口不仅与外加载荷有关，同时还与材料的内在因素有一定的联系，因此通过对断口形貌的分析，即可了解到零件服役条件与失效特点，同时也可了解断面附近的材料性质，从而判明断裂源、裂纹扩展方向和断裂顺序，确定裂纹的性质，找出断裂的主要原因。

　　对断口的观察可用肉眼、放大镜等进行宏观观察，也可采用立体显微镜和扫描电子显微镜进行微观观察。宏观断口的分类与特征见表 4-47，电子显微镜则可直接观察断口，也可观察断口的复型，其可把断口进行分类，具体见表 4-48。

表 4-47　宏观断口的分类与特征

缺陷名称	主要特征	说明
纤维状断口	无光泽和无结晶颗粒的均匀组织，边缘有显著的塑性变形	一般有较高的塑性与韧性
瓷状断口	具有绸缎光泽，致密，类似细瓷碎片，呈灰白色	常出现在过共析钢和某些合金钢经淬火或淬火及低温回火后，是一种正常组织
结晶状断口	具有强烈的金属光泽，有明显的结晶颗粒，断面呈平齐的银灰色	断口常出现在热轧或退火的钢材（坯）上，是一种正常的断口
层状断口	纵向断口上，沿热加工方向呈现出无金属光泽的、凸凹不平的、层次起伏的条带，其中伴有白亮色或灰色线条，缺陷类似朽木状	是多条相互平行的非金属夹杂物的存在所致。它对纵向力学性能影响不大，使横向的塑性和韧性显著降低
白点断口	多呈圆形或椭圆形的银白色斑点，斑点内的组织为颗粒状，一般分布在偏析区	是钢中的过多的含氢量和内应力共同作用所致
气泡断口	在纵向断口上，沿热加工方向呈内壁光滑、非结晶的细长条带	气泡主要是钢液气体过多，浇注系统潮湿，锭模有锈蚀等原因造成的，它破坏了金属的连续性
内裂断口	分为锻裂与冷裂。锻裂断口有光滑的平面或裂纹，冷裂断口与基体有明显分界的、颜色稍浅的平面与裂纹，有平行于加工方向的条带	锻裂是热加工温度过低、内外温差过大，加工压力过大，形变不合理造成的 冷裂是锻轧后冷却速度太快，组织应力与热应力叠加所致
非金属夹杂及夹渣断口	纵向断口上呈颜色不同的（灰口、浅黄、黄绿色等）非结晶的细条带或块条带状	是钢液浇注过程中混入了渣子过耐火材料所致，它破坏了材料的连续性
异金属夹杂物断口	与基体金属有明显的边界，有不同的变形能力，不同的金属光泽，并呈条带状	缺陷是异金属掉入，合金料未完全熔化所致，它破坏了金属的连续性和均匀性
黑脆断口	呈现出部分和全部的黑灰色，严重时可看到石墨碳颗粒，出现在高温加热时间过长的共析钢、过共析钢、含硅的弹簧钢上	它是钢的石墨化所致，破坏了钢的组织的均匀性，使淬火硬度降低和钢的性能下降
石状断口	无金属光泽，颜色浅灰，有棱角，类似于碎石状，是一种粗晶间断口	是过烧造成的
萘状断口	呈弱金属光泽的亮点或小平面，闪耀着萘晶体般的光泽，是一种粗晶的穿晶断裂	是合金钢过热、高速钢重复淬火造成的，它显著降低钢的韧性

表 4-48 电子显微分析对断口的分类及各类特征

断口名称	特征	成因
微坑断口	呈现细小的杯坑	材料破坏时先产生许多微孔,微孔聚合导致了穿晶断裂,材料塑性和韧性高
解理状断口	解理台阶汇成的河流花样	裂纹在正应力作用下,沿着一定的低指数面快速低能量脆性断裂
疲劳断口	有一组大致平行而略带弯曲的疲劳辉纹,它总是与扩展方向相垂直	在交变应力作用下,裂纹扩展所致
结合力弱化的晶间断口	沿晶间断裂	组织变异、成分偏析或环境与介质的作用而形成晶间结合力的弱化

c. 显微分析　在显微镜下可直接观察到材料的内部组织,采用的仪器与应用范围如表 4-49 所示。

表 4-49 显微分析的方法与应用范围

分析方法	最小鉴别率	最大倍率	试样要求	应用范围
光学金相显微镜	$0.2\mu m$	1500	金相试样	分析显微组织
扫描电子显微镜(SEM)	$0.01\mu m$	80 万	金相试样或断口	分析显微组织或断口形貌,20～8000 倍时在很大景深下做实物观察的微区分析
投射电子显微镜(TEM)	$(2\sim3)\times10^{-4}\mu m$	100 万	厚度$<0.2\mu m$ 的金属薄膜或复型	高倍率下分析精细显微组织及测定晶体结构

在光学显微镜下观察材料的内部组织是一种常见的检验与分析方法,需要将材料制成试样后才能观察,其基本步骤为取样→镶嵌或夹持→磨光与抛光→化学腐蚀等。扫描电子显微镜的金相试样与光学显微镜的金相试样类同,由于扫描电镜景深很大,故可直接观察断口试样。透射电子显微镜的覆膜试样有塑料覆膜和碳覆膜两种,塑料覆膜是用塑料溶液在试样表面浇铸而成,碳覆膜是喷涂而制成的,把切割成薄片的金属机械磨薄后,再用离子减磨仪或电解抛光仪减薄,即可获得薄膜试样。需要提醒的是,透射电子显微镜的放大倍数很高,但其试样台很小,故试样直径最大不能超过 2mm。

4.4.5　真空热处理缺陷的分析及措施

真空热处理技术广泛应用于宇航、电子、刀具、量具以及精密机械零件等,在生产中具有普通热处理无法比拟的优点,但真空热处理炉同样存在一定的缺陷,真空热处理属于光亮热处理,正常情况下热处理后的工件表面应保持热处理前的金属光泽,真空热处理缺陷会影响工件热处理后的表面机械性能。

针对真空热处理缺陷所出现的具体问题,如合金模具钢淬回火中、某产品高弹合金的真空时效中、不锈钢、钼、钛、钨等材料的真空退火中出现的氧化、硬度不均、粘连;无线电、自动控制广泛应用的灵敏的继电器、磁性放大元件的高导磁率,1J79(坡莫合金)4J36 等导磁率达不到设计要求等,因此对于真空热处理中出现的缺陷进行分析,并找出采取的措施,才能将真空热处理技术得到更广阔的推广与应用。

（1）真空热处理的变形与开裂缺陷分析与对策　钢铁零件热处理后的变形和开裂是热应力和组织应力的综合作用的结果，应当注意到二者的作用机理不同，在实际的真空热处理过程中，应进行具体的分析，采取必要的措施和工艺手段，获得变形合格和质量稳定、符合设计和使用要求的零件，是热处理的宗旨和目的。

① 热处理变形　工件的热处理变形是常见的主要缺陷，其变形与零件的材质、结构形状、热处理前的加工质量、自重、支承或摆放形式、冷却介质和运动状态等因素有关，因此凡涉及到加热和冷却的热处理过程，都可能造成变形，其中淬火变形对热处理质量的影响最大，正确分析和认识变形的原因将有助于解决该类问题。

a. 变形产生的原因　零件热处理过程中产生的内应力有两种类型：热应力和组织应力，另外，在热处理过程中因组织转变的不均或不同时性，还会产生附加应力。在加热和冷却过程中，工件表面与心部的冷却速度不同，存在内外温度差，体积的收缩不同产生了热应力，热应力作用的结果为使模具表面呈压应力状态；模具在热处理过程中因组织结构发生改变，钢在组织转变过程中体积胀缩（发生了比容的变化）及不等时性转变而产生内应力，而截面上各处的转变有先后之分，故产生了组织应力，二者的相互作用的结果，造成了模具出现了变形（膨胀或收缩，出现长度、体积等改变；另一种为扭曲）。

零件的热处理变形的基本规律为热处理应力愈大、相变愈不均匀，则变形越大，这同热处理过程中体积和形状的改变有关，应当注意以下几点。

ⓐ 化学成分影响钢的屈服强度、M_s 点、淬透性、组织的比容和残余奥氏体的数量等，因此直接影响到工件的热处理变形，钢的含碳量增加则增大了淬火的组织应力和热处理变形，是由于淬火时马氏体相变比体积随之增大的缘故，材料的淬透性和 M_s 点的不同，造成带有型腔的零件变形趋势不同，具体见表 4-50。

表 4-50　零件材料因素对于变形趋势的影响

材料因素	变形趋势	具体影响原因
淬透性	淬透性高时,零件型腔趋向胀大	组织转变和组织应力作用为主因
	淬透性低时,零件型腔趋向收缩	热应力起主导作用
M_s 点	M_s 点高时,零件的型腔呈胀大趋向	瞬时组织应力造成型腔胀大
	M_s 点低时,零件的型腔呈收缩趋势	马氏体相变时,材料强度较高则不易引起变形,热应力变形仍存在或保留

ⓑ 合金元素的影响反映在降低 M_s 点和提高淬透性上，前者使残余奥氏体量增加，因此减小了淬火时比容的变化和组织应力，减小了热处理的变形，提高了钢的屈服强度，但后者则增大了钢的体积变化和组织应力，具有使变形增大的趋势。

ⓒ 原始组织的状态影响，例如碳化物的形态、大小、数量以及分布状态、合金元素的偏析、锻造和轧制的纤维方向均对热处理变形有一定的作用。球状珠光体与片状珠光体相比其组织比容小大，强度高，故预先球化退火的零件淬火后的变形小，对高碳合金工具钢而言球化级别在 2.5～5 级为宜；调质处理后的回火索氏体组织也可减少体积的变化，则更有利于对变形的控制；碳化物呈带状分布，使零件各向异性，导致淬火变形具有方向性，过共析钢存在网状碳化物则增大了淬火组织应力，变形增大；钢锭的方形偏析将造成圆盘状零件的不均匀淬火变形，因此要求原始组织均匀是实现工件变形减小的基础和前提。

ⓓ 几何形状对热处理变形的影响是比较明显的，零件的设计要求确定后其形状和结构

则无法改变，因此结构复杂、截面不对称或截面突然变化等零件，在冷却过程中冷却快慢不一致，将出现不均匀的冷却，内应力的分布往往集中在转角处或尺寸突变过渡区，使零件发生非正常的变形，难以进行校正；

ⓔ 热处理工艺参数对热处理变形的影响，主要体现在加热过程和冷却过程方面，加热过程的主要参数是加热的均匀性、加热温度和加热速度；而冷却过程则为冷却的均匀性和冷却速度等。首先看不均匀加热引起的变形，例如加热速度快、操作不当等引起加热的不均匀，加大了零件截面的温差，使热处理应力增加，这一现象体现在细长或薄片零件上比较明显，因此对形状复杂、导热性差的高合金钢工件必须预热或缓慢加热；加热温度对变形的影响分钢种而不同，提高加热温度增加了残余奥氏体的数量，使 M_s 点降低，因此组织应力引起的变形减小，但晶粒长大和塑性变形抗力减少，会增加淬火后的组织应力，对于带有内孔的低碳钢和中碳钢零件，为确保内孔变形合格，一般来讲加热温度对内孔的收缩或涨大有直接的影响，应进行具体的实践；淬火冷却速度对变形的影响最大，但在确保要求的组织和性能的前提下，要选择尽量减小冷却速度的淬火介质，改变冷却速度可有效控制零件的变形程度或大小，在 M_s 点以上提高冷却速度，可增加热应力，可相应使零件型腔缩小；而在 M_s 以下增大冷却速度，则使零件的型腔胀大，因此采用分级或等温淬火可减少应力引起的变形。

零件回火可有效降低残余应力，随着回火温度的升高，一般是呈收缩的趋势，并在 $200 \sim 300 ℃$ 区域内出现峰值，这与零件的尺寸和淬硬层的深度以及残余奥氏体的量的多少有联系，另外零件的变形还与淬火前的应力状态、零件的放置方法等有关。

ⓕ 化学热处理变形的影响比较复杂，一般在高温奥氏体状态下进行的热处理，其热处理过程中有相变的发生，工件变形较大，例如钢的渗碳后的缓冷和渗碳淬火过程中组织应力和热应力的复合作用而发生明显的变形；而在低温铁素体状态下除了渗入元素进入渗层形成新相外，不发生相变，因此零件的变形小，例如渗氮零件的变形则很小，故渗氮被广泛应用于处理要求硬度高而变形量小的精密零件等。

关于热处理变形零件的校正和防止办法较多，这里不再重复，其基本原理是利用机械或热处理工艺来校正和防止其变形，在实际的热处理过程中应认真分析，选择合理的方法确保零件热处理后的变形符合技术要求。

b. 热处理变形的类型　工件的热处理变形是其缺陷之一，对于变形超差的零件，需要进行校正和修复，这是生产过程中关键的问题，应采取必要的措施或预防手段，热处理变形的类型如下。

ⓐ 翘曲变形（因各种复杂应力综合作用的结果）　该类缺陷发生在板状体、轴状体和角状体等零件中，其形成的原因在于零件受到某种应力（如热应力、组织应力和外部机械应力等）作用时，应力值超过了材料自身该状态下的屈服强度时，即产生翘曲形式的塑性变形，故其为复杂应力作用的结果。分析零件在热处理过程中的受力状态，不难发现内应力是发生翘曲的主要原因，其作为一种常见的缺陷，在热处理的各个工序中（包括正火、退火、淬火、回火及化学热处理等）均有可能发生，其通常表现在以下几个方面：加热速度快，造成各部分温度不均匀或内外温差过大；冷却介质过于强烈或冷却不均，导致各截面的温差过大；加热过程中的挂具、支撑或冷却时夹持不正确；机械加工应力过大，造成残留应力的存在；材料组织内部结构不对称，造成应力不平衡；结构复杂造成应力不平衡；组织转变的各部分不等时性，引起内应力的增大。

ⓑ 体积变形（相变主导作用的结果）　主要体现在淬火过程中，由于发生组织转变必

然发生比体积变化，从而导致其产生体积胀缩的变化，引起体积变形。在工零件的淬火过程中，钢的组织将发生奥氏体向马氏体的转变，马氏体的比体积比奥氏体的比体积大，故引起淬火后体积的增大，另外，回火过程中淬火马氏体转变为回火马氏体或回火托氏体时，其比体积均比淬火马氏体比体积小，故引起体积的收缩。

ⓒ 时效变形（时间因素作用的结果）　零件热处理后存在不稳定的组织（残留奥氏体和回火不充分的马氏体等）和较大的残留应力，在常温或使用过程中长时间使用与存放，自发缓慢发生组织转变与应力的释放，引起时效变形。

时效变形的程度不大，但对于精密零件是不允许的，其应采取的有效措施是充分进行回火处理，将加工成型的进行长时间的低温回火处理。

c. 热处理变形的一般规律　零件的热处理变形是有一定规律的，下面分别介绍如下。

ⓐ 翘曲变形的一般规律　单一热应力引起的变形规律为：淬火热应力引起的变形，使圆柱体零件趋向"腰鼓"，即表现为直径胀大而长度收缩，淬火冷却过程中，表面层发生急剧收缩，表层承受拉应力的作用，当应力值超过高温屈服强度时，则发生塑性变形，由于棱角的冷却速度比表面的心部冷却快，表面的心部向外凸起，使整体类似"腰鼓"状。

直径大于厚度的圆盘件，热处理后厚度增加而直径减小，长度大于直径的圆柱件则长度减小直径增加。产生这种变形的原因是由于热应力引起的，其与以下因素有关：冷却速度越快，变形越大；淬火加热温度越高，变形越大；工模具的截面尺寸越大，变形越大；钢的导热性越好，变形越大等。

单一组织应力引起的变形规律为：淬火组织应力引起的变形规律是立方体的个面倾向于凹入变形；长的圆柱体直径缩小，长度增加；圆盘形件直径增大，厚度减小。在淬火冷却的初期，表面层首先发生马氏体的转变，使其体积膨胀，表面呈现压应力、内部呈拉应力状态，致使表面收缩，而棱角冷却快，膨胀后被固定，最终各面呈现凹陷形。

热应力与组织应力共同作用的变形规律为：在实际的热处理过程中，热处理时一般是既有热应力也有组织应力，以及组织不均匀造成的附加应力等，其最终的翘曲变形是二者综合作用的结果。

ⓑ 体积变形的一般规律　其是相变过程中比体积变化引起的，应当注意的是，比体积的大小与钢的碳含量有关，钢中的碳含量越多，马氏体体积比越大，另外钢中的碳化物分布的不均匀，则往往增加钢的变形程度。

ⓒ 时效变形的一般规律　钢的时效变形是淬火组织和应力状态趋于稳定化所引起的，而其又取决于淬火冷却速度和回火温度等。中碳钢和高碳钢在水中淬火冷却时，时效变形均呈收缩倾向；对于具有二次硬化现象的高合金钢等，在 550～600℃温度回火后，残留奥氏体仍进一步分解为回火马氏体，从而引起体积的膨胀；时效硬化钢主要是借助微粒质点的析出硬化，其变形是收缩的，冷处理将导致体积收缩。

d. 控制与减小热处理变形的措施　根据热处理变形的基本规律，在零件的设计整体加工与热处理过程中，应采取必要的措施或手段，力求能够控制与减小其变形量，淬火变形控制在允许的范围内，就可避免热处理废品，淬火变形控制可达到预期的目的。

ⓐ 正确选用材料　对于变形要求严格，硬度较高的零件，建议不要采用碳素工具钢，为了使零件的变形具有规律性和便于控制，要严格注意材料的方向性，即确保模具的主应力方向和碳化物的纤维方向垂直，可有效减少零件的热处理变形。

ⓑ 具有良好的原始组织　零件在淬火前应成为细粒状珠光体和碳化物组织，如存在严重的碳化物偏析，会导致淬火变形异常复杂化，故应加强锻造工艺的具体要求，以获得均匀

分布的碳化物，并进行球化退火处理。

ⓒ 合理设计工零件的形状与结构　首先零件的结构设计要合理，在力求结构对零件应为"对称时"，则选择淬透性较高的合理钢制作，对于精度要求极高的零件，应选用微变形钢；最后是考虑技术条件的要求，硬度的要求越低，则可明显减少淬火后的变形，局部硬化或表面淬火比整体淬火变形小和易于校正。

零件的形状不同，其变形有一定的趋向，因冷却不均匀，其变形趋向是取决于热应力、组织应力和比容的变化，实践表明对于形状不对称的零件，在完全淬透的前提下，如采用水冷处理，则冷却速度快的一侧面，热应力显著故凸起，如采用油冷或分级淬火，则大多是冷速慢的侧面，组织应力显著而凸起。可见为了减少不对称零件的热处理变形，可通过其变形趋势来确定快冷面，并分析出变形的主导因素与原因，从而采取正确的措施，使零件的各部分实现均匀冷却。

ⓓ 毛坯进行合理锻造和预备热处理　合理的锻造与预备热处理对于减少裂纹有重要的影响，同样影响热处理后的变形。锻造不仅可改善钢的不良组织（碳化物偏析等），使材料的组织成分均匀一致，热处理后的力学性能得到了有效保证。对于低合金工具钢制作的零件，在机械加工成形后进行一次调质处理，可使碳化物充分溶解，消除机械加工应力，有利于减小变形。对于高合金工具钢（如 Cr12MoV）经过调质处理后淬火，零件有不同程度的收缩，而将调质处理改为退火处理，则获得较小的变形。

ⓔ 合理调整加工工序　掌握零件的变形特点和规律后，进行冷热加工顺序的合理安排，有助于减小零件热处理的变形量。对于渗碳零件，由于淬火后不便于进行零件加工，另外考虑到渗碳温度高等极易变形，渗碳前可完成车削工序，最后进行分级淬火处理，可确保零件的变形符合技术要求。对形状比较复杂的零件（带有缺口、型孔等），在机械加工后进行600～650℃的低温除应力处理，然后再分级淬火处理，可获得比较小的变形。

ⓕ 采用先进的淬火工艺　一般从以下几个方面考虑淬火工艺：为了减小加热时因内应力引起的翘曲变形，通常可采用预热或缓慢加热的方法，为减小体积变形，可采取快速加热或局部加热措施；采取选用淬火温度的下限加热；连续淬火冷却时，采用预冷方法可大大减小内应力；采用分级淬火或等温淬火，可减缓 M_s 点以下的冷却速度；在满足硬度要求的前提下，尽量选用冷却缓慢的淬火介质；在 M_s 点以下应缓慢冷却；采用冷处理方法，减少内部残余奥氏体的数量；选择合适的回火温度和及时回火等，上述措施均可有效减小零件热处理后的变形。

在零件的热处理操作过程中，应采取预防变形的措施，为减少变形，力求零件各部分均匀的加热和冷却，减少应力和变形，对于截面比较悬殊的零件，可采取以下措施与手段。

A. 用石棉绳、耐火泥将无硬度或要求低的螺纹孔和销钉孔堵塞，或将应力集中部位进行捆扎。

B. 对于不对称零件，因冷却速度不一致，造成相变时间差，从而产生附加应力，可将铁皮包在冷速快的一面，形成人为冷速对称，减少变形（见图 4-10）。

C. 进行热应力找正　利用热应力的变形规律，借助相反热应力的作用，减少淬火变形，通过掌握零件的定向定位运动，可使零件均匀冷却来减少变形（见图 4-11）。

e. 零件热处理变形的校正　尽管有些零件在热处理过程中采取了许多措施后，但其变形仍难以避免，这与零件的材料、形状、技术要求、加热与冷却方法等有关，只有通过校正的方法来进行补救，归纳零件的热处理校直的方法分类有：ⓐ热校正法和冷校正法；ⓑ机械法、热应力法和胀大处理法等，其中机械校正方法很多，如热处理后的冷压校正、冷击校

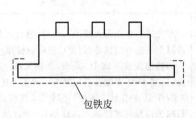

图 4-10　不对称凸模的防止变形的措施

图 4-11　Ⅱ型凸模的热应力找正方法

正、冷压配合氧乙炔火焰局部"热点"校正，淬火冷却时的淬火压力机床校正、专用整形夹具校正及回火过程中的加压回火等，机械法操作简单，应用广泛。热应力法是零件在无相变应力的温度区间加热后急冷，在热应力的作用下会产生主导方向上的收缩变形，多用于热处理胀大变形的校正，或者用于挽救型腔、孔距因磨损或冷加工造成的尺寸超差，根据需要可采取不同的校正方式。胀大处理法则有淬火胀大法和冷处理回火法两种，目前所用的胀大方法有其局限性，胀大效果不如热应力收缩明显，因此零件热处理时应尽量避免或减小收缩变形。由于篇幅所限，这里仅介绍应用较广的热校正法和冷校正法，见表 4-51 和表 4-52，供参考。

表 4-51　热校正法的种类、校正原理与操作事项[33~35]

校正方法	校正原理	操作与注意事项
M_s 点校正法	利用在淬火冷却过程中,零件的温度在 M_s 点附近时,存在有较多的奥氏体,加上马氏体相变存在超塑性,此时淬火模具在此温度附近具有较好的塑性,故易于进行校正	将零件冷却到此 M_s 点附近,可采用硝盐或碱浴作为分级或等温淬火介质,比较容易控制 对于水淬零件的校正温度在 200℃ 左右,其特征为提出后盐水立即蒸发并呈一层白色盐霜即可校正
回火校正法	利用零件回火过程中的组织转变,使导致变形的内应力得到完全或部分消除,此时利用回火相变的超塑性条件,在外力作用下,使变形零件得到校正或尺寸径向胀大	将零件加热到 150~200℃,并采用合适的夹具施加外力紧固,回火加压温度不能超过零件的回火温度 如果需要反复数次进行回火校正,则需要逐次提高回火温度 10~20℃,应每次进行加压处理
热点校正法	利用热点火焰使热点处温度迅速升高,体积膨胀受到周围未加热部位的挤压限制,造成其塑性较大,有部分收缩趋势;热点处冷却时,体积会收缩,周围又承受拉应力的作用;钢的塑性越好,则收缩效果越显著,钢的膨胀系数大而导热性差时所产生的热应力大,故收缩效果明显,热点处组织由原马氏体转变为比容较小的其他组织,使该部位收缩,达到校正的目的	在最高点加热后快冷,第二次点加热应在距第一点在 100mm 以上,热点加热要快,避免氧化和脱碳 零件的热点必须在回火后进行,反复加热时不能在同一位置进行。 热点位置应是最高点(凸形最大变形区)附近,加热温度应不超过 700℃,当加热部位呈暗红色(600~650℃)立即快冷 热点校正后立即进行回火处理,如变形较大,可适当加大热点区域的面积 需要注意的,该方法的缺点为热点处会出现软点,而合金钢的热点易裂 零件的形状与尺寸也影响加热急冷的效果,要进行分析与探讨

续表

校正方法	校正原理	操作与注意事项
缩孔法	型孔热处理后胀大的零件,将其重新加热到 A_{c1} 点相变温度,然后迅速急速冷却,借助热应力使型腔收缩,达到要求的尺寸	首先进行多次正火或退火处理,然后加热到 A_{c1} 点以下快速对型腔冷却,最后进行分级淬火处理 加热温度应不高于 A_{c1} 点,碳钢水冷,合金钢油冷,反复 3~4 次缩孔后应进行一次正火处理 对于只要求型腔淬硬的零件,采用铁皮或覆盖石棉板包裹在零件的不淬硬部分,进行加热淬火,内孔冷却后首先收缩,而温度较高、塑性良好的表面产生内缩变形,达到收缩型腔的目的
胀孔(或大)法	利用淬火冷却时的组织应力使模零件变形主导方向产生胀大的方法	用于组织应力变形特征明显的低、中碳的碳素工具钢和低合金工具钢 低合金工具钢,采用上限加热温度并尽可能获得较深的淬硬层工艺淬火后,可获得少量的胀大变形

表 4-52　冷校正法种类、校正原理与操作事项

校正方法	校正原理	操作与注意事项
冷处理校正法	淬火零件内存在一定数量的残余奥氏体,如冷却到零度以下,使残余奥氏体会继续发生相变,存在相变塑性,如果施加一定的外力可控制变形,并可减少和防止使用或加工过程中的变形	适用于淬火后有较多残余奥氏体的钢种,淬火后短时间内进行冷处理,随后在残余奥氏体转变的温度范围内回火,获得少量尺寸胀大的方法,为防止冷处理过程中的开裂,在冷处理前应进行热水煮沸,冷处理后迅速放入热水中急热 冷处理温度应在冰点以下,多采用在 $-70℃$ 以下进行,效果较为显著多用于零件的胀大处理
冷压校正法	对于淬火后硬度在 HRC35 以下的零件,施加外力使其超过屈服点即可产生塑性变形,施加压力愈大,则反变形越大	用检查仪测出最高点,进行手动或机械加压,应有一定的过量(反变形),以弥补其弹性变形 加压时间对于变形意义不大,冷压时两支承点的距离与加压大小应依据变形量的大小而定 校正后的零件应立即进行回火处理
冷敲击反击校正法	利用敲击零件局部使其发生塑性变形,同时敲击可使应力得到松弛	从凹陷的最大一侧,用校直锤由中间向两端敲击,然后再由一端向另一端敲击 反击敲打部位应为凹陷最大的一侧,敲击面应浅而宽,适用于硬度在 HRC40 以上的高硬度的轴形类小型圆形等零件

　　需要注意的是,对于高碳高铬钢等塑性较差的材料,如采用 A_{c1} 温度加热急冷,产生的收缩效果不明显,而采用高温奥氏体区加热急冷,利用奥氏体较大的热膨胀系数和较好的塑性,使之产生较大的热应力收缩变形,常见的 Cr12MoV 钢制零件,可加热到 $1020~1080℃$,经过保温后先在水中急冷很短时间后,使零件产生热应力收缩,并确保零件的各部位温度仍在 M_s 点以上,立即转入 $500~600℃$ 的氯化盐低温盐浴中等温停留

至内外温度一致,以减少随后冷却时的组织应力变形,在进行分级淬火冷却,此方法效果较好。

② 热处理裂纹　钢铁零件的热处理包括加热、保温和冷却等基本过程,在冷却过程中和加热不当均有可能形成热处理裂纹,热处理裂纹是零件热处理过程中最大的缺陷,是由于淬火应力的作用热产生的脆性开裂,一般来说,零件淬火后,其表层的拉应力增大到接近或超过其脆断强度时,便可能产生裂纹,因此,零件表层及附近的淬火拉应力是产生淬火裂纹的主要原因。淬火裂纹是在塑性变形难以进行的应力状态,即脆性状态下发生的,故淬火裂纹的实质是在内应力作用下的脆性断裂,脆性断裂属于晶界断裂,因此钢的抵抗脆性断裂的能力成为能否产生裂纹的主要方面之一,通常以其脆断强度 (S) 的大小表示抵抗脆性断裂的能力,即仅在钢的脆断强度小于或接近淬火内应力时,才可能产生裂纹。其中零件断裂失效的影响因素参见表 4-53。

表 4-53　零件断裂失效的影响因素

断裂分类	具体原因	影响因素
零件结构	应力集中	尺寸过渡差别过大;圆角半径过小
	强度不足	承载面积过小
零件材料	选材不当	材料韧性过低;材料强度过低
	材质不良	材料有冶金缺陷
制造工艺	应力集中	圆角半径不合格;残留刀痕;磨削裂纹;锻造裂纹;热处理裂纹
	组织缺陷	晶粒粗大;表面脱碳;网状碳化物;流线分布不合理
操作方法	黏结	冲床精度不符合要求;零件安装不正确
	超载	坯料放置不正确;冲床刚度低
	零件表面出现拉应力	零件冷却不当;工作温度太高发生回火转变

a. 淬火裂纹　零件的淬火裂纹产生和出现变形的原因类似,是由于热处理过程中内应力 (组织应力和热应力) 的不均匀分布引起的,这种内应力小于该材料在该温度下的断裂强度就出现变形,而大于断裂强度则产生脆性断裂,与变形有所区别的是,淬火开裂往往出现在冷却的末期或冷却后,故普遍认为淬火开裂是冷却过程中残余应力所引起的。表 4-54 和表 4-55 热处理淬火裂纹和因素构成,供参考。

表 4-54　热处理淬火裂纹的特征

裂纹形成的原因	宏观特征	显微组织特征
出现在淬火冷却后期或冷却后,由于零件的内外存在温差,引起了不均匀的胀缩产生的热应力和组织变化产生的组织应力的综合作用,当拉应力超过材料的强度极限产生脆性断裂	(1)总是显现瘦直而刚健的曲线,棱角线较强 (2)裂纹深度不超过淬硬层,有断续串裂分布现象 (3)裂纹端面有可能渗入水、油的痕迹	(1)沿奥氏体晶界或马氏体晶界出现,有时穿过"马氏体针"或绕过"马氏体针",或出现在马氏体针中间等 (2)存在有沿晶分布的小裂纹 (3)裂纹两侧的显微组织与其他组织无明显区别,表面无氧化、脱碳现象

表 4-55 导致零件淬火裂纹的因素构成[38~40]

影响因素名称	各种相关的具体因素
材料因素	(1)原材料缺陷 ①宏观偏析②固溶体偏析③存在裂纹④表面严重脱碳⑤内部夹杂物超标⑥内部疏松⑦夹渣 (2)原始组织不合格 ①晶粒粗大②魏氏组织③组织应力大④锻造流线差⑤碳化物组织偏析严重⑥出现铁素体＋珠光体带状组织 (3)出现锻造或轧制缺陷 (4)溶入了氢 (5)材料的选择不当
工艺因素	(1)机械加工不当　①有打印的压痕　②刀痕或划痕　③磨削烧伤 (2)零件外形的设计不合理 (3)未进行预热,加热速度过快 (4)奥氏体的加热温度过高 (5)保温时间过长 (6)表面脱碳 (7)渗碳淬火处理中渗碳量过高 (8)淬火后的冷却速度过快 (9)加热或冷却不均匀 (10)淬火后未及时回火 (11)零件落入油槽底部的水中 (12)冷却介质和冷却方法不当

　　零件的变形和开裂是其常见的缺陷,其淬火开裂是严重的,直接造成零件的报废,因此是致命的,引起淬火裂纹的原因很多,如钢的成分、钢锭缺陷、锻造缺陷、机械加工后的表面状况、零件设计和热处理工艺等,故对于具体的零件的淬火开裂麻蝇进行全面的分析,才能找出合适的措施,通常应依据几个方面进行分析,表 4-56 为淬火开裂产生的主要原因和预防措施,供参考。

表 4-56 零件的淬火裂纹产生原因与预防措施[38,40,41]

产生原因	防止方法和补救办法
(1)原材料内裂纹、碳化物偏析严重、网状或带状堆积等 (2)原材料有混料现象 (3)轧制或锻造不当,出现缩孔、夹层和白点等 (4)模具未经预热或加热速度过快 (5)加热温度过高,保温时间过长,引起组织的过热,晶粒粗大 (6)冷却过于剧烈,冷却介质选择不当 (7)M_s点以下冷却速度快: ① 水-油双液淬火时,在水中停留时间长 ② 分级淬火后立即在水水中清洗 (8)模具的形状特殊,厚薄不均、带尖角和螺纹孔等,冷却不均匀,热应力与组织应力过大,或造成应力过于集中 (9)进行多次淬火,而中间未进行充分退火 (10)淬火后未及时回火,热处理后磨削不当 (11)表面增碳或脱碳 (12)模具加工中存在机械加工刀痕或冷塑变应力	(1)加强对原材料的检验与管理,改进锻造与球化退火工艺,消除网状、带状和链状碳化物 (2)严格进行质量检验与管理,进行材料化学成分或火花检验 (3)进行正火处理或退火处理 (4)采取正确的预热措施,高合金钢进行两次以上的预热 (5)严格控制淬火温度和保温时间 (6)严格按工艺执行,减缓冷却速度 (7)模具结构不合理,造成应力集中,应提高工艺的合理性,在应力集中处采取包扎或堵塞耐火材料,或改进设计 (8)正确的选择预冷措施,或采取保护措施 (9)重新淬火前进行退火或正火处理 (10)淬火立即进行时效或回火 (11)加热时应采取防止脱碳或增碳的方法,盐浴脱氧、保护气氛或封箱加热等 (12)对于该类加工模具消除刀痕或进行去应力退火后加再加热淬火

其产生的原因与影响因素大致归纳如下。

ⓐ 钢的化学成分对于淬火裂纹的影响　钢的化学成分中，碳对其力学性能的影响最大，即淬火后的脆断强度主要决定于含碳量，对于亚共析钢而言，即随着钢中淬火马氏体含碳量增加，则其脆断强度降低。当碳含量处在共析钢和过共析钢的碳含量范围内，淬火后组织应力增大，淬裂的倾向也随之增大，即马氏体中含碳量在 0.8%，最容易产生淬火裂纹的产生。而过共析钢在加热淬火后，淬断强度不会继续降低，原因为马氏体中的碳含量不会高于 0.8%。

钢中存在少量的杂质通常不会造成淬火裂纹，合金元素对于淬火裂纹的形成的影响表现在许多方面，且比较复杂。对于在钢中形成稳定碳化物的合金元素，可阻止加热过程中晶粒的长大，不会增加淬火内应力，淬裂敏感性不高。事实上合金元素对于钢的淬火裂纹的影响，主要体现在对钢的淬透性作用。钢的淬透性增加，则钢件形成裂纹的倾向越小，对于中低合金结构钢和合金工具钢而言，不会产生裂纹，对于形状复杂和大型的零件或工模具，应控制加热速度，一方面可减少内应力，另外为了组织转变的更加均匀。

ⓑ 钢铁零件形状复杂、结构设计不合理（不匀称、相邻截面厚薄不均、带尖角或螺纹孔、孔离边缘越近等），则产生淬火裂纹的危险性越大，带尖角和槽口的位置容易产生应力集中，材料选用不当、加热和冷却的温度控制不正确、冷却介质不合适以及操作失误（加热和冷却过快、淬火冷却介质选择不当、冷却温度过低、冷却时间过长等）等造成热处理裂纹等缺陷的发生；

ⓒ 零件原材料存在严重的缺陷（如网状碳化物偏析等），往往是产生淬火裂纹的主要原因，其包括冶炼过程中残存的非金属夹渣、内部发纹、皮下气泡、疏松、缩孔、严重的枝晶偏析和碳化物偏析等；锻造和轧制过程中产生粗大的晶粒、重叠、夹层、氢脆和断裂等为淬火裂纹的根源之一。零件存在机械加工应力或冷塑变形应力，热处理前未彻底消除，容易造成热处理裂纹的产生；

ⓓ 淬火前的组织结构和应力状态对于淬火裂纹有一定的影响。原始组织越细小，则奥氏体晶粒越不易长大，点状珠光体和细粒状珠光体淬火后形成淬火裂纹的倾向小。碳化物的不均匀性对于形成淬火裂纹的影响，是通过其对内应力和脆断强度的影响来体现的，如其不均匀性恶化，导致淬火裂纹的倾向增加。对于需要二次淬火的钢，如果前次的淬火应力没有被彻底消除，且晶粒很细小，而直接进行二次淬火，则将增加二次淬火开裂的倾向，高速钢二次淬火未进行退火处理，则淬火后出现断口组织。

ⓔ 加热因素对形成裂纹有一定的影响，中、高碳钢淬火加热温度越高，则晶粒越粗大，其冷却后的内应力和形成裂纹的倾向增大。零件表面增碳或脱碳、过热和过烧等则容易引起零件表面与内部组织应力的不同，会出现表面热处理裂纹的出现；

ⓕ 冷却因素对于形成淬火裂纹是有影响的，实践证明，钢在 M_s 点以下的冷却速度越快，产生的组织应力越强，则发生淬火开裂的倾向越大。模具淬火后未及时回火或回火保温时间不足，零件返修淬火加热时未经过中间退火而再次加热淬火等，容易造成零件的裂纹的产生；

ⓖ 零件热处理后的磨削加工工艺不当，造成表面淬火，电火花加工后零件硬化层存在有高的拉伸应力和显微裂纹等，引起零件的开裂。

b. 热处理裂纹的类型　常见的热处理淬火裂纹基本类型见图 4-12。

ⓐ 纵向裂纹　又称轴向裂纹，它往往发生在完全淬透的工件上或形状复杂的零件截面突变处，是由于表面产生的切向拉应力比轴向拉应力大，超过了该区域的断裂强度而形成

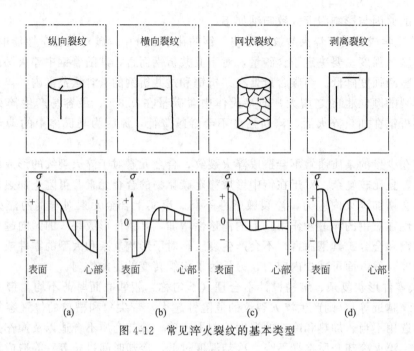

图 4-12　常见淬火裂纹的基本类型

的，表现为从表面裂向心部有一定深度、较长裂纹，一般而言，淬火裂纹的断口无氧化颜色和无脱碳现象。钢件形成纵向裂纹的倾向与下列因素有关：含碳量增加，造成马氏体中的固溶碳含量增加时；钢中的夹杂物、碳化物含量增高时，在轧制或锻造钢材时它们则将沿着轴向呈线状或带状分布时，裂纹断口的表现特征为附近可观察到有夹杂物或碳化物严重偏析，可以判断淬火裂纹是这些原因造成的；零件的形状复杂时，裂纹仅发生在尖角或截面突变处，则表明结构设计不良或热处理操作不当、预防措施不合理等造成的；淬火温度过高，晶粒粗大时，裂纹断口呈现粗糙的深灰色，可能是原始组织粗大，或淬火温度过高致使晶粒粗大导致的。

　　ⓑ 横向裂纹　又称弧形裂纹，裂纹产生于内部，属于脆性裂纹，以放射状向周围扩展。该类裂纹出现在下列状态下：未淬透时，在工件的淬硬区和非淬硬区的过渡处有最大的轴向拉应力，引起横向裂纹；表面淬火时，硬化区与非硬化区存在较大的切向或轴向拉应力，形成过渡区裂纹；工件有凹槽、棱角、截面突变处形成弧形裂纹；软点区域存在很大的拉应力，引起弧形裂纹。应当注意该类裂纹的产生除上述原因外，横向裂纹的形成与钢的成分、硬化层的分布、有效厚度以及钢材的冶金质量均有一定的联系。

　　ⓒ 网状裂纹（表面裂纹）　是一种分布在工件上深度极浅的诸多细小裂纹，其深度在0.01～1.5mm，其裂纹的形态如图所示，表面裂纹形式有两种，一种为大小不同的网状龟裂，另一种为密集并排的细小裂纹，作为表面裂纹，裂纹具有任意方向性，许多裂纹相互连接构成网状，分布面积较大。其产生的原因较多，表面脱碳的高碳钢淬火后极易形成网状裂纹；某些合金钢脱碳油冷后可形成该类裂纹；未除去脱碳层的工件在高频淬火或火焰淬火时形成网状裂纹；工件回火不充分或磨削加工操作不当，如锻模使用一定时间型腔内出现热疲劳表面裂纹等，图 4-13 为几种常见的表面裂纹。

　　ⓓ 剥离裂纹　其特征为淬火后裂纹发生在工件的次表层，裂纹与工件的平面平行，呈表面剥落。其位置在硬化层与心部应力急剧变化的交界处，裂纹严重扩展时造成表层的剥落。该类裂纹多发生在表面淬火、化学热处理的工件上，如果表层过热，沿硬化层组织分布

不均匀等容易形成剥离裂纹，图 4-14 为两种材料制作的零件的剥离裂纹实物形态。

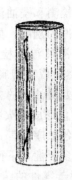

(a) 裂纹深度在0.02mm　　(b) 裂纹深度在0.40～0.50mm　　(c) 裂纹深度在0.60～0.70mm　　(d) 裂纹深度在1.00～1.30mm

图 4-13　表面裂纹

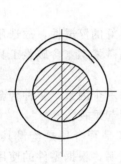

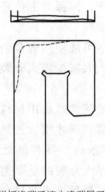

(a) 45钢凸轮轴火焰淬火硬化层开裂　　(b) 20钢样板渗碳后淬火渗碳层开裂

图 4-14　剥离裂纹

ⓔ 弧形裂纹　它与纵向裂纹和横向裂纹均不相同，主要分布在工件的内部或在锐利的尖角及孔缘附近应力集中处，其常发生在未淬透的工件或渗碳件上。

ⓕ 应力集中裂纹　是由于零件的几何形状和截面变化而引起的，零件的不同部位冷却速度存在差异，造成相变的不同时性，组织应力增大，形成了淬火裂纹。应力集中部位一旦产生淬火拉应力，其超过材料的脆断拉力时则产生应力集中裂纹。另外过深的切削刀痕、打印的标记等也可能形成裂纹。

ⓖ 显微裂纹　其常发生在晶界处或马氏体针交接处，与该处存在晶界缺陷或应力过大有关。

预防和减少淬火裂纹的方法为：正确进行零件的设计，选择合理的材料，提出热处理技术要求，在结构的设计上尽量满足热处理工艺性的要求等；改进设计、使其均匀加热，实现均匀冷却和涨缩；合理确定技术条件，在满足要求的前提下，尽可能进行表面淬火或局部加热；及时进行回火处理是消除或减少淬火内应力的有效措施，事实表明，回火温度只有在 500～600℃ 或更高时，淬火内应力才能接近全部消除[42]，为消除内应力而选择回火温度时，必须确保力学性能的条件下进行；为了减少高温回火后的新生内应力，从钢的较高的弹塑区域 （450～650℃），应随炉缓冷到 300～450℃ 的弹性区域后出炉空冷，为防止二次回火脆性，则在回火后应快速冷却（水冷或油冷）；在硬度的确定上不追求最高的硬度值；合理安排工艺路线，选择合适的淬火方法等。

热处理过程中裂纹是一种破坏了工件表面具有一定深度或整体连续性的表面缺陷，其检测有宏观检测和浸油渗透检测两种：ⓐ宏观检测　是指用肉眼或放大镜检测，多限于对有明显裂纹工件的剔除，如用肉眼进行普遍观察后有疑惑的，可借助放大镜进一步观察是否存在裂纹；ⓑ浸油渗透检测　对于微细裂纹工件，可将工件表面洗净后放在煤油中浸泡5～10min，然后取出彻底擦净表面残油，用涂石膏粉或粉笔、也可进行喷砂或抛丸后的砂粉，显现裂纹处有油迹的方法，来判断是否有裂纹。

c. 防止形成淬火裂纹的措施　淬火裂纹作为最严重的热处理缺陷，从机械加工、锻造、热处理等各工序而言，是不希望看到的结果，综观淬火裂纹产生的原因，不难分析其原因的复杂性与多面性，下面从以下几个领域进行分析与探讨，以期获得有效的预防措施。

ⓐ 改善零件的结构设计，合理选材和确定技术要求

A　改善结构设计与合理选材　从设计结构考虑，采取的措施应包括：尽量减小应力集中，相邻截面之间减少突变或悬殊，孔位分布要均称，适当增加各孔与边缘的距离，阶梯避免不必要的尖角与沟槽，圆弧等部位要加大半径等，如果存在棱边或壁厚过薄则可采取包裹铁皮或填充耐火土等措施。

选用材料方面应尽可能使用合金钢，其具有良好的淬透性，故选用更为缓慢的油冷或分级淬火等工艺措施，大大减少淬火开裂的倾向。而碳素钢（含碳素工具钢）需要水冷，是容易造成裂纹的产生。

钢加热时的过热敏感性是选用材料时应考虑的一个因素，多种合金元素对于过热敏感性均有降低倾向，只有锰和碳才增加过热倾向，应引起重视。

B　合理确定技术条件　零件热处理技术要求是否合理是衡量其设计完善得到重要内容，也是确定其减轻淬火开裂的重要途径。事实表明，根据零件的使用要求确定硬度的高低和长度，来选择整体或局部淬火是确保其是否开裂的关键所在。45钢零件如果要求硬度在52～56HRC，尽管最高硬度可达到55～58HRC，但在生产过程中，实际应用硬度限制在48HRC以下是合理的。

ⓑ 正确设计加工工艺路线和应用预备热处理　在零件的结构尺寸、材料选择、技术要求等确定后，后续工作是要编制工艺流程，严格按设计要求应进行必要的冷热加工，此过程要充分考虑到零件或工模具淬火过程中产生裂纹的可能性，如何妥善安排冷、热加工顺序以及加工余量的大小等，对于消除或减小零件的淬火开裂倾向，具有重要的作用与意义。

A　合理安排零件的加工工序是减少热处理开裂的有效措施。

B　正确采用预备热处理，有效防止淬火裂纹的产生。

ⓒ 正确选择加热介质、加热时间和加热温度　具体钢的淬火加热温度和保温时间应通过经验或具体试验来确定，至少应当考虑以下几个方面的因素，并进行验证。

A 零件的服役条件要求的相关性能指标；

B 选用的原材料的特性与实际质量状况；

C 对材料的热处理技术要求，使用性能要求；

D 零件的结构、形状特点以及热处理的工艺性要求；

E 热处理前的冷热加工工序对于最后热处理的影响，以及需要采取的预防或防范措施；

F 生产现场的条件（包括工艺水平、操作能力、设备性能等）。

ⓓ 合理选用冷却方法和冷却介质　零件的淬火冷却方法决定了其硬度的高低，快速冷却则是产生淬火裂纹的主要原因，根据钢的等温转变曲线，在过冷奥氏体临界冷却区域（550～650℃）进行快冷，可避免非马氏体转变和抵消一部分组织应力，而在钢的 M_s 点附

近危险区域（200～300℃）进行缓慢冷却，以减小组织应力，图 4-15 为防止淬火裂纹的冷却方法，图 4-16 为几种淬火方法比较示意图。

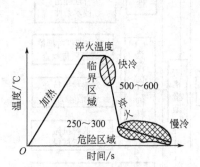

图 4-15　防止淬火裂纹的冷却方法示意图

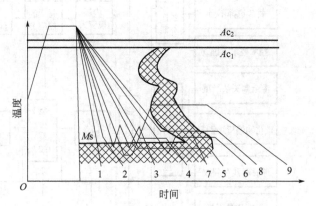

图 4-16　几种淬火方法的比较示意图

1—普通淬火；2—双液淬火；3—断续淬火；4—分级淬火；

5—马氏体等温淬火；6—复合淬火；7—半贝氏体淬火；

8—全贝氏体淬火；9—淬火自回火

ⓔ 防止淬火裂纹的其他方法

A 淬火后及时回火　有时淬火裂纹不是发生在淬火冷却后立即出现的，而是在淬火停留一段时间发生的，这是所谓的时效裂纹，该缺陷是强大的内应力引起的。这要求淬火后应及时回火，消除或根除内应力，使开裂倾向大大减弱，是防止淬火裂纹的有效措施和手段。对于形状简单的零件可采用淬火-自回火方法。

B 采取局部包扎　对于不重要的薄壁处、截面悬殊部位、键槽或凹槽等部位，采用铁皮、石棉绳或耐火土等进行包裹，使该类部位缓慢加热或加热后达不到淬火温度，减缓该处的冷却速度，避免出现淬火裂纹。

对于已经出现的淬火裂纹，应根据产生的裂纹的部位、程度，以及其对使用寿命和安全性的影响程度，来决定需要采取的措施。对于承受静载荷且裂纹出现在非重要部位的工件，可通过补救办法加以修复，通常而言，对于淬火裂纹的可采用切除和焊补法、截止和嵌镶法等[51]来处理，具体应根据工件的服役条件与技术要求，以及淬火裂纹的位置等进行综合考虑修复或补救方案，这是一项比较棘手的工作。图 4-17 为归纳出的淬火裂纹影响因素和防止措施，供参考。

（2）真空热处理组织和力学性能缺陷分析与对策　零件热处理后应获得要求的组织和机械性能，热处理产生的组织不合格是指通过宏观观察和显微分析发现的不符合技术要求或明显的热处理组织缺陷。该类组织缺陷有相关的金相组织检验标准，并有级别的评定等，常作为热处理质量过程控制和检验的依据，零件的耐蚀性、耐磨性、红硬性以及氧化、脱碳、过热、过烧等，则必须通过金相组织来进行检验。化学热处理的零件的组织缺陷种类较多，可参考相关的标准来执行。

① 组织不合格　热处理产生的组织不合格是指通过宏观观察和显微分析发现的组织不符合技术条件要求，或存在明显的热处理组织缺陷。零件热处理的目的是获得一定的组织，以达到要求的使用性能，组织是性能的基础与保证，可见组织不合格，则难以达到使用性能的要求。表 4-57 列出了常见的组织缺陷分析与对策，供参考。

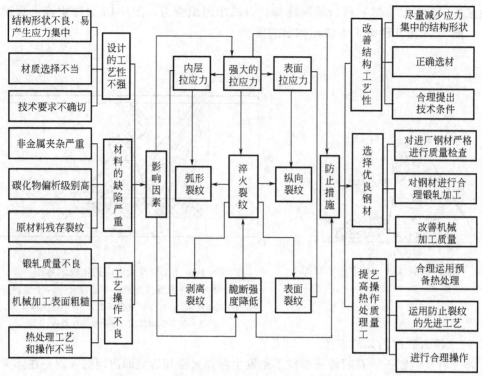

图 4-17　淬火裂纹的影响因素及防止措施[42]

表 4-57　零件真空热处理组织不合格分析和对策[38,40,41]

缺陷名称	产生原因	预防或补救措施
残留奥氏体过多	(1)钢中 C、Mn、Ni、W、Mo、V 等元素的含量增加，降低了 M_s 点，残留奥氏体量增加 (2)零件的淬火温度过高或保温时间过长，使奥氏体中的碳与合金元素含量提高，奥氏体稳定性增加，造成残留奥氏体量过多 (3)在 M_s 点以上温度停留时间过长，冷却速度慢，使奥氏体稳定化	(1)降低高碳钢的淬火加热温度 (2)正确制订零件的淬火加热工艺规范，严格控制淬火加热温度与保温时间 (3)在满足尺寸要求的前提下，尽可能加快淬火冷却速度 (4)对于零件进行冰冷处理，并在 300℃ 以上回火，以降低残留奥氏体的数量
奥氏体晶粒粗大	(1)淬火温度高或保温时间长，造成奥氏体晶粒迅速长大 (2)钢的化学成分中含有难溶解于奥氏体的细小氮化物或碳化物，使晶粒的粗化温度升高 (3)材料混料，淬火温度低于要求的材料的淬火温度 (4)零件未进行正确的球化退火处理，球化组织不良 (5)零件在真空炉中位置放置不当，有靠近加热元件区或电极，而产生过热 (6)截面尺寸变化较大的零件，淬火工艺参数选择不当，在薄截面和尖角处产生过热	(1)严格执行正确和规范的热处理工艺参数，避免晶粒的粗大 (2)采用含 Al、Ti、Zr、Nb、Mo、W 等合金元素的奥氏体晶粒粗化温度高的钢种 (3)材料入库前进行严格的检验 (4)进行正确的锻造与球化退火，确保获得良好的球化组织 (5)零件加热时与电极或加热元件保持适当距离，定期检测和校正测温仪表，保证仪器仪表正常工作 (6)进行阶段升温或采取截面悬殊部位表面包裹铁皮保护加热，设计合理的加热工艺规范 (7)在粗化温度下加工并进行形变热处理，或采用正火进行晶粒的细化

缺陷名称	产生原因	预防或补救措施
铁素体晶粒粗化	(1)在相变前奥氏体的晶粒度已经粗大 (2)在临界变形区变形后再结晶造成晶粒大	(1)严格执行热处理工艺规范,获得细小的奥氏体晶粒 (2)在临界变形区外进行冷变形
过共析钢网状碳化物	(1)锻造与热轧后冷却速度慢 (2)退火与淬火过高	(1)按工艺要求进行快速冷却 (2)严格控制退火与淬火温度 (3)重新进行锻造和正火处理
亚共析钢魏氏组织	(1)淬火加热温度高,造成奥氏体的晶粒粗大 (2)冷却速度过快,造成钢中游离渗碳体沿晶界析出,伸向内部形成魏氏组织	(1)严格控制钢材的加热温度 (2)严格执行热处理冷却规范 (3)进行退火处理以消除魏氏组织
过共析钢石墨化	在650℃附近退火处理,使部分渗碳体发生分解而形成石墨化	(1)严禁在650℃左右的温度区间内退火 (2)采用高温正火处理,以消除石墨化
奥氏体不锈钢碳化物析出	完全固溶的奥氏体在450～850℃下加热、焊接或在该温度下缓冷,使$Cr_{23}C_6$类碳化物从晶界析出,晶界区附近奥氏体中的铬的固溶量减少	(1)进行快速冷却,或钢中加入与碳结合牢固的合金元素 (2)降低钢中的含碳量,使其在危险区域也不会析出碳化物 (3)使碳化物重新固溶处理
带状组织	(1)钢中合金元素的偏析引起带状组织的出现 (2)钢液凝固时产生树枝状偏析	(1)采用扩散退火处理,消除偏析 (2)进行锻造处理,并进行退火
碳化物带状偏析	钢中存在严重的树枝状偏析,沿轧制方向生成	(1)对于坯料进行反复的镦锻,以消除偏析 (2)采用十字形锻造

② 力学性能不合格　为了便于分析和掌握正确的解决问题的思路和方法,现将常见的零件真空热处理力学性能不合格分析和对策列于表 4-58,供参考。

表 4-58　真空热处理后力学性能不合格分析和对策[26,35]

序号	缺陷类型和名称		产生的原因	应采取的措施或手段
1	一般热处理后硬度不合格	表面软点	(1)加热不均匀(加热温度低、保温时间短) (2)杂质过多或老化,造成淬火冷却速度不均匀或冷却能力不够 (3)工件表面局部脱碳、锈斑或表面氧化皮,造成加热时局部脱碳 (4)冷却方式或介质选择不当(不正确) (5)原材料显微组织不均匀,如钢材碳化物严重组织偏析、分布不均匀或淬透性差 (6)零件尺寸较大淬入冷却介质中未作平稳的上下或左右的移动,减低了部分区域的冷却速度	进行退火、正火或高温回火处理后,重新淬火处理。但对有组织缺陷的则应进行必要的预先处理,采取相应的措施或手段
2		硬度不足或不均匀	(1)加热温度过低或保温时间不足,零件相变不完全 (2)淬火冷却速度不够,分级等温温度过高或时间长,冷却介质选择不当,或冷却介质杂质含量过多或老化 (3)表面脱碳 (4)钢材的淬透性差或大型零件选用了淬透性低的钢种 (5)原始组织中碳化物偏析严重,锻造后球化不良 (6)淬火温度过高,残留残余奥氏体过多 (7)回火不充分或回火温度过高等	退火、正火或高温回火后重新淬火处理。对表面脱碳和淬透性差的零件要车削或更换材料

序号	缺陷类型和名称		产生的原因	应采取的措施或手段
3	渗碳零件不合格	硬度不足和软点	(1)渗碳不足 (2)淬火时脱碳 (3)淬火温度低 (4)冷却速度低或冷却不均匀 (5)表面残余奥氏体过多 (6)工件表面不清洁 (7)渗碳不均匀	(1)加强渗碳过程控制,各阶段工艺参数要符合技术要求 (2)工件的表面应清洁,无积碳等
4		渗层过厚或过薄	(1)渗碳温度高或低,时间长或短 (2)碳势过高或过低 (3)装炉量过少或过多	(1)严格执行渗碳工艺参数 (2)对渗碳剂进行严格的流量控制,认真进行炉前的渗层的检验 (3)合理控制装炉量
5		渗层不均匀	(1)工件表面不清洁有锈和油污等 (2)装炉量不合理,工件间间隙过小,炉内气体流动不畅 (3)炉内温度不均匀 (4)零件表面有炭黑、炉灰记忆结焦等,阻碍了渗碳的进行	(1)工件的清洗要干净和彻底 (2)选用合适的夹具和装炉方式,确保气氛的流动 (3)改进风扇的构造,调整加热区域的功率和加强搅拌 (4)定期清理炉内积碳等
6	拉伸性能不合格和疲劳性能不合格		(1)淬火不充分 (2)淬透层深度不足 (3)表面存在脱碳	(1)严格执行热处理工艺,实现完全淬火,获得要求的组织和硬度 (2)加强过程控制,确保硬化层合格 (3)在保护性气氛中加热,或进行复碳处理,也可将其车削或磨削
7	持久蠕变性能不合格		固溶处理温度偏低和时效工艺不当	提高固溶温度和选择合理的时效工艺参数
8	铝合金力学性能不合格	(1)淬火后强度和塑性不合格 (2)效后强度和塑性不合格 (3)退火后塑性偏低 (4)工件各部分性能不均匀 (5)性能达不到技术条件的要求	(1)固溶温度偏低或保温时间不足,淬火转移时间过长,出现过烧现象 (2)时效温度偏低或保温时间不足造成欠时效;时效温度偏高或保温时间过长造成软化 (3)退火温度偏低,保温时间不足或冷却速度过快 (4)工件的截面差别过大,透烧时间不足,影响固溶化效果 (5)合金成分偏差大,炉温不均匀,工装夹具等挂装不正确	(1)调整固溶处理的温度和时间,严格执行淬火时间的要求,重新进行处理,检查仪表避免过烧 (2)严格执行时效处理的热处理工艺参数,重新进行处理 (3)调整工艺参数,重新进行退火 (4)延长时间,均匀加热,重新热处理 (5)严格执行工艺流程和控制炉温,正确挂装,重新热处理

续表

序号	缺陷类型和名称		产生的原因	应采取的措施或手段
9	铜合金的力学性能不合格	(1)拉伸时出现晶间脆断 (2)硬度不均匀 (3)淬火不足,硬度高、塑性低 (4)过热和过烧,脆性大	(1)含氧紫铜在还原性气氛中加热,氧还原氧化亚铜 (2)装料多、温度不均匀 (3)固溶温度低或保温时间短;淬火转移时间长、冷却介质温度高 (4)温度过高,仪表失灵	(1)在要求的真空度下加热 (2)控制温度和装炉量 (3)调整热处理工艺参数,使用循环水 (4)更换仪表,调整工艺参数
10	镁合金力学性能不合格	(1)性能不均匀 (2)性能达不到技术要求	(1)炉温不均匀,冷却不均匀,截面厚薄不均匀,保温时间短,晶粒粗大 (2)固溶温度偏低,加热时间不足,冷却速度不足	(1)提高炉温的均匀性,延长保温时间 (2)调整工艺参数,重新进行热处理

(3) 零件真空(普通)热处理表面缺陷分析与对策

① 真空热处理出现氧化的分析 金属零件在真空淬火、回火、退火过程中容易出现表 4-59 所出现的颜色缺陷,即在不同温度下出现氧化膜。

表 4-59 真空加热不同温度下工件氧化膜的颜色

易出现温区/℃	高弹合金	高弹合金	不锈钢	钛
290		深蓝		微黄
320		淡蓝	微黄	
350	灰	蓝灰	褐色	
400	蓝	灰色	蓝	灰

总的来说影响真空热处理表面光亮的氧化原因有许多,其中工件材质、工艺与设备等三大因素的影响是最为重要的。

a. 工件的影响 材质的影响:含有氧亲和力强的元素如 Al、Ti、Si、Cr、V 等和含有蒸汽压高的元素 Mn、Zn、Cr 等。

工件表面有污物,如水、油、氧化物等。形态质量大的整体件、板材以及管状零件等。

b. 工艺的影响 温度在 800~1200℃固溶处理、400~600℃时效。其辅助工序有零件的清洗、清洗介质、干燥效果、环境气氛、装炉条件等。

c. 设备的影响 真空泵抽力不足,管道漏气,加热材料或加热室已被污染。

冷却系统、冷却介质不纯,含有水分,冷却不均匀和冷却能力不足。

真空漏气,一般应保持一定的压升率,不低于 1.33Pa/h,采用高纯的氮气,保护气氛具有还原性。真空热处理出炉的炉温对光亮度有显著的影响,如果在 500~300℃出炉时则氧化剧烈,试样表面的状态和光亮度都显著下降,应在 200℃以下出炉,工件表面光亮度就可超过 70%,另外真空炉内加热室存在若氧化性气氛也会引起表面的氧化,对于真空炉抽真空 15min 和抽真空 40min 后炉内残余气氛的光谱分析对比见图 4-18 与图 4-19。

② 真空退火后工件表面粘连 纯金属及合金中的金属在一定温度下及真空热处理会产生蒸汽引起表面元素的贫化而发生粘连。

比较容易蒸发的合金元素包括 Ag、Al、Mn、Cr、Zn 等在环境压强越小,即真空度越高和加热温度越高时表面元素越容易蒸发。

Mo 合金、高速钢在真空退火时表面合金元素的变化情况见图 4-20。

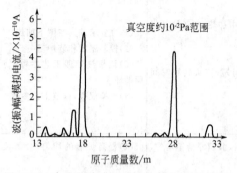

图 4-18 真空炉冷态下残留气体的光谱分析，抽真空 15min

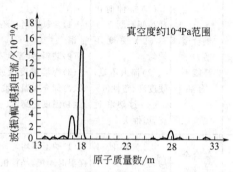

图 4-19 真空炉冷态下高真空时的残留气体光谱分析，连续抽真空 4h

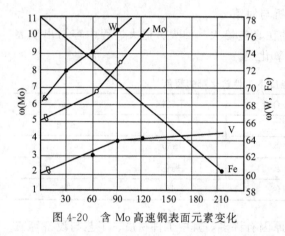

图 4-20 含 Mo 高速钢表面元素变化

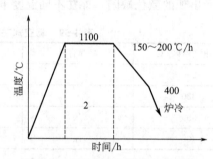

图 4-21 IJ79C 材料处理工艺曲线

可见适当降低加热温度，合理选择温度的下限，并降低和控制真空度在 5×10^{-5} Pa 范围内。保护气氛回充惰性气体，在工件相连处防止高温陶瓷，尤其是对含有 Cr 元素较高的高温合金不锈钢与高速钢等更为有效。

③ 不同加热材料真空炉对磁性材料的影响　分别在 ZC30-13 气氛保护真空炉内对 IJ79 和 4J36 的磁性材料和金属材料加热的 ZD464 真空炉内作对比试验，IJ79C 坡莫合金热处理工艺：升温到 1100℃，保温 2h，以 150～200℃/h 冷速降到 400℃随炉冷却，具体工艺曲线见图 4-21。

一般在有石墨结构材料的真空炉内加热时，只要工件不与石墨直接接触，磁性材料不会发生明显变化，到要求较高的导磁材料、含碳量越低越好，基本成分基本准确时，以石墨毡隔热和石墨布作为加热元件的真空炉中，石墨与漏入的氧作用会生产 CO，具有渗碳作用。因此在用石墨元件加热与用钨丝加热的真空炉中得到不同的结果，导磁率可相差一倍，具体见表 4-60。

表 4-60　不同真空炉内处理的导磁率差异[43]

炉型	μ_0/(H/in)	μ_{max}/(H/m)	HC/(A/m)	BS/T
石墨真空炉	23640	217000	0.0116	8150
金属真空炉	40300	208000	0.0142	7350

另外，钛锆及其合金在高温下与氢、氧、氮等气体化合力极强，如果在这类气氛中加热，会吸收氢产生氢脆，吸收氧和氮会产生硬化现象。

同时高温金属钼、钨、钽及其合金对碳、氮、氢具有有限的固溶度，为防止脆化，要求这些元素残余含量尽可能降低最低，因此，在处理这些材料时，建议不使用氢气和氮氩保护气氛炉，应采用真空炉，防止材料产生脆化现象。

（4）减少真空热处理零件缺陷的措施与方法　针对零件在热处理过程中的常见缺陷来分析，其产生的原因比较复杂，但只要找出其真正的原因，采取必要的纠正或预防措施等，零件热处理缺陷是可以减少或避免的，其关键是如何采取有效和规范的措施，并具有可操作性，便于操作者领会与掌握。事实证明，针对零件的结构特点、材料、组织与性能要求等，编制正确而合理的热处理工艺是确保零件热处理质量的前提，而规范操作行为是减少热处理缺陷的可靠保障，在热处理过程中，对于以上主要缺陷可采取的预防措施如下。

① 合理选用材料。对于大型和形状复杂的零件，应选用材质好、淬透性佳的钢种，高合金钢则考虑其碳化物的偏析在要求的范围内，超过要求应进行合理锻造并进行调质处理，对于无法锻造的钢应进行固溶双细化处理，以改善其内部组织与晶粒等，为最终的热处理作好组织准备。

② 合理设计零件的结构，确保其整体形状对称，截面的厚薄应有过渡，螺纹孔或凹槽、工艺孔布置合理，避免尖角或无 R 过渡等，对于表面脱碳和锈斑的零件区域在热处理前去掉，避免由此造成的零件缺陷的产生。

③ 对于中大型和变形要求较高的零件，应进行预备热处理，消除机械加工过程中产生的残留加工应力，零件加热淬火时，应进行必要的一次或二次预热处理，防止内外加热不均而造成的热应力过大，满足零件热处理变形小的需要。

④ 合理选用加热温度、控制加热速度与保温时间，并定期检查炉温仪表等，编制最佳的热处理工艺规范和要点，确保工艺参数正确和可靠。

⑤ 在确保满足零件热处理硬度的前提下，应选择冷却性能合适的淬火介质，采用预冷、分级淬火或等温淬火等工艺方法，对于高合金钢则应在油冷至 $180 \sim 200℃$ 后立即出油进行回火处理，避免内外温差过大而造成零件的开裂。

⑥ 零件热处理后应及时回火处理，并确保充分回火处理，对于高合金钢零件则应在回火后缓慢冷却，零件的淬火后清洗与回火后清洗应注意其自身的温度，如果零件内部温度较高，则不应立即清洗，否则会造成内应力的增大而造成零件的开裂。

⑦ 对于需要进行表面化学热处理的零件，应选择合理的工艺参数，进行充分的预热，避免应工艺设计不当而造成零件的变形、开裂等致命缺陷的产生。

采取以上几项措施可有效预防或减少零件热处理过程中的部分缺陷的产生，为提高零件的使用寿命奠定良好的基础。

真空化学热处理缺陷分析与对策如下。

钢铁零件的化学热处理技术已经得到了极为广泛的应用，对于提高零件的使用寿命，降低制造成本和提高生产效率等具有重要的现实意义，如何采取正确的工艺方法，并制订合理的操作守则与要求，并提出预防或改进措施，是热处理工作者面临的重要任务，为有助于系统了解和具有可预见性，充分借鉴和吸收目前国内外同领域的经验，现将其常见的真空化学热处理缺陷分析与对策汇总如下，供同仁们参考。

（1）真空渗碳与离子渗碳缺陷分析与质量控制

真空渗碳与离子渗碳常见缺陷分析与质量控制见表 4-61，供参考。

表 4-61　真空渗碳与离子渗碳缺陷分析与质量控制[3,5]

缺陷分类	产生原因	质量控制
表面硬度低	残余奥氏体多是造成硬度低的原因之一,渗碳层中的残余奥氏体多常是由于渗碳温度过高造成表面碳浓度过高的缘故;造成硬度低的另一个原因是表面的碳浓度低(渗碳温度低;渗碳气体流量小;真空淬火油中吸收了多量的空气;其他油类等)	严格按工艺要求的渗碳温度进行生产,设定上限报警温度;检查相关的过程参数,确保气氛碳势不低于技术要求
渗碳层深度达不到技术要求	渗碳层深度超过要求的原因为渗碳温度高或渗碳时间长;渗碳层低于技术要求的原因为渗碳温度低或渗碳时间短	严格执行渗碳温度与渗碳时间
料筐中各部位零件的渗碳层深度不一致	均热时间不足;渗碳气体的流量过大;装炉量过多过密;三组加热器不平衡;渗碳气的压力过低;没有采用脉冲渗碳方式等	严格执行工艺确保均热时间与渗碳气体的流量;合理装炉并留有间隙,检查三组加热器,确保其平衡;提高渗碳气的压力;采用脉冲渗碳方式
零件本身渗碳层不均匀	渗碳气中混入了空气;没有采用脉冲渗碳方式;渗碳压力过低;装炉量过多过密;渗碳气纯度低;产生了较多的炭黑等	检查炉体泄露情况;采用脉冲渗碳方式;提高渗碳压力;合理装炉并留有间隙;提高渗碳气纯度;定期清理炭黑
炭黑多,零件上也附着有炭黑	在渗碳过程中产生了较多的炭黑,可能造成加热器与炉体、加热器与加热器之间的电短路;使零件的小孔堵塞,渗碳层不均匀	定期清理炉内炭黑;避免炭黑堵塞零件的小孔等
零件的光亮度恶化	炉体产生了较大的泄露;真空淬火油中混入了较多的空气;冷却气体(例如氮气)纯度不高,其中含有较多的氧气;较多的油缸油混入到真空淬火油中等	检查炉体;对真空淬火油进行加热;采用纯度高的冷却气体(例如氮气);对真空淬火油进行添加或更换
晶粒或马氏体针粗大	炉内的碳势过高;渗碳加热温度高、保温时间长;与冶炼方法有关,原始的化学成分不均匀等有关;渗碳后的热处理方法不合理	调整炉内的渗碳剂的分解速度;合理确定渗碳工艺,加强金相组织的检查;选用完全脱氧的合金钢,淬火前进行高温回火或正火处理;正确选用淬火方法
表面碳化物过多,呈大块或网状分布	炉内碳势高,扩散时间长,造成表面碳浓度过高;采用渗碳直接淬火,预冷时间长,表面温度过低;采用一次淬火时,淬火温度太低,预冷形成网状、块状碳化物;渗碳后冷却速度过慢	降低渗碳剂活性,或重新在低的渗碳气氛中扩散一段时间;先正火后再进行淬火处理;如级别低于 2 级,进行正火处理,否则报废;渗碳结束后进行快速冷却
表面出现托氏体网或层,出现非马氏体组织	渗碳介质中含有少量的氧向钢内扩散,表层下的 Mn、Cr、Si 等被严重的氧化形成氧化物,出现贫 Mn、Cr、Si 区域,淬透性降低,淬火后出现黑色组织(托氏体)	改善炉气的成分,控制气氛中氧、二氧化碳和水的含量;减少渗剂中硫等杂质的含量;保持炉内压力的稳定;在排气期尽早恢复炉气的碳势;防止炉子漏气和风扇停止运转;向炉内通入氮气;减少加热次数,选择合理的加热时间;喷丸处理
开裂(渗碳缓冷,在冷却过程中产生表面裂纹)	渗碳后缓冷时组织转变不均匀所致,如 20CrMnTi 钢渗碳后空冷在表层托氏体里面有一层未转变的奥氏体,随后的冷却中转变为马氏体,渗层完成了共析转变;或加快冷却速度使渗层全部马氏体加残余奥氏体	采用合理的工艺确保组织均匀转变;渗碳后缓冷,确保整个层深获得均匀一致的珠光体;渗碳后快冷,得到马氏体＋残余奥氏体组织,或快冷到 150～200℃ 或 450～500℃,将零件及时转入 650℃ 的炉中高温回火,得到珠光体

(2) 真空脉冲渗氮与离子渗氮常见缺陷分析与质量控制

真空渗氮与离子渗氮常见缺陷分析与质量控制见表 4-62,供参考。

表 4-62　真空脉冲渗氮与离子渗氮常见缺陷分析与质量控制[19,44]

常见缺陷	产生原因	质量控制
局部烧伤	工件清洗不净;孔、隙屏蔽不好操作中局部集中大电弧所致	将工件清洗干净;按要求作好屏蔽,避免打电弧
颜色发蓝	炉体漏气超标或氨气含水量大,造成轻微氧化	调整漏气率符合要求,氨气应进行干燥
颜色发黑或有黑色粉末	工件油污过多,漏气率超标过大	同上,加强装炉前的清洗
银灰色过浅或发亮	渗氮温度过低,时间过短,通氨量过小,造成渗氮不足	按工艺要求准确测温,保证充足的供氨量
硬度低	温度过高或过低,保温时间不足;真空度低;表面氧化,材料错	严格执行工艺,降低漏气率,供氨适当,更换材料
硬度和渗层不匀	装炉不当;温度不均;氨流量过大;狭缝小孔没屏蔽,造成局部过热	正确装炉,设辅助阴、阳极;调整炉压;用分解氨改善温度均匀性,屏蔽小孔、狭缝
局部软点、软区	屏蔽上或工件上带有非铁物质,如铜、水玻璃等溅射在渗氮面上;工件氧化皮未清理干净	不允许工件和屏蔽物有非铁物质。渗氮面无氧化皮
硬度梯度过陡	二阶段温度偏低,时间过短	提高二阶段温度,延长保温时间
表层高硬度区太薄	一阶段温度低,时间短;一段温度过高	延长一段保温时间并严格控制温度
渗氮层浅	温度低;时间短;漏气或真空度低,造成氧化,氮势不足	严格执行工艺,测温准确,检查漏气原因,供气适当
变形超差	应力未消除;升温太快或受热不均;结构不合理;吊挂或放置不垂直;防渗不对称	彻底消除应力,控制升温速度,改进设计,合理放置与防渗
显微组织出现网状或鱼骨状渗氮物	温度过高;氮势过高;表面脱碳层未加工掉	控制温度和温度和氮势,工件不允许有尖角,增加切削余量
高合金钢渗层脆性大、局部剥落	氮势过高,出现渗氮物层或网状渗氮物;渗层太厚;原始晶粒粗大;表面有脱碳、粗糙或锈蚀	提高温度,降低氮势,冷却时采用氢轰击退氮;细化原始组织;去掉脱碳层、锈迹或提高光洁度
不锈钢渗不上或渗层极浅、不均匀或不致密	炉内含氧量过高,造成氧化;氮势过低;工件表面有锈蚀、油污等;温度过低;冷却速度慢	检查漏气,增设氨干燥器;适当提高气氛氮势或延长渗氮时间,提高渗氮温度;去除表面锈蚀与油污;增设铁制辅助电极;提高冷却速度

真空热处理的典型应用实例

5.1 金属机床与齿轮零件的真空热处理应用实例

实例 1 Cr12MoV 钢三角零件的真空淬火

材料：Cr12MoV 钢

技术要求：整体 62~65HRC，变形量小于 0.10 mm

零件为：纺织机上的下盘压针、挺针与顶针等。

图 5-1~图 5-4 针织机使用的各种三角零件的外形尺寸图，材质为 Cr12MoV 钢，原始组织委锻造退火状态。型材采用线切割成形，热处理后不再进行加工而直接装机使用，其硬度要求为 62~65HRC。

根据真空加热计算加热时间与 Cr12MoV 钢的常规热处理淬火工艺，制定零件的真空淬火工艺曲线。

根据资料介绍与真空加热经验，图 5-1~图 5-4 中的保温时间 t 可按下列公式进行计算

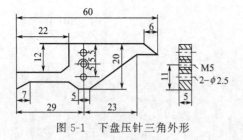

图 5-1 下盘压针三角外形

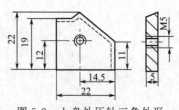

图 5-2 上盘外压针三角外形

$t_1 = 30 + (1.5 \sim 2) D$

$t_2 = 30 + (1.0 \sim 1.5) D$

$t_3 = 30 + (0.25 \sim 0.5) D$

式中 D——工件的有效厚度，mm；

228

t_1，t_2——第一次，第二次预热时间，min；

t_3——最终保温时间，min。

按该工艺进行真空热处理，每炉的生产周期需要 3h，见图 5-5。为了提高生产效率，降低热处理成本，制定了新的真空热处理工艺，其余原工艺相比，将第一与第二阶段的预热温度提高，在高温下的透烧时间比低温下的透烧时间缩短 1/3，考虑到预热温度升高，可缩短淬火加热保温时间，执行该工艺图 5-6 后，完全防止了热应力引起的变形与开裂现象，同时又可缩短生产周期。工件在装炉量达 20kg 时只需 2h 左右，淬火硬度为 63～64HRC，出炉后在油槽中经过 160～180℃×2h 回火，最终硬度仍为 63～64HRC。经串光机串光后可直接装机使用。

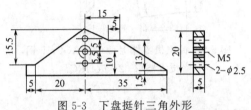

图 5-3　下盘挺针三角外形

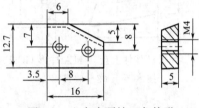

图 5-4　上盘内顶针三角外形

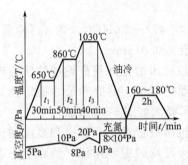

图 5-5　初次确定的真空淬火工艺曲线

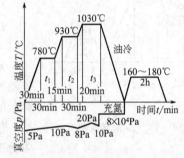

图 5-6　最终的真空淬火工艺曲线

实例 2　GCr15 钢零件的真空淬火

材料：GCr15 钢

技术要求：整体 63～64HRC，变形量 0.10mm。

零件为：纺织机上盘

图 5-7 与图 5-8 是针织机上大量使用的 GCr15 钢零件的代表，其原始组织为铸态，GCr15 钢的淬火温度为 840℃ 左右，淬火回火后疲劳强度、硬度和冲击韧度均为最高值，在 840℃ 左右淬火时，奥氏体中溶解碳化物的质量分数为 0.5%～0.6%，铬的质量分数为 0.8%，尚有部分未溶解的碳化物。溶入的碳和合金元素则保证了其淬透性和淬硬性等，而未溶的碳化物阻止了晶粒长大。如果淬火温度低，则碳化物溶入奥氏体中的量少，奥氏体中的碳和铬含量低，势必影响到淬火后的硬度。淬火温度过高则会引起过热，使淬火后的马氏体针粗大，变形增大，影响力学性能。加热时间与加热温度、传热介质、零件的有效厚度以及装炉量都有密切关系。在相同温度条件下，加热时间太短，则奥氏体化不充分，碳化物没有完全溶解，固溶体的合金化程度低，会使淬火温度偏低，加热时间太长，则使其晶粒粗大且成本提高。

经过大量试验，确定了图 5-9 所示的真空淬火工艺曲线，淬火温度为 855℃，同时适当控制冷却时间，可以完全淬透，硬度达到 63~64HRC，变形符合工艺要求。

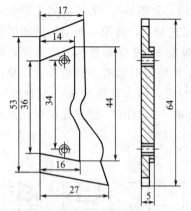

图 5-7　针织机零件上盘 0911A 外形 GCr15 钢，
技术要求 62~64HRC

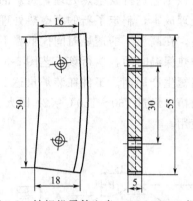

图 5-8　针织机零件上盘 0019AGCr15 钢，
技术要求 62~64HRC

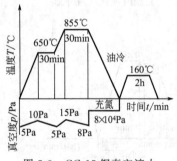

图 5-9　GCr15 钢真空淬火

实例 3　40CrNi 钢齿轮微变形真空热处理[45]

材料：40CrNi 钢

技术要求：整体 47~50HRC，内孔不圆度 ≤ 0.015mm，键槽宽变化 ≤ 0.015mm

XT754 型卧式数控镗床的主轴箱齿轮和铣头齿轮要求传动平稳、强度高、硬化层深、耐磨和尺寸稳定性好等其典型的齿轮形状与技术要求如图 5-10 所示。

预备热处理工艺包括锻造退火、正火和高温回火、去应力退火等，锻造退火可均匀锻坯组织、消除应力以及有利于冷加工，采用的退火工艺见图 5-11。正火和高温回火可进一步均匀组织，稳定尺寸，紧接着正火工艺后增加一道 650℃×2h 的高温回火工艺（见图 5-12）。去应力退火可为了消除粗拉键槽的切削应力，增加了 200℃×24h 的去应力退火工序，为最大限度减少键槽口宽的变形做好准备。

采用微变形真空淬火工艺时，应当从真空淬火与回火两个方面进行考虑，真空淬火是齿

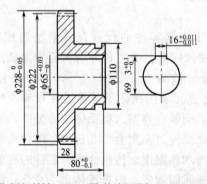

(a) 滑移齿轮　材料：40CrNi钢　热处理要求：47~50HRC
模数m3精度等级：齿数Z74 JB179-83，5级 齿形角20°

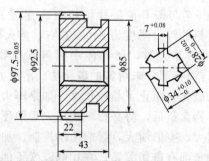

(b) 滑移齿轮　材料：40CrNi钢　热处理要求：47~50HRC
模数m2.5精度等级：齿数Z37 JB179-83，5级 齿形角20°

图 5-10　齿轮简图

轮获得性能好、变形小的关键工序之一，加热方式、加热温度、保温时间、真空度、装炉方式和冷却方式等均对齿轮的性能、表面质量、变形量有直接的影响，应当引起工艺人员的高度关注。淬火加热温度与保温时间是齿轮获得要求的力学性能及实现微变形的关键，为了尽可能降低热应力，应采用阶梯升温方式和较低的淬火加热温度，并保持足够的时间，具体工艺参数见图 5-13。装炉方式应使齿轮各部位同步升温，避免过多的辐射传热的背阴面，使各齿轮距离辐射热源均匀，另外为了减少齿轮的椭圆变形，均采用平放搁空的形式。在采用 133Pa 粗真空度下，不存在 40CrNi 钢合金元素蒸发的问题。至于真空淬火后的回火，目的是消除淬火应力和适当降低硬度，其工艺为 160～180℃×3～4h 在低温井式炉冷进行。表 5-1 为部分齿轮真空热处理后变形情况，可以看出质量稳定，符合技术要求。

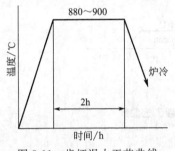

图 5-11　齿坯退火工艺曲线

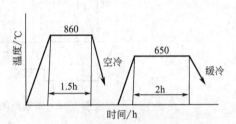

图 5-12　齿坯正火及高温回火工艺曲线

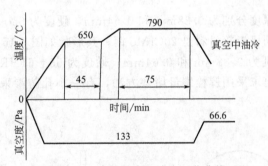

图 5-13　齿轮的真空淬火工艺曲线

表 5-1　部分齿轮真空热处理后变形等质量情况

齿轮的主要参数	内控齿轮/mm			内孔不圆度/mm	键槽宽变化/mm	性能与组织	
	热处理前	热处理后	变形量			硬度/HRC	组织
m2,Z35	20.85+0.02	20.85+0.065	+0.045	≤0.015	≤0.015	47～49	M
m2,Z50	21.85+0.03	21.85+0.06	+0.03	≤0.015	≤0.015	47～49	M
m2,Z22	21.85+0.02	21.85+0.03	+0.01	≤0.015	≤0.015	47～49	M
m2,Z55	31.85+0.06	31.85+0.12	+0.06	≤0.015	≤0.015	47～49	M

实例 4　2Cr13 销轴的真空热处理

材料：2Cr13 钢

技术要求：50～55HRC

该轴的尺寸见图 5-14，硬度要求为 50～54HRC。原采用盐浴炉加热油冷淬火，清洗十分困难，且表面质量差，达不到技术要求，如采用水淬火，则容易产生开裂。

采用真空热处理后，表面质量好，硬度为 52HRC，达到技术要求。

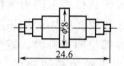

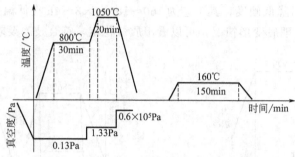

图 5-14　销轴简图与其真空热处理工艺曲线

实例5　电动机齿轮的真空渗碳

材料：20CrMo 钢

技术要求：渗碳层深度分别为 0.38mm 和 0.64mm，硬度为 55～61HRC。

阀门电动装置用电动机齿轮材料是 20CrMo 钢，其形状如图 5-15 所示。

要求渗碳层深度分别为 0.38mm 和 0.64mm，硬度为 55～61HRC，该电动机齿轮带花键内控要求防渗，工艺要求采用螺栓螺母堵塞方法，有一小孔防渗采用石棉绳堵塞的措施。装炉方式如图 5-16 所示。

图 5-15　电动机齿轮形状

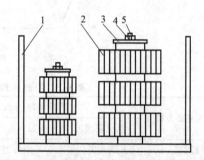

图 5-16　电动机齿轮在料筐中的堆放方式
1—料筐；2—齿轮；3—垫圈；4—螺母；5—螺栓

对于渗层深度分别为 0.38mm 和 0.64mm 的齿轮采用真空渗碳工艺曲线见图 5-17 与图 5-18 所示。渗碳方式采用脉冲式渗碳，每个脉冲时间为 5min，即充渗碳气体至 2.66×10^4 Pa 压力后保持 5min 后立即抽走，渗碳结束后即进行扩散。为减小变形，渗碳、扩散后采用预冷淬火处理，经过真空渗碳后的齿轮表面含碳量的质量分数为 0.97%～1.00%，渗碳淬火后的渗碳层硬度分布曲线如图 5-19 所示。

按通常的采用以表面硬度 550HV（50HRC）以上为有效渗碳层深度，则对要求渗层为 0.38mm 的齿轮来说，齿轮工作面 b 处有效渗碳层深度为 0.43mm，齿轮 b' 处的有效渗碳层深度为 0.36mm，其值为最低有效渗碳层深度标准值 0.38mm 的 95%。

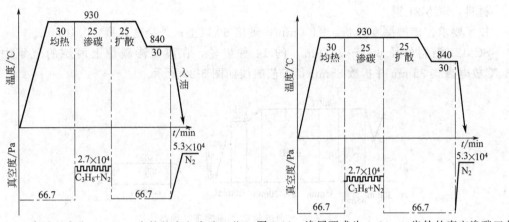

图 5-17　渗层要求为 0.38mm 齿轮的真空渗碳工艺　　图 5-18　渗层要求为 0.64mm 齿轮的真空渗碳工艺

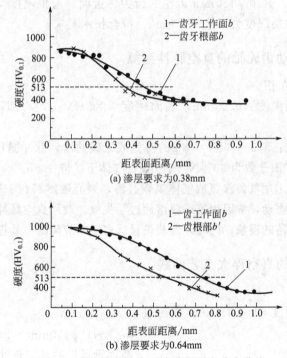

图 5-19　齿轮渗碳淬火后渗碳层硬度分布曲线

对于渗碳层要求为 0.64mm 的齿轮而言，齿轮工作面 b 处有效渗碳层深度为 0.68mm，齿轮 b' 处的有效渗碳层深度为 0.52mm，其值为最低有效渗碳层深度标准值 0.64mm 的 81%，满足了技术要求。

0.38mm 渗碳层热处理后的金相组织：齿顶处碳化物为 3 级，马氏体和残余奥氏体为 2 级；齿工作面处碳化物为 1 级，马氏体和残余奥氏体为 2 级；心部铁素体为 1 级。

0.64mm 渗碳层热处理后的金相组织：齿顶处碳化物为 4 级，马氏体和残余奥氏体为 3 级；齿工作面处碳化物为 1 级，马氏体和残余奥氏体为 2 级；心部铁素体为 2 级。

实例 6　伞齿轮离子渗碳工艺曲线

材料：SCM21 钢

技术要求：渗层深度为 0.8～1.0mm；硬度 60 以上；外径变化量≤0.10mm。

SCM21 钢制外径 $\phi72$～$\phi189$mm 的 14 种齿轮，在离子渗碳炉上丙烷的气氛中，于 960℃放电渗碳 35min 并扩散 85min，工艺曲线如图 5-20 所示。

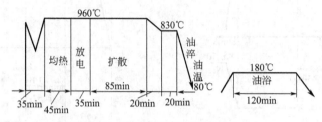

图 5-20　伞齿轮离子渗碳工艺曲线

齿轮的外径尺寸变化一般在 0.10mm 以下，内径收缩量为 0.05～0.10mm。齿厚变化仅为－0.03～＋0.03mm，其中 $\phi150$mm 齿轮的齿尖、齿面、齿根硬度均在 HRC60 以上，硬度分布也相当均匀，渗层深度为 0.8～1.0mm，符合技术要求。

实例 7　电动工具主动齿轮轴的真空脉冲渗氮

材料：38CrMoAlA 钢

技术要求：渗氮层深度≥0.25mm，表面硬度≤900HV$_{0.2}$，心部硬度 HRC30～35。渗氮后不再进行机械加工。

真空脉冲渗氮工艺：555～565℃×8h 的渗氮或氮碳共渗，脉冲循环为 0～－0.065MPa，保压一定时间后，在体积分数为 90%N_2＋10NH_3 气体下扩散 1.5h。

使用效果：原工艺采用气体渗氮或气体氮碳共渗，表面硬度都在 HV$_{0.2}$950 以上，由于该工件工作时要承受强烈震动，常因渗氮层脱落而过早失效。改用真空脉冲渗氮或真空氮碳共渗后，基本解决了表面脱落的现象，同时，因装炉量远多于常规渗氮，处理成本显著下降。

实例 8　高速钢圆盘的真空淬火工艺曲线

材料：高速钢

技术要求：基体硬度 62～64HRC，变形量小于 0.10mm。

零件为：$\phi150$mm×30mm 圆盘

高速钢零件的真空热处理应用十分广泛，该圆盘采用的真空热处理工艺见图 5-21，在 1120℃以下的预热及保温的真空度为 5～20Pa，加热到 1120℃时，加热室内充入 $1×10^3$Pa 的高纯氮气（纯度为 99.999%），可防止工件之间的粘连。

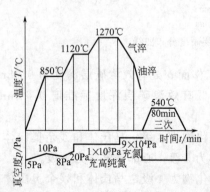

图 5-21　W18Cr4V 钢制零件真空淬火工艺曲线

该零件采用真空油冷淬火，通过在零件入油前采用适当的预冷措施，预冷时间为 80～100s，否则如直接油冷，则在零件表面将产生所谓的

"白亮层"，其是大量的复合碳化物和残余奥氏体组成的，其余内部交界处有粗晶马氏体，甚至产生熔化现象。经图 5-21 工艺处理的零件在经过 540℃×3 次高温回火后，其硬度达到 62～64HRC。

实例 9　结构钢的低真空氮碳共渗工艺[46]

材料：结构钢

热处理要求：氮碳共渗层 0.01～0.015mm，表面硬度 500～1000HV$_{0.1}$。

结构钢在低真空与氮碳共渗相结合的热处理方法即低真空氮碳共渗工艺。低真空的作用可确保在炉内真空度的状态下，气体分子有更多的运动机会，而且平均自由程增加，另外采用脉冲式抽气与送气，使得工件与新鲜气氛接触，从而避免了滞留气氛的处理，提高了渗层组织的均匀性，其低真空氮碳共渗工艺曲线见图 5-22。

从图中可知，结构钢通过 70% 氨气＋30% 氮气＋5% 二氧化碳气氛，脉冲周期为 3min，570℃×3h 低真空氮碳共渗后，达到了技术要求的各项指标。

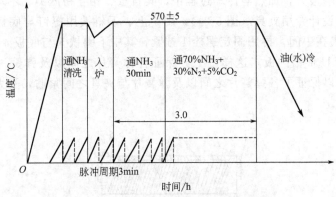

图 5-22　结构钢低真空氮碳共渗工艺曲线

5.2　轴承、标准件与弹簧的真空热处理应用实例

实例 1　65Mn 钢薄片弹簧支架的真空热处理

材料：65Mn 钢

技术要求：架平面及支架边缘在平板的缝隙不超过 0.2mm

0.3mm 厚 65Mn 弹簧片是电视机上用于选择频道的按键支架［见图 5-23(a)］，弹性件热处理时的要求组织均匀一致，热处理的最大问题是淬火变形，该弹簧片用钢的供货状态为冷轧退火态，组织为细珠光体＋铁素体，要求热处理支架平面及支架边缘在平板的缝隙不超过 0.2mm，还要求长度方向弯曲 180°后，再松开可完全恢复原来的形状，不允许有任何塑性变形。采用箱式电炉、盐浴炉等均不能满足变形等技术要求。

采用真空热处理工艺，具体见图 5-23(b)。在 680℃预热（相变点附近）升温速度缓慢，受热均匀应力小，经过预热、淬火保温移至冷却室油冷。采用冷态装炉，随炉升温，冷态真空度为 1.33Pa，弹簧片经过预热、淬火保温后转移至冷却室油冷，入油后立即在油面上充以 0.46×10^5～0.53×10^5 Pa 的氮气。与普通淬火油相比，真空淬火油在低温区具有较低的冷却速度，淬火弹簧片的组织应力下，为了减小变形淬火油不开启搅拌系统，延长蒸汽膜阶段。

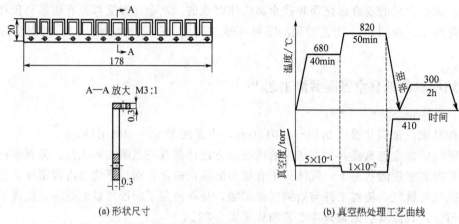

(a) 形状尺寸　　　　　　　　　(b) 真空热处理工艺曲线

图 5-23　0.3mm 厚薄形 65Mn 弹簧片与其真空热处理工艺曲线

　　需要注意的是，对于这种薄而细长的弹簧片而言，真空热处理前的预应力即装夹状态对热处理后的变形影响很大，加热与冷却过程中，其自重、相互挤压压力、不均甚至连振动等也导致变形，因此应设计专用夹具（图 5-24），图中上、下斜铁用螺钉与底板 4 固定，上下斜铁 2、5 将弹簧片夹在中间，再用固定螺栓 1 拧紧，其中下斜铁 5 与底板 4 固定螺钉可活动，底板 4 是带有 5 个 U 形槽的板，这样可十分保证各弹簧片之间以及弹簧片与夹具之间贴合紧密，受力均匀。以保证了各弹簧片之间以及弹簧片与夹具之间紧贴，受力均匀，有效控制了其热处理变形。

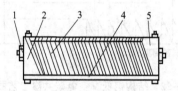

图 5-24　弹簧片装夹示意图

1—固定螺栓；2—上斜铁；3—弹簧片；4—底板；5—下斜铁

实例 2　轴承滚柱真空离子深层渗碳

　　材料：轴承型号 77788 型大型轴承用滚针材料为 G20Cr2Ni4A，每件重 0.8kg。

　　技术要求：渗层深度 4.0～4.5mm，表面硬度 60～65HRC。

　　零件为：大型轴承滚柱

　　该滚针为圆台形，高度 60.6mm，1/3 高度处直径为 ϕ48.6mm。采用武汉材料保护研究所研制的 ZLSC-30/20 型双室卧式真空离子渗碳炉，滚针离子渗碳热处理工艺流程为：1050℃×18h 离子渗碳，介质为丙烷，然后通入氮气冷却，冷至 550℃，再升温至 880℃保温 30min，氮气冷却 550℃，再次升温至 810℃保温 30min，氮气冷却至 550℃，三次升温至 810℃保温 50min，油冷淬火。

　　轴承滚柱离子渗碳及循环热处理工艺曲线见图 5-25。

　　离子渗碳工艺过程中，辉光电流密度为 0.25～0.5mA/cm²，氮气与丙烷流量（mL/min）比为 $N_2 : C_3H_8 = 860 \sim 140$，炉压为 267～533Pa，扩散比为渗碳时间：扩散时间 = 1：1。

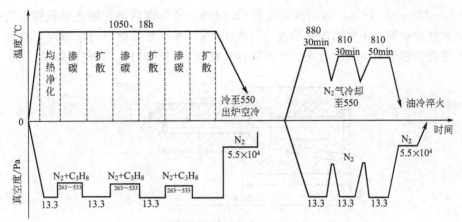

图 5-25　轴承滚柱离子渗碳及热处理工艺曲线

质量检验结果：滚针表面硬度为 61～63HRC，渗层深度为 4.2mm，表层组织为马氏体＋残余奥氏体 1～2 级，心部铁素体 1～2 级，表面晶粒度 5～7 级，心部晶粒度细于 8 级，符合技术要求。

滚柱原采用井式炉气体渗碳，周期为 80～100h，现改为真空离子渗碳，所需时间为原周期的 1/4～1/3，缩短了生产时间。

5.3　汽车、拖拉机、柴油机等零件的真空热处理应用实例

实例 1　GCr15 钢针阀体的真空淬火

材料：GCr15 钢

技术要求：60～65HRC，变形小于 0.10mm，表面清洁，无氧化脱碳等。

零件为：柴油机针阀体

该材料针阀体采用保护气氛淬火，由于气氛控制与工艺等原因，造成零件的脱碳和变形大等，废品率高达 30%～40%，难以进行正常的生产作业，而采用常规的盐浴炉淬火则因盐浴在零件内的黏附，不易清洗干净残盐，在回火过程中出现内部腐蚀等，严重影响其合格率，均不理想。而采用真空油冷淬火后，表面光亮、无脱碳、变形小等特点，合格率达 98% 以上，经济效益十分可观，针阀体的零件简图及真空热处理工艺如图 5-26 所示。

实例 2　小型柴油机喷油针阀体的真空渗碳

材料为　18Cr2Ni4WA 钢

技术要求为：阀体内孔和座面要求渗碳层深度为 0.75～0.85mm，碳的质量分数为 0.70%～0.85%，渗碳层硬度 ≥ 58HRC，喷油孔也要求进行渗碳。

喷油针阀体的结构尺寸如图 5-27 所示，渗碳工艺曲线如图 5-28 所示。渗碳温度为 970℃，渗扩比为 2∶1，即渗碳 10min，扩散 5min，渗碳时间为 15 个脉冲周期，即

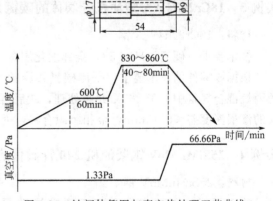

图 5-26　针阀体简图与真空热处理工艺曲线

15×15min＝225min。炉压：起始真空度为 10.64Pa，真空度高则炉罐内的残存空气少，有利于提高炉气的碳势。渗碳期的真空度为 4×10⁴Pa，真空度低则炉内碳势高，有利于提高渗速，但可能使渗碳层碳浓度过高。扩散期的真空度为 13～20Pa，炉气碳势低。

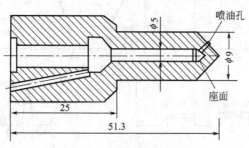

图 5-27　柴油机针阀体形状

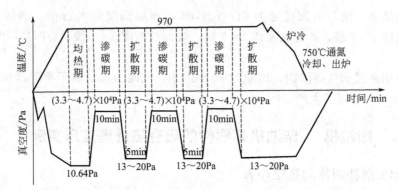

图 5-28　18Cr2Ni4WA 钢制喷油针阀体脉冲真空渗碳工艺曲线

渗碳介质为天然气。

渗碳后的热处理：渗碳结束后，零件在炉内冷却到 750℃，其后通液氮快速冷却（淬火）并破坏真空室的真空度，零件出炉后再进行－80～－60℃保温 2h 的冷处理，冷处理后进行 170～180℃保温 2h 的低温回火处理。

处理结果：针阀体中孔渗碳深度为 0.75mm，针阀座面渗碳深度为 0.85mm，外圆渗层深度为 1.2mm。针阀体外圆面硬度为 HRC60～63，此外，渗碳层的碳浓度梯度平缓，渗层硬度均匀和零件内外表面光洁。

实例 3　18Cr2Ni4WA 柴油机针阀体的碳氮共渗

材料：18Cr2Ni4WA 钢

技术要求：硬度≥HRC58，全部硬化层深 0.4～0.9mm，碳化物～3 级

根据该零件的技术要求，采用碳氮共渗脉冲工艺，如图 5-29 所示。将零件在用氮稀释的丙烷混合气氛中，于 865℃共渗处理，然后再－60℃下冷处理 1.5h，处理后的工件孔与外圆的渗层深度差＜0.15mm，金相组织合格，处理结果符合技术要求。

实例 4　25SiMnMoV 钢柴油机 240 针阀体的离子渗碳

材料：25SiMnMoV 钢

技术要求：阀体内孔和座面要求渗碳层深度为 0.75～0.85mm，碳的质量分数为

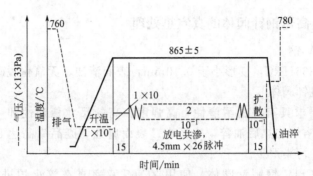

图 5-29 柴油机针阀体离子碳氮共渗脉冲工艺曲线

0.85%~1.00%，硬度≥58HRC，喷油孔也要求进行渗碳。

针阀体的离子渗碳工艺曲线见图 5-30，在渗碳淬火＋低温回火后，在 1kg 300g 载荷下，测量硬度至 HV513 处为有效渗层，其渗层分布均匀，如图 5-31 为针阀体渗碳后各部位的含碳量。均符合技术要求。

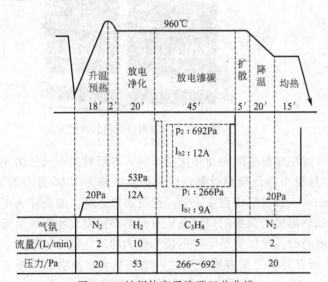

气氛	N₂	H₂	C₃H₈	N₂
流量/(L/min)	2	10	5	2
压力/Pa	20	53	266~692	20

图 5-30 针阀体离子渗碳工艺曲线

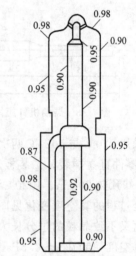

图 5-31 针阀体离子渗碳效果
(数字表示该部位的含碳量)

实例 5 GCr15SiMn 钢针阀体的真空热处理

材料：GCr15SiMn 钢

技术要求：热处理后整体硬度为 62~65HRC。

一般而言较大功率的柴油机的针阀体采用 GCr15SiMn 钢制造，但采用 GCr15 钢的热处理工艺处理的工件，其寿命仅为几十个小时，采用盐浴处理的针阀体清洗困难，有氧化脱碳等，使用寿命不高。在实际生产中采用真空油淬热处理，寿命提高到 2000h 以上。

在真空炉内 830～850℃加热，保温 60min，冲入高纯氮气（99.999%以上）到炉压 400 托入油冷却，其工艺曲线见图 5-32。

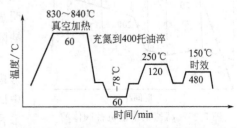

图 5-32 GCr15SiMn 钢针阀体真空热处理工艺曲线

239

实例 6　W18Cr4V 高速钢针阀体的真空热处理

材料：W18Cr4V 钢

技术要求：60～65HRC，变形小于 0.10mm，表面清洁，无氧化脱碳等。

零件为：柴油机针阀体

喷油嘴针阀体要求具有高的耐磨性、高强度、高的尺寸稳定性和一定的冲击韧性等，W18Cr4V 钢采用盐浴炉加热后油淬，变形大、表面腐蚀，废品率高达 8%，且电能利用率低，操作环境恶劣，污染严重。

图 5-33 为 W18Cr4V 钢制针阀体，使用 ZC-65 双室真空淬火炉进行真空淬火，采用 1265～1275℃加热淬火，晶粒度为 11～10 级，淬火温度过低，则奥氏体中溶解的合金元素少，回火时析出的碳化物弥散度小，零件的硬度低，二次回火后的效果差，热硬性低，反之奥氏体的晶粒度增大，工件易变性，强度与冲击韧性低，并且降低零件的耐磨性。

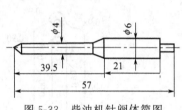

图 5-33　柴油机针阀体简图

图 5-34　高速钢针阀体的装炉方式

采用 820℃与 1020℃两次预热，可缩短加热时间，加热均匀，装入专用料筐中（见图 5-34），零件直立插装，工装板采用蓄热量较小的低碳钢板制造，装炉量一般为 7000 件左右，在 820℃预热 20min、1020℃预热 15min 与 1270℃保温 15min，控制加热速度，加热淬火工艺及全过程的真空度变化见图 5-35。加热温度与保温时间应保证有足够多的碳化物溶入奥氏体中而又不致晶粒的过分长大，该温度与时间足以满足零件透烧和最大的碳化物溶解量。

真空度控制在 2～0.5Pa 范围内，可获得满意的表面光亮度，为防止真空高温状态下合金元素的蒸发，在工件加热到 900℃以上时，回充高纯度氮气，将真空度降至 30～20Pa，从而避免零件的粘接。真空回火时炉子的真空度在 5×10^{-1}Pa 以上，然后回充高纯氮气，以加快回火过程与保持光亮的表面。

淬火冷却采用气冷油淬，油温控制在 30～50℃，并加以循环搅拌，目的是减小零件的变形，保证零件的光亮度，又不至于使碳化物自奥氏体中明显析出，也不会在零件表面出现炭黑等外观缺陷。

针阀体的回火采用 ZR-30A 真空回火炉进行，考虑到真空中低温加热非常缓慢，在真空回火过程中回充氮气，压力为 5×10^{4}Pa，可加快传热速度，采用三次回火工艺：350℃ × 100min ＋ 550℃ ×

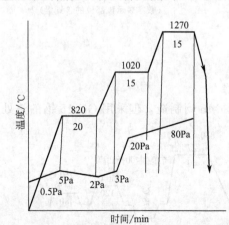

图 5-35　高速钢柴油机针阀体的
真空淬火工艺曲线

90min＋540℃×90min，针阀体回火后硬度为 63～64HRC，变形量在 0.05mm 以下，表面光亮。其中第一次回火目的是消除淬火后产生的残余应力，自马氏体析出的 ε-碳化物转变为 Fe_3C，并聚集长大，使钢的冲击韧度增加，从而提高了力学性能与使用寿命。

实例 7　300M（40CrMnSiNi2MoVAl）钢制活塞杆的真空热处理

材料：40CrMnSiNi2MoVAl 钢

技术要求：基体硬度 49～54HRC

300M（40CrMnSiNi2MoVAl）钢制活塞杆采用真空热处理工艺，借以充分发挥材料的潜力，避免氧化、脱碳等问题，表面光亮及工件变形小，同时可提高疲劳强度。

对于此类超高强度结构钢，在保持光亮度的前提下，应选择较低的真空度，避免合金元素的挥发，300M 钢采用真空度 13.3～$6.67×10^{-1}$ Pa 即可。淬油时油面压强在 $1×10^{5}$～13.3Pa 内均可获得与大气条件相同的硬度值，无需填充高纯氮气来提高油面压强，图 5-36 为该材料制造的活塞杆的真空热处理工艺曲线。

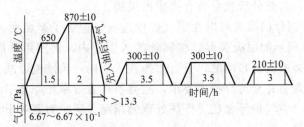

图 5-36　300M（40CrMnSiNi2MoVAl）钢制活塞杆的真空热处理工艺曲线

5.4　工模量具的真空热处理应用实例

5.4.1　工具的真空热处理

实例 1　50CrV 钢针的真空淬火

材料：50CrV 钢

技术要求：硬度为 45～50HRC，热处理后增、脱碳深度≤0.075mm，弯曲变形量≤0.15mm。

钢针的热处理技术要求为：钢针端头无法加工顶针孔，因此热处理的变形是不能用预留机加工余量的方法解决，热处理后不能单独校直，因此只能采用合理的热处理工艺可以解决该问题。

真空热处理的特点为无氧化脱碳、淬火变形小、表面光亮，进行预热可以缩小零件的内外温差，可把加热过程中的变形和开裂控制到最小程度，因此进行真空油淬可以有效解决该工艺问题。其热处理工艺见图 5-37。

钢针属于特细长零件，50CrV 的淬火时间应小于 15s，才能确保淬火硬度符合技术要求[47]，考虑到其淬火冷却时容易变形的特点，必须设计合适的淬火夹具，以对其淬火变形有良好的控制作用，即将钢针采用钢丝串钢针孔后，固定在合适的钢管外壁上，应确保沿钢管周向排列的间隙最小，具体可参见图 5-38。50CrV 钢针的淬透性高，在油中完全能够获得要求的组织、硬度等，变形量小。应当说明的是，零件的变形多发生在淬火和冷却过程

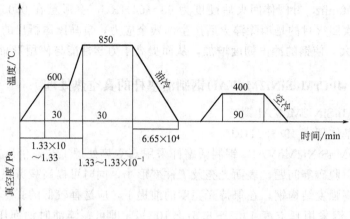

图 5-37　50CrV 钢针的真空热处理工艺曲线

中，其热应力和组织应力的综合作用的结果，是造成零件变形的原因，因此采取合理的加热设备和淬火夹具是确保其热处理质量符合要求的关键。

淬火后的 50CrV 钢针的回火可以在空气炉中进行，但为了避免回火过程中出现氧化和变形，应采用图 5-39 所示的回火夹具，将钢针放入钢管内，周围用铁屑和木炭进行填充保护，管两端采用石棉绳或石棉布堵塞，垂直吊挂放入炉内，该措施可减少了热处理后的校直和磨削等工序，热处理后完全符合技术要求，提高了作业效率和降低了成本，更为重要的是从根本上解决了盐浴、空气炉等无法进行热处理的难题，同时为要求十分严格的细长杆类零件的热处理提供了条件。

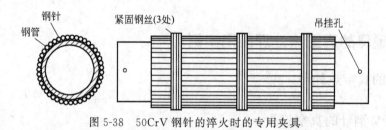

图 5-38　50CrV 钢针的淬火时的专用夹具

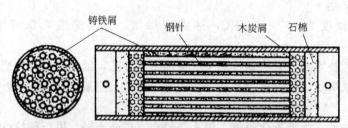

图 5-39　50CrV 钢针回火时的专用夹具

实例 2　高速钢钻头正压真空气淬

材料：W6Mo5Cr4V2 钢等

技术要求：硬度 60～65HRC，变形量≤0.10mm

零件为：$\phi1.5\sim\phi2.5$mm 的小钻头

考虑到该零件比较细小，如平放在工装上则装炉量小，也不易操作。故将其插在外圆钻孔的套管中，垂直摆放在工装上，彼此之间留有套管直径的一半的距离，以便于加热与冷却，工艺见图 5-40。

考虑到部分金属元素在高温下容易挥发的现象，会造成零件彼此的粘连而不易分开，采用在 1000℃ 以上加热与保温阶段，采取向加热室充少量的高纯氮气将真空度降低 133Pa 左右的方法，从而解决了粘连的问题，经过真空气淬的零件表面光亮，呈银灰色，钻头寿命显著提高。

考虑到零件热处理变形小，为了降低生产成本，减少零件热处理后的磨削加工余量，建议该零件在热处理前增加加工余量，同时进行真空回火处理，钻头寿命明显提高，经济效益十分可观。

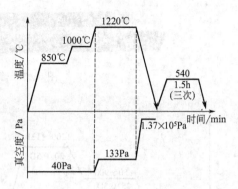

图 5-40　M2 钢（美国）制钻头的真空热处理工艺曲线

实例 3　螺纹铣刀的真空淬火

材料：Cr12MoV 钢

技术要求：硬度 63～66HRC，变形量小于 0.02mm。

零件为：ϕ135mm×37mm×37mm。

Cr12MoV 钢为高合金钢，其导热性差，按阶段升温加热，在 1020℃ 保温加热后进行气体淬火，压力为 $5×10^5$Pa，从 1020～500℃ 的心部冷透时间为 45min，继续冷至 80℃ 用时 15min，这样整改工艺时间为 4.2h，硬度与变形量均符合工艺要求。

实例 4　机用丝锥的真空热处理

材料：W18Cr4V、W9Mo3Cr4V、W6Mo5Cr4V2 钢等材料制作。

技术要求：

M1～M3　　　HV739～795

＞M3～M8　　HRC62～65

＞M8　　　　HRC63～66

HRC30～50（接柄时硬度为 HRC30～45）

外观质量：表面发黑处理，无锈斑、盐渍、碰伤和麻点。

热处理后的中径及倒锥度符合要求。

螺纹部分和切削锥跳动不超过规定要求。

金相组织：机用丝锥回火要充分（≤2 级）。

机用丝锥是加工内螺纹的专用刀具，在机械制造与机床加工等领域的消耗量较大，机用丝锥的常用规格从 M1～M68，按大小分为 3 槽、4 槽、5 槽、6 槽等，要求惹出来后具有高的硬度、良好的耐磨性，以及尺寸稳定性等，图 5-41 为普通机用丝锥的结构形式。

对于整体机用丝锥除用高温盐浴炉淬火外，作者利用 HPV-200 型高压气淬真空炉对其进行了热处理，W9Mo3Cr4V 工艺曲线见图 5-42，其中 D 为丝锥的螺纹直径，单位为毫米。

高速钢机用丝锥的具体真空热处理工艺规范见表 5-2。

图 5-41 普通机用丝锥的结构形式

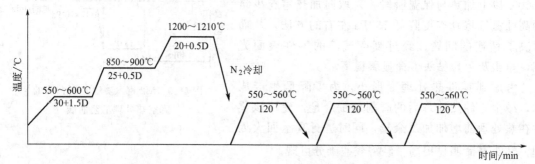

图 5-42 W9Mo3CrV 机用丝锥的真空热处理工艺曲线

表 5-2 W9Mo3Cr4V 钢机用丝锥真空热处理工艺规范[47,48]

丝锥规格	材料	加热温度/℃	冷却压力/bar	冷却到 600℃所用的时间/min
≤M3			2.7～3.0	2.7～3.0
>M3～M8			3.0～3.5	
>M8～M20	W9Mo3Cr4V	1200～1210	3.5～4.0	2.9～3.5
>M20～M33			4.0～4.5	
>M33～M80			4.5～5.0	

注：≤M6 丝锥在真空炉内平整堆集摆放；>M6 则螺纹部分向上柄部插入钢管中。处理后的硬度、晶粒度、变形量均符合热处理的技术要求。

由于真空有除气作用，使材料中阻止晶粒长大的气体杂质和气体化合物得以去除，但对材料的冲击韧性毫无影响，因此加热温度比盐浴炉温度低 10℃。另外经真空炉处理的丝锥可不对柄部退火处理，这是考虑到如果进行了退柄处理则失去了真空淬火的意义了，同时提高了丝锥的疲劳强度。

实例 5 高速钢板牙的真空热处理

材料：W18Cr4V、W9Mo3Cr4V、W6Mo5Cr4V2 钢等

技术要求：

基体平面硬度为 60～66HRC，检查部位在接近刃部的平面处；

螺纹通规通、止规止，即过端塞规全部通过，而止规最多拧近 2～3 个螺距（牙）；

表面光亮；

圆板牙是用来加工外螺纹的专用工具（见图 5-43），其基本结构是一个螺母，轴向开出排屑孔（简称梅花孔）以形成切削齿（刃）前面。圆板牙左右两个端面都磨出切削锥角 2ϕ，齿顶经铲削形成后角 α。在切削过程中其切削锥部分必须有高的硬度、耐磨性，同时又要具有良好的韧性和强度。

高速钢圆板牙的真空热处理是目前国内工具行业的先进工艺，工具制造厂开始生产高速

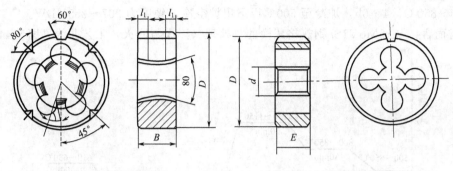

(a) 圆板牙零件图　　　　　　　　　　　　　(b) 圆板牙的形状

图 5-43　普通圆板牙的结构示意图

工具钢圆板牙，它比 9CrSi 材料的圆板牙具有更大的优越性，如硬度高、耐磨性好，切出的螺纹粗糙度好，因此有广阔的市场。但由于盐浴炉处理的螺纹变形大，螺纹尺寸很难保证（符合要求），作者采用 HPV-200 型高压气淬真空炉处理的该类板牙与盐浴炉处理的结果比较见表 5-3。

表 5-3　M12（W9Mo3Cr4V）圆板牙在两种热处理加热炉中技术指标对比[47]

序号	检测项目	盐浴炉处理	高压气淬真空炉处理
1	平面硬度	63～66HRC	63～66HRC
2	螺距偏差	±0.05mm	±0.01mm
3	25 毫米螺距偏差	±0.02mm	±0.008mm
4	牙型角高低减量	10%H 高	2%H 高
5	淬火变形	0.25mm	0.05mm
6	表面粗糙度	Ra6.3	Ra3.2～1.6
7	淬火后加工情况	须清理残盐等	无须加工
8	外观质量	有斑点盐渍	银白色
9	淬火废次品率	5%～7%	0%
10	牙型齿变化	±40′	±8′
11	耐用度	4m	20m

由此可见，真空炉处理的高工钢圆板牙完全保证了精度和尺寸的要求，同时又减少了热处理后的磨削量的 1/2，因此提高了生产效率和降低了热处理成本，可提高使用寿命 4～5 倍以上。

5.4.2　模具的真空热处理

实例 1　4Cr5MoV1Si 钢铝型材热挤压模的真空脉冲渗氮处理

材料：4Cr5MoV1Si 钢

技术要求：基体硬度为 44～50HRC，真空脉冲渗氮层≥0.10mm，表面硬度≥800HV，脆性≤2 级。

锻造后的挤压模应进行球化退火处理，目的是改善组织和降低基体的硬度，消除内应力，获得珠光体＋球状渗碳体组织，以利于切削加工，为最终热处理作好组织准备，退火工艺为 830～850℃×4～6h，炉冷至 500℃以下出炉空冷，硬度为 207～255HBW。

通常而言，4Cr5MoV1Si 钢热挤压模的热处理（淬火与回火）工艺曲线见图 5-44。

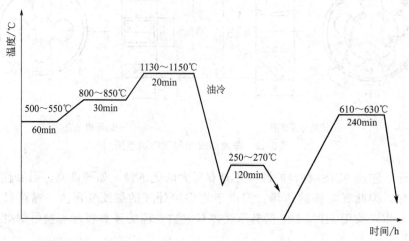

图 5-44　4Cr5MoV1Si 钢热挤压模热处理工艺曲线（盐浴炉）

该挤压模的盐浴炉热处理工艺为：①淬火工艺　一次预热 550～580℃，保温系数 90～120s/mm，二次预热 840～860℃，保温系数 50～60s/mm；加热温度 1180～1200℃，保温系数 25～30s/mm。在静止的热油中冷却，油温在 50～80℃，挤压模表面冷到 200℃左右（从油中提出表面冒青烟而不起火）提出放进 250～300℃的硝盐炉和空气炉中时效，可减少变形和开裂倾向。②回火工艺　由于钢中含有较多的合金元素，在回火过程中会出现二次硬化现象，因此为充分发挥其材料的特性，采用三次回火工艺，只有在前一次工件温度冷到室温后才能进行下一次的回火，回火后的整体硬度在 53～58HRC。

淬火加热是在高温盐浴炉中进行的，模具加热温度为 1130～1140℃。这是考虑到挤压模则应保持高的硬度、红硬性以及足够的强度，故要求尽可能多的碳化物溶解到奥氏体中。

热挤压模主要是热磨损失效，即造成挤压处波浪状和局部凹陷，故对热挤压模进行渗氮处理是十分必要的，4Cr5MoV1Si（H13）热挤压模真空脉冲渗氮工艺曲线见图 5-45，用先抽真空，后通氮气或氨气进行加热升温，到温后先抽真空再通入氨气，使炉压达到一定的数值（10～20kPa），按工艺要求控制氨流量为 0.10～0.20m³/h，并与真空泵协调工作，以保证炉内在以一定的时间内的相对稳定，在保温时间内，要求每小时至少进行 1～2 次抽真空

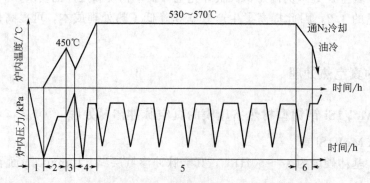

图 5-45　4Cr5MoV1Si（H13）铝型材热挤压模真空脉冲渗氮工艺曲线

1—抽真空；2—通氮气加热；3—装炉；4—抽真空后通氮气和氨气加热升温；

5—保温渗氮；6—抽真空后通氨气冷却

和通氨气的循环交替，以提供炉内充足的活性氮原子，同时，也增大了渗氮气氛的流动性，使模具的表面渗层均匀一致。热挤压模真空渗氮后获得硬度为 1000～1100HV，渗层深度为 0.10～0.20mm 的硬化层。

① 进行真空脉冲渗氮后的挤压模，被赋予了高的硬度、良好的耐磨性、高的疲劳强度和抗咬合性等，其使用寿命可提高 2～3 倍。

② 由于真空脉冲渗氮中循环交替抽真空，使模具表面活性化与洁净化，促进了氮原子的扩散渗入，提高了扩散层中的氮浓度，使微观应力显著提高，氮化后油冷则使过饱和固溶体发生时效，提高了扩散层的硬度，故渗层硬度梯度趋于平缓。

实例 2　W18Cr4V 钢辊压模的真空热处理

材料：W18Cr4V 钢

技术要求：62～64HRC，表面光亮。

图 5-46 为纺织印染机铜芯钢模的辊压模，其选用 W18Cr4V 钢制造，要求硬度为 62～64HRC，在辊子的中间部位 ϕ33mm 处有 47 个高度为 0.12mm 的螺纹，从其工作状态来看，辊压模应进行无氧化加热，确保牙型符合要求，即采用真空热处理。

其真空热处理工艺为 850℃×30min 预热，1280℃×13.5min 加热，真空度为 13.3～1.33Pa，加热保温结束后油淬，模具转移至预备室油淬，模具入油后立即通入氮气（纯度为 99.9%）至 $0.6×10^5$Pa，需要注意的是为确保辊压模的表面不产生"白亮层"，淬火前应采取适当均匀的预冷措施，预冷时间应根据模具的大小、装炉量等确定。

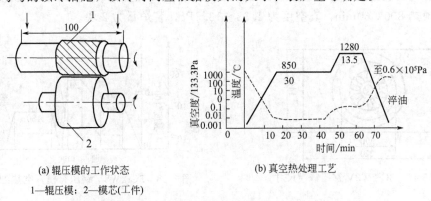

(a) 辊压模的工作状态　　　　(b) 真空热处理工艺

1—辊压模；2—模芯(工件)

图 5-46　W18Cr4V 钢辊压模的工作状态与真空热处理工艺

实例 3　H13 钢气门热锻模的真空热处理

材料：H13 钢

技术要求：46～55HRC，表面光亮，无氧化脱碳。

根据气门锻模的技术要求，锻模采用真空热处理是最为合理的。通常锻模的真空热处理的工艺路线为：汽油清洗锻模→装筐→500～550℃×90min 一次真空预热→800～850℃×60min 二次真空预热→1120～1140℃真空加热×40min 淬火加热与充氮→淬火冷却→热水清洗→590～610℃×240min 二次真空高温回火→质量检验。

采用真空淬火与回火后的锻模硬度在 49～53HRC，整体呈银灰色，型腔变形量在 0.03～0.05mm，满足了尺寸要求，实践证明，经过真空炉高温处理的锻模的使用寿命比低温处理的寿命提高 3～10 倍，比盐浴处理的提高 2～3 倍[4,28]。

H13 钢锻模本身合金元素总量比 3Cr2W8V 钢少，1050℃淬火加热温度不能充分发挥 H13 钢材料的性能，通过提高淬火温度可提高奥氏体的含碳量及合金化程度，高温回火马氏体的分解、晶粒再结晶长大和碳化物的析出聚集粗化过程将被推迟并减慢，故确保了锻模具有更高的稳定性。

考虑到 H13 钢锻模本身受到强烈的冲击，对锻模的热稳定性要求较高，因此要求有高的硬度和良好的耐磨性，将加热温度提高到 1140℃左右使尽可能多的碳化物溶解到奥氏体中，锻模可保持高的硬度、红硬性以及足够的强度。

H13 钢锻模宜采用热油进行淬火，否则会造成冷却不充分而降低基体的硬度。容易造成热磨损与型腔塌陷，当基体硬度低于 35HRC，则无法保持正常的服役需要。

实例 4　3Cr2W8V 钢压铸模的真空热处理

材料：3Cr2W8V 钢

技术要求：45～53HRC，表面光亮，无氧化脱碳。

3Cr2W8V 钢制 XD-20 型电机转子铝压铸模零件外形尺寸为 220mm×140mm×20mm，如图 5-47 所示。其单件重量为 7kg。模具型腔除承受高的压力外，还承受高温铝液的冲刷。需要用力棒打和锤击进行手工脱模，使用过程中采用水冷却模具。该模具的工作条件恶劣，要求其具有高的耐磨性、耐热疲劳性、足够的硬度与韧性等，压铸模要求表面质量高，变形小。具体技术要求为整体硬度为 47～51HRC，表面清洁，$\phi 90$ 处的变化为 $\phi 90_{-0.23}^{0}$。

根据该压铸模的技术要求，采用 WZ-20 型真空淬火炉进行真空热处理，其优化工艺见图 5-48，预热 800℃60min，真空度为 1.33～13.3Pa，装炉量为 2 块。

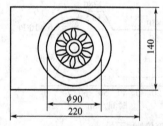

图 5-47　3Cr2W8V 钢压铸模尺寸

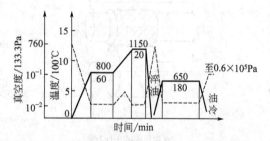

图 5-48　3Cr2W8V 钢压铸模真空热处理工艺

其中 800℃的预热式为了减少变形，淬火温度的选择的原则是根据 3Cr2W8V 钢的热疲劳曲线（见图 5-49），从图可知在 1180℃以下，热疲劳抗力随淬火温度的提高而升高，在 1180℃以上则随淬火温度的提高而降低，但当淬火温度过高时，钢中的奥氏体合金元素的固溶量增加，合金化程度提高，但高温加热也带来了晶粒的粗大，这对热疲劳抗力反而是不利的，故选用淬火温度为 1150℃。

回火温度的选择是考虑到综合模具对热疲劳性能、硬度、韧性的要求而选择的，因淬火温度的提高，故将回火温度提高到 670～680℃，可推迟热疲劳裂纹的形成时间，扩散速度降低。真空度的选择以高于 133～1333Pa 或低于 1.33Pa 为宜。这是考虑到真空度太低时，不宜保证模具型腔的表面质量，真空度太高则因高温加热易引起钢表面元

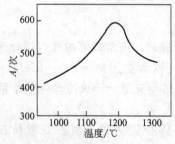

图 5-49　淬火温度对 3Cr2W8V 钢疲劳抗力的影响

素的蒸发，实际生产中在真空度超过 1.33Pa 时，可采用回充高纯氮气使真空度保持在 1.33Pa 以下。

实例 5　3Cr2W8V 钢热挤压模真空热处理

材料：3Cr2W8V 钢

技术要求：硬度 48～55HRC。

3Cr2W8V 钢热挤压模的主要强韧性指标是高温强度、断裂韧度、冷热疲劳抗力与裂纹扩展速率等，原采用盐浴炉处理，表面脱碳、不光亮、硬度不均匀，有时产生型腔内盐浴腐蚀而报废，使用寿命在 1500 件，而采用真空淬火＋真空回火后，表面光亮，无脱碳，使用寿命为 4000 件，比原来提高 1 倍多。

3Cr2W8V 钢热挤压模真空热处理工艺曲线见图 5-50。

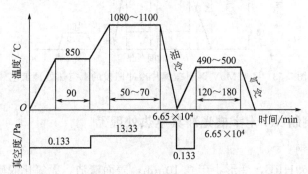

图 5-50　3Cr2W8V 钢热挤压模真空热处理工艺曲线

实例 6　Cr12MoV 钢制硅钢片冷冲模的真空淬火

材料：3Cr2W8V 钢

技术要求：硬度 62～65HRC，孔变形量≤0.05mm。

Cr12MoV 钢制硅钢片冷冲模的零件图见图 5-51，外形为 100mm×80mm×20mm，要求热处理后的整体硬度为 62HRC 以上，ϕ8mm 定位销孔变形在 0.016mm 以内，表面光洁。

原采用如图 5-52 所示的工艺曲线，在高温箱式炉中进行加热的，600℃预热 60min，1000℃保温 30min，淬入 400℃的硝盐炉中 10min，再转入 180℃的热油中进行 120min 的冷

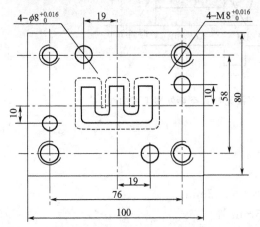

图 5-51　Cr12MoV 钢制硅钢片冷冲凹模的形状与尺寸

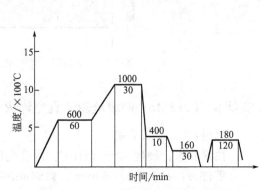

图 5-52　冷冲凹模的原热处理工艺曲线

却。尽管硬度在 62HRC，但 $\phi8mm$ 定位销孔变形在 $-0.05mm$ 左右，超过了技术要求，进行修复是十分困难的。

采用真空热处理曲线见图 5-53，850℃预热 50min，1040℃加热保温 30min 后淬油，模具入油后立即充普通氮气（99.99%）至 0.6×10^5 Pa，出炉后在 180℃的油槽中回火 120min。真空处理后的模具表面清洁，无氧化和无脱碳层，保证了型腔边缘等处的硬度，使模具的使用寿命提高。

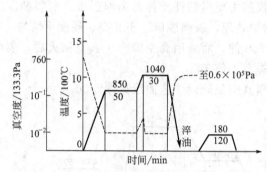

图 5-53　Cr12MoV 钢制硅钢片冷冲凹模的真空热处理工艺

实例 7　60Si2Mn 钢制 M4 十字槽光冲真空热处理[28]

材料：60Si2Mn 钢

技术要求：57~59HRC，变形小于 0.10mm，表面清洁，无氧化脱碳等。

零件：四序冲模

M4 十字槽原冲采用 T10A 钢在箱式炉中进行常规处理，表面状况及硬度均较差，寿命短，成本高。而改用 60Si2Mn 钢经过真空热处理后，表面状态、硬度、变形等均优于常规热处理，平均寿命达 3 万件，其真空热处理工艺曲线见图 5-54。

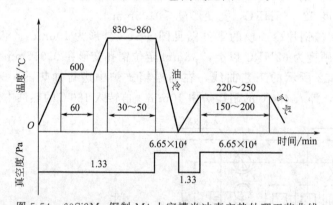

图 5-54　60Si2Mn 钢制 M4 十字槽光冲真空热处理工艺曲线

实例 8　Cr12MoV 钢滚丝轮的真空淬火

材料：Cr12MoV 钢

技术要求：硬度 63~66HRC，内孔变形小于 0.02mm。

零件为：$\phi200mm \times 60mm$，$\phi150mm \times 75mm$ 等

真空热处理在 VFH-100PT 的加压气淬真空炉内进行的，装炉前用汽油或酒精将滚丝轮

清洗干净，淬火时通入高纯氮气加压气淬，压力为 $2 \times 10^5 Pa$，温度降至 100℃ 出炉即可，回火则在低温油浴或硝盐炉中进行即可，具体见图 5-55。

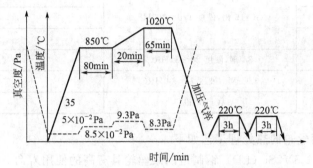

图 5-55　Cr12MoV 钢制滚丝轮的真空热处理工艺曲线

实例 9　CrWMn 钢制滚丝轮真空热处理[29]

材料：CrWMn 钢

技术要求：基体硬度 60～64HRC。

CrWMn 滚丝轮原采用盐浴淬火，不仅造成环境污染，且表面脱碳、螺纹变形大、成品合格率低等，滚制 M6 螺栓（Q235 材料），每幅的使用寿命在 20 万件。采用真空热处理后螺纹无变形，不但韧性好，而且硬度高，每幅的使用寿命高达 100 万件以上，是常规热处理的 4 倍以上，CrWMn 滚丝轮的真空热处理（淬火＋回火）工艺曲线见图 5-56。

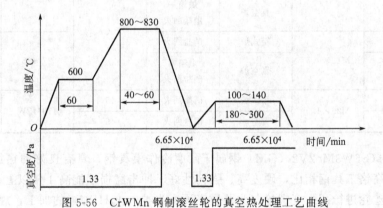

图 5-56　CrWMn 钢制滚丝轮的真空热处理工艺曲线

实例 10　几种材料滚丝轮的真空热处理与普通热处理的对比

材料：Cr12MoV、7Cr7Mo3V2Si（LD）、M2 钢、65Nb 钢、GM 钢等

技术要求：基体硬度 60～64HRC

滚丝轮除了上述盐浴炉、可控气氛炉等具有保护措施的加热设备外，采用真空热处理则解决了表面抛光、模具的变形大、氧化和脱碳问题，Cr12MoV 钢制滚丝轮与搓丝板真空处理的淬火冷却有高压氮气、真空油以及气淬油冷等工艺手段，而其回火则可以采用普通的硝盐炉或空气电阻炉等完成，其使用寿命明显高于其他热处理设备，具体实例见表 5-4。

表 5-4 Cr12MoV 钢制滚丝轮真空热处理后的使用寿命情况

规格型号	材质与硬度	使用寿命/万件
M4		＞3
M5	GCr15 钢,硬度 170～207HB	8.0
M6		8.0
M27×3	35 钢,硬度 28～31HRC	2.2
M27×3	35CrMo,硬度 26～30HRC	＞0.9
3/4″—14	1Cr18Ni9Ti	1.4

其他几种材质滚丝轮的热处理工艺如下。

(1) 采用 7Cr7Mo3V2Si (LD) 钢制造的滚丝轮具有高的使用寿命。

该钢制滚丝轮在真空炉中加热淬火时,淬火温度为 1020～1050℃,回火温度为 200～220℃,其使用寿命见表 5-5,可以看出,其平均使用寿命比箱式炉加热淬火提高 35%～40%,在加工普通螺栓时可提高 15%,加工调质的高强度螺栓时约提高使用寿命 60%～80%。

表 5-5 7Cr7Mo3V2Si (LD) 钢滚丝轮真空热处理与其他材料普通热处理后使用寿命的比较

滚丝轮材质	规 格	淬火炉	回火方法	被加工螺栓		滚丝轮寿命/万件
				材料牌号	硬度/HRC	
Cr12MoV		箱式炉	硝盐回火	45	27～36	0.65
7Cr7Mo3V2Si		真空炉	烘箱回火			1
Cr12MoV	M10×1.5	真空炉	烘箱回火	40Cr	25～30	0.99
7Cr7Mo3V2Si		真空炉	烘箱+硝盐回火			1.85
Cr12MoV		箱式炉	硝盐回火		27～35	1.3
7Cr7Mo3V2Si	M12×1.5	真空炉	烘箱+硝盐回火			2.4
Cr12MoV		箱式炉	硝盐回火	45	179HBW	6
7Cr7Mo3V2Si	M20×1.5	真空炉	硝盐回火	45		8

(2) 选用 9Cr6W3Mo2V2 (GM) 钢属于耐磨冷作模具钢,具有良好的热加工和电加工性能,与高碳高铬工具钢相比,硬度高、强韧性好、冲击磨损性能高 1 倍以上。

该钢制滚丝轮进行高强度螺栓 (为调质态硬度为 41～45HRC) 的加工,规格为 M10×1 的 42CrMo 钢螺栓,其使用寿命比 Cr12MoV 提高 13 倍以上 (具体见表 5-6)。

表 5-6 钢制滚丝轮加工高强度螺栓的使用寿命

滚丝轮材质	GM	GM	Cr12MoV
热处理方式	真空炉	盐浴炉	真空炉
硬度/HRC	64.5	64.5	61.5
使用寿命/件	最高 8800 平均 7000	平均 5000	最高 500 最低 350
失效形式	牙尖疲劳	牙尖疲劳	牙尖疲劳及齿根部开裂、崩牙等

(3) 几种材料的热处理工艺列于表 5-7 中。

表 5-7 M2、CrWMn、LD、65Nb、GM 等钢制滚丝轮的热处理工艺与特点

材料名称	CrWMn	M2	LD	65Nb	GM
预热	680℃箱式炉或盐浴炉预热	500℃箱式炉预热,850～860℃盐浴预热	600℃、850℃两次盐浴预热		600℃、850℃两次盐浴预热
加热	820℃加热,	1200～1210℃加热	1120℃加热		低温加热淬火:1070～1080℃加热
冷却	油冷	600℃盐浴分级+260～280℃硝盐等温 2h	600～620℃中性盐浴分级后,转入280℃×2h硝盐等温		油冷
回火	200℃回火	580℃×1h+590℃×1h+560℃×1h	回火 550℃×1h×3 次		低温回火:150～180℃×2h×2 次
硬度/HRC	59～62	61～63	61～61.5		62～63
化学热处理	碳氮共渗:810℃×3.5h,共渗层深0.3mm,800HV,基体硬度为 58～60HRC			氮碳共渗:550℃×3h	
使用寿命/万件	20 万件	M4～M8 由 1.5万件提高到 4.2万件	加工 45 钢调质处理,硬度 28～32HRC 的螺栓,2万件		加热 45、Q235 螺栓,硬度在 30HRC 以下,3 万～4 万件
失效形式	剥落、堆牙、磨损和崩刃	磨损	崩牙、齿面磨损或成片剥落	磨损、崩牙	塌陷、崩牙
真空热处理	600℃预热,810～830℃加热,120～140℃×3～4h×2 次回火,使用寿命提高5 倍		600℃ 和 800～850℃预热,1020～1050℃加热,油冷,200～220℃回火,硬度 59～60HRC,使用寿命提高 60%～80%	600℃ 和 800～850℃预热,1140～1150℃加热,油冷,540℃×2h保护气氛回火,使用寿命提高3 倍以上	600℃ 和 800～850℃预热,1140～1160℃加热,氮气预冷、入油,140℃以上出炉,530℃×550℃×2h×2 次回火,硬度在64.5～65HRC,使用寿命提高 5 倍以上
特点	采用碳氮共渗、真空热处理可提高模具的使用寿命	低温淬火＋高温回火	真空热处理采用了低淬、低回的非常规热处理工艺	真空淬火＋氮碳共渗	低温淬火＋低温回火,滚丝轮有较好的抗裂纹扩展能力;真空淬火后滚丝轮适于加工高强度螺栓

实例 11 Cr12MoV 钢制搓丝板（滚丝轮）真空热处理[29]

材料：Cr12MoV 钢

技术要求：基体硬度 60～64HRC

Cr12MoV 钢制 M2.5 搓丝板用于搓 45 钢自行车辐条螺纹，长期均用盐浴淬火，硬度比较低，脱碳且畸变等，最高使用寿命 12 万件。采用真空淬火与回火后，硬度高、畸变小，

表面光洁，平均使用寿命为 68.85 万件，提高使用寿命 4 倍多，其真空热处理工艺曲线见图 5-57。

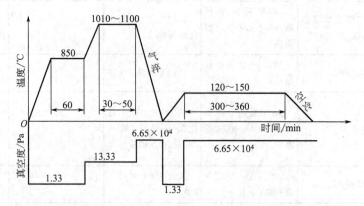

图 5-57　M2.5 螺纹 Cr12MoV 钢制搓丝板真空热处理工艺曲线

一般加工 M3～M36 螺纹的 Cr12MoV 钢制搓丝板采用 980℃预热、1050℃淬火加热油冷后，在 170℃回火 2 次，每次 90min，具体真空热处理工艺如图 5-58 所示。

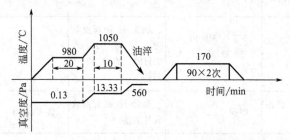

图 5-58　一般 Cr12MoV 钢制搓丝板的真空热处理工艺曲线

其与盐浴炉处理的搓丝板畸变相比，明显减小，其畸变情况与使用寿命见表 5-8 和表 5-9。

表 5-8　Cr12MoV 钢制搓丝板真空与盐浴热处理后的畸变[4,49]

热处理方法	淬火前畸变量/mm		淬火、回火后畸变量/mm		净畸变量/mm	
	宽度方向	长度方向	宽度方向	长度方向	宽度方向	长度方向
真空淬火	0.01～0.02	0.015～0.03	0.01～0.02	0.01～0.02	0～0.01	0.005～0.02
盐浴淬火	0.01～0.02	0.01～0.03	0.03～0.07	0.03～0.05	0.01～0.06	0～0.03

表 5-9　Cr12MoV 钢制搓丝板真空热处理后的使用寿命[4,50]

规格或型号	螺栓材料	使用寿命/万件
M6	1Cr18Ni9Ti	4.91
M8		55
M10	35 钢以上高强度材料	64
M12		23
M12 牢配	40Cr 调质处理，28～31 HRC	4.4～5.5
5/16"美制	普通钢	60.3
10～24 美制		76

Cr12MoV 钢制滚丝轮 M20×1.5，内孔 54mm，外径为 153mm，厚度为 60mm，单重 5.75kg。经过真空热处理：850℃前模具在 $6.65×10^{-2}$Pa 下加热，在 850℃×60min 后气压 $2.68～3.99×10$Pa，1020℃×55min，气压 $2.66～3.99×10^{-1}$Pa，在 1020℃保温结束后通纯氮气，压力为 $3×10^5$Pa。不同方法处理的滚丝轮寿命如表 5-10 所示。

表 5-10　不同方法热处理的滚丝轮寿命对比

规格/mm	材料	热处理方法	滚压螺栓数量/件	螺栓硬度/HRC	螺栓材料	备注
M12×1.25	Cr12MoV	高温箱式炉	22000	32～36	40Cr	调质螺栓
M12×1.25	Cr12MoV	真空气淬炉	24500	32～36	40Cr	调质螺栓 总数 35800 件
			11300	24～28		
M12×1.25	Cr12MoV	真空气淬炉	98450	普通螺栓	35	滚丝轮 无任何磨损

实例 12　Cr12 钢冷冲裁模的真空热处理[46]

材料：Cr12 钢

技术要求：60～65HRC

Cr12 钢具有高的淬透性、回火稳定性，并产生二次硬化，从而使钢具有很高的硬度和耐磨性，另外淬火畸变小，广泛用于冷镦模、冷冲模、滚丝轮、切边模、拉丝模、冷冲裁模等冷作模具，该钢的缺点是导热性差、塑性低、变形抗力大、锻造温度窄、共晶碳化物偏析严重，降低了钢的强韧性，导致模具的早期失效。

图 5-59 为 Cr12 钢冷冲裁模的真空热处理工艺曲线，热处理后模具硬度在 60～63HRC，Cr12 钢冷冲裁模一次刃磨冲裁 60 万次，总使用寿命达 200 万次以上。

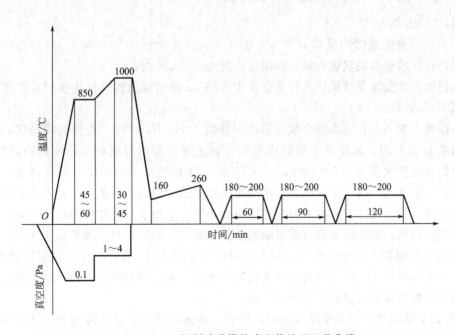

图 5-59　Cr12 钢制冲裁模的真空热处理工艺曲线

实例 13 Cr12 钢塑料模具真空热处理[46]

材料：Cr12 钢

技术要求：基体硬度 55～60HRC

Cr12 钢塑料模具的孔和眼较多，壁厚差大，机加工耗时多，在盐浴淬火后不但变形大、沾盐、难清洗等缺陷，且有 3/4 的淬火后开裂，真空热处理后，无表面脱碳，光亮，变形小，无开裂，提高了成品合格率，Cr12 钢塑料模具的真空热处理工艺如图 5-60 所示。

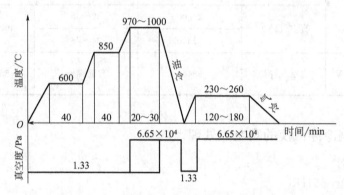

图 5-60 Cr12 型塑料模具的真空热处理工艺曲线

需要注意的是，Cr12 型（如 Cr12MoV 钢等）适用于制造要求耐磨性的大型、复杂和精密的塑料模；高速钢等适用于制造要求强度高和耐磨性好的塑料膜，GD 钢取代 Cr12MoV 钢或基体钢制造大型、高耐磨、高精度塑料膜；降低了生产成本，提高了使用寿命。

实例 14 基体钢 65Nb 钢制挑线连杆挤压模的真空渗碳

材料：65Nb 钢

技术要求：渗碳层碳的质量分数不大于 0.95%、不大于 1.25% 和 1.6% 左右的三分之一，不允许存在网状和块状碳化物，渗碳层深度为 0.6mm 左右。

采用内燃式小型真空渗碳炉进行真空渗碳，65Nb 钢制挑线连杆挤压模的真空渗碳工艺曲线如图 5-61 所示。

真空渗碳工艺要点：①渗碳介质采用体积分数 70%CH_4＋30%H_2 作为稀释气；②起始真空度通常为 1.33Pa，起始真空度低则有利于防止零件加热时氧化和较快提高炉气碳势；③渗碳时的真空度通常为 2.7×10^4Pa～4×10^4Pa，炉内充入渗碳介质后其真空度下降，真空度低则炉气碳势高，故应依据碳势要求确定强渗期的炉内真空度的大小；④渗扩比与炉压有一定的关系，强渗时强渗和扩散时间的比值大小决定了渗碳层碳浓度的高低，渗扩比值高则渗层碳浓度也高，低浓度渗碳（渗层碳的质量分数≤0.95%）时，渗扩比为 1:5～1:4，中浓度渗碳（渗层碳的质量分数≤1.25%）时，渗扩比为 1:3～1:2；⑤基体钢渗碳时，一般不会产生晶粒粗化，因此常采用渗碳后直接淬火，为获得钢的红硬性，宜采用正常温度淬火，回火温度与次数与普通回火要求一致。

65Nb 钢制挑线连杆挤压模经过渗碳、淬火、回火处理后，比未渗碳的模具寿命高 2.5 倍，比 Cr12MoV 钢制模具提高寿命 7.5 倍。

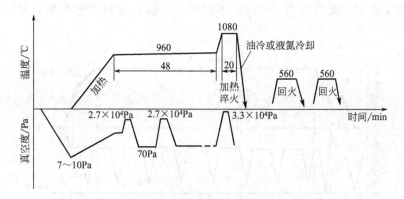

图 5-61　65Nb 钢制挑线连杆挤压模的真空渗碳工艺曲线

实例 15　卡车曲轴凸轮轴真空渗碳处理

材料：27MC5（质量分数为 $0.25\%\sim0.29\%C$，$1.0\%\sim1.4\%Mn$，$1.0\%\sim1.3\%Cr$）

技术要求：渗碳层深度≥1.75mm，表面硬度≥62HRC

曲轴凸轮轴要求的渗碳层比较深，用传统的气体渗碳方法，工艺时间相当长，而采用低压真空渗碳方法，时间可大为缩短，曲轴的真空渗碳工艺与处理结果见表 5-11。

表 5-11　曲轴凸轮轴低压真空渗碳的工艺参数和处理结果[3]

工艺及检验项目	工艺参数及处理结果	工艺及检验项目	工艺参数及处理结果
渗碳温度/℃	970	淬火方法	0.4kPa 氮气淬火
总时间/min	420	表面硬度/HRC	64
渗碳时间/min	224	心部硬度/HV	410
扩散时间/min	196	渗碳深度/mm	1.97
渗碳脉冲次数	12	渗层深度波动/mm	±0.10
扩散脉冲次数	12		

从表中可知，低压真空渗碳总时间仅需 7h 即可达到 1.97mm 的渗层深度，而在可控气氛渗碳时，则需要 16h 以上。同时可以看出，渗层要求越深，节约时间的绝对值和相对值均增大，因而，节能和提高生产率的效果越明显。

实例 16　4Cr5MoSiV1（H13）钢热挤压模真空脉冲渗氮

材料：4Cr5MoSiV1（H13）

技术要求：渗氮层深 0.10～0.20mm，表面硬度 HV900 以上。

采用渗氮炉、抽真空装置（旋片式真空泵）、炉压及真空系统组成，另配以自制的氮气净化罐（$\phi500mm\times1500mm$）和转子流量计等，采用 CrNi－NiSi 铠装热电偶（$\phi3mm\times1500mm$）和数字测温仪表（0～950℃）进行控温，料筐尺寸为 $\phi500mm\times1200mm$。

真空脉冲渗氮工艺曲线见图 5-62，采用先抽真空后通氮气或氨气进行加热升温，到温后先抽真空再通入氨气，使炉压达到一定的数值（10～20kPa），按工艺要求控制氨流量和真空泵工作的协调，以保证炉压在一定时间内的相对稳定，在保温时间内，要求每小时至少进行 1～2 次的抽真空和通氨气的交替循环，目的是提供充足的活性氮原子，同时，也增大了渗氮气氛的流动性，使工件表面渗层均匀一致。

试验选择了 6 炉（编号为 N1～N6）不同的真空脉冲渗氮工艺参数，其结果如表 5-12 所示。

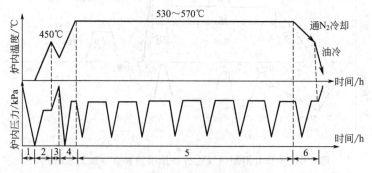

图 5-62　真空脉冲渗氮工艺曲线

1—抽真空；2—通氨气加热；3—装炉；4—抽真空后通氮气和氨气加热升温；

5—保温渗氮；6—抽真空后通氨气冷却

表 5-12　真空脉冲渗氮试验结果

试验号	渗氨温度 /℃	渗氮时间 /h	氨流量 /(m³/h)	炉内压力 /kPa	渗层厚度 /mm	表面显微硬度 /HV	渗层组织特征
N₁	530	4	0.10	14.2	0.07	916	无白亮层，只有扩散层
N₂	550	4	0.12	14.2	0.10	1027	无白亮层，只有扩散层
N₃	570	4	0.30	14.2	0.125	1103	白亮层＋扩散层
N₄	550 570	1 3	0.20 0.10	20.2	0.14	1017	无白亮层，只有扩散层
N₅	570 570	2 1	0.10 0.20	16.2 11.2	0.11	1051	白亮层＋扩散层
N₆	570	3	0.03	18.2	0.03	686	无白亮层，只有扩散层

注：渗层组织中均无脉状晶组织存在。

图 5-63 为试验的 N₃ 与 N₄ 的真空渗氮层显微硬度分布曲线，两者的硬度分布都较为平缓，这是由于真空渗氮中循环交替抽真空，使工件表面活性化和洁净化，促进了更多的氮原子的扩散渗入，提高了扩散层中的氮浓度，也溶解了更多的原子，使其微观应力显著提高，氮化后采用了油冷处理，使过饱和的固溶体发生时效，从而大大提高了扩散的硬度，使渗层

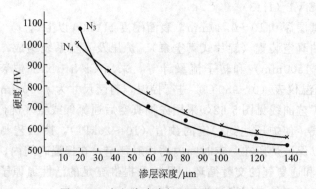

图 5-63　真空脉冲渗氮层显微硬度分布

硬度梯度趋于平缓。

相对而言，N_4 的硬度分布比 N_3 更为平稳，主要是 N_3 的试样表层形成了白亮氮化物，造成相邻的次表层合金元素贫化，使最外层的白亮层与次表层的硬度梯度特别陡峭，会影响到热挤压模在热挤压过程中所承受的热疲劳状态，产生渗层剥落现象，从而降低了模具的挤压寿命，文献指出[1,2]，仅有扩散层而无氮化物层（白亮层）的氮化层韧性最好。

实例 17　38CrMoAlA 钢制挤塑机螺杆离子渗氮

材料：38CrMoAlA 钢

技术要求：渗氮层≥0.40mm，表面硬度≥1100HV，心部硬度≥255～330。

38CrMoAlA 钢加工工艺流程为：下料→正火热矫直→粗车外圆→调质处理→精车外圆与铣螺纹→高温回火→磨外圆与螺纹抛光→离子渗氮→磨外圆与螺纹抛光。

38CrMoAlA 钢离子渗氮工艺见表 5-13。

表 5-13　38CrMoAlA 钢制挤塑机螺杆离子渗氮

工序名称	工艺执行与结果
正火热矫直	正火温度为(930±10)℃,保温按 1min/mm 执行
调质处理	在 5m 深的井式炉于(930±10)℃加热,保温按 1min/mm 计,油淬。在 3m 的井式炉回火,回火温度(620±10)℃,保温时间按 2min/mm,油冷,超差者经过校直后,再进行一次(600±10)℃,一般保温 120min
高温回火	回火温度为 600±10℃,保温 120min 后空冷
离子渗氮	LD-00 型 3m 深井式离子渗氮炉。额定输出直流电流 100A,极限真空度 6.66Pa,最高工作温度 650℃,最大装炉量 2t,工作室的尺寸为 φ750×2500mm
离子渗氮工艺	直流电压:700、800V 直流电流:25～50A 真空:266.64～666.6Pa N_2 流量:0.8～1.2L/min 第一阶段:(510±15)℃×18h 第二阶段:570℃×16h 第三阶段:(480±10)℃ 螺杆心部硬度 269～327HV 表面硬度:1100～1324HV0.2 渗氮层深度:0.45～0.51mm

实例 18　W9Mo3Cr4V 钢制十字槽冲头的真空脉冲氮碳共渗

材料：W9Mo3Cr4V 钢

技术要求：氮碳共渗层 0.15～0.25mm。

该十字槽（见图 5-64）在服役过程中，要承受大的冲击、压缩、拉伸和弯曲等应力的作用，失效形式为槽筋疲劳断裂，磨损失效情况较少。采用 T10 钢制十字槽冲头盐浴处理后的平均寿命只有 3 万件。

采用 W9Mo3Cr4V 钢制该冲头，采用真空热处理（见图 5-65）并进行真空脉冲氮碳共渗（见图 5-66）后，采用的渗剂为 50%C_3H_8＋50%NH_3，冲头的使

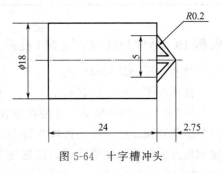

图 5-64　十字槽冲头

用寿命高达 30 万件，显示出表面处理的优势。需要说明的是，W9Mo3Cr4V 钢冲头经过盐浴淬火、回火后的寿命为 3.5 万件，真空淬火＋真空回火后寿命为 9 万件。

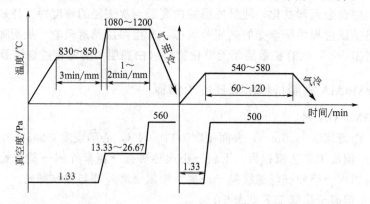

图 5-65　W9Mo3Cr4V 钢制十字槽冲头的真空热处理工艺曲线

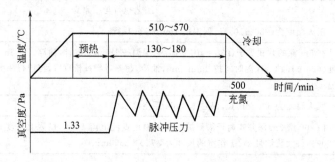

图 5-66　W9Mo3Cr4V 钢制十字槽冲头的真空脉冲氮碳共渗处理工艺曲线
（流量：8010～2000L/h；压力：20～51kPa）

W9Mo3Cr4V 钢制十字槽冲头，经过真空氮碳共渗处理后的效果见表 5-14，可以看出气体氮碳共渗约为 18 万件，而真空氮碳共渗远远超过盐浴淬火、真空淬火的效果。

表 5-14　W9Mo3Cr4V 钢制冲头的不同表面处理后效果对比

加工产品				热处理工艺	使用寿命/万件	失效形式
型号	规格	材料	硬度/HBW			
GB819-76	M5	Q235	143～200	气体氮碳共渗	0.9～38（平均 18）	掉芯掉块
GB819-76			189～190	真空氮碳共渗	7.8～45（平均 26）	

实例 19　W9Mo3Cr4V 钢 M8 孔冲真空淬火与深冷处理[46]

材料：W9Mo3Cr4V 钢

技术要求：62～65HRC。

M8 孔冲为四序模具，孔冲在服役过程中受到强烈的压应力、弯曲应力及退模时的拉应力和擦伤磨损，故工作条件极为苛刻。因此要求该孔冲要具有足够的抗压强度、弯曲疲劳强度和良好的韧度、耐磨性等，以预防早期的断裂与磨损失效。

M8 孔冲原采用 W18Cr4V 钢制造，平均使用寿命在 10259 件，失效形式多为断裂与磨损等。采用 W9Mo3Cr4V 钢制造孔冲，并进行真空预深冷复合处理，工艺曲线见图 5-67。

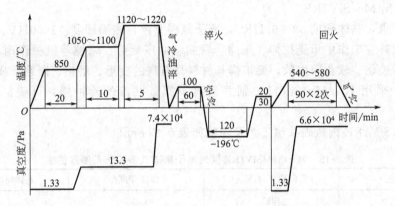

图 5-67　W9Mo3Cr4V 钢 M8 孔冲真空与深冷处理复合热处理工艺曲线

采用真空淬火＋深冷＋二次回火处理后，孔冲的硬度比相同温度淬火＋三次回火的硬度高 1～2HRC，金相组织为回火马氏体＋碳化物＋少量残留奥氏体（2.6%）。

W9Mo3Cr4V 钢制造孔冲真空热处理后平均寿命为 55776 件，W9Mo3Cr4V 钢制造孔冲真空＋深冷处理后平均寿命为 107541 件，少数正常磨损的寿命高达 16 万～19 万件，比单纯的真空热处理高出一倍多，达到每幅孔冲寿命 8 万～10 万件的国际先进水平。

实例 20　W9Mo3Cr4V 钢制螺母真空热处理淬火及深冷处理复合工艺[29]

材料：W9Mo3Cr4V

热处理要求：61～65HRC

螺母冲孔模是标准件生产中的关键模具之一，国内有些单位采用 W18Cr4V 钢制作，一般使用寿命在 1 万～2 万件，失效形式多为断裂和磨损。而采用 W9Mo3Cr4V 钢制作螺母冲孔模，进行真空淬火与回火处理，使用寿命可达 3 万～8 万件，而经过真空淬火＋深冷处理后的模具使用寿命达 8 万～18 万件，其真空热处理及深冷处理的复合工艺见图 5-68。

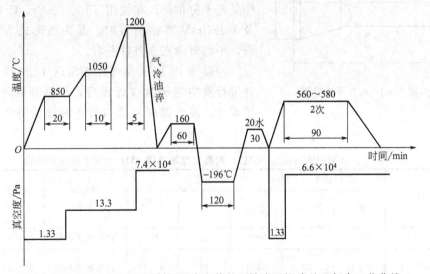

图 5-68　W9Mo3Cr4V 钢制螺母真空热处理淬火及深冷处理复合工艺曲线

实例 21　7Cr4Mo4SiV1RE 钢板弹簧冲头离子氮碳共渗

材料：7Cr4Mo4SiV1RE

热处理要求：基体硬度 58～62HRC，离子氮碳共渗，表面硬度≥1000HV。

该冷冲模具在工作中承受拉伸、压缩、弯曲、冲压疲劳、摩擦等机械作用，常因脆断、塌陷、磨损、咬伤、软化而失效，要求模具材料具有高的变形、磨损、断裂、疲劳等抗力及抗咬合能力，采用 7Cr4Mo4SiV1RE 钢并经离子氮碳共渗的冷冲模，可获得良好的应用效果。

7Cr4Mo4SiV1RE 钢氮碳共渗工艺及性能如表 5-15 所示。

表 5-15　7Cr4Mo4SiV1RE 钢的离子氮碳共渗工艺及渗层性能

共渗工艺	表面硬度/$HV_{0.2}$	渗层深度/	基体硬度/$HV_{0.2}$
520℃×2h	1097	0.12	
550℃×2h	1300	0.16	720
520℃×8h	1178	0.30	

7Cr4Mo4SiV1RE 钢经 1100℃淬火＋540℃×2h，2 次回火处理后抗压强度为 2900～3100MPa，冲击韧性 α_k 为 35～50J/cm^2，回火组织中有少量的下贝氏体。

共渗气氛：NH_3：C_2H_5OH＝9：1，真空度为 1.05kPa。

板簧冲压冲头在冲 60Si2Mn 或 65Mn 时，常因开裂、崩刀而失效，用 7Cr4Mo4SiV1RE 钢制板簧冲头在 1040℃油淬＋570℃×2×2 次回火，再进行 530℃×3h 的离子氮碳共渗，模具的基体硬度为 58～60HRC，表面硬度≥1000HV，使用寿命比原模具提高 4 倍。

实例 22　6Cr5Mo3W2VSiTi（简称 LM2）钢制六方下冲模的真空氮碳共渗

材料：6Cr5Mo3W2VSiTi 钢

热处理要求：氮碳共渗层深度 0.10～0.20mm，表面硬度≥850$HV_{0.2}$。

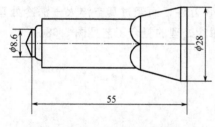

六方下冲模（见图 5-69）工作时，要承受周期性的轴向压力，冲击应力及弯曲应力的作用，故工作条件十分苛刻。在使用 T10、9SiCr、Cr12MoV 以及 W18Cr4V 等钢制造时，其失效形式为崩块和磨损，平均寿命在 3 万件左右。

图 5-69　M10 六方下冲模图

冲模采用 6Cr5Mo3W2VSiTi（LM2）钢制造，并进行真空氮碳共渗处理后，可显著提高模具的使用寿命，真空氮碳共渗六方下冲模的寿命如表 5-16 所示。

表 5-16　6Cr5Mo3W2VSiTi（LM2）钢真空氮碳共渗 M10 六方下冲模的寿命

模具材料	使用设备		加工零件			热处理工艺	寿命/万件	失效形式
	型号	件/min	规格	材料	硬度/HBW			
7Cr7Mo3V2Si	241-12	70	M10	15	215	真空氮碳共渗	24～54	过渡处
6Cr5Mo3W2VSiTi	241-12	70	M10	15	197～215	真空氮碳共渗	35～43	开裂、剥落

续表

模具材料	使用设备		加工零件			热处理工艺	寿命/万件	失效形式
	型号	件/min	规格	材料	硬度/HBW			
6Cr5Mo3W2VSiTi	241-12	70	M10	15	197	气体氮碳共渗	22~26	开裂
7Cr7Mo3V2Si	241-12	70	M10	15	197~215	离子氮碳共渗	23~25	剥落
6Cr5Mo3W2VSiTi	241-12	70	M10	15	197~215	真空离子渗氮	33~38	开裂、掉块

实例 23 6Cr5Mo3W2VSiTi（简称 LM2）钢制母螺钉模的真空热处理

材料：6Cr5Mo3W2VSiTi 钢

热处理要求：60~64HRC

母螺钉是用于滚轧螺纹工具的螺纹，其在工作过程中齿根部要受到反复弯曲应力的作用，失效形式为脆断和崩牙。

用 W18Cr4V 钢制造的 M8 弧形母螺纹，一般可轧 2~3 块 504 型弧形丝板，使用寿命低，而选用 6Cr5Mo3W2VSiTi 钢并采用真空热处理，可使母螺钉的使用寿命获得数倍的提高。

该母螺钉模采用盐浴与真空热处理工艺进行，见图 5-70 与图 5-71。

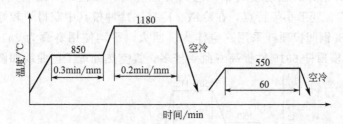

图 5-70 6Cr5Mo3W2VSiTi 钢母螺钉模盐浴热处理工艺曲线

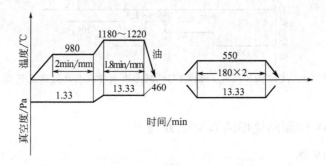

图 5-71 6Cr5Mo3W2VSiTi 钢母螺钉模真空热处理工艺曲线

6Cr5Mo3W2VSiTi 钢真空热处理后的性能如表 5-17 所示。

6Cr5Mo3W2VSiTi 制母螺钉经过真空热处理后的使用寿命如表 5-18 所示，可轧 35 块弧形丝板，而盐浴炉处理的仅为 7 块，因此真空热处理可获得显著的技术经济效益。

表 5-17　6Cr5Mo3W2VSiTi 钢的力学性能[4]

钢号	淬火温度/℃	回火温度/℃	硬度/HRC	抗压强度/MPa	冲击韧度/(J/cm²)	断裂韧性/MPa·mm^½	抗弯强度/MPa
W18Cr4V	1270	580	63	3156～3254	24	424～514	2166～2969
6Cr5Mo3-W2VSiTi	1190	550	61～63	3234～3704	118～157	795～835	5076～5488

表 5-18　6Cr5Mo3W2VSiTi 钢制母螺钉模的使用寿命[4]

母螺钉规格	W18Cr4V 钢(盐浴热处理)		LM2 钢(真空热处理)	
	使用寿命/幅	失效形式	使用寿命/幅	失效形式
Al M5×0.8	10	崩牙	60	半角超差
Al M6×1	12	崩牙	60	木坏
POI M5×0.8	10～12	崩牙	60～70	崩牙,半角超差
POI M6×1	8～9	崩牙	60	半角超差
POI M8×1.25	2～3	崩牙	30～40	崩牙,半角超差

实例 24　7Cr7Mo3V2Si（简称 LD）钢凹模顶杆真空热处理

材料：7Cr7Mo3V2Si 钢

技术要求：60～64HRC

7Cr7Mo3V2Si 钢为高强韧模具钢，它具有强度高、韧性好、耐磨损、工艺性能优良、热处理温度范围广、变形小等特点，在冷镦、冷挤、冷冲模具中获得了较好的效果。

7Cr7Mo3V2Si 钢凹模顶杆采用真空淬火、回火，平均使用寿命为 36181 件，比原采用 W18Cr4V 钢制凹模顶杆 6919 件提高寿命 4 倍多，真空热处理工艺曲线如图 5-72 所示。

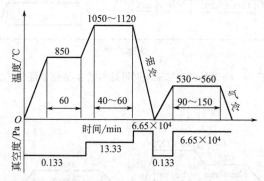

图 5-72　7Cr7Mo3V2Si（简称 LD）钢凹模顶杆真空热处理工艺曲线

实例 25　Cr12MoV 钢制陶瓷模的真空热处理[4]

材料：Cr12MoV 钢

技术要求：60～66HRC，变形量小于 0.25mm。

Cr12MoV 钢制陶瓷模十分普遍，陶瓷模具如图 5-73 所示，其形状简单，但其中心线上有直角凹槽，其内分布数个装配孔，在热处理过程中相变应力和热应力的作用，尤其是当模具的长度 $L \geqslant 400\sim600\mathrm{mm}$ 时，易沿 Y 轴和 Z 轴方向变形，要求变形量小于 0.25mm，按图 5-74 工艺处理的陶瓷模变形量超差，需要采用热校直方可达到变形要求。

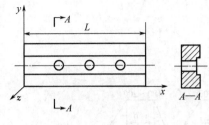

图 5-73　陶瓷模具的形状

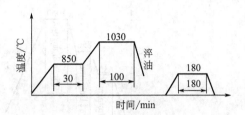

图 5-74　陶瓷模具改进前的热处理工艺曲线

通过改进工艺即将该模具在 ZC2-100 型双室油淬气冷真空炉中进行处理（见图 5-75），沿 Y 轴与 Z 轴两个方向的变形量均小于 0.20mm，基本不用进行热校直，随后在 160～170℃×3h×2 次回火后的硬度为 62～63HRC。

为了减少残留奥氏体的数量，提高模具的硬度与耐磨性，在淬火后采用冷处理，即在 -65℃的干冰＋工业酒精中保持 1～1.5h，共两次。冷处理后在 160～170℃×3h×2 次回火后的硬度为 64～65HRC，其耐磨性如表 5-19 所示，在使用过程中获得良好的效果，使用寿命提高 1 倍左右。

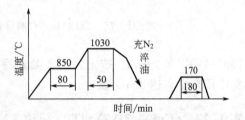

图 5-75　改进后的真空热处理工艺曲线

表 5-19　Cr12MoV 钢在冷处理后的耐磨性[4]

磨损试验条件	热处理工艺	磨损率/×10⁻⁴/(mm³/m)
干摩擦	1030℃淬火＋180℃回火	6.846
	1030℃淬火＋(-65℃)冷处理	3.672
油润滑下摩擦	1030℃淬火＋180℃回火	0.573
	1030℃淬火＋(-65℃)冷处理	0.209

实例 26　Cr12MoV 钢制录音机机芯冷冲模的真空热处理

材料：Cr12MoV 钢

技术要求：58～62HRC

机芯冷冲模的精度、质量和寿命有极高的要求，一般选用 Cr12MoV 钢制造，常规的热处理后平均使用寿命为 10 万次，而采用调质与真空热处理后，可使其使用寿命提高到 25 万次左右，接近日本同类型的模具的寿命。

调质工艺是在锻造后，在终锻到 1000～1040℃时淬油冷却，然后进行加热到 770～790℃，保温 3～4h 空冷的调质处理，硬度为 28～32HRC。

真空热处理是在 ZC-65 双室真空淬火炉中进行，采用 MP201 型微处理机控制温度，热处理工艺如图 5-76 所示，模具进入真空炉后，在真空度达到 1.33Pa 时，开始升温送电加热，为防止部分合金元素的挥发，要适当充入高纯氮气，真空度保持在 13.3Pa 左右，保温结束后模具进入通有压力为 50.654～55.986Pa 的 N₂ 气（氮气纯度为 99.995%～99.998%），并在用风扇使气体循环的冷却室进行气淬。

模具热处理经过线切割、磨加工后立即进行一次消除模具内应力的低温回火，工艺为

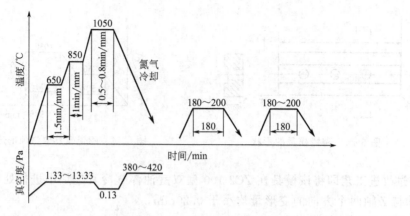

图 5-76　Cr12MoV 钢制录音机机芯冷冲模的真空热处理工艺曲线

160～170℃×3～4h。按上述工艺处理后的模具刃磨使用寿命可从 10 万次提高到 25 万次，总使用寿命高达 200 万次。

实例 27　6Cr5Mo3W2VSiTi（简称 LM2）钢制 M12 切边模的真空热处理

材料：6Cr5Mo3W2VSiTi 钢

技术要求：61～65HRC

M12 切边模（图 5-77）是冷镦螺栓的三序（图 5-78）模具，一般多用 9SiCr 及 Cr12MoV 钢等材料制造，常见的失效形式为切边开裂、崩刃、磨损、孔变形等，使用寿命一般为 1 万件，文献指出[4,26] 9SiCr、Cr12MoV 钢制 M12 螺栓切边模，常见的失效形式为切向开裂、崩刃、磨损、孔变形等，使用寿命仅为 10000 余件，而改用 LM2 钢制造并进行真空热处理，可使模具的使用寿命提高到 5 万～7 万件。

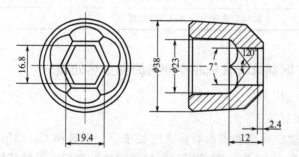

图 5-77　M12 螺栓切边模简图

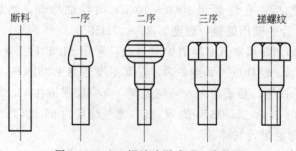

图 5-78　M12 螺栓冷镦成形工序简图

6Cr5Mo3W2VSiTi（LM2）制 M12 切边模的真空淬火、回火处理，可在 ZC30 及 ZCT-65 型双室真空炉上进行，工艺如图 5-79 所示。真空淬火加热的加热系数，推荐为 1.5～2min/mm。该钢淬火后的残留奥氏体含量为 7%～10%。

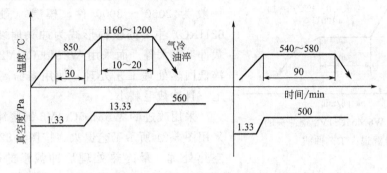

图 5-79　6Cr5Mo3W2VSiTi（LM2）钢切边模的真空热处理工艺曲线

该 6Cr5Mo3W2VSiTi（LM2）钢切边模的工作条件：冲击速度为 76 件/min，加工规格为 M12，产品材料为 Q235（80HRB）。6Cr5Mo3W2VSiTi（LM2）钢制切边模使用寿命：经盐浴处理后的切边模平均寿命为 4.5 万件，失效形式为磨损与掉块，而经过真空热处理后的平均寿命为 7.5 万件，失效形式为磨损。

实例 28　5Cr4Mo3SiMnVAl（简称 012Al）钢制 M22 切边模的真空热处理[29]

材质：5Cr4Mo3SiMnVAl 钢

技术要求：基体 60～65HRC

5Cr4Mo3SiMnVAl（012Al）钢制 M22 切边模冲切 40HRC 的不锈钢螺栓头部六方的飞边，受力复杂，服役条件苛刻。过去采用盐浴淬火，硬度低，每个模具一般切 10 件即报废，成本高。为此采用真空热处理，模具的硬度高、韧性好，每幅模具可切 507 件，寿命提高了50 多倍，5Cr4Mo3SiMnVAl（012Al）制切边模的真空热处理工艺见图 5-80。

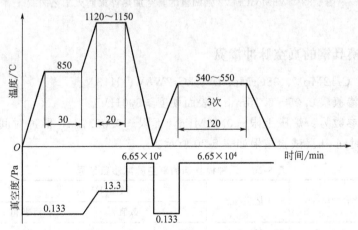

图 5-80　5Cr4Mo3SiMnVAl（012Al）制切边模的真空热处理工艺曲线

实例 29　W6Mo5Cr4V2 钢温度补偿器冲裁模的真空热处理

材料：W6Mo5Cr4V2 钢

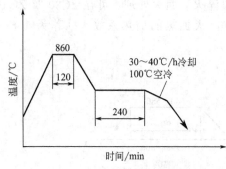

图 5-81 W6Mo5Cr4V2 钢冲头的
等温退火工艺曲线

技术要求：58～62HRC

汽车仪表零件温度补偿器采用 LJ35 软磁合金材料制造，要求高的精度，CrWMn 钢制模具寿命一般为 2000～3000 件，模具（硬度为 58～62HRC）主要的破损形式为冲头崩裂、折断、冲裁件毛刺大等。而采用 W6Mo5Cr4V2 钢制造并低淬低回热处理工艺处理，使用寿命高达 7 万次以上，且冲裁毛刺小。

采用改进的 W6Mo5Cr4V2 钢制冲头时，锻后采用图 5-81 所示工艺退火，按图 5-82 工艺进行真空热处理，最终热处理后冲裁模的硬度为 60～

62HRC，在 J23-16 型压力机上使用时，使用寿命可达 7.6 万次以上，零件尺寸变化小，毛刺小，总使用寿命高，显示出真空热处理的优势。

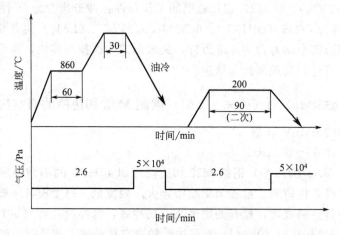

图 5-82 W6Mo5Cr4V2 钢凹模的真空加热淬火回火工艺曲线

实例 30 几种模具钢的真空脉冲渗氮

材料：P20、Cr12MoV、38CrMoAlA、3Cr2W8V、H13

技术要求：渗氮层 0.05～0.15mm，表面硬度≥800$HV_{0.2}$

选用的工艺参数为：炉压上限－0.01MPa，下限－0.08MPa，脉冲时间 2min，渗氮温度 550℃，渗氮时间 6h。试验结果如表 5-20 所示。

表 5-20　几种模具钢的真空脉冲渗氮结果

材料	化合物层/mm	扩散层/mm	硬度/$HV_{0.2}$				实样编号
			数值			平均值	
P20	0.0035	0.10～0.15	824	882	824	843	P37
Cr12MoV	无	0.08～0.10	852	946	852	883	R37
38CrMoAlA	无	0.12～0.15	1187	1141	1097	1142	3837
3Cr2W8V	无	0.10～0.12	852	914	852	873	337
H13	无	0.05	1018	1056	1097	1057	H37

经真空脉冲渗氮后，P20、Cr12MoV、38CrMoAlA、3Cr2W8V、H13 等五种试样表面硬度均超过国家标准，经 X 射线物相分析，脆性检验及硬度法测定，五种材料渗氮脆性均评为 1 级，化合物层较薄，无明显疏松。

实例 31　汽车车灯反射镜凸模真空淬火

材料：Cr12MoV

技术要求：热处理 HRc60～62 变形愈小愈好。

这是引进日本加工技术，与外商协作，共同制造汽车反射镜（见图 5-83）。凸面为抛物面，热处理后无法进行加工，故要求模具变形越小越好。原采用盐浴炉淬火，变形达±0.3mm，冲件不能达到聚焦反射作用。经真空热处理后变形控制在 0.05mm 以内，表面光亮，无氧化脱碳，硬度均匀，使用性能良好。其真空热处理工艺见图 5-84。本凸模在 ZC-30 型双室油淬负压真空炉内处理。

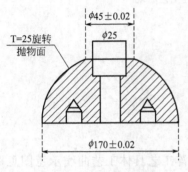

图 5-83　车灯反射镜凸模

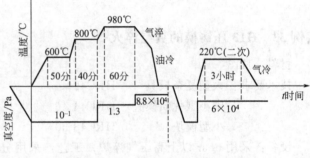

图 5-84　车灯凸模真空热处理工艺曲线

凸模在高压气淬炉内处理，气淬压为 3～4×10^{5}Pa，其效果更好。

实例 32　100 目不锈钢网滚模模芯真空热处理

材料：Cr12MoV

技术要求：热处理 HRc58～62。

此件加工六角形不锈钢网用，要求很高。在 φ50mm 处的六角形网眼要用放大镜才能看清楚（见图 5-85）。原采用盐浴淬火，由于残盐嵌在六角形网眼中，需经放大后才能看见，再用人工方法将残盐从一个个微小的网眼内剔除，既费时又极易损坏模眼而导致报废。故用

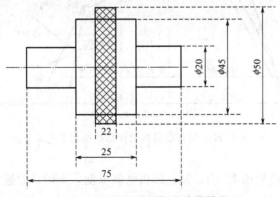

图 5-85　100 目不锈钢网滚模模芯

盐浴处理的模芯废品率很高。采用真空热处理后模芯表面光洁，合格率达100％，寿命也比原来提高，用户非常满意。其热处理工艺见图5-86。本模芯在ZC-30型双室负压油淬炉内处理。若在加压气淬炉内处理，气淬压力2～3×10⁵Pa，其淬火效果更佳。

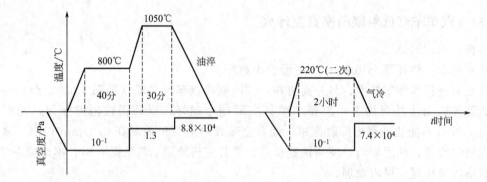

图 5-86　不锈钢网滚模模芯的真空热处理工艺曲线

实例 33　H13 压铸模的真空淬火[50]

材料：H13

技术要求：大型复杂模具　　HRC42-44

　　　　　中小型优质模具　　HRC44-46

　　　　　小型模块　　　　　HRC48-50

设备：采用5bar以上高压气淬炉；工艺：采用分级气淬工艺具体工艺曲线示意图见图5-87。

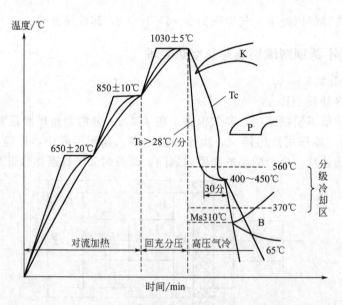

图 5-87　H13 钢真空高压气淬加热冷却工艺示意图

其中 T_s 为表面热电偶温度，T_c 为心部热电偶温度，冷炉升温速度220℃/h，对流加热炉压2bar，预热二次，当 $T_c=T_s$ 后再升温。

奥氏体化保温时间：快速升温至 1030℃±5℃，当 $T_s-T_c<14$℃后，保温 30min。

回充高纯氮分压＞26.6Pa。

从 1030℃到 540℃淬火冷速至少 28℃/min，在 455~400℃间进行分级，当 T_s 冷至分级温度区后 30min 继续快冷到 65℃出炉。在静止空气中冷到 30~50℃进行二次以上回收。

回火至少二次，每次回火后模具冷到室温再进行第二次回火。回火时间按 2.4min/mm 计算，或心部到温度后在保温 2h。回火温度按不同硬度要求，一般 580~600℃左右。

实例 34　内六角冲头的真空热处理

材料：W6Mo5Cr4V2

技术要求：硬度 60~65HRC。

零件为：$\phi50$mm×160mm

某厂内六角冲头（见图 5-88）在工作过程中受力情况复杂，冲击载荷较大，原采用盐浴加热淬火，使用平均寿命为 4000 件，根据不同真空淬火温度试验数据及其金相组织间见表 5-21。晶粒度对于冲头的机械性能有较大的影响，从表 5-21 中可知，淬火温度低于 1180℃ 基本上可以保持细小晶粒，根据试验确定了图 5-89 所示的真空热处理工艺曲线，经过真空淬火的冲头的寿命达到 26000 件，效果显著，其原因在于相同淬火温度下真空淬火比盐浴淬火后残余奥氏体量明显减少，力学性能高，故真空淬火硬度高。

表 5-21　不同淬火温度下的晶粒度与金相组织关系

淬火温度/℃	晶粒度/级	残余奥氏体量/%	淬火硬度/HRC	回火硬度/HRC	淬火、回火后金相组织
1080	12~11	7	62.8	60.2	
1100	11	8	63.1	61.4	
1120	11~10	10.4	63.5	62	回火马氏体＋粒状碳化物＋少量残余奥氏体
1140	11~10	13.5	64.7	63	
1160	9.5	19.4	62.9	64	
1180	＞8	25.2	62.4	65.7	粗大回火马氏体＋粒状碳化物＋少量残余奥氏体
1200	＞8	25.7	62	65	

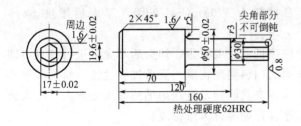

图 5-88　内六角冲头结构图

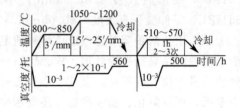

图 5-89　六角冲头真空淬火＋回火工艺曲线

实例 35　电池冲头的真空热处理

材料：W6Mo5Cr4V2

技术要求：硬度 60~65HRC。

零件为：$\phi 31.6\text{mm} \times 207\text{mm}$

电池冲头（见图 5-90）是一种典型的冷挤压模具冲头，在冲头挤压过程中，整个截面承受巨大的挤压力，由于冲头和快速流动的金属锌之间的剧烈摩擦而产生大量的热，导致冲头工作温度达到 250℃左右，易产生热疲劳裂纹，长期周期性冲击性载荷的作用还会导致冲击疲劳的产生，因此要求冲头不但具有高的强度和韧性，还要具有良好的耐磨性及一定的耐热疲劳和热稳定性，采用淬透性好的、具有较高韧性与耐磨性的高强韧性冷作模具钢，并采用真空热处理技术，其热处理工艺曲线见图 5-91。

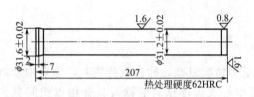

图 5-90　电池冲头结构图

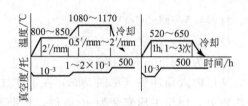

图 5-91　电池冲头真空淬火＋回火工艺曲线

试验结果表明，晶粒度的长大主要取决于奥氏体化温度，在高温加热时，真空淬火晶粒度比盐浴淬火粗 0.5 级，因此真空淬火的加热温度应采用常规加热温度的下限或稍低，随淬火温度的升高，残留奥氏体量增加，相同温度下真空淬火残留奥氏体量几乎只有盐浴的一半[51]，试验表明，采用真空热处理技术后，冲头的硬度、强度和冲击韧性，均有较大的提高，使用寿命从原来的 85000 件达到 150000 件。

5.4.3　量具的热处理

实例1　量杆和小铰刀零件的真空淬火

材料：9Cr18、W6MoCr4V2

技术要求：9Cr18 钢，要求热处理硬度在 50～55HRC，变形直线度＜$\phi 0.08\text{mm}$；W6MoCr4V2 钢，淬火后硬度 62～65HRC，零件变形直线度＜$\phi 0.05\text{mm}$。

量杆是机械量具（千分表、百分表等）的关键零件，另外用于加工量杆上小铰刀等需求量较大，两种零件的形状与尺寸见图 5-92，量杆材料为 9Cr18 钢，要求热处理硬度在 50～55HRC，变形直线度＜$\phi 0.08\text{mm}$；小铰刀材料为 W6MoCr4V2 钢，淬火后硬度 62～65HRC，零件变形直线度＜$\phi 0.05\text{mm}$。

原采用盐浴炉变形是造成该零件成品合格率低的主要原因，淬火后不允许进行校直，即变形超差产品只能报废处理。W6MoCr4V2 钢的加热温度狭窄，极易过热发脆，而夹具中心处的刀具往往硬度不足，量杆、小铰刀过去采用夹具隔盐垂直盐炉加热淬火变形大，一次合格率低，而且氧化、锈蚀严重，还常因夹具漏盐而使零件大量报废。

考虑到零件的特点是细长，容易造成热处理的淬火变形，采用合理的装夹和装炉来减少零件的热处理变形，为此设计了量杆与小铰刀的真空淬火专用夹具，如图 5-93 所示，夹具材料为 1Cr18Ni9Ti 不锈钢，零件整齐的紧凑装入夹具内，零件的松紧程度以手感不能再插入零件为止，然后用不锈钢丝悬挂在料筐上方的不锈钢棒上，并用不锈钢给固定，并使夹具体相互间距离均布后固定，从而使零件在工艺过程中始终处于径向受压应力，轴向受拉应力的悬垂状态，热处理变形可明显减少。

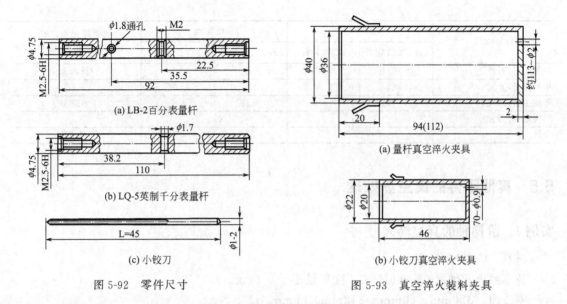

图 5-92 零件尺寸

图 5-93 真空淬火装料夹具

图 5-94 为量杆与小铰刀的真空淬火热处理工艺曲线，经检验硬度均匀一致，金相组织比用盐浴炉淬火的组织均匀、细致，表 5-22 为两种热处理工艺下的成本汇总，可以看出，采用真空淬火后的经济效益明显。

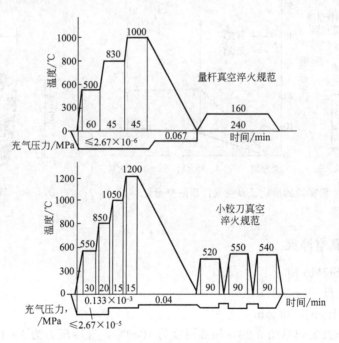

图 5-94 量杆与铰刀的真空热处理工艺曲线

表 5-22 量杆与小铰刀盐浴与真空淬火的各项指标的对比[52]

计算项目	盐炉淬火		真空淬火		真空淬火比盐炉淬火年下降成本/万元
	LB-1/2/3 量杆	LQ-5 量杆	LB-1/2/3 量杆	LQ-5 量杆	
年生产需求量杆数/支	~60000	~5000	~60000	~5000	

计算项目	盐炉淬火		真空淬火		真空淬火比盐炉淬火年下降成本/万元
	LB-1/2/3 量杆	LQ-5 量杆	LB-1/2/3 量杆	LQ-5 量杆	
年投入量/万件	～10.5	～2.5	～7	0.9	少投入 5.1
年材料费/万元	5.25	1.75	3.5	0.63	2.87
年加工费/万元	～27	～13	～18	4.7	～17.3
年耗电费/万元	1.5		0.5		1
合计/万元	≈47.5		26.33		21.17

5.5 其他零件的真空热处理

实例1 阶梯轴的真空淬火

材料：Cr12MoV 钢

技术要求：硬度 63～66HRC，变形量小于 0.02mm。

零件为：$\phi50mm\times50mm+\phi12mm\times80mm$。

零件简图及工件处理后的变形量如图 5-95 所示，采用加热为 1030℃，气冷压力为 5×10^5Pa。工件垂直摆放，处理后的变形见图 5-95，硬度与变形量均符合要求。

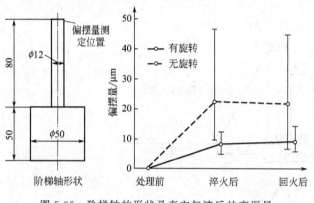

图 5-95 阶梯轴的形状及真空气淬后的变形量

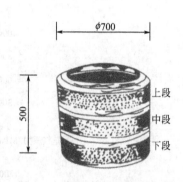

图 5-96 辊环外形及装炉方式

实例2 辊环的真空淬火

材料：4Cr10Si2Mo 钢

技术要求：硬度 50～55HRC。

零件为：$\phi700mm\times500mm$

该辊环的外形及装炉见图 5-96，加热温度为 1000℃，气冷压力为 5×10^5Pa，装炉三层，480kg/炉，采用其工艺处理后的变形情况见表 5-23。

表 5-23 不同方法处理辊环变形量的比较

位 置	有旋转	无旋转	备 注
上段	0.15	0.73	
中段	0.16	0.95	外径圆度数值为 7 炉中的最大值
下段	0.30	1.28	
下段	0.30	1.28	

实例 3　飞机部件的真空等温热处理[46]

材料：30CrMnSiNi2MA 钢

技术要求：

(1) 座椅固定梁要求马氏体等温淬火，$\sigma_b = 1670 \pm 100$MPa，$\delta \geqslant 9\%$，$\psi \geqslant 45\%$，全长弯曲变形＜0.5mm。

(2) Z 型梁要求等温淬火，$\sigma_b = 1470 \pm 100$MPa，变形量按专用检验夹具检查，其间隙≤0.2mm，螺纹不允许有氧化脱碳和超差等。

(3) 前后腹板等温淬火，$\sigma_b = 1430 \sim 1080$MPa。

30CrMnSiNi2MA 钢座椅固定梁真空马氏体等温淬火工艺。

原采用立式联合电炉加热，180～230℃等温淬火，氧化脱碳严重，测定硬度十分困难，而采用垂直悬挂真空淬火，回火在井式炉内进行，处理后放的指标符合技术要求，其真空马氏体等温淬火曲线见图 5-97。

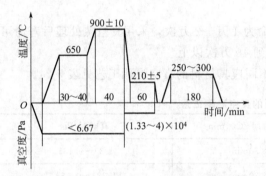

图 5-97　30CrMnSiNi2MA 钢座椅固定梁
真空马氏体等温淬火工艺曲线

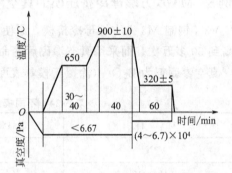

图 5-98　30CrMnSiNi2MA 钢 Z 型梁
真空贝氏体等温淬火工艺曲线

30CrMnSiNi2MA 钢 Z 型梁真空下贝氏体等温淬火工艺曲线。

原采用立式联合电炉加热，310～330℃硝盐浴等温淬火，变形比较严重，校正困难。后采用图 5-98 真空贝氏体等温淬火，各项技术指标符合要求。

30CrMnSiNi2MA 钢前、后腹板贝氏体等温淬火工艺曲线。

原采用立式联合电炉加热，390℃硝盐等温淬火，氧化脱碳严重，变形量大，而采用见图 5-99 真空等温淬火工艺后，各项技术指标均符合要求。

从曲线可以看出，真空硝盐炉等温淬火，工件表面光亮度与回充的惰性气体纯度有关，实践证明，对于一些高精度的小零件及有特殊要求的零件，需要采用99.999%（质量分数）的高纯氮气对于中间室反复多次充气"洗炉"是十分必要的，而一般的航空零件热处理后，在表面处理前要进行喷砂或喷涂料，其配合尺寸还要精加工，故工件表面即使有轻微的氧化呈浅黄色，也将会被清除掉。

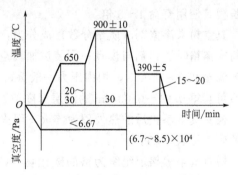

图 5-99　30CrMnSiNi2MA 钢腹板等
温贝氏体等温淬火工艺

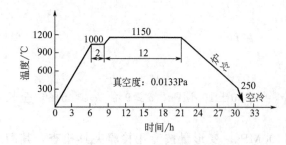

图 5-100　40Cr 钢件真空渗铬工艺曲线

实例 4　40Cr 钢件真空渗铬工艺

材料：40Cr 钢

当炉膛中的真空度达 0.0133Pa 时，开始继续缓慢升温，在 1000℃ 保温 2h，使整个室内均热，紧接着升温到 1150±5℃，保温 12h，随炉冷至 250℃ 出炉空冷至室温。40Cr 真空渗铬（见图 5-100）后具有很强的耐蚀性，40Cr 钢在 $H_2S\omega$（5.0%~6.5%）、气温 20~30℃、气量 1000~9000m^3/日，腐蚀时间 8~12h，腐蚀率仅为 0.0004g/(h·m^2)。

需要注意的是渗铬件必须经过热处理，40Cr 钢渗铬后经过正火＋调质，$\sigma_b = 997MPa$，$\alpha_k = 148.6J/cm^2$。

实例 5　M3 六方螺母冷挤压模的真空渗硼

V3N 钢制 M3 六方螺母冷挤模，原使用寿命为 1 万~2 万次，采用真空热处理后寿命可提高到 30 多万次，而采用真空渗硼后寿命可达到 40 万次以上。

真空渗硼剂为 B_2O_3（涂覆于模具表面）。不同模具材料的真空渗硼工艺见表 5-24。

表 5-24　不同模具材料的真空渗硼工艺[27]

材　料	加热温度与时间/℃×min	真空度/Pa
V3N	1250℃×30min	1.33~0.133
W18Cr4V	1280℃×30min	1.333~0.133
Cr12	1050℃×30min	1.33~0.133

真空渗硼的优点是渗硼剂易于涂覆且消耗低，可进行局部和较小深部位的渗硼，渗硼后零件表面光亮无残渣。例如，V3N 钢经 1250℃×30min 加热，油淬，560℃ 回火后的硬度为 880$HV_{0.05}$，按上述真空渗硼工艺渗硼后，硬度为 1050$HV_{0.02}$。

实例 6　拉伸模的真空渗铬

拉伸模材料为 T8、Cr12。渗铬可提高模具的耐磨性、耐蚀性、抗氧化性和耐热疲劳性，延长模具使用寿命 1~3 倍。

真空粉末渗铬剂（质量分数）成分为：30% 铬铁粉＋70% 氧化铝，另加 5% 浓盐酸。真空粉末渗铬时渗铬剂与模具一同装炉抽真空，真空度为 13.33~133.3Pa 时关闭机械泵，密封升温至 950~1100℃，炉内压力一般保持在 $9.8×10^4$Pa，保温 5~10h，Cr12 钢制模具渗铬后可获得 0.01~0.03mm 的渗层深度。

模具真空渗铬后的热处理为淬火＋回火处理，其工艺按常规工艺执行，渗铬后及热处理后的硬度见表 5-25。

模具真空渗铬层组织为铬的碳化物 (Cr、Fe)$_7C_3$ 和含铬铁素体，次层为贫碳层。渗铬模具一般的变形规律为内孔收缩，外径胀大，变形量为 20~50μm。

部分模具真空渗铬后的应用效果见表 5-26。

表 5-25　渗铬后及热处理后的硬度

材　料	渗层深度/mm	渗层表面硬度/HV_{0.2}	热处理后硬度/HRC	
			表面	基体
T8	0.038	1560	66	59
T10	0.04	1620	66	61
CrWMn	0.038	1620	68	63
Cr12	0.038	1560	67	65

表 5-26　部分模具真空渗铬后的应用效果

模具		加工材料	处理工艺		硬度/HRC	使用效果
名称	材料		渗铬	后续热处理		
罩壳拉伸模	T8A	0.5mm 厚 08F 钢	1100℃ × 8h	820℃淬入 160℃碱浴,低温回火	65～67	可拉伸 1000 件以上
	T8A	0.5mm 厚 08F 钢	—		58～62	每次拉伸 100～200 件需要修磨一次,总寿命 1500 件
铁盒拉伸模	Cr12	1mm 厚 08F 钢	1100℃ ×8h	1000℃淬油,低温回火	66～67	可拉伸 900 件以上
	Cr12	1mm 厚 08F 钢			60～62	—

实例 7　离子渗氮和氮碳共渗应用实例

见表 5-27。

表 5-27　离子渗氮和氮碳共渗应用实例[14]

序号	工件名称	材料与尺寸	处理工艺	处理效果
1	挤缩塑机螺杆	38CrMoAlA,调质处理	520℃×18h+560℃×12h,两段离子渗氮	表面硬度≥900HV5,渗层深度≥0.5mm
2	冷冻机缸套	HT250 灰铸铁,内径 ϕ170	520℃×18h 离子渗氮	表面硬度 800～1130HV0.1,化合物层厚度 7μm,总渗层深度 0.15mm。离子渗氮处理的缸套使用寿命比液体氮碳共渗提高 2 倍
3	冷冻机阀片	30CrMnSi	380～420℃×100～120min 离子渗氮	表面硬度 61～65HRC,渗层深度 0.10～0.12mm,使用寿命提高 3 倍以上
4	高压螺杆泵螺杆	38CrMoAlA,调质处理	520～540℃×2h 离子渗氮	表面硬度 950～1150HV,渗层深度≥0.10mm,弯曲畸变≤0.02mm,经 1050h 试车运行无磨损
5	压缩机活塞拉杆	40Cr,调质处理	520～540℃×12h 离子渗氮	表明硬度 84～88HRN15,渗层深度 0.3～0.4mm,代替 45 钢镀硬铬,使用寿命提高 10 倍以上
6	高速线材精轧机齿轮	20Cr2MoV,调质处理。齿轮模数 8,齿数 41～94,重 170～790kg	520～530℃×34h 离子渗氮,炉压 532～1064Pa	表面硬度 660～730HV5,化合物层厚度 5μm,渗层深,0.5～0.65mm,脆性等级 1级,代替渗碳淬火工艺
7	12.5×10⁴kW 水轮机调速主阀衬套	40Cr,调质处理,衬套长 595mm,外径 ϕ254mm,内径 ϕ190mm	510～530℃×38h 离子渗氮	表面硬度 550HV,渗层深度 0.30mm,脆性等级 1 级,离子渗氮后直径方向最大畸变≤0.034mm,大大低于气体渗氮的畸变

序号	工件名称	材料与尺寸	处理工艺	处理效果
8	高精度外圆磨床主轴	38CrMoAlA，调质处理．主轴长 680mm，最大直径 ϕ80mm	520℃×18h＋570℃×20h，两段离子渗氮	表面硬度 850～1033HV，渗层深度 0.48～0.56mm，离子渗氮后主轴径向跳动≤0.03mm，比气体渗氮后的跳动减小 1/2
9	精密丝杠	38CrMoAlA，调质处理	520℃×12h＋570℃×6h，两段离子渗氮	表面硬度≥1000HV5，渗层深度≥0.4mm，取代原有 CrWMn 钢淬火丝杠，耐润滑磨损性能提高 47%，耐磨料磨损性能提高 14 倍
10	6250 型柴油机曲轴	球墨铸铁	521℃×6h＋540℃×68h，两段离子渗氮	表面硬度 850HV0.1，渗层深度 0.21mm
11	柴油机进排气门	4Cr14Ni14W2Mo	600℃×8h，离子渗氮	表面硬度 850HV0.05，渗层深度 0.1mm
12	高速锤精压叶片模	3Cr2W8V 钢，淬火＋回火处理，硬度 48～52HRC	540℃×12h 离子渗氮	表面硬度 66～68HRC，渗层深度 0.40mm，离子渗氮后脱模容易，叶片光滑，寿命提高数倍
13	铝压铸模	3Cr2W8V 钢，淬火＋回火处理	500～520℃×6～9h 离子渗氮	寿命比未进行渗氮处理的产品提高 2～3 倍
14	蜗壳拉伸成型模	Cr12MoV，淬火＋回火	500℃×5h 离子渗氮	表面硬度 1200HV5，化合物层厚度 15μm，渗层深度 0.12mm，使用寿命提高 25 倍
15	立铣刀	65Mn，ϕ28mm	450℃×60min＋500℃×20min 离子渗氮	寿命比未经过渗氮处理的产品提高 5.6 倍
16	锯片铣刀	GCr15，ϕ150mm×4mm×50 齿	480℃×55min 离子渗氮	寿命比未经过渗氮处理的产品提高 46 倍
17	花键孔推刀	W18Cr4V，淬火＋回火处理	520℃×50min 离子渗氮	寿命比未经过渗氮处理的产品提高 3.3 倍
18	6105 型柴油机活塞环	灰铸铁	570℃×4h 离子氮碳渗氮，CH_2COCH_3；NH_3＝1：3.5～5(体积比)	表面硬度 667～713HV0.05，化合物层厚度 12～16μm，扩散层深度 0.19～0.22mm，装机考核寿命比普通活塞环提高 1 倍以上
19	自行车冷挤压模	LD 钢，挤压 Q235 钢自行车花盘	540℃×4h 离子氮碳渗氮，CH_2COCH_3；NH_3＝1：9(体积比)	表面硬度 1132HV0.1，化合物层厚度 16μm，渗层深度 0.31mm，由 W18Cr4V 气体氮碳共渗的 800 寿命，LD 钢气体氮碳共渗的 2000 次寿命提高了 4000 次
20	液压马达转速	42CrMo	CO_2＋NH_3 为渗剂的离子氮碳共渗	表面硬度≥800HV0.1，化合物层厚度 13～18μm，扩散层深度≥0.5mm
21	活塞杆	50CrV，ϕ60～ϕ90mm	480℃×8h 稀土催渗离子氮碳共渗 H_2：N_2：稀土混合液＝0.3：0.7：0.02(体积比)	表面硬度 893HV0.1，渗层深 0.33mm。比普通离子渗氮处理渗速提高 32%，硬度提高 7.5%，使用寿命高于镀铬环
22	TY102 型发动机气门	5Cr21Mn9Ni4N	540℃×6h 稀土催渗离子氮碳共渗分解氨＋6%稀土混合液	表面硬度 1000HV0.1，渗层深度 55～59μm，渗速比普通离子氮碳共渗处理提高 47%

实例 8　离子渗碳及碳氮共渗应用实例

见表 5-28。

表 5-28　离子渗碳及碳氮共渗应用实例[27]

序号	工件名称	材料与尺寸	处理工艺	处理效果
1	喷油嘴针阀体	18Cr2Ni4WA	890～900℃×1.5h 离子渗碳、淬火及低温回火	表面硬度≥58HRC,渗碳层深度 0.9mm
2	大马力推土机履带销套	20CrMo,ϕ71.2×165mm（内孔 ϕ48mm）	1050℃×5h 离子渗碳,中频淬火	表面硬度 62～63HRC,有效硬化层深度 3.3mm
3	大型减速机齿轮	20CrMnMo,ϕ817mm×ϕ180mm	950～970℃离子渗碳,强渗 3h（氨气 0.8～1.0m³/h,丙酮 225～270m³/h）＋扩散 1.5h（氨气 0.8～1.0m³/h,丙酮 120～150m³/h）	渗碳层深度 1.9mm,表面碳含量 ω(C)0.82％
4	搓丝板	12CrNi2	910℃离子渗碳,强渗 30min＋扩散 45min,淬火及低温回火	表面硬度 830HV0.5,有效硬化层深度 0.68mm
5	齿轮套	30CrMo	910℃离子渗碳,强渗 30min＋扩散 60min,淬火及低温回火	表面硬度 780HV0.5,有效硬化层深度 0.86mm
6	钢领圈	20 钢	860～870℃×1h 离子碳氮共渗,氨气 0.3mL/min,甲醇 15mL/min 共渗后炉冷,重新加热淬火回火	表面硬度 84.5～85.0HRA,有效硬化层深度 0.3～0.4mm,处理周期为气体碳氮共渗的 1/4,装机使用其磨损失重为气体碳氮共渗的 71.3％

第 **6** 章

真空热处理技术的进展

随着科学技术的飞速发展，零件的热处理设备和工艺水平也得到了很大的改进和提高，许多新型的热处理炉得到研制和开发，为零件的热处理提供了技术上的保障，同时也为某些特殊要求的工艺奠定了良好的基础。零件热处理的目的是确保零件满足工作要求、具有高的使用寿命、节约材料和能源、经济环保等，因此应围绕着这几个方面进行分析和探讨相关的设备和工艺。

（1）无氧化脱碳的加热技术　零件的加热离不开加热设备和加热介质，热的传递方式有传导、对流和辐射，根据不同的设备则加热传导有所差异，目前热处理设备种类齐全，从燃料炉（燃气、燃油等）、空气电阻炉到盐浴炉、可控气氛炉、流动粒子炉，目前发展到真空炉等，它们的加热各有特点，加热介质有燃气、空气、盐浴、保护气体、滚动粒子、惰性气体（如氮气等）以及真空等，与加热的零件表面的作用后的产物将对其表面状态和使用寿命等产生一定的影响。如何完成零件在无氧化性气氛的设备中加热，是选定热处理工艺的前提，从国内外的热处理现状来看，真空热处理、激光热处理、可控气氛热处理以及流动粒子热处理具有很大的优越性，它们基本上解决了零件表面的氧化脱碳问题，盐浴如果能够及时脱氧也会有一定的效果，而燃料炉和空气炉则难以满足技术要求，这一点要引起工艺人员的重视。

（2）提高零件机械性能的热处理技术　除了进行常规的零件的热处理外，化学热处理和表面处理等已经成为对零件的使用寿命有重要影响的工艺，使表面和内部形成了不同的组织状态，因此从某种意义上讲是获得了复合材料，但被赋予了特有的机械性能，可以代替成本高的高碳钢、不锈钢以及其他材料。特别是在耐磨性上。

6.1　真空热处理设备的进展

真空热处理是指将零件置于真空热处理设备中，进行加热、保温和冷却的工艺方法，零件在负压下加热，炉内剩余的空气含量已稀薄到无法与零件进行化学反应。它是随着航天技术的发展而迅速开发出来的新技术，也是近几十年来热处理设备中具有发展前途的一种，它可替换盐浴炉、电阻炉和燃气炉。真空炉是依靠电极的辐射作用来实现工件加热的，资料介绍[15,53]，辐射传热量与温度的四次方成正比，温度低时则辐射加热速度比较慢，实现了缓慢加热，因此工件的内外加热较为均匀，工件的变形小。由于真空炉内气压很低，氧气的含量对工件的铁元素氧化不起作用，因此避免了工件在真空炉加热过程中出现氧化和脱碳现象的发生，确保零件表面的原始状态不变，工件表面清洁和光亮[4,48,53]。由于金属氧化物在氧的分解压低或加热温度高时，发生分解，因此也可将已经发生氧化的表面除掉，恢复原来的表面状态。

国外真空气淬炉的发展分为三个阶段，第一阶段为低压气冷阶段（1958 年～1976 年），在负压气淬炉的基础上，气体压力增加到 0.15～0.2MPa，可处理 20mm 以下的高速钢的加压气淬炉；第二阶段为高压气淬阶段（1977 年～1985 年），气冷压力达到 0.5MPa 的高压气淬炉，可处理有效厚度在 100mm 左右的高速钢工件；第三阶段为高压气淬炉，其气冷压力从 0.6MPa 发展到 1MPa、2MPa、4MPa 等，实现了大尺寸工件的淬火需要。

经真空炉热处理后的零件表面光亮，确保其表面的元素成分和状态不变，由于加热是依靠电极的辐射来完成，因此零件加热缓慢，故变形量小，尤其对要求变形十分严格的工具、冷热作模具、小型零件、薄片状、无加工等零件的热处理的首选设备，资料介绍[4,6,29]，高速钢钻头、圆板牙、拉刀、无心磨床支片等经过真空气淬后，零件的变形量为盐浴炉的 1/10～1/4，甚至可以实现成品的加工。

根据真空炉冷却时使用的冷却介质分类，真空炉分为水冷真空炉、气淬-油冷真空炉、油冷真空炉以及气冷真空炉几种；按结构形式分为单室、双室、三室和连续作业炉；按加热方式分为内热和外热炉等。

对高合金钢、高速钢、不锈钢、铁镍基合金以及部分尺寸小的低合金钢而言，其淬透性高，冷速低仍能获得要求的热处理技术要求，故采用气淬真空炉；对于低合金钢或工具钢、弹簧钢、滚动轴承钢等热处理采用油冷或硝盐真空炉；对于碳钢、结构钢等淬透性差以及钛、铝合金等零件的淬火，使用水冷真空炉。图 6-1 为内热式真空炉常见炉型。

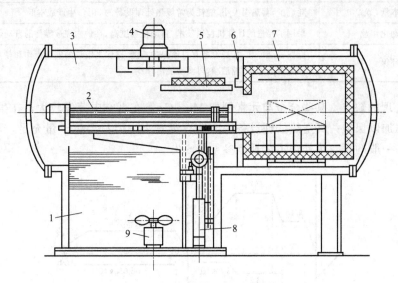

图 6-1　ZC2 系列内热式真空炉

1—淬火油槽；2—水平移动机构；3—整体式炉体；4—气冷风扇；5—翻板式中间门；
6—中间墙；7—加热室；8—升降机构；9—油搅拌器

目前国内双室油冷真空炉的型号有 ZC 系列、WZ 系列、VCQ 系列等；单室气淬炉有 VFC 系列、VVFC 系列、HPV 系列高压气淬系列等。它们具有各自的加热和冷却特点，其技术已经成熟，得到使用厂家的认可和肯定，正发挥其十分重要的作用。

美国的海斯公司和德国的德固萨公司已经开发了水淬真空炉和硝盐淬火真空炉，为淬透性差的碳素钢等实现了真空热处理，因此从某种意义上讲，真空炉为几乎所有的有色金属和黑色金属退火、淬火、回火、化学热处理等提供了保障。真空热处理的工艺参数主要有淬火温度、真空度、冷却介质、回火温度以及硬度等，在热处理过程中应根据材料、热处理技术要求、零件的形状、放置方式等进行合理的选择，尤其要注意升温速度对零件质量的影响。真空炉与其他类型的热处理炉相比，具有其他热处理设备无法比拟的优点，具体见表 6-1。

表 6-1　零件真空热处理特点[2,8,17]

序号	作用	特点与应用
1	防护氧化作用，避免氧化和烧损	氧化作用被有效抑制，表面不氧化与不脱碳，并具有还原除锈作用；省去表面磨削加工余量；节省原材料与节省加工时间，表面光亮，确保零件表面的化学成分和表面状态保持不变，减少了热处理表面缺陷的发生
2	真空脱气作用	使材料表面纯度提高，提高材料的抗疲劳强度、塑性和韧性，提高耐腐蚀性，显著提高合金钢的韧性，延长和提高零件的使用寿命
3	脱脂作用	除去表面残留油脂，提高表面产品质量
4	处理工件无氢脆危险	防止钛和难熔金属表面脆化
5	淬火畸变小 硬度高	真空加热速度慢，工件内外温差小，真空加热进行 1~2 次预热，工件截面温差小，其加热室隔热系统与加热元件设计布局合理，受热均匀，热应力小，变形仅为盐浴淬火的 1/10~1/2 工件热处理变形小，明显减少了零件的磨削加工余量(可将磨削量压缩 2/3)；真空零件热处理后的硬度比盐浴淬火的硬度高 2~3HRC。
6	节省气源与能源	与可控气氛炉相比，不需要优质的可燃气体的气源，蓄热损失小，同时炉子热效率高，可实现快速升温与快速降温
7	工艺稳定	热处理工艺的稳定性与重复性好
8	生产成本低，节省电力	耗电少，蓄热损失小，能耗为常规热处理设备的 50%，生产成本低
9	实现自动化作业	采用了先进的计算机控制技术，自动化程度高，在炉内完成零件的自动热处理
10	安全与环保	操作安全可靠，本身设备有自锁保护功能，确保真空炉的安全操作和使用；工作环境好，无污染无公害，炉膛洁净，可实现清洁作业

真空热处理的缺点：某些合金与元素例如 Mn、Cr 等在真空中蒸发较大，在生产中应采用充入惰性气体加以保护；真空热处理设备一次性投资较大，但只要生产量充足，可在 2~3 年内收回投资。一般的真空热处理工艺规范参见图 6-2。

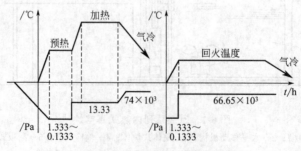

图 6-2　真空热处理工艺曲线

真空热处理设备的进展如下。

（1）燃气真空炉研制开发和应用　国外真空制造企业十分重视热处理能源的有效利用和提高热效率，电是二次能源，一般燃料的发电效率为 30%～35%，电能的热效率一般为 80%～85%，故实际上燃料电能热效率为 25% 左右（＜30%）。美国在 1999 年技术发展规划中，提出了改善热源材料、发展陶瓷辐射管技术、改善热源形状、改善热源对流等技术，以提高一次燃料的热效率和技术水平，欧洲、日本等也在该领域进行合理的利用能源，开发推广低燃料消耗高热效率的工业炉技术，因此燃气真空炉设备和技术的研制、开发和推广，是欧洲与美国对这一技术政策和工业需求的产物。与电加热的真空炉相比，燃气真空炉具有如下优点：

① 较高的生产效率，高的热效率；② 较低的运行成本；③ 减少维护保养；④ 具有电加热真空炉的全部优点。

图 6-3 为美国气体研究所和 Aber Ipsen Co. 的 R. K. Clark 等研制开发了燃气离子渗氮炉，其工作温度 315～540℃，温度均匀性 ≤4℃，有效加热区尺寸为 915mm×610mm×455mm，工作负荷为 545kg。

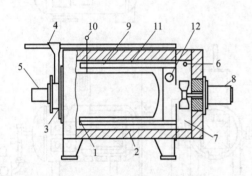

图 6-3　燃气离子渗氮真空炉简图
1—合金真空室；2—绝热炉壳；3—密封真空炉门；
4—悬挂支架导轨；5—内室风扇；6—燃气喷嘴；
7—燃烧室；8—循环风扇；9—循环歧管；
10—工艺热电偶；11—气流回流管路；
12—加压气流

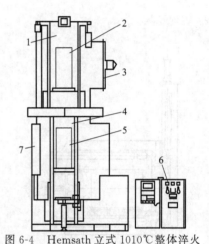

图 6-4　Hemsath 立式 1010℃ 整体淬火
燃气真空炉结构
1—热区；2、5—工件负载；3—炉子；
4—淬火区；6—淬火选择；
7—进出料炉门

图 6-4 为 Hemsath Co 研制的立式燃气真空炉的结构示意图，近年来，燃气真空炉研制技术发展迅速，许多新型的结构和新产品相继问世，图 6-5～图 6-8 为新研制和生产的新型燃气真空炉的设计结构示意图。

（2）真空炉研制结构设计优化　随着技术的进步和工业生产发展的需要，热处理领域追求更高的热效率和生产率，以及低的成本，为满足功能要求与完善自动化、智能化控制系统要求等，因此推出高效、节能、低成本的真空炉是工业发展的要求和趋势。

图 6-9 为高温电热高压气淬真空炉的设计改进，该炉结构在对流冷却、喷嘴设计和布置，以及冷却线圈结构设计中具有特点。图 6-10 为 Schmetz 公司研制生产的双室卧式高压（1MPa）气淬真空炉结构示意图，从图中可知，德国 Schmetz 公司不断改进在设计上将加热室和冷却室分开安置，提高了热效率、节约能源、节省工艺时间、并减少污染等，该设计具有以下特点：

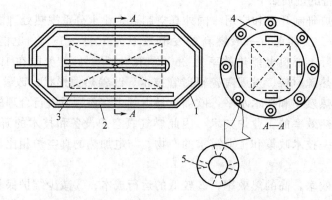

图 6-5　Hemsath 新型燃气真空炉设计示意图

1—炉门；2—真空壳室；3—U 型辐射管喷嘴；4—隔热层；5—径向喷入冷空气冷却

图 6-6　辐射管式燃气表面燃烧真空炉设计结构图

图 6-7　燃气真空回火炉

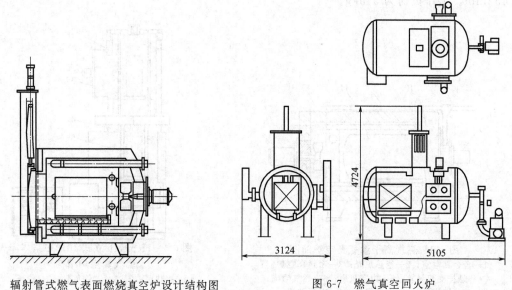

(a) 横截面图

(b) 纵向视图

图 6-8　辐射管加热真空回火炉结构图

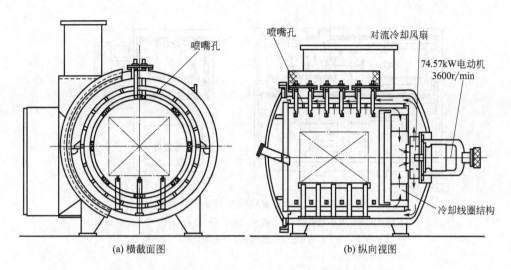

(a) 横截面图　　　　　(b) 纵向视图

图 6-9　高温电热高压气淬真空炉结构图

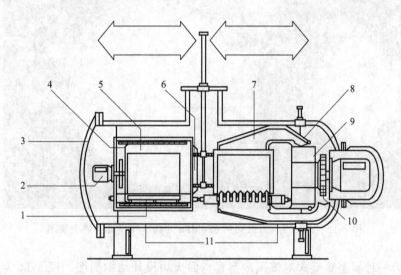

图 6-10　Schmetz 公司的双室卧式高压（1MPa）气淬真空炉结构示意图

1—负载传送小车；2—热气体鼓风机；3—进出料炉门；4—加热元件；5—加热室；6—加热室密封锁紧机构；
7—冷却室；8—2R 型换气翼板；9—热交换器；10—冷却风扇；11—双层炉壳真空室

① 加热和冷却采用双鼓风机（风扇）结构；

② 具有可自动控制的 2R 换气翼板；

③ 具有密封隔热的热闸阀结构；

④ 具有可自动控制的设于炉内加热室和冷却室内工件负载传动小车机构。

该炉较好解决了高压气淬热处理中的高压气流循环冷却，加热室热流循环均热和加热室冷却室中工件传输以及加热室冷却室的真空密封盒隔热问题，是近代优化设计真空热处理炉的典范之一。

图 6-11 为另一种矩形炉室真空热处理炉设计的架结构简图，图 6-12 为 Aber Ipsen 公司设计制造的 0.6MPa 的高压气淬真空炉全景图。

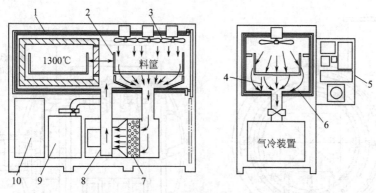

图 6-11　双区单室真空热处理炉设计结构

1—真空室；2—可移动料筐；3—高速风扇；4—冷却循环；5—控制柜；

6—冷壁；7—水冷圈；8—鼓风机；9—真空泵；10—电源

图 6-12　Aber Ipsen 公司的 0.6MPa 的高压气淬真空炉全景图

图 6-13 为一种新型热壁式对流风冷型真空回火炉设计结构简图，图 6-14 为日本中外炉两室型 1MPa 高压气淬真空炉结构示意图，均是为满足不同工业产品需要而设计的。

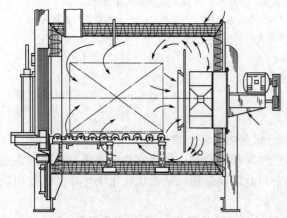

图 6-13　热壁式对流风冷型真空回火炉

（箭头方向表示循环气流流动方向）

（3）半连续式和连续式真空炉及其特点　随着技术进步与工业产品需求的增长，半连续式与连续式真空炉研制开发进一步加快，和周期性真空炉相比，半连续式可提高生产效率 25%～30%，连续式可提高 40%～50%，半连续式与连续式真空炉效率高，热损失少、节材（气体、油等），生产成本低，适于连续生产的大批量产品加工，对于要求越来越高的工

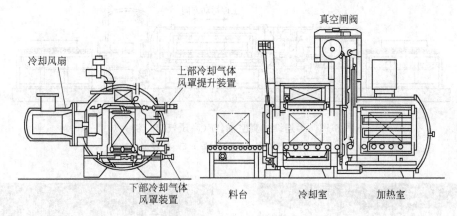

图 6-14 日本中外炉两室型 1MPa 高压气淬真空炉结构

具、模具、电子器件、飞机和航天零件、部分汽车零件和兵工器件的批量生产，半连续和连续式真空炉越来越感受到用户的欢迎，生产应用发展迅速，需求量明显增加。

图 6-15 为半连续式高压气淬炉结构示意图，其加热室和高压气淬炉的主要结构和机构设计如图 6-16 所示，半连续式真空油气（高压气淬）淬火炉结构简图见图 6-17。

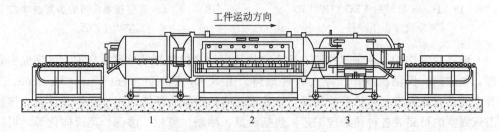

图 6-15 半连续式真空高压气淬炉
1—装料室；2—加热室；3—高压气淬室

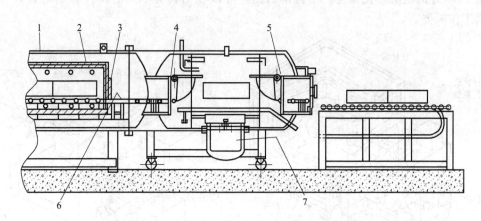

图 6-16 半连续式高压气淬炉（图放大）简图
1—水冷炉壳；2—加热室；3—活动隔热炉门；4,5—压力闭锁装置；6—辊轮式炉床；7—驱动装置

图 6-18 为 Hayes 公司开发制造的 VBQ 型连续式真空气冷炉生产线，图 6-19 为 ALD 真空技术公司推出了多室连续式真空炉生产线，均是近年来新型的连续式真空热处理生产线。

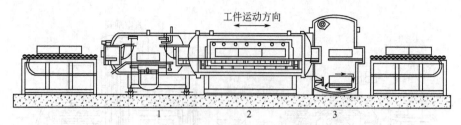

图 6-17　半连续式真空油气（高压气淬）淬火炉

1—高压气淬室；2—加热室；3—油淬室

图 6-18　Hayes 公司的 VBQ 型连续式
真空气冷炉生产线

图 6-19　LD 真空技术公司的多室连续式
真空炉生产线

（4）流态化真空炉　一种机械流态化真空炉是由计算机控制的单室真空炉，可完成多种工序处理，如加热、保温、冷却、淬火和再加热。由 Kemp Development Corp（Houston，TX）共同开发的具有流态床高传热系数和真空热处理高清洁性综合性能的先进热处理设备。该机械化流态床真空炉可完成各种热处理工艺，包括渗氮、渗碳、氧化、渗硼、奥氏体化等，可以在真空和控制气氛状态下工作，可自动完成包括时间、温度和压力变化与控制的多种工序的热处理工艺操作，需要说明的是，这类炉子的改型产品也可用于粉末冶金的处理加工。

图 6-20 为机械流态化真空炉结构剖面图，可以看出具有不同的构件和驱动装置等，以满足其工作需要。

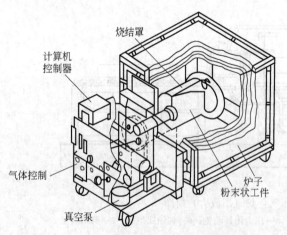

图 6-20　金属热处理用机械流态化真空炉剖面图

（可看出不同构件，驱动装置和控制部分）

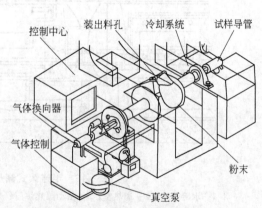

图 6-21　粉末冶金加工改型的机械流态
化真空炉结构示意图

（可以看出驱动轴和冷却系统前的活动轴）

图 6-21 为一种用于粉末冶金加工改型的机械流态化真空炉结构。

机械流态化真空炉（MFVF）技术的优点为：

① 用气量明显减少，装料和卸料在气态下的容器中进行，零件在运行中加工，在工艺温度下按工艺要求程序加入粉末操作，各种材料用量得到有效控制；

② 工作环境安全与清洁；

③ 设备采用电加热，气体通过连接管充入和排出，在工作时五粉末外溢。

机械流态化真空炉是一种新开发的非常有使用价值的热加工设备，该设备具有工作环境控制功能，其产品在工业上将得到广泛的应用。

（5）热壁式真空渗碳炉及其特点　热壁式真空渗碳炉是根据实际生产需求而专门设计的一种真空渗碳炉，图 6-22 为冷壁式真空渗碳炉的结构，图 6-23 为热壁式真空渗碳炉结构示意图。传统的冷壁式真空渗碳炉的许多问题在热壁式真空渗碳炉上得到解决，热壁式真空渗碳炉的特点如下[2]：

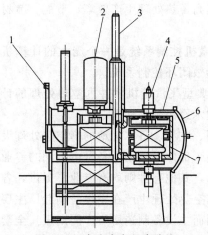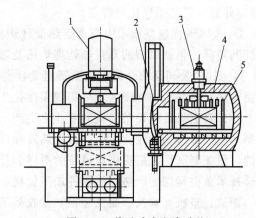

图 6-22　冷壁式真空渗碳炉
1—装料门；2—冷却风扇；3—真空闸阀；4—风扇
5—水冷炉壳；6—维修炉门；7—隔热屏

图 6-23　热壁式真空渗碳炉
1—冷却风扇；2—真空闸阀；3—风扇；
4—陶瓷纤维隔热屏；5—辐射管加热元件

① 热壁式结构。真空室炉壳不采用水冷结构，隔热层内抽真空，减少了水冷却部分带走的热量损失，使炉温分布及均匀性改善，加热元件能量消耗约减少 60%，可获得均匀的渗碳深度；

② 封闭式辐射管加热元件。置于辐射管内的加热元件可防止与炉内碳氢分解气体接触，辐射管内充入少量氮气以防止碳氢分解气体进入管内。由于加热元件引入电流，加热元件与炉子渗碳气体完全绝缘，炉子结构设计可以完全排除所有由于渗碳气体引起的绝缘弊端，效果良好；

③ 陶瓷纤维隔热材料。热壁式真空炉中形成的炭黑不损坏加热元件绝缘性能，但过量对于不同炉子部件将造成有害作用。热壁式真空炉采用陶瓷纤维制成隔热层使得氧化气体空气可进入炉中吹走炭黑，因而在烧掉炭黑时，空气可完全进入炉中除去（烧掉）沉积于炉壁表面上的炭黑；

④ 自动烧炭系统。在热壁式真空渗碳炉中，可以自动完成烧炭黑而不致出现炉子材料的熔化损坏，成功免除了定期清洁炉室的工作。

热壁式真空渗碳炉不仅可用于真空渗碳，而且还可用于处理各类渗碳工艺处理，如吸热式气体渗碳、甲醇渗碳、氮基气氛渗碳等，具有广阔的发展前景。

（6）高压气淬真空炉智能控制系统　真空热处理炉采用可编程序控制器或工控机（微机）与智能化仪表（控温仪表、真空仪表、电参量仪表等）的综合控制方式，已经成为真空热处理炉计算机控制系统的主流，近年来高压气淬真空炉工艺参数控制的研究融合 CAD 技术、数据库技术及专家系统技术日趋完善，针对不同材料不同热处理模式研制开发了精确控制加热过程和冷却过程与智能化控制系统，推动了高压气淬真空炉控制系统智能化技术的发展，下面分别介绍部分控制系统。

① Dick Mcdonald 等介绍了用于飞机发动机精密零件热处理的高压气淬真空炉智能控制系统，可控制热处理工件的加热过程与冷却过程，通过改变工件的加热方式（对流加热）和改变冷却模式与冷却速度，以寻求热处理工艺参数、产品性能和处理效果（高效、节能节材、低成本等）的最佳化。

② 高压气淬真空炉智能控制系统实现了热处理工件可变加热方式和改变冷却模式与冷却速度，使工件获得优良的性能并避免工件变形。提高了热处理生产效率，节能、节材（气体），并具有工艺柔性化的特点。

③ 美国现代航空技术中心真空热处理炉先进的微机控制系统是一个庞大的计算机控制系统网络群，包括典型的真空热处理炉热处理工艺参数闭环控制系统。

④ HLC 公司集团介绍了用镍基超级合金制造的典型飞汽轮机零件真空热处理的计算机控制方法。该系统功能强大，可实现柔性化生产，技术经济效果显著。

（7）真空热处理设备制造的专业化生产　在美国、欧洲、日本等地的真空热处理设备的研制和生产多采用专业化生产，真空热处理设备的各个部件和辅助设备是由不同的专业厂制造的，设备制造厂主要提供该设备的图样和技术要求，其他部件则均有专业厂提供，各部件配合技术条件详细、严格，使部件加工优良，整个真空热处理生产在主设备制造厂主要是安装、调试、整机试验及产品性能检、验收等工作。因而主设备制造厂生产周期短。全套真空热处理设备制作精良，性能好。

图 6-24 为 Plansee AG 公司生产的部分结热区及组件等，可根据用户的不同要求提供不同材料、不同结构设计、不同加热元件与布置方式的热区结构组件供厂家选用。

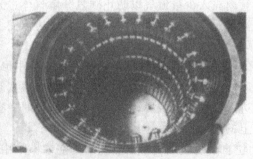

(a) 钨钼元件热区　　　　　　　　　　　　(b) 钼元件热区

图 6-24　真空高温炉结构、热区及组件

图 6-25 为 GM 公司设计制造的真空炉结构设计模式，（a）为冷壁式炉壳的电源输入结构；（b）为热区结构的全金属隔热屏结构。Plansee AG 公司设计制造的矩形热区全金属框架如图 6-26 所示，石墨构件制品广泛用于真空热处理炉中，如石墨加热元件、石墨隔热屏制作（板、条、棒、毡等）、石墨炉床组件等（支柱、导轨等），石墨制品性能优良，耐高温，变形极小，高温强度高，价格便宜，因而在各类真空炉上得到了广泛应用。

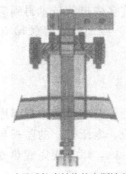
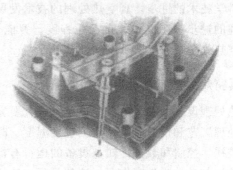

(a) 冷壁式炉壳结构的电源输入结构　　　　　(b) 热区结构的全金属隔热屏

图 6-25　真空炉结构设计模式

图 6-26　热区全金属框架

钼热区

钼热区

装料筐夹具

图 6-27　各类耐热金属制件图示

真空高温炉热区结构和装料卡具、料盘、料筐等是真空炉耐热金属制品的主要构件和产品，国外已经实现了专业化生产和产品的供应，图 6-27 为几种常见的耐热金属制品及其主要用途。

6.2 真空热处理技术的新进展

随着科学技术的进步，真空热处理的技术发展迅速，许多先进的技术得到应用，提升了真空热处理的进步，在设备的自动化程度、智能化的设计、冷却技术等领域有了长足的进步，为真空热处理技术打下了坚实的基础。

6.2.1 真空热处理自动化在线控制系统

真空热处理设备和工艺的自动化系统，其要完成热处理工艺和设备运行程序，同时要具备承担热处理工艺和设备参数（数据包括温度、时间、电流、电压等）的监视与控制，从而使参数的监视、控制和数据传输与设备的运行有机结合成一体，以方便完成热处理工艺和设备的全面控制与自动化生产作业，这就是真空热处理自动化在线系统。

近年来，随着计算机技术的进步，真空热处理在线控制系统向着智能化控制方向发展，其也融合了计算机模拟技术、CAD 技术、数据库和专家系统、网络技术及智能热处理等多项技术，计算机的监视与控制是热处理炉计算机在线控制系统的体现和发展。

图 6-28 为一个现代计算机网络式在线维护系统，包括控制终端（用户）系统真空热处理炉生产线等设备，是一个比较典型的在线控制系统。

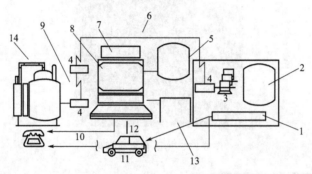

图 6-28　计算机在线维护系统

1—ZIS 在线维护中心；2,5—用户数据库；3—PC 机；4—调制解调器；6,9—公用通信线；
7—维护工作状态；8—实时显示；10—电话连接；11—维护中心车；12—无线电话；
13—维护报告；14—用户（真空炉生产线）

6.2.2 热等压（真空）淬火技术

热等压是通过均匀冷却装置研制开发快速冷却设备，炉内简单的气流装置使冷和热气体按比例混和以控制均匀快速冷却，来实现真空淬火技术。

热等压工艺技术具有减少工艺时间，经济性好；具有高的冷却速率；在均匀冷却下，热变形和开裂倾向最小；消除热诱发孔隙率等。

热等压淬火是提高工件质量及材料性能降低成本的工艺方法，与传统的热处理方法相比，可进一步改进工艺参数，图 6-29 为自然冷却和快速冷却的热等压技术（HIP）工艺，图 6-30 为热等压淬火炉结构示意图，图 6-31 给出了 ABB QUIN 型热等压加工装置图。近年来大型的热等压淬火设备系统已加工制造，其热区尺寸为 $\phi 1.25\text{m} \times 2.5\text{m}$，生产能力可处理工件 5h，工作周期为 9h，其中 4h 为保温时间。随着科学技术的进步，相信不远的将来该技术会应用到创新工业中。

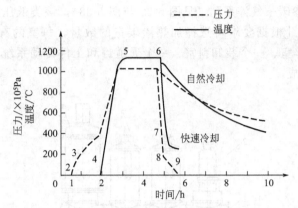

图 6-29　自然冷却和快速冷却 HIP 工艺

1—真空；2—均衡；3—抽气；4—加热；5—保温；6—冷却；7—调整；8—反向抽气；9—放气（恢复）

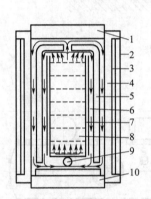

图 6-30　热等压淬火炉结构（0.6～200MPa）

1—上密封盖；2—线圈；3—冷却水；4—容器衬套；
5—隔热层；6—加热体；7—料筐；8—工件；
9—温度均衡（补偿）装置；10—下密封座

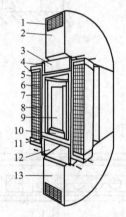

图 6-31　ABB QUINTUS 型线圈环缠绕的
热等压加工装置（0.6～200MPa）

1—线圈；2—上轭架；3—非螺纹上密封盖；4—冷却
循环；5—线圈；6—隔热层；7—容器衬套；8—炉子；
9—工件；10—负载支撑；11—炉体隔热层；
12—非螺纹下密封座；13—下轭架

6.2.3　ICBP 系列低压渗碳技术及低压渗碳多用炉（ICBP）

作为气体渗碳的一般工艺为在密封室内通入载气与富化气，借助大量的载气维持炉内的基本成分以满足炉气碳势控制的需要。而渗碳过程中的碳则来自于富化气，该工艺已应用多年，积累了丰富的实践经验，存在的问题是由于载气中有氧气和氧化物的存在，会不可避免地产生内氧化，即在渗层表面薄层内出现非马氏体，其对渗碳件的疲劳性能产生极为不良的影响。

随着科学技术的进步，解决该问题的方法得到应用，国内外热处理公司均致力于该技术的推广，法国的 ECM 公司发明的低压渗碳专利技术和开发的 ICBP 系列低压渗碳多用炉则较好地解决了该问题，并已经推广到汽车工业领域，具有十分广阔的应用前景。

（1）ICBP 低压渗碳的工艺与装备　该类设备分为连续式与周期式两大类，而连续式又分为两种系列。

① ICBP$_{TG}$ 低压渗碳＋气淬系列（见图 6-32 与图 6-33），该类低压渗碳气淬多用炉由一个或多个加热渗碳室［根据要求可选择加热渗碳室的数量，每室的有效尺寸（$\phi \times$ H）为 450×750］、一个气淬室、一个装卸料室、一个通道罐和工件传动系统，气体循环系统以及计算机监控系统等组成。

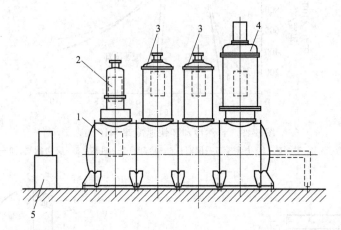

图 6-32　ICBP$_{TG}$－200 示意图

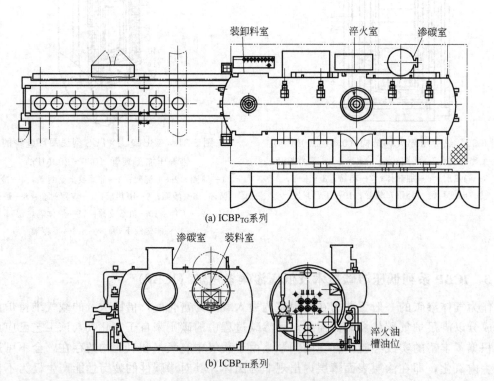

(a) ICBP$_{TG}$系列

(b) ICBP$_{TH}$系列

图 6-33　ICBP 系列低压渗碳高压气淬炉

② ICBP$_{TH}$ 低压渗碳＋油淬 ICBP$_{TH}$ 系列。该低压渗碳油淬多用炉是由一个或多个加热

渗碳室［有效尺寸（L×W×H）为 910×610×600］、进出料室、传动机构、淬火油槽以及计算机监控系统等组成，该设备也对工件进行碳氮共渗的处理，ECM 公司可根据用户需要增加进出料的功能，将其设计成高压气淬炉，可实现低压渗碳＋气淬的工艺流程，完成高速钢、模具钢、工具钢等工件的高压真空淬火。

③ 周期性低压渗碳多用炉。需要说明的是低压渗碳装置时一个独立的系统，可根据需要配置到 ECM 公司制造的各种立式或卧式真空炉上，因此装有低压渗碳装置的真空炉不仅进行低压渗碳，同样可进行高速钢和模具钢的真空淬火处理。

（2）ICBP$_{TG}$ 的组成和低压渗碳工艺（这里以 ICBP$_{TG}$－200 系列低压渗碳气淬多用炉为例）　图 ICBP$_{TG}$-200 系列炉［见图 6-33（a）］，所采用的夹具在炉内的固定方式为吊挂式，工件可根据其形状特点，以各种方向悬挂在夹具上。

① 装卸料室。工件进入装卸料室后，抽真空到 $6×10^2$ Pa，当压力与整个通道罐压力相进行处理。等时，打开真空密封阀，升降机将工件转移下降到通道罐内，并传送到某一加热渗碳室中进行处理。

② 加热渗碳室及渗碳工艺。工件在炉内以每分钟两转的速度旋转，外壳是双层结构，夹层通水冷却，向炉内喷入 C_3H_8 及 N_2。C_3H_8 裂解后在真空中形成 $C＋H_2$，使得加热渗碳室内的"碳"处于饱和状态，并用碳富化率 F 来表达。当工件的表面积小于其临界值，C_3H_8 的流量一定时，F 值是恒定不变的；而当 C_3H_8 的流量大于临界值，并且工件的面积一定时，F 值也是定值（见图 6-34 和图 6-35），因此渗碳过程可用温度、时间、C_3H_8 及 N_2 的流量和压力四个参数进行控制、渗碳和扩散过程中，根据工件渗层要求，计算机模拟系统将计算出渗碳和扩散过程的时间及循环次数。渗碳温度由材质和对变形的要求程度来确定。变形要求严格的工件选用 920℃，法国雪铁龙变速箱齿轮低压渗碳采用 960～970℃，由于加热室的最高温度可达 1250℃，故即使采用 970℃ 的渗碳温度也不会影响加热元件和保温层的使用寿命，可实现对于工模具的真空淬火处理。

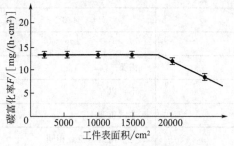

图 6-34　零件表面积与 C_3H_8 富化率 F 的
关系曲线（温度和丙烷流量一定）

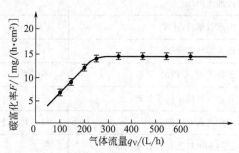

图 6-35　丙烷流量与 C_3H_8 富化气 F 的
关系曲线（温度和工件表面积一定）

计算机模拟计算前，除了输入工件材料的特定：即：初始含碳量、扩散系数和渗碳温度，同时输入其初始参数：即强渗后表面碳含量、扩散后表面的最低含碳量、表面最终碳含量、碳的富化率和渗层深度。图 6-36 为一个渗碳和扩散周期内，工件厚度方向上碳含量的典型变化曲线，由于每次渗碳后工件表面的"碳"将向工件内部扩散，开始渗碳时，首先充入 C_3H_8，5min 内可达到计算机设定的工件表面碳含量，然后脉冲交替地通入 C_3H_8 及 N_2。一般而言每次通入的 C_3H_8 强渗时间在 1～4min，通入 N_2 的扩散时间在 2～60min 之间。

当工件达到渗碳深度后，打开加热渗碳室底部的门（该门不密封，仅起到隔热作用）。工件从渗碳室转运到气淬室，并装在一个绝热罐内一起运送，以保证整个罐内的温度不变，

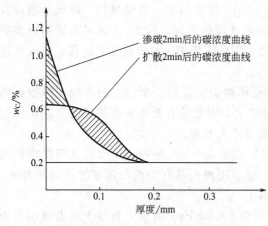

图 6-36 工件厚度方向上碳含量的变化曲线

从渗碳室→下罐→平移→上升到气淬室，并包括向气淬室充入 N_2······整个工艺过程仅需 24s。

③ 气淬与气淬室。在气淬室的顶部装有大功率的风扇，底部装有真空密封阀，当工件进入该室后关闭真空密封阀，并立即通入高纯氮气，启动风扇后，炉内的高压氮气形成一个冷却风道，工件通过环绕的四周的热交换器和双层壳体快速冷却，炉内的气淬压力可在 $(1～20)×10^5\,Pa$ 之间调节。

(3) 低压渗碳技术经济效益的分析 该低压技术的特点：具有良好的质量、晶界内无氧化、工件变形小、表面光亮等；更大的工作柔性，ICBP 炉可与冷加工连成一条线，同步生产作业，可在不同的渗碳室内进行不同层深的渗碳处理，工作温度在 800～1250℃之间，可进行高速钢的真空淬火，也可进行真空钎焊处理；安全环保，该低压渗碳多用炉采用冷壁真空技术，无点火装置、无油蒸汽、无失火危险等；具有良好的生产性，该设备为全自动设备，节电、节约气氛、处理周期短、占地面积小、不需要辅助装备。

主要技术指标比较。法国雪铁龙公司就低压渗碳多样炉和传统的推杆炉式连续渗碳炉所做的主要指标比较如表 6-2 所示。

表 6-2 低压渗碳多用炉 ICBP$_{TG}$-400 和传统的推杆式连续渗碳炉主要指标比较

对比内容	ICPB$_{TG}$-400	传统的渗碳生产线
占地面积/m^2	210	450
生产效率/$kg \cdot h^{-1}$	215	430
设备的利用效率/%	90～95	78
土建工程/专用的车间	不需要	需要
是否可与机床同步生产	可以	不可以
工序之间的操作量	限制到最小	非常重要
进料和出料工作台数量	较少	与炉内的料盘数相同
是否可以跟踪工件	可跟踪和识别要处理的工件	不可以跟踪，是一个主要问题
着火危险	几乎没有	有危险，周末必须检查车间
环境	无噪声，非常干净	有污染，产生的废弃物必须再利用
当渗碳室出现故障时	其他渗碳室可继续处理工件	必须停炉
是否能处理不同材料、工艺的工件所处理的各类工件的质量状况	非常灵活，每一个渗碳室等于一个多用炉。各类工件处理的质量好	很受限制，该炉只能专门用于处理特定工艺的工件。质量受影响
向渗碳室充入气氛时，流量是否可变	充入气氛时，流量可变化	受限制，因为流量变化会产生氧探头反应能力的问题

固定投资和运行成本的比较(金额单位:法国法郎)

炉子	8500000	10000000
清洗机	0	2500000
其他:土建+罐等	0	4500000
维护费用(期限 10 年)	585000	1350000
炉子和清洗机电耗/1t	262400	262700
气氛消耗/1t	19300	96000
淬火介质消耗/1t	98700	54700
清洗添加剂的消耗/1t	0	12500
直接劳动成本/1t	139900	168500
耐热钢料	84700	56000

6.2.4　VCQ2 型智能型真空渗碳淬火炉（金属热处理 2012.1）

智能型真空渗碳淬火炉是通过加热元件和渗剂喷嘴合理设计，提高了炉温均匀性和气氛均匀性，质量流量计和计算机控制系统精确控制渗剂流量和准确控制工艺过程，减少了炭黑，焦油污染，实现了真空渗碳淬火全自动化生产，使真空渗碳工艺稳定可靠，提高了产品质量。真空渗碳专家系统根据工件材料特性和工件渗层要求等初始参数，经计算机模拟可以生成真空渗碳工艺，可下载到计算机监控系统中，实现真空渗碳工艺过程的自动控制，最终达到计算机模拟与工件实际渗层误差小于±5%。通过设备性能测试和航空热处理生产实践，证明智能型真空渗碳淬火炉具有稳定可靠和高性能的特点，并成功应用于航空零件高质量的热处理。

(1) 智能型真空渗碳淬火炉技术特点

① 组成　智能型真空渗碳淬火炉采用强大的电脑自动控制系统，使真空渗碳淬火实现智能化生产，该系统由工业电脑+PLC+传感器+执行机构组成，简要框图如图 6-37 所示。

② 功能

a. 真空渗碳淬火工艺自动生成　VCQ2 智能型真空渗碳淬火炉计算机控制系统，可以根据工件材料特性和渗层要求等初始参数，经过计算机模拟生成包括每次渗碳和扩散过程的时间、渗碳+扩散的脉冲循环次数，终扩散时间等工艺参数，然后将总的渗碳工艺下载到计算机监控系统中，进行真空渗碳工艺过程自动控制，最终达到计算机模拟与工件的实际渗层，误差小于±5%。

b. 真空渗碳淬火工艺的编辑　完整的渗碳工艺周期（温度、时间、压力等）可以由操作者以工艺文件形式进行编辑和存储，工艺文件具有带名称的全部工艺参数，可以随时调用、查看、修改（需密码）。

c. 真空渗碳淬火工艺的自动控制　该系统可实现真空渗碳淬火全过程的自动控制，包括温度控制、压力脉冲控制、渗碳气体脉冲控制、时间控制、工艺段控制以及自动/手动切换功能等，从而实现渗碳淬火全自动控制或手工操作。

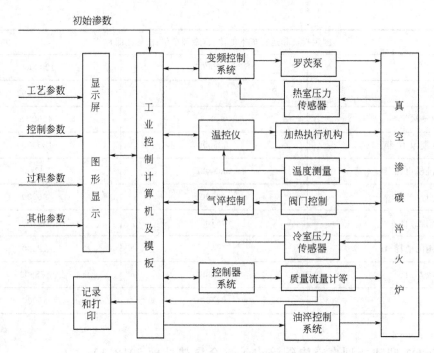

图 6-37   智能型真空渗碳淬火炉电脑自动控制系统框图

渗碳控制系统包括渗碳气体和扩散气体的精确流量控制、渗碳气的压力控制，与真空系统配合实现渗碳气体压力恒定及渗碳气体和扩散气体的快速切换，图 6-38 为真空渗碳控制界面。

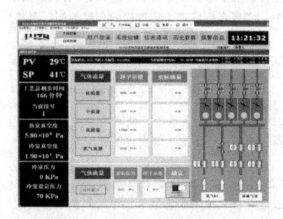

图 6-38   渗碳控制界面

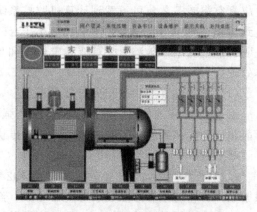

图 6-39   计算机控制系统控制窗口

计算机监控系统能够精确控制渗碳过程中的温度、时间、C_3H_8 或 C_2H_2、N_2 的流量和压力等参数，可精确控制工件的表面碳浓度和工件的渗层深度，计算机控制系统控制窗口如图 6-39 所示。

d. 热处理工艺的跟踪   具有工况显示功能。电脑屏幕显示可分为四个页面：第一个为初始页面，有 3 个菜单按钮，分别选择进入后面 3 个页面，后 3 个页面一个是工艺文件创建、编辑页面，用于创建、调用、查看、编辑文件。另一个是模拟设备状态显示页面，屏幕显示渗碳设备和辅助设备外部、内部结构以及各个运行、工作部件当前工况，用动态模拟的方式显示工况。第3个页面是实时记录曲线画面，显示温度、真空度、记录曲线等，也可以根据软件性能分为更多的页面。

参数显示功能。工艺参数显示在设备状态显示页面和实时记录页面显示，主要显示的参数有：温度、压力、流量、渗碳时间、扩散时间、渗碳总时间、工艺段数和脉冲数。所有的工艺参数控制均有一一对应的设定值和当前值为：温度、流量、压力及渗碳总时间、当前工艺段数和脉冲数，其他默认隐藏，通过"隐藏"、"显示"按钮菜单来选择是否显示其他参数，设定值和当前值，输入密码才可显示。

每个渗碳工艺过程结束后自动生成一个实时过程记录档案，但该文件不能编辑修改，可以查看与打印。

e. 其他功能　操作者级别的识别（每个级别有不同密码）、热处理工艺的启动和控制（远程诊断，用户帮助）

对热处理工艺（实际值，事件：例如暂停、中止等故障）的存储记录；故障的打印；当前和历史曲线的存储、显示和打印。

自动操作只需用手动装料车装料并关闭炉门，选定将处理材料以及相应技术要求的真空渗碳淬火工艺，按下自动程序按钮，热处理全过程将自动进行。真空泵抽完真空至预设真空度，根据程序设定升温速度，开始加热自动执行设定好的热处理工艺，加热过程完成后，关闭真空阀，打开真空门，内部机械装置会自动将工件从加热室转移到冷却室，进行冷却，直至完成全部热处理工艺。

手动操作首先要求手动按钮开启炉门，热后对于每一个操作步骤，逐一进行手动操作，该设备本身为安全起见设置了互锁关系。

③ 炉温均匀性和气氛均匀性　VCQ2智能型真空渗碳淬火炉采取多种措施提高炉温均匀性和气氛均匀性。

a. 加热室保温层设计为石墨硬毡和软毡组成的八角形结构，加热元件采用鼠笼式结构，沿保温层内壁圆周方向均匀分布，使加热元件发热均匀并辐射炉膛中间部位——有效加热区，有利于提高炉温均匀性。另外加热室炉壁设计有专门的测温孔和安装热电偶装置，使炉温均匀性检测极为方便。

b. 真空渗碳淬火炉一般没有对气氛进行循环搅拌，主要靠进气管路和进气口布置合理，以及频繁脉冲换气来达到渗碳气氛均匀性。VCQ2-65智能型真空渗碳淬火炉四路进气、32个喷嘴，保证进气均匀，保证气氛均匀性，可使渗层深度均匀性≤±0.15mm。

④ 多种防治真空渗碳炭黑、焦油措施有效，保证设备连续稳定生产

a. 智能型真空渗碳淬火炉采取多项措施减少炭黑、焦油对于炉体和真空机组的污染。减少炭黑和焦油的产生采取渗碳剂多通路多喷嘴进入，使渗剂进入炉内，分布面广和均匀，尽快裂解并与工件表面反应，渗入工件，不至于产生过多的游离碳；采用质量流量计，根据工件渗碳要求，精确控制渗碳剂进入炉内的量，不产生过多的游离碳。

智能型真空渗碳淬火炉采用计算机自动生产合理的工艺并控制生产过程，工艺制度过程控制，渗碳剂进入炉内量与工件渗碳需要量一致，不会产生过多的游离碳。

b. 减少炭黑和焦油对于炉体的污染。加热电极采用石英或刚玉材料保护绝缘，电极棒与保温层之间留有一定的间隙；炉体设计时防止局部过冷产生炭黑和焦油沉积。

c. 防止炭黑和焦油对真空系统的污染。真空泵机组入口端安装高效的炭黑过滤器防止真空泵机组炭黑进入，保持真空系统清洁。炭黑过滤器结构方便清理和更换，以便及时清理，使过滤器保持良好的有效过滤。

(2) 性能测试

① 炉温均匀性测试。对 VCQ2-65 智能型真空渗碳淬火炉进行炉温均匀性测试，测试方法按航空工业部标准 HB5425《航空制件热处理炉有效加热区测定方法》，采用 9 点测温，具体测试结果见表 6-3。由表可以看出随测试温度升高，炉温均匀性越好，该炉的炉温均匀性达到≤±5℃的技术要求。

表 6-3　VCQ2-65 型智能型真空渗碳淬火炉炉温均匀性测试

序　　号	测试温度/℃	最大偏差 1/℃	最大偏差 2/℃
1	550	−5	+2.8
2	700	−4.9	+0.5
3	850	−1.7	+4.2
4	1000	−1.6	+3.6
5	1150	−3.2	+2.3

② 系统精确性校验。按航标 HB5354《热处理工艺质量控制》要求，对 VCQ2-65 型智能真空渗碳淬火炉进行了温度测量系统的系统精确性校验，测试结果表明该炉的温度测量系统精度校验达到≤±1℃的要求。

③ 硬度均匀性和渗层均匀性测试。在炉温均匀性检测点分别挂上同样同炉材料试样，按正常渗碳淬火工艺进行热处理，然后检查同炉和不同炉处理同种试样的表面硬度和渗层深度，相互比较找出最大差值。表 6-4 所示为 VCQ2-65 智能型真空渗碳淬火炉主要的性能及其测试结果，由测试结果表明，各项技术性能指标均达到技术要求。

表 6-4　VCQ2-65 智能型真空渗碳淬火炉的性能[54]

技术性能	技术条件要求		检测结果	
加热温度/℃	最高温度	最高使用温度	最高温度	最高使用温度
	1300	1250	1300	1250
炉温均匀性/℃	≤±5		≤±5	
系统精确性/℃	≤±1		≤±1	
极限真空度/Pa	≤4×10⁻¹		≤4×10⁻¹	
工作真空度(1250℃)/Pa	≤13.3		9.5	
压升率/(Pa/h)	≤0.65		0.4	
抽真空时间/min	≤15		8	
空炉升温时间/min (室温−1100℃)	≤50		37	
淬火转移时间/s	≤25		24	
最大气淬压力/bar	2		2	
渗碳均匀性与重复性	表面硬度要求： 单件≤±1HRC， 同炉和异炉≤±1.5HRC （≥58HRC）		表面硬度： 单件最大差值 1.9HRC 同炉最大差值 2.3HRC 异炉最大差值 2.3HRC	
	渗层深度要求： 单件≤±0.1mm， 同炉和异炉≤±0.15mm （d≥1.5mm）		渗层深度： 单件最大差值 0.085mm 同炉最大差值 0.172mm 异炉最大差值 0.172mm	

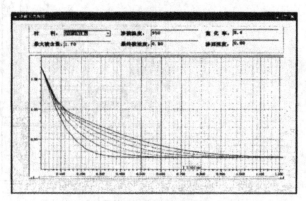

图 6-40　智能型真空渗碳淬火炉　　　　　图 6-41　智能型真空渗碳淬火炉
　　　　　自动生成典型工艺　　　　　　　　　　　典型工艺模拟曲线

（3）应用研究

① 计算机控制系统使真空渗碳淬火实现智能化生产。VCQ2 智能型真空渗碳淬火炉计算机控制系统具有工艺专家系统，可以根据工件材料特性和工件渗碳要求等初始参数模拟生成真空渗碳工艺。该系统可根据工艺文件实现真空渗碳淬火全过程的自动控制，包括温度控制、压力脉冲控制、渗碳气体脉冲控制、时间控制、工艺段控制等，实现生产过程的自动化。

例如一个渗碳材料为 20CrNiMo 钢，要求渗碳层深度 0.80mm，表面碳浓度 0.8％C，选定渗碳温度 950℃，富化率设定 8.4，计算机可以自动生成真空渗碳工艺，如图 6-40 所示，并可以实现在线和离线控制，典型工艺模拟曲线如图 6-41 所示。

② 航空用高合金钢和不锈钢真空渗碳。高合金钢和不锈钢渗碳的技术关键有两个：表面钝化膜的去除，高合金钢和不锈钢的钝化膜是合金元素的氧化膜，性质稳定不易去除，但在真空加热状态下会发生分解，使金属表面得到还原和净化。由于真空渗碳炉的加热元件和保温层是石墨和碳毡，真空下的耐高温高达 1700℃，因此很容易实现高温渗碳，目前先进真空渗碳炉的最高温度可达 1350℃，完全能够满足任何不锈钢渗碳的温度要求。

6.2.5　VZKQ 式多用途真空炉

对于要求淬火气体具有更好的传热性能，要求增加淬火气体压力的零件不宜在单室真空热处理炉中进行处理，为此开发了多用途真空炉、连续式多室真空炉和其他特殊真空炉等。

多用途真空炉可用于合金钢等材料的奥氏体淬火处理，同时适用于材料进行真空表面硬化处理，如真空渗碳处理等。多用途真空炉设计采用双室结构系统，如图 6-42 所示，其设计结构和传统的多用途箱式热处理炉类似，其特点是在真空下加热，炉室真空密封性好。

6.2.6　VNKQ 型连续式多室真空炉生产线

连续式多室真空炉生产线是一个进行真空渗碳和高压气冷淬火处理的连续式热处理生产线，该系统可根据不同的生产工艺要求进行多种组合以完成不同的处理加工。

该工艺科包括：装载、加热、真空渗碳、扩散、奥氏体化、冷却气冷淬火等，工件运行通过传送结构进行，各工作室设有密封隔热闸门隔开，工件运行中通过自动控制装置适时开

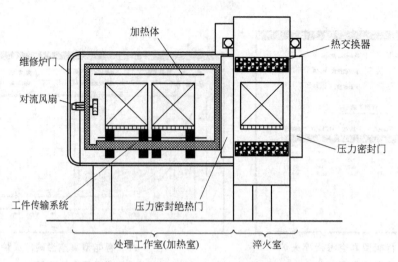

图 6-42　VZKQ 型多用途真空箱式炉结构简图

启工件到位时通往下一个工位（处理室），工件进入下一个工位后，该密封隔热闸门关闭，使进入新工作室的工件处于真空和待处理状态，而不受相邻工作室状态（温度、压力、气氛等）的影响，处理室采用冷壁式设计，故该装置系统很容易组合成生产线。

　　具有真空渗碳和高压气淬功能的 VMKQ 型连续式多室真空炉生产线装置及工艺示意图如图 6-43 所示。

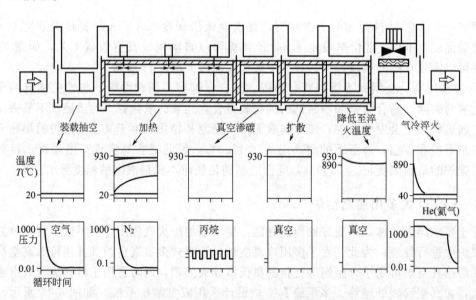

图 6-43　具有真空渗碳和高压气淬功能的 VMKQ 型连续式多室真空炉生产线示意图

　　该连续式多室真空炉工作温度高达 1250℃，除了进行合金钢和特殊材料的退火或淬火处理外，该设备适宜合金结构钢、合金工具钢或轴承钢等钢铁材料进行真空渗碳或等离子渗碳等化学热处理，也尤其适合于大批量工业生产，采用该设备配置回火炉和一套辅助传送（装出料），即可组合成一条连续式多用真空炉渗碳—淬火—回火全自动化生产线，因此该类设备具有十分广阔的发展前景。

6.2.7　Modul Therm 型往复式（梭式）模块化多用真空炉生产线

Modul Therm 型往复式多用真空炉设备的基本形式为按工艺需求沿直线式排列的处理炉（室）和一个与处理炉（室）炉门相对位置平行导轨上往复式（梭式）运行的真空淬火室（包括穿梭模块和真空淬火室）。真空淬火室在两个或多个真空处理室间往复穿梭运动。根据工件的技术要求，真空热处理室可以扩展至 6 个，模块化设计可以保证真空淬火室在计算机控制下轻松进入要求的真空热处理部位完成设定的工艺（程序）处理，Modul Therm 型往复式多用真空炉结构如图 6-44 所示。

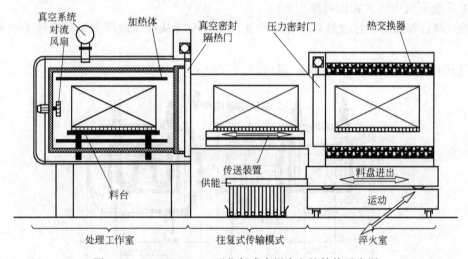

图 6-44　Modul Therm 型往复式多用真空炉结构示意图

Modul Therm 型往复式（梭式）模块化多用真空炉生产线的技术特点：
① 不同处理室处理不同工艺的产品；
② 对流加热方式；
③ 真空处理室和真空淬火室炉之间传送时间快捷并且均等；
④ 具有反向气流淬火功能模式；
⑤ 工艺处理柔性高，灵活性好；
⑥ 往复式（梭式）传送系统不与加热或热化学反应接触，为独立设计模块（单元）
⑦ 可根据用户要求进行工艺方式、生产品种和产量等方面的进一步扩展。

可见，Modul Therm 型往复式（梭式）模块化多用真空炉系统在完成系统模块化集成（组合）优化设计和自动控制的同时，也对各个独立模块的设计和自动控制装置实施最优化。被设备系统还包括外围辅助设备，例如连续式回火炉或周期性回火炉等，从而实现产品的连续化作业。

6.2.8　我国燃气式真空热处理炉技术研究开发

（1）蓄热式辐射管燃烧器（HTACRTC）燃气真空炉

① 蓄热式辐射管燃烧器（HTACRTC）燃气真空炉技术　高温空气燃烧技术（HTACT）是 20 世纪 90 年代后迅速发展起来的高效、节能、环保型先进燃烧技术，与传统的燃烧技术相比较，其具有通过蓄热式烟气余热回收，可使空气预热温度达到烟气温度的95%，炉温均匀性≤±5℃，其燃烧热效率可高达 80%以上。高温空气燃烧技术通过 HTAC

烧嘴及回收装置节能 60% 以上，故可降低 CO_2 排放 60% 以上，同时高温空气燃烧技术实现贫氧区域燃烧，使 NO_x 排放大大降低，可达到 40×10^{-6} 数量级（$40 \sim 50mg/m^3$），为传统燃烧技术的 $1/20 \sim 1/15$，此外高温空气燃烧技术燃烧噪声低，减轻了噪声污染。高温空气燃烧技术已开发出几种高温空气燃烧器（蓄热式烧嘴加热系统），在美国、日本、欧洲等国家均用于生产，其技术开发应用日臻完善，经济效益显著。我国近年来也开发出数种蓄热式烧嘴及燃烧装置系统，并成功用于工业生产。

a. 燃气式真空炉的特点　和电热式真空炉一样可以进行退火、淬火、回火等热处理；由于采用辐射管烧嘴，与电热式相比，燃料费用可节省 2/3。

CO_2 排放量与电热式相比可减少 40%。

蓄热式辐射管烧嘴经过改进以及辐射管法兰的水冷化从而实现了大型辐射管法兰的真空密封。

燃气式真空炉构造原理如图 6-45 所示。

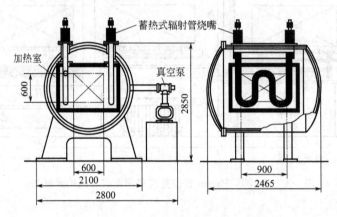

图 6-45　燃气式真空模型炉构造原理

该类燃气式真空模型炉的规格为：

炉内温度：常用 1050℃

达到的真空度：0.7Pa（绝对压）

炉内有效尺寸：600mm×600mm×900mm

最大装炉量：400kg/炉

炉体结构：水冷双重壁结构

附属装置：皮拉尼真空计，油旋转泵，机械增压真空泵

产品冷却装置：N_2 洗净，压力 140kPa

烧嘴：101.6mm 蓄热式辐射管烧嘴 41kW/2 套

辐射管：101.6mmW 型×2 套

b. HTAC 烧嘴　101.6mm 蓄热式辐射管烧嘴在工作区域左右两侧安装 2 套（4 根），通过 1 台切换阀按 30 秒的周期交替进行燃烧，辐射管法兰与炉体的真空密封采用合成橡胶制 O 型环，把蓄热置入辐射管内（见图 6-46），从而控制了流向辐射管排气所产生的热传导。

c. 炉内温度均匀性　辐射管加热和电加热其发热体的外径是不同的，该炉辐射管、隔热壁与有效加热部分的位置关系见图 6-47，图 6-48 为表示温度分布测试结果。测温点有 9 处，即有效加热尺寸的 8 个点＋中心。烧嘴燃烧量为 41kW×2 套，炉温为 950℃ 和 1050℃。

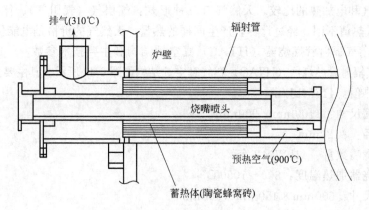

图 6-46　蓄热式辐射管烧嘴结构断面图

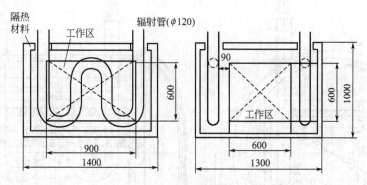

图 6-47　加热部分构造原理

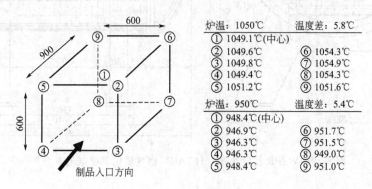

炉温：1050℃	温度差：5.8℃
① 1049.1℃(中心)	
② 1049.6℃	⑥ 1054.3℃
③ 1049.8℃	⑥ 1054.9℃
④ 1049.4℃	⑧ 1054.3℃
⑤ 1051.2℃	⑨ 1051.6℃

炉温：950℃	温度差：5.4℃
① 948.4℃(中心)	
② 946.9℃	⑥ 951.7℃
③ 946.3℃	⑦ 951.5℃
④ 946.3℃	⑧ 949.0℃
⑤ 948.4℃	⑨ 951.0℃

图 6-48　炉内温度分布

　　实验证明蓄热式辐射管烧嘴由于采用交互燃烧方式，辐射管表面温度分布均匀，炉内有效加热部分的温度均匀分布范围可以控制在6℃之内，表明采用真空炉加热能够获得均匀的加热效果。

　　② 技术经济效益比较。根据喷嘴的热效率、升温热量和炉温保持热量的测定值计算出该炉加热所需要的能量。再与电热式运转成本进行比较，蓄热式烧嘴单耗燃气 17.5/炉，电热式单耗电力 167/炉，经过计算，蓄热式烧嘴的能耗仅为电热式炉的 38%[2]。

　　③ 我国蓄热式辐射管燃烧器（HTACTRTC）燃气真空炉的研制开发

　　a. 燃天然气和电加热的比较。天然气有三种形式：气层气（气田气）、伴生气（油田气）和凝析气，其低热值不同。经过计算，产生同样的热量，天然气的价格是电能价格的 31.05%。

　　b. 蓄热式燃气辐射管燃烧器（HTAC）真空炉结构和主要技术参数

　　蓄热式燃气辐射管燃烧器（HTAC）燃气真空炉结构如图 6-49 所示。其主要技术参数如下：

天然气低热值：$41750kJ/m^3$

燃气辐射管尺寸：$1100mm \times 900mm$

辐射管直径：$\phi 120mm$

辐射管燃烧嘴数量：$41kW \times 2$ 套

辐射管燃烧器加热温度：$800 \sim 1050℃$

有效加热尺寸：$600mm \times 450mm \times 900mm$

炉温均匀性：$\pm 6℃$

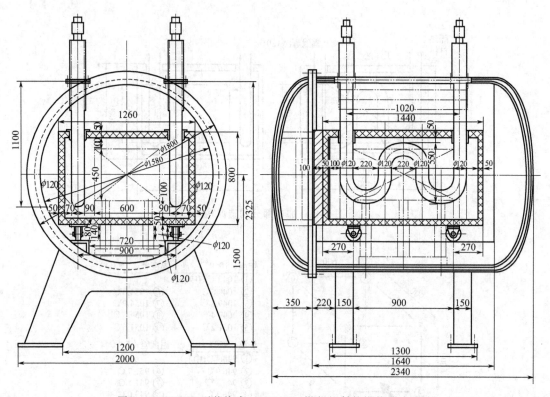

图 6-49　WZFR 型蓄热式（HTAC）燃气辐射管燃烧器真空炉

　　c. 蓄热式辐射管燃烧器（HTAC）燃气真空炉与电炉综合技术经济性比较　　见表 6-5。

表 6-5　蓄热式辐射管燃烧器（HTAC）燃气真空炉与电炉综合技术经济性

项　　目	HTAC 燃气真空炉	电　炉
设备投资	HTAC 燃气辐射管、燃烧器及控制系统，2 套 W 型辐射管装置大约需要 5 万元	加热设备包括：石墨加热体结构、磁性调压器、水冷电极及汇流排等大约 6 万~7 万元。
运行费用	20.32 万元 $\times 31\% = 6.3$ 万元，每年可节约运行费用 14.02 万元	$254 \times 8 \times 2 \times 100kW \times 0.5$ 元 $kWh = 20.32$ 万元。
维修费用	HTAC 燃气真空炉维修费用与电炉维修费用基本持平	正常维修费用

（2）蓄热式（HTAC）燃气辐射管燃烧嘴在连续退火炉上的应用　该蓄热式燃气辐射管燃烧器在国内的广东佛山南方广恒钢铁有限公司的连续式热镀锌板生产线还原退火炉上得到了应用。这是我国第一条应用的燃气辐射管燃烧嘴热处理炉，生产的镀锌板产品硬度、伸长率和表面粗糙度良好，随产品规格和运行速度的变化，炉温调节操作方便，响应速度快，炉温控制精度高，相应的镀锌板温度控制在 $\pm10^{\circ}\text{C}$ 范围内，运行 10 年来，燃烧系统工作安全可靠，故障率与日常维护工作量小。连续式热镀锌板生产线退火炉燃烧系统应用蓄热式烧嘴后，年节约燃料费用非常客观，按蓄热式辐射管燃烧器热效率 85% 计算，常规辐射管燃烧嘴热效率以 60%（平均值）计算，按实际燃烧消耗量 $10.7\text{m}^3/\text{t}$，则使用蓄热式烧嘴每吨钢带节约燃料为：

$10.7\text{m}^3/\text{t}\times85\%/60\%-10.7\text{m}^3/\text{t}=4.46\text{m}^3/\text{t}$。

退火炉年工作时间以 7500h 计算，加热炉平均产量以 28t/h 计算，液化石油气价格以 7元/m^3 计算，年节约燃料费为：

$7500\text{h}\times28\text{t}/\text{h}\times4.46\text{m}^3/\text{t}\times7$ 元/$\text{m}^3=656.6\times10^4$ 元。

由此可见，连续热镀锌板生产线退火炉燃烧系统使用蓄热式烧嘴产生了客观的经济效益与社会效益。一年节约的燃料费用即可收回整个燃烧系统的全部投资。

蓄热式燃气辐射管燃烧器安全可以满足连续热镀锌板生产线退火炉的各种工艺要求，操作方便、工作安全可靠。

另外蓄热式燃气辐射管燃烧器的热效率高于常规辐射管燃烧器，单位产量能量消耗低于常规辐射管燃烧器，而且加热均匀性高于常规辐射管燃烧器，在延长辐射管使用寿命和提高产品质量方面有一定的优越性。

蓄热式燃气辐射管燃烧器与常规辐射管燃烧器相比，可以减少温室气体 CO_2 和燃烧污染物 NO_2 的排放，是具有应用前景的燃烧器装置。

6.2.9　WZDGQ30 型单室真空高压气淬炉研制

WZDGQ30 型单室真空高压气淬炉是北京机电研究所研制的具有 $6\times10^5\text{Pa}$ 气淬功能的单室卧式真空热处理高压设备，主要用于高速钢、高合金工具钢等精密零件的高压气体淬火以及退火、钎焊等多种真空热处理，该高压气淬真空炉采用圆形金属屏炉胆，具有结构紧凑、炉温均匀性好、冷却均匀、高压气淬效果好等特点，设备控制采用计算机控制、可靠性好、自动化程度高、技术水平先进等，该设备大大增强了工件的淬透性，减少了环境污染，设备系统结构简单，同时具有组合单元特性，适于配置真空热处理自动化生产线和柔性化生产工作站等，具有进一步拓展技术应用的发展空间和潜力。

（1）主要技术参数。

① 有效加热区尺寸/mm：$450\times300\times300$（长×宽×高）

② 额定装炉量/kg：50

③ 最高加热温度/℃：1300

④ 极限真空度/Pa：6.6×10^{-3}

⑤ 炉温均匀性/℃：±5

⑥ 加热功率/kW：57

⑦ 气淬压强/Pa：6×10^5（绝对压力）

（2）主体结构介绍　WZDGQ30 型单室真空高压气淬炉的主体结构如图 6-50 所示。

炉壳结构。该炉壳由炉门及壳体两部分组成，以卡环形式连接，炉门及炉壳均为双层钢

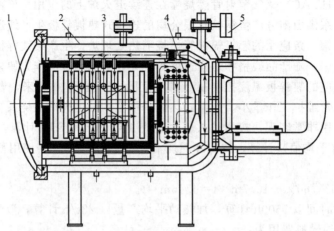

图 6-50 WZDGQ30 型单室真空高压气淬炉
1—炉门；2—炉壳；3—炉胆；4—风冷系统；5—充气系统

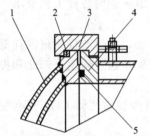

图 6-51 炉门法兰与炉壳法
兰连接卡环形式
1—炉门；2—楔形块；3—卡环；
4—炉壳；5—密封圈

板与法兰焊接，内通冷却水，炉门法兰与炉壳法兰的连接采用卡环形式（见图 6-51），炉门的密封形式由原来的唇形密封圈改为 O 型密封圈，既保证了密封，同时也简化了密封圈的制造成本，炉门与壳体两法兰的间隙由炉门及卡环上的楔形块来调节，使容器在真空和压力状态下均不泄漏。

加热炉胆。采用圆形全金属结构，隔热层由两层钼片及四层不锈钢板组成，发热元件为高温钼片。炉胆为加热室，由前后盖、圆筒体、料台与料台柱以及发热元件等组成（见图 6-52），前盖固定于炉门，后盖与圆筒体固定，后盖上有四个通风口，采用隔热屏隔绝热量的散失。在圆筒体外沿 360℃ 四周均匀分布 8 根进气管，每根进气管上分布有 5 个喷气管伸进筒体内，直接喷进工件，不会损坏发热体与隔热屏，该结构既优化了设计，又使工件的加热、冷却效果得到极大改善。

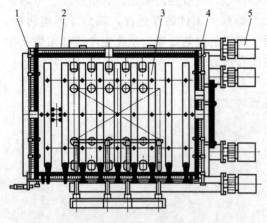

图 6-52 炉胆
1—前盖；2—筒体；3—发热体；
4—后盖；5—进气管

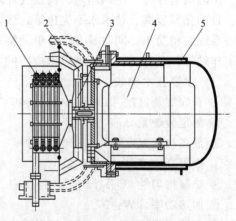

图 6-53 冷却系统
1—散热器；2—气体分配器；3—风机叶轮；
4—交流电动机；5—电动机罩

冷却系统。冷却系统是由 55kW 交流电动机、离心机高压风机叶轮和高效全铜散热器组成（见图 6-53），电动机被封在真空室内，由带水冷的电动机罩密封，在风机叶轮的出风口，沿圆周方向配备了气体分配器，高压气体被强制分配到 8 个出风口，其与炉胆上的 8 个进气管相连，经工件被加热的气体，通过后盖的出风口，再经过环形全铜散热器的迅速冷却后，回到叶轮的进气口，形成气体的循环。

（3）控制系统功能特点　该设备控制系统采用了上位计算机及可编程序控制器的测量、监视、控制等应用技术，它具有以下功能：

① 过程控制可视化（界面、颜色、文字、图形、动画、操作等）；

② 元件建立标准化（数字窗口、图形窗口、棒图、按钮、指示灯等）；

③ 系统设计动态化（选择元件、逻辑连接、程序连接、参数设置、数据来源、数据去向等）。

它具有以下特点：控制结构紧凑；节省系统空间；人机界面友好；监控操作方便；设计周期缩短；系统维护简单；应用范围广泛等。

系统电气参数：设备总功率为 80kW，加热功率 57kW，气淬风扇电动机功率 55kW，机械泵电动机 5.5kW，罗茨泵电动机功率 4kW，扩散泵电动机功率 5kW。

（4）电气控制系统结构

① 上位机系统。该系统采用 PⅢ 型微型计算机，运用 HMI 工业控制软件，通过设计、组态为用户提供了一套功能强大、界面友好的监控窗口，图 6-54 为设备运行监控图。

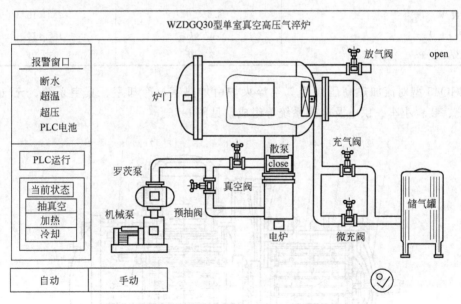

图 6-54　WZDGQ30 型单室真空高压气淬炉运行监控图

② 可编程序控制器系统。采用美国通用电气公司生产的 WresaMax 系列 PLC。该系统应用方便，它编程模块丰富，有继电器功能模块、数字运算功能模块、关系运算功能模块、数据传送功能模块、制表功能模块、变换功能模块、控制功能模块等，可事先编写通用性强的子程序，该 PLC 带有 RS232 及 RS485 通讯接口。

③ 温度控制系统。该系统的核心为控温仪，从工艺方面考虑到控温的重要性，选用了最新型的控温仪，可存储多条工艺曲线，能充分满足用户的需求，在上位机上也能方便对它

进行参数设置、程序编辑、数据分析等，它的高控温精度（±0.1℃）很好地保证了控温工艺顺利达到预期目标。

6.2.10　真空炉强制对流及连续高压气冷技术

真空炉内强制对流加热及连续高压气冷技术是真空高压气淬炉的关键技术，其主要技术要求为：加热炉温度低于800℃时实施$1\times10^5\sim2\times10^5$Pa的对流加热，与辐射非对流加热相比，对流加热速度在200℃时由0.4℃/min提高到1.2℃/min，500℃时由2℃/min提高到4℃/min；与相同的单室气淬炉相比，冷却速度提高30%，节电32%，与功能相同的单室气淬炉相比，氮气消耗降低35%；$\phi60$mm直径的高速钢在$\leqslant3\times10^5$Pa气冷时可代替油淬。

WZGQ45型对流加热高压气冷真空淬火炉具有以上特点，其主要技术参数见表6-6。

表6-6　WZGQ45型带对流加热的高压气淬炉设计指标和实测结果

项 目 名 称	设 计 指 标	实 测 结 果
有效加热区尺寸/mm(长×宽×高)	670×450×400	670×450×400
额定装炉量/kg	120	120
最高温度/℃	1300	1350
加热功率/kW	70	70
炉温均匀性/℃	±5	+3.9～−3.1
极限真空度/Pa	6.6×10^{-1}	2.0×10^{-1}
压升率/Pa·h^{-1}	6.67×10^{-1}	1.5×10^{-1}
冷却室充分压力/Pa	3×10^5	5×10^5

WZGQ45型对流加热高压气冷真空淬火炉由加热室、冷却室、真空系统、充气系统、水冷系统、装料小车、供电及电控系统等组成，见图6-55。

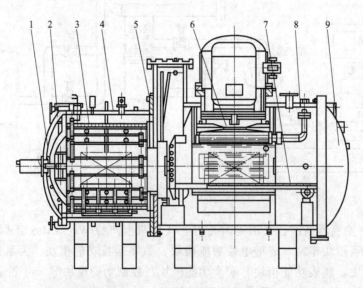

图6-55　WZGQ45型真空高压气淬炉主体示意图

1—加热室炉门；2—热循环风机；3—炉胆；4—加热室炉壳体；5—热闸阀；
6—风冷装置；7—送料马达；8—冷却室炉壳体；9—冷却室炉口

（1）加热室。由加热室炉门、加热室炉壳、炉胆、对流加热风扇、热闸阀、水冷电极等组成，如图 6-56 所示。

① 加热室炉门及炉壳。炉门是由双层风头和法兰组成，炉壳是用双层圆筒与两端法兰焊接而成，加热室门与炉体采用铰链连接，并设有卡紧装置。

② 炉胆。炉胆采用圆筒形结构，由保温隔热屏、加热元件及电绝缘瓷件、料台等组成，见图 6-56。隔热屏从内向外依次选用 1 层 2mm 的柔性石墨、2 层共 20mm 的石墨纤维毡、2 层共 30mm 的硅酸铝陶瓷纤维毡，加热元件采用 12 根 ϕ22mm 的石墨棒按三角形连接组成 12 边形，料台上面有三角形磁棒镶在 2 根带燕尾槽的石墨横梁上，加热元件的石墨棒之间采用直孔插接式连接，拆卸方便。用石墨棒做加热元件其电阻热稳定性可靠，炉温均匀性好，并且便于维修与更换，炉胆底部设有 4 个滚轮，可以在炉体底部的导轨上前移动，很容易地将炉胆从真空室内拉出来进行组装和维修。如图 6-56 所示。

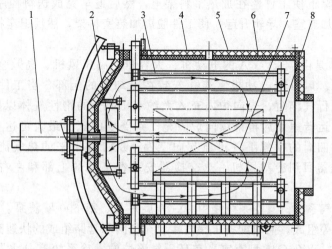

图 6-56　WZGQ45 型真空高压气淬炉主体示意图

1—风扇电动机；2—循环风扇；3—加热元件；4—炉胆外框架；5—隔热屏；

6—柔性石墨；7—热风走向；8—料台支承架

③ 对流加热风扇。由真空水冷密封电动机、风扇、导风板组成，见图 6-57。真空水冷密封电动机是专门定做的，风扇叶片、风扇轴、导风板及固定装置均为高纯石墨制作。

④ 热闸阀。由于 WZGQ45 型真空高压气淬炉属于双室结构，热闸阀的作用就是把加热室和冷却室分开，采用一种既能隔热的插板式复合式闸门，压紧装置采用四连杆机构，阀板上装有 O 型密封圈，阀板框中间设置有石墨碳纤维隔热屏，阀板与阀框四周均可通冷却水，颤动采用齿轮齿条结构，插板式复合式闸门的主要作用与特点为：一是能保持良好的隔热密封状态以减少加热室的热损失；二是有利于炉温均匀性；三是使加热室维持高于冷却室的真空度；四是减少冷却室不洁物对加热室的影响；五是减少工件冷却过程的用气量，大大节约了运行成本。

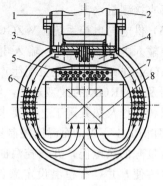

图 6-57　WZGQ45 型真空高压
气淬炉风冷系统

1—电动机；2—电动机罩；3—电动机座；
4—风扇叶轮；5—顶部热交换器；6—侧部热交换器；7—导风板；8—被冷却工件

⑤ 水冷电极和控温热电偶。水冷真空密封电极式连接发热体和加热磁调的过渡件，其主体是一根空芯纯铜棒，可通水冷却。与炉体之间设置有绝缘密封装置，炉体上的电极孔座采用不锈钢材料，控温热电偶采用双芯铂铑-铂铠装热电偶，一路用于控制炉温，一路用于记录与报警，可直接用于真空密封，套管采用刚玉瓷管。

（2）冷却室。由冷却室炉门、冷却室炉壳、送料机构、风冷装置等组成，如图 6-55 所示。

① 冷却室炉门及炉壳。炉门是由双层风头和法兰组成，炉壳是用双层圆筒与两端法兰焊接而成，冷却室门与炉体采用铰链连接，并设有耐高压的圆环式卡紧装置。

② 送料机构。送料机构是由送料车、料车导轨、升降凸轮、送料减速器和凸轮减速器组成，电动机通过减速器带动链轮、链条使料车沿导轨做水平运动，升降凸轮的主要作用就是把料车导轨升起或降下一定形成。送料前料车导轨处于高位，当料车运动至加热室后，升降凸轮将料车导轨降下使工件落在加热室料架上，然后退车完成送料程序，工件加热结束后，料车低位进入加热室，导轨升起，使工件脱离加热室料架，然后退车将工件拖回冷却室完成取料程序。

③ 风冷装置。是由 75kV·A 的电动机、大容量的高压风机、高效全铜制作的热交换器及导风装置组成。风机与电动机直连并安装在冷却室的上部，当工件加热完毕后由加热室拖至冷却室进行气淬时，先向炉内充入大约 0.1MPa 的惰性气体以保护电动机启动，待电动机达到正常运转速度后再继续向炉内充气到需要的压力最大可达 0.5MPa。气流从风机高速压向工件四周的喷气嘴并迅速吹向工件，从工件出来的热气流经过热交换器冷却后，再通过集流器回到冷却风机，热交换器安装在工件的上部和左右两侧面，如图 6-55 所示。

（3）真空与充气系统。真空系统是由 2X-70 旋片泵、ZJ-600 罗茨泵、高真空气动蝶阀、压差阀及连接管路等组成。同时配备了储气罐、充气阀和管路组成的快速充气系统。

（4）水冷系统。WZGQ45 型双室真空高压气淬炉的水冷系统有分水器和水斗、设备的冷却部位有：加热室元件、加热室炉门、热闸阀框、热闸阀板、水冷电极、冷却室壳体、风冷电机罩、风冷电动机座、热交换器、旋片泵、罗茨泵。冷却水首先进入分水器，分水器上设有接点水压表以控制和调节进水压力，当进水压力低于一定值时，可以通过电控系统报警，经分水器分配到各个冷却部位，然后回到水斗，水斗处可观察到各个部位的水流是否通畅并可直接测量水温。

（5）供电与电控系统。WZGQ45 型双室真空高压气淬炉供电采用 TSH-63/0.5 磁性调压器，输入电压 6～70V，输入电流 560A，电控系统是日本欧姆龙公司的可编程控制器（OMRON-C60P）和岛电公司生产的 FP21 控温仪表组成，执行元件采用中间继电器和交流接触器及 OMRON 的微型开关，使得设备运行可靠，且维修方便。

机械动作及热处理工艺所要求的充气、超压放气、水压、真空系统的各个阀门的控制信号全部由 PLC 完成，而温度控制则由 FP21 执行，各升温、保温曲线可通过软件设定以适应不同分度号的热电偶，九条控温曲线、九组 PID，可通过自调谐功能自动演算，因此热态调整极为方便，并且有超温设定来保护设备的安全，当超温、断水时，自动切断加热系统的电源。

为了防止高热状态下的工件的变形，闸阀升降、料车进退为慢—快—慢速度运行，且调整方便，同时减少工件的转移时间。

该设备主要系统的工作状态由模拟屏显示，显示泵、阀门、风冷电动机、机构运行位置和背处理工件所在位置，并可连续记录温度曲线和真空度曲线。

6.2.11　WZLQH 型真空铝钎焊炉研制开发

真空铝钎焊是在真空状态下依靠放置在待结合工件之间的第三种金属的熔化，在温度低于工件或待焊金属的熔点下进行接合的，在接合过程中，使这种填料熔化后可以同基体形成良好的机械接合，甚至可接近原子能级。为形成这种良好的冶金结合，必须去除基体上任何非金属阻碍层，故必须在有气氛的炉中完成，在真空钎焊条件抑制了致密阻碍层的形成，从而能够使金属或填料完全熔化。这种连接金属而不需要焊剂的工业方法同常规钎焊的接点相比，具有清洁度和强度高，腐蚀性，可消除残留气体，工件表面光亮等特点，另外由于焊接的金属在真空下流动快，还可缩短焊接周期和提高生产效率。

（1）真空铝钎焊设备的基本要求　要实现真空铝钎焊的前提条件是熔融的液态金属必须表面的湿润并能流动，考虑到铝具有活泼的化学特性，其极易与周围环境中的氧或水蒸气形成氧化铝（膜），该层膜致密且化学成分稳定，牢固地黏附在基体表面。氧化铝膜的熔点高达 2000℃左右，蒸汽压很低，在 600℃左右的钎焊过程中，几乎可认为不蒸发，这样在钎焊过程中既不能熔化又不能蒸发成为真空铝钎焊的阻力，为了去除氧化铝膜和防止再次形成氧化铝膜，在钎料中加入少量的镁作为活泼剂，能够有效地促进零件表面氧化铝膜的破碎、离散，使机体金属表面湿润，填料金属中的镁主要在 551℃铝硅镁三元共晶温度以上至钎焊温度范围内大量蒸发而击破氧化铝膜，当钎焊填料金属温度接近铝硅合金的液相极限温度时，在毛细力的作用下形成焊角。

可见，根据铝合金真空钎焊的特点，真空铝钎焊设备在设计上应具备以下特点。

① 高的真空度。铝及铝合金的钎焊必须在高真空度状态下进行作业，一般要求在 10^{-3}Pa 数量级，过低的真空度造成镁蒸发后立即与环境中的氧和水蒸气结合不能形成保护性的镁气氛，使外露的新鲜铝合金表面又立即氧化，不能去除氧化铝膜，液态钎料不能湿润和流动。

② 抽气速率要大。对于需要铝钎焊的工件而言，其表面积很大且形状复杂，其表面吸附的气体量很多，在加热的过程中会放出大量气体，故要快速的抽气来确保炉内要求的真空度。

③ 压升率要小。炉内压升率大小不同，则残留气体的成分不同，压升率小的炉子残留气体主要是水蒸气，压升率大的炉内残留气体主要是氧、氮和水蒸气，同样的极限真空下，压升率小的炉子出炉的钎焊工件表面光亮，颜色发白。

④ 炉温均匀性高。铝—硅—镁钎料的熔点接近铝的熔点，故铝钎焊温度范围较窄（595～615℃），而铝钎焊工件多数为薄壁件，故对于加热区温度的炉温均匀性要求十分严格，一般不大于±3℃，在设计炉子时要考虑采用几个区加热才能满足其均匀性的要求，通常小型炉子采用 3～4 区，大型炉子采用 6～12 区即可。

（2）WZLQH30 型真空铝钎焊炉的性能与结构特点　WZLQH30 型真空铝钎焊炉为北京机电研究所在 1999 年研制成功，其设计温度为 1300℃，同时还可适用于软磁合金如 1J50、1J95、1J12DY、1J21 的退火，马氏体时效钢如 3J33 以及钛合金如 TC4R 的固溶和退火处理，其他精密机械零件的高温钎焊等多种真空热处理工艺，表 6-7 为 WZLQH30 型真空铝钎焊炉的技术指标。

表 6-7　WZLQH30 型真空铝钎焊炉的技术指标

序号	项次名称	设计指标	实测结果
1	有效加热区(长×宽×高)	500×300×300	500×300×300
2	额定装炉量/kg	60	80
3	最高温度/℃	1300	1320
4	加热功率/kW	75	75
5	炉温均匀性/℃	±3	+2.1~-1.9
6	极限真空度/Pa	6.5×10^{-4}	4.0×10^{-4}
7	工作真空度/Pa(400~700℃)	6.5×10^{-3}	4.0×10^{-3}
8	压升率/(Pa/h)	6.5×10^{-1}	3.0×10^{-1}
9	充气压力/Pa	2.0×10^{5}	2.0×10^{5}
10	冷却时间/min(150~650℃)	30	15

　　WZLQH30 型真空铝钎焊炉主要是由炉体、炉胆、风冷装置、真空系统、充气系统、水冷系统、装料小车、供电系统、电控系统等组成，具体见图 6-58。

　　① 炉体。由炉门、炉壳、炉门卡环、炉体支架等组成。炉壳为 $\phi1000\times1300$ 的双层圆筒形结构，为便于达到较高的真空度，炉壳内圆筒及炉门内封头采用经过良好抛光的不锈钢结构，前炉门与炉体采用铰链连接，并设有炉门卡紧装置。

　　② 炉胆。考虑到加热室要求炉温均匀性高的特点，采用了带状加热器密集排列，具有较大的辐射面积，可有效达到高的炉温均匀性。较小的表面负荷，其使用寿命相对较长，由于真空铝钎焊炉在 400~600℃ 范围内要求具有很快的升温速率，分区较多的真空铝钎焊炉各区的电流密度也不同，一般为 2.5~3.0W/cm² 。

　　炉胆由隔热屏、加热元件、料台等组成，隔热屏从内向外用 2 层钼片、4 层不锈钢板做成圆筒形，加热元件由 25mm 圈厚 1.0mm 宽钼带组成，发热元件与隔热屏采用具有防硅镁沉积结构的绝缘陶瓷管固定，电源由发热元件通过钼棒、铜软辫、水冷电极与加热磁调压器连接。

　　③ 风冷装置。采用内循环系统的冷却方式，由 22kW 电动机、大容量高压风机、高效全铜制作的管翘式热交换器及导风装置组成。工件加热完毕炉内充入大约 0.1MPa 的惰性气体，与大气基本一致，电动机继续向炉内充气到所要求的压力，从工件出来的热量通过回气嘴到热交换器进行冷却，通过热交换器冷却后再次被风机压向喷气嘴和工件，形成一个循环回路（见图 6-58），同时利用炉壳的水冷夹层可以使循环对流的惰性气体进一步充分冷却。

　　④ 真空与充气系统。该设备的特点是高真空与大抽速，真空系统由 2X-70 旋片泵、ZJ-300罗茨泵、KT-500 扩散泵、SDB-500 冷阱、GFQ500 高真空气动翻板阀、高真空气动蝶阀、压差阀及连接管路等组成。

　　充气系统是为了确保零件淬火时的快速充气，其配有包括充气压力达 0.9MPa 的储气罐、充气阀和管路组成的充气系统，气体纯度要求 99.999% 以上，此系统配有自动补气和自动放气的功能，当炉温升高，炉内压力增大，自动放气装置开启，而炉温降低时，则炉内压力减小，自动补气装置开启，让炉内始终保持相对稳定的压力。

　　⑤ 捕镁装置。由于铝合金在钎焊过程中会蒸发出大量的硅镁蒸汽，在 380~500℃ 范围蒸发量最为明显，镁较少沉积在很凉的表面，而较多沉积在具有一定温度的表面上，如炉内电极、外隔热屏、电绝缘子等部位，另外有一部分镁蒸汽会流向真空系统的扩散泵内，将使扩散泵油变质而影响其抽速和极限真空度，故电绝缘子的结构必须采用特殊的具有防沉积结构。由于挡板会影响真空系统的有效抽速，为减少其影响，挡板的公称直径应大于扩散泵的公称直径（见图 6-59）。

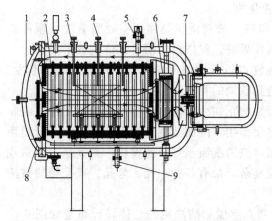

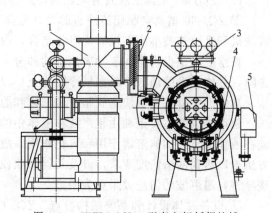

图 6-58　WZDLQH30 型真空铝钎焊炉主体示意图
1—炉门；2—炉胆；3—炉壳；4—控温热电偶；
5—安全阀；6—热交换器；7—风扇；
8—炉门卡环；9—自动充放气装置

图 6-59　WZDLQH30 型真空铝钎焊炉辅
助系统示意图
1—真空系统；2—捕集器；3—压力控制装置；
4—水冷电极；5—水冷系统

⑥ 电控与供电系统。以智能化控温仪、可编程序控制器、加热变压器、真空计、记录仪、压力及温度传感器为核心构成包括供电、控制、记录、监视、报警保护功能在内的控制系统。

6.2.12　真空清洗设备与技术

（1）概况　为了避免零件在热处理过程中，表面经前加工工序运转过程中附着的油脂污物，使工件在加热过程中避免产生氧化、腐蚀、脱碳或渗碳等缺陷。热处理后保持工件表面的光亮和优良的表面质量，满足高精度零件的表面技术要求和后续处理的要求，工件在热处理前必须经过清洗、除油和烘干处理，方可进行热处理。

国外的真空清洗技术的发展经历了几个阶段：在 20 世纪 60～70 年代，使用三氯乙烯、四氯乙烯清洗较为普遍，但其对于人体有危害，到 80 年代初则改用第一代真空脱脂技术，它采用水基原有清洗介质，仍然有毒，但采用全封闭结构，以保证有毒物质不泄漏或逸散到大气中，代表性产品为日本热处理工业株式会社真空清洗装置和美国 Abar Ipsen Co. 的单室真空清洗机。到 20 世纪 80 年代末～90 年代初，出现了第二代真空脱脂清洗技术，其机理是采用水蒸气真空蒸馏法清洗脱脂，然后通过进行油、水分离回收技术，是无公害的真空脱脂清洗方法，水剂清洗剂真空蒸馏清洗脱脂方法应用发展较快，其不足之处是油水分离设备技术复杂，造价高。比较典型的是日本的第二代产品为日本东方工程公司研制开发 Sevio 真空清洗机和美国 Abar Ipsen Co. ECDVAC 真空脱脂清洗机。

近年来出现了几种改型的真空脱脂清洗技术，日本的不二越公司采用溶剂油清洗剂对工件进行清洗脱脂，后续进行油品的蒸发分离再生回收，该技术和设备较为简单，故适宜中小热处理企业。美国 Abar Ipsen Co. 在 1993 年开发了真空清洗脱脂技术，其将工件置于一定温度的清洗室中抽真空，热的油蒸汽随被充入的氮气一起被真空机组抽出，炉壁是热的，油蒸气经抽真空管路上的热交换器使油水冷凝，然后抽真空干燥取出工件，整个过程由计算机（PLC）自动控制，该设备是美国 Abar Ipsen Co. 为美国汽车工业热交换器制造生产线设计研制的。技术先进、自动化程度高是现代大工业应用真空脱脂清洗技术的典型实例。

（2）ZQJ-60 型真空脱脂清洗机的特点与性能介绍

① ZQJ-60 型真空脱脂清洗机的设计思路与机理　该清洗机是将真空脱脂清洗、超声波清洗机和机械式喷淋清洗机的优点相结合，脱脂效果好，整体结构简单和清洗效率高等。

真空脱脂是把附着在工件表面上的油分，在沸点以上的温度条件下，使其加热、蒸发、去除，并使蒸发的油分冷凝在极冷的面上，以达到除油的目的一种技术。

真空干燥旨在保障快速脱脂（残油）和脱脂并防止初生的锈蚀以得到清洁的工件表面。

超声波清洗主要是利用超声波在液体中的空化作用，因而达到清洗目的。与此同时超声波在液体中又能加速溶解作用和乳化作用，故超声波清洗质量好，速度快，尤其是一般常规方法难以达到的清洁度要求，以及几何形状比较复杂，带有各种小孔、弯孔、盲孔等的被清洗零件，超声波的清洗效果更为明显。

② 设备总体设计和系统结构特点　ZQJ-60 型真空脱脂清洗机的总体设计布置如图 6-60 所示。

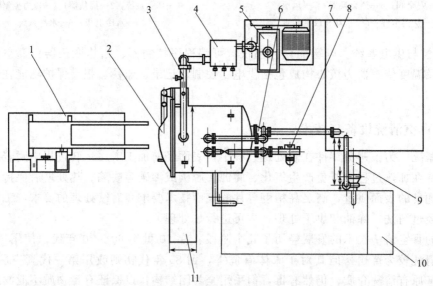

图 6-60　ZQJ-60 型无公害真空脱脂清洗机的总体设计平面布置

1—料车；2—ZQJ-60 型真空脱脂清洗机；3—真空管路；4—热交换器；5—2X-70 型旋片式机械泵；
6—充液系统Ⅰ（ZBL-6 型水泵）；7—清洗液槽Ⅰ；8—热风系统（G6-33-13 型离心式鼓风机）；
9—充液系统Ⅱ；10—清洗液槽Ⅱ；11—电气控制柜

其主要包括：清洗室、真空系统—冷凝器、喷淋系统、超声波发生器、热风干燥系统、送出料结构和电气控制系统。其清洗液采用 LCX-52 型水基清洗剂水溶液，它不含亚硝酸钠，无毒，无味，无腐蚀并具有一定的防锈能力（8 小时～20 天）。

③ ZQJ-60 型真空脱脂清洗技术的工艺技术特点

a. 真空脱脂清洗技术工艺。放入工件→抽真空（200Pa，3min）→喷淋清洗（室温，3min）→浸渍超声波清洗（室温，5min）→清洗室排液（室温，2～4min）→热风干燥（120℃，12min）→真空干燥（80～100℃，3min）→取出工件。

b. 真空脱气和真空干燥工艺特点。在真空状态下脱气是除去工件表面上的部分油脂，同时为后续的喷淋清洗和超声波清洗造成良好的工作状态，在真空条件下喷淋与超声波清洗，效率高和质量好。真空干燥是快速脱脂（残油）和脱水，是防止可能形成的初生锈蚀，真空干燥的工件表面高度清洁、光亮，得到质量优良的表面状态。

c. 超声波清洗的特点。其利用超声波在液体中的空化作用，同时又能加速溶解作用和乳化作用，故清洗效果好与速度快。

实验表明，LCX-52 水基清洗剂在 30～50℃左右清洗效果最佳，为节约能源可选择室温作为清洗液的温度，可减少清洗剂的蒸发，同时达到优良的清洗效果。

（3）Abar Ipsen Co. 真空清洗技术　Abar Ipsen Co. 开发了用于精密清洗的水剂真空清洗技术，综合清洗法，综合清洗零件的系统对环境污染问题采用独特的组合式水剂真空清洗技术解决环境保护问题。

综合水剂清洗系统具有专门的设计特色，即组合式的喷射系统、浸渍清洗、二级清洗、总体热蒸汽清洗和真空干燥等，全部的工序均在同一炉室内完成。

同时综合真空清洗系统在清洗剂周期中采用"真空沸腾（气化）"，大大加速了清洗作用，从金属表面脱脂和除去范围广泛的各类油和污物，甚至于盲孔和型腔的内部。

该设备功能和工艺程序主要包括以下几个方面。

① 浸渍清洗。用清洗液连续喷射零件直到完全浸渍，采用真空沸腾或气泡搅动加速清洗。

② 喷射清洗。高压喷嘴直接将清洗液喷射在工件上，从清洗室将清洗液排出至储液槽。

③ 水液前清洗。全部清洗液清洗工件后从清洗室排至水槽，水位连续经过过滤并循环使用，以减少过量消耗。

④ 水液后清洗。为了确保从工件上完全去除清洗液，进行第二次水清洗，整个喷嘴系统工作并从清洗室将水液排出至水槽。

⑤ 防腐蚀保护（选择）。该工序可防止铁合金制件表面生锈，防锈剂喷射到工件表面上直至完全浸渍，随后防腐剂从清洗室排放至储液槽。

⑥ 工序停歇。每个工序依次停歇片刻，以防止清洗液混合。

⑦ 热风干燥（选择的）。加压热风经喷嘴喷射到工件上使工件表面上的水分蒸发，用电加热元件加热空气以提高干燥效率。

⑧ 真空干燥。在清洗室抽真空使工件表面处于真空状态下以使其快速干燥，甚至在密集装载有盲孔或型腔的工件也可进行完成干燥处理，真空干燥也防止出现突然的锈蚀。

零件 Abar Ipsen Co. 综合真空清洗技术装置的参数见表 6-8。

表 6-8　Abar Ipsen Co. 综合真空清洗技术装置参数

型号	额定装载尺寸($W \times H \times D$)/mm	装载重量/kg	底座尺寸($W \times H \times D$)/m
VC1200	610×610×914	565	2.4×3.5×2.1
VC1300	914×914×1200	1130	3.0×3.8×2.4

（4）Abar Ipsen Co. 真空清洗新技术

① 真空脱脂系统　目前流行的两种清洗方法是蒸汽脱脂与水剂脱脂，而真空除脂（除油）系统是可在处理周期上去除油分或液体的处置方法，当液体的沸点降低，使得允许在降低的温度下通过蒸发去除油分。

真空室壁、法兰和门是在升高的温度下工作的，使得在真空室油蒸气的凝结至最少或排除。在脱脂周期中，油蒸气存在于氮气流中，气流用真空泵抽出经过热交换器，油蒸气冷凝成液体排泄出或进行处理。Abar Ipsen Co. 大型半连续铝钎焊系统及 ECOVAC 油脂装置如图 6-61 所示，在该真空炉系统中，真空泵系统的设计结合主要的钎焊工艺考虑以充分地提供脱脂工艺所要求的真空度（压力）环境，含油工件加热采用常规的加热元件完成。

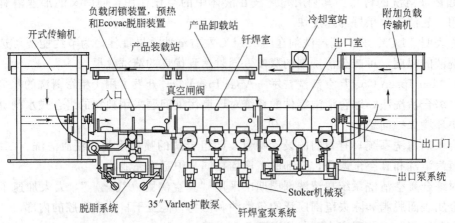

图 6-61　Abar Ipsen Co. 半连续真空铝钎焊生产线布置图

（可以看出 Ecovac 整个脱脂装置流程）

② 工艺过程　油蒸气冷凝于冷凝器中（即是翅片式管式热交换器，冷却用制冷系统冷却，不用家用制冷器），冷凝油排泄到一个储槽集聚，在清洗室的基础上有排泄装置，一些少量的液体可以冷凝在室壁上。

在一个典型的工件循环不像常规的真空铝钎焊工作循环（过程），关紧炉门后开始粗抽真空，并用加热元件加热，气体泵出通过冷凝器，油蒸汽很快从工件脱落冷却。

脱脂过程结束，冷凝器旁路连接粗真空泵至扩散泵，如果图纸过程延续至扩散泵，从脱脂开始至完成，不同高真空阀。

③ 循环时间　冷凝器使蒸汽流凝成液态增加泵的抽力，冷凝器的工作类似于低温泵的冷凝泵，机械泵和增压泵不冷凝气体（氧、氮等），它们对于环境无害，可流经系统或排至大气中。

真空炉上附设脱脂系统使从工件上油蒸发产生的体积对循环时间影响很小，因此炉室与冷凝器两者之间的真空区域以蒸汽流在中等的压力到低压即（$P \geqslant 6.6 \times 10^3$ Pa）状态定尺寸、标准规格的尺寸是用于增压泵和粗抽泵机组，由于可冷凝的气体已从蒸汽流中排除。

蒸汽冷凝成液体的作用是热传递过程，蒸汽的开始作用和冷凝不引起炉子泵系统的附加泵载荷，炉子的真空度也保持在要求的水平。

④ 系统功能　系统要除去油的数量受到油膜厚度及油品真空蒸馏性能的影响，总的油量越少，则油膜越薄，沸点越低，除油所需时间越短。油品的数量、物理和化学性能，必须与加工及生产工艺相适应，为保证真空钎焊炉具有除油能力，在真空钎焊产品投入试生产前，要求对使用的油品取样，油品试验应确定其真空蒸馏性能和油品与生产工艺的适应性。

⑤ 油品取样　MSDS 数据表提供的油取样应保证符合前述的真空除油规范，真空除油装备在美国汽车工业用于热交换器制造已有多年。选择真空脱脂法代替其他的除油方法是由于它对于环境的方法：它生产非常清洁的工件或产品，它不使用任何化学的或挥发的溶剂，油和液体汇集可以回收再生重复利用，不需要处理成本或最少，真空脱脂法提供安全的工作环境，不需要依从文件资料工作，它可以提供连续生产线生产能力（符合工艺处理）。

（5）真空脱脂清洗装置

① 真空脱脂技术

a. 真空脱脂　是指把附着在工件表面的油分，在沸点以上的温度条件下，使其加热、蒸发、除去，并使被蒸发的油分冷凝在极冷的面上，达到去油分的一种技术。表 6-9 为不破坏臭氧层的替代清洗技术，真空脱脂技术是属于其中无清洗类的一种技术。

表 6-9　替代清洗技术

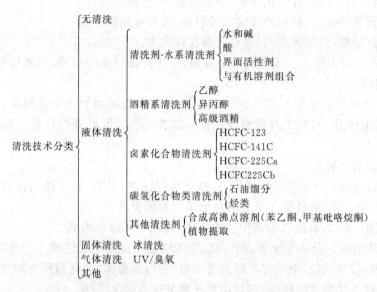

b. 结构　图 6-62 为真空脱脂装置是在真空中将工件加热到油分从工件表面蒸发、分离，采用普通真空炉脱脂，炉内会立即因油分造成污染而失去脱脂作用。

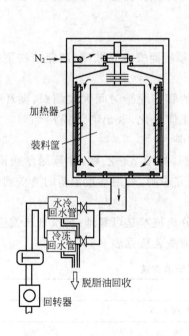

图 6-62　真空脱脂结构略图

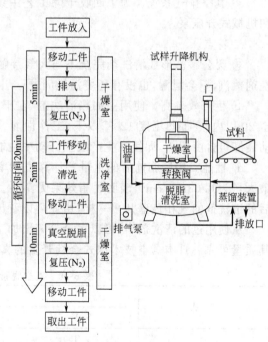

图 6-63　真空脱脂清洗装置略图

为防止炉壁及炉内零件产生低温面，真空脱脂装置中采用了防止油分再次附着的结构，具体见图 6-62。从工件上蒸发下来的油分，在真空排放途中，用油回收器进行回收，可保护真空泵的性能，油分不会对真空泵产生不良影响。

c. 特点　该设备是在直通式钎焊炉的前室(准备室)增设了真空脱脂室,构成真空脱脂装置。采用该装置可完全脱脂清洗而直接进行钎焊加工,特点如下:

ⓐ 简化流程,节约设备费、场地费和人工费等,成本可大幅度降低;

ⓑ 直至钎焊前,工件应有油膜保护,不易生锈,可长期搁置;

ⓒ 钎焊前预热的热量,脱脂处理时也可利用,可节省热能;

ⓓ 无脱脂清洗槽,无需清洗剂,油分可回收再利用。

d. 性能　在试片上涂上一定量的加工油后,在进行真空脱脂试验,由脱脂前后的重量差,可以计算出脱脂率。

铝钎焊时,钎焊真空度为 1.3×10^{-3} Pa 左右,故排气系统需要配备扩散泵,油分的混入量均在不影响使用的范围,钎焊工件质量经过目测检查,流向、气孔等均良好。真空脱脂技术进入了应用阶段。

② 真空脱脂清洗装置

a. 真空脱脂清洗。利用蒸汽压线图,选择适当的温度、压力、对于使用过的清洗剂进行真空蒸馏后可再利用,因而形成了几乎不消耗清洗剂的闭合系统。

b. 结构。图 6-63 为真空脱脂清洗装置略图,由以下几部分构成。

ⓐ 脱脂清洗装置。分为干燥室、闸门、脱脂清洗室。首先将工件放入干燥室真空排气后,用氮气恢复压力,打开闸门,把工件下降到清洗室,进行脱脂清洗,利用蒸汽加热清洗剂可提高清洁度,洗净后在干燥室真空脱脂,然后用氮气恢复压力取出工件。

ⓑ 蒸馏装置。使用大容量搅拌薄膜型真空蒸馏机,清洗剂可反复循环使用。

ⓒ 真空排气系统。为了回收干燥工艺中蒸发出的清洗剂,设置了回收装置,使用回转泵和机械式升压泵。

c. 特点。

ⓐ 无公害。形成清洗剂完全不与大气接触的封闭系统而安全系数高,脱脂清洗室内的清洗剂蒸汽,不会泄漏,也没有环境污染问题;

ⓑ 生产效率高。使用中加热清洗剂,在干燥室内的真空脱脂时间大大缩短,循环时间降至 20 以内,在加热温度 120℃ 以下,工件性能、状态无任何变化,取出时无需冷却等。材料自动装卸可自由置入,即使在生产线上开动中也能立刻安装、操作。

d. 性能。用脱脂前后的重量差计算脱脂率为 100%,提取 n-乙烷,计算测量残留油分,最大量为 0.03mg/cm^2,表明脱脂效果优良[2]。试验研究表明,采用本技术新的清洗剂与蒸馏后的清洗剂的气相色谱几乎一样,由此可以看出:

从使用过的清洗剂中,可以完全分离出加工油来,分离技术是可靠地;清洗剂未发生分解,其质量可靠。日本真空技术株式会社开发的真空脱脂清洗装置见表 6-10。

表 6-10　真空脱脂清洗装置标准方法

方　法		类　　型		
		SDV-45V	SDV-60V	SDV-90
处理尺寸/mm	宽	450	650	900
	长	675	1250	1350
	高	450	650	900
处理重量/kg		200	600	800
洗净法		摇动,清洗循环		

续表

方法		类　　型		
		SDV-45V	SDV-60V	SDV-90
干燥温度/℃		120～150		
干燥压力/Pa		665～13.3		
处理时间/min		20	20	20
设置尺寸/mm	宽	3300	3400	4000
	长	4700	7000	7500
	高	3800	4100	4300

（6）SEVIO 型真空清洗装置

① 清洗原理　图 6-64 为各种油的蒸汽压曲线图，从清洗件中把像油这样整体压力很小的物质分离出来，可通过高温或高真空使之气化来实现。但热处理工艺的清洗温度不会超过回火温度，其上限为 170～180℃，在此温度下，即使是在真空状态下亦有相当多的蒸发残留物，因而这种状态并不能称之为清洗状态，采用 SEVIO型真空清洗装置，应用水蒸气蒸馏与真空蒸馏的原理，在回火温度下进行脱脂清洗。

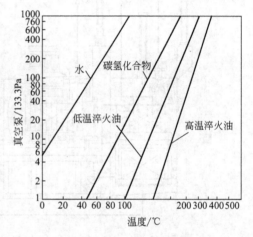

图 6-64　蒸汽压曲线图

所谓水蒸气蒸馏是把水蒸气吹入不溶于水的油类等物质中进行加热，使得油分等挥发性成分与水一起蒸馏，蒸馏出的液体分水和油两层，很容易进行分离，采用该种方法，油分等挥发性成分的蒸汽一起产生，故而沸点较低。图 6-65（a）为水蒸气蒸汽压与温度关系的曲线，假设成分 1为目的物质（油分等）成分 2 为水，各物质成分单独存在时的蒸汽压分别为 p_1、p_2，其混合液的蒸汽全压平 $p = p_1 + p_2$，与外压 p_0 等压，在温度 t_D 下沸腾，这一混合液的沸点 t_D 比相同压力下成分 1、2 的沸点 t_1、t_2 都低，如想求得水蒸气蒸馏时蒸馏温度 t_D 及此时目的物质成分的蒸汽压力 p_1，可把图 6-65（b）中外压 p_0 与水的饱和蒸汽压 p_2 之差 $p_0 - p_2$ 与温度的关系曲线和目的的成分的蒸汽压力曲线相交，其交点即为此值。

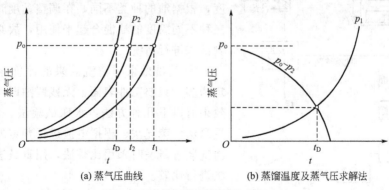

(a) 蒸气压曲线　　　　　　　　(b) 蒸馏温度及蒸气压求解法

图 6-65　水蒸气蒸馏温度的求解方法

如把重质油等沸点高的物质在常压下进行水蒸气蒸馏，效果不明显，真空水蒸气蒸馏法，在真空状态下温度应尽可能高，且可吹入水蒸气进行蒸馏分离，淬火油即为高沸点油，可在真空状态下吹入水蒸气来完成脱脂清洗加工。

② 装置结构及机理 要将黏附在工件上的淬火油去掉，可先进行预清洗，在同一装置内进行蒸汽清洗，浸渍抖动、喷淋等水清洗，然后送入真空清洗室，升温后在真空状态下充入蒸汽，把预清洗后剩余的油分进行汽化清洗，图为 SEVIO 型真空清洗装置总体结构图 6-66。这种装置可以根据附着污物的种类及清洗目的的不同，适用于广泛范围内的清洗。另外，为缩短清洗时间，可在第一批清洗件送入真空室的同时，将下一批的清洗件送至前室进行预清洗，然后放入浸渍槽内等候。

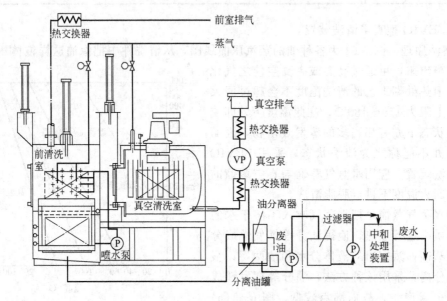

图 6-66 SEVIO 型真空清洗装置总体结构图

③ 油的特性与真空清洗性能 油的沸点对于清洗能力有很大的影响，淬火油分为高温油与低温油两类，油类在常压下从某一温度开始进行汽化蒸发，继续加热蒸发加剧，最后逐渐停止。因此采用油的热分析法，其目的是以一定的速度进行加热，通过连续测定其重量的变化，由所得的减量曲线决定真空清洗的适用温度及真空度，根据油的种类不同，在调整黏度时，采用把二三种不同黏度的油混合起来使用，故必须根据实际测试来进行清洗。

④ 清洗效果 清洗效果的评价方法以目视判定为多，只要工件表面上无残留油即可。判定脱脂效果有以下几种方法：水珠试验法、喷雾试验法、重量法、荧光法、根据电镀进行判定的方法等，本清洗装置研发时采用比较法，用重量法或电镀判定法进行比较。

⑤ 烧结零件清洗 烧结零件的孔洞较多，其

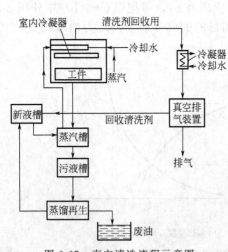

图 6-67 真空清洗流程示意图

内部的油则大部分仍留在其中，故该类零件一般采用浸渍法，使其在溶液中浸渍 2～4h，实践证明，烧结零件无需用水进行预清洗，故结构可简化，只要有真空清洗室即可完成。

(7) HS 型系列与 CE-M 型系列真空清洗介绍　由于真空设备的推广与应用范围的扩大，与之配套的清洗设备是不可缺少的，而考虑到真空热处理对于零件表面清洁的要求程度较高，因此，如何解决零件的清洁问题一直困扰着热处理工作者，目前国内外清洗制造厂家已经开发了一系列的真空清洗设备，这里介绍比较成熟、价格适宜的清洗设备。要求真空清洗设备是一种少污染的新型清洗设备，通常采用蒸汽蒸馏与真空蒸馏相结合的方法，比传统单一的真空清洗更干净，真空清洗流程图如图 6-67 所示。

图 6-68 为与图 6-69 所示分别为一室和两室真空清洗机结构示意图，表 6-11 和表 6-12 为 HS 型和 VCE-M 型系列清洗机的技术参数。

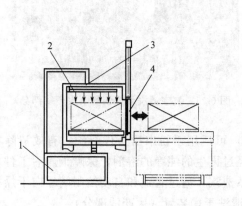

图 6-68　一室真空清洗机结构示意图
1—蒸汽槽；2—冷凝器；3—蒸汽入口；4—门

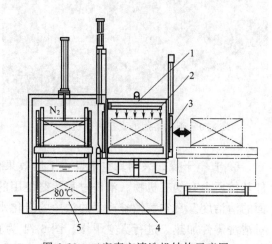

图 6-69　二室真空清洗机结构示意图
1—蒸汽槽；2—冷凝器；3—门；4—浸泡槽；5—蒸汽槽

表 6-11　HS 型系列清洗机的技术参数

型号	最大装入量 /kg	标准处理时间 /min	有效尺寸(长×宽×高) /mm	室数	应用范围
HS-J1	200	30	610×460×300	1	真空炉
HS-S1	500	30	920×610×550	1	多用炉(标准型)
HS-S2	500	30	920×610×550	2	

表 6-12　VCE-M 型系列清洗机的技术参数

型　号	最大处理量/kg	有效尺寸 (长×宽×高)/mm	功率/kW 前室	真空室	其他	液量/L
VCE-M-200	200	760×380×350	18	20	9	1600
VCE-M-400	400	900×600×600	24	45	16	2580
VCE-M-600	600	1200×600×600	30	54	16	3100
VCE-M-1000	1000	1200×760×800	48	90	22	4300

(8) 碳氢溶剂型真空清洗机　目前国内外清洗厂家均开发了该类真空清洗机，其主要的特点介绍如下。

① 特殊的清洗方式。采用纯净该类碳氢有机溶剂，对于工件表面附着的油脂类物质具有优异的溶解性；采用蒸汽喷洗与循环复合清洗方式，获得理想的清洗效果，同时可实现对盲孔类零件的清洗；采用高温和蒸汽清洗方式，不仅可以增加溶剂的有效溶解性，可降低附着在工件表面的油脂黏度；配备有 CI 离子中和剂添加装置，防止清洗过程中 CI 离子对于工件表面的腐蚀。机械手从进料输送车提取物料至水置换槽、脱气清洗槽、真空清洗槽、干燥槽，再送往输送车输出全部以全自动进行运作。图 6-70 为碳氢溶剂真空清洗机。

图 6-70　碳氢溶剂型真空清洗机生产线　　　　图 6-71　真空清洗干燥装置（生产线部分）

② 真空干燥。采用真空干燥，干燥效果优异，可适用于粉末冶金件清洗，有效清除零件基体所含有的有机物。清洗过程始终使用的是经过再生的纯净的溶剂，保障干燥后工件表面的清洁度。真空蒸馏釜产生的洁净的炭化水素系蒸汽，通过管道和自动控制阀导向干燥槽对清洗零件加热，进行真空干燥。图 6-71 为真空清洗干燥装置（生产线部分）。

通过真空干燥，能将被清洗零件的盲孔部位及凹部位彻底进行干燥，而工件保证工件表面无残留、无水印等。

③ 安全保障。采用真空和氧气隔离，排除燃烧三要素（氧气、火源和燃点）保障了设备安全。安全性高。碳氢溶剂属于第二类石油，全部马达、水泵电机均采用防爆结构，全部控制阀均采用气控阀，防止产生火花隐患，液面计使用光纤传感器，放大器收集在电装箱及中继箱内，箱内接入压缩空气使其与外界隔离。真空泵使用安全性高的液封式真空泵。抽真空之时的清洗液的雾气及蒸汽通过气液分离进行冷凝回收，因此降低了排气的浓度。加热装置不直接对碳化水素溶液，采用热媒油导热间接加热方式，确保安全系统的全部真空清洗、蒸汽浴洗干燥槽均是在真空中的状态下工作，氧气浓度降低，确保了安全性。

④ 再生装置保障溶剂的纯净。配备再生装置，可对过程清洗污液进行分馏再生，始终使用纯净的清洗溶剂进行清洗，这是保障清洗机长期清洗，但清洗效果不降低的决定性因素，也是该清洗机相对于传统清洗机本质上的区别，图 6-72 为真空清洗再生装置（生产线部分）。

⑤ 绿色环保。工作环境友好，无污染。本机采用碳氢溶液，机器内部配有蒸馏装置可对脏的碳氢溶剂实现在线蒸馏，油水分离等功能实现零排放，更好的保护地球大气层；

⑥ 运作成本低。真空蒸汽清洗干燥槽抽出的清洗液的雾气及蒸汽通过气液分离进行冷凝回收，回收率在 95％以上，因此大大降低了洗净液的消耗量。

⑦ 适用范围。真空热处理过程清洗；渗氮前清洗；零件淬火后清洗；机械加工过程清洗；装配前产品清洗；粉末冶金零部件的清洗；钎焊前的部件的清洗等。

图 6-72　真空清洗再生装置（生产线部分）

6.3　真空热处理技术的发展趋势与展望

对于热处理炉的发展，一直向新型节能热处理炉迈进，在设计中设备的性能很大程度上取决于加热元件（包括电极辐射和燃气辐射的质量）、炉内耐热构件、传输运动部件、高温风扇及炉子的密封性等。设备节能和密封性好才能提高炉温的均匀性，大力推广采用可控气氛炉，减少零件的氧化和脱碳，不断改善工作条件和劳动条件，提高零件的使用寿命，实现设备的机械化和现代化操作，真空热处理技术的发展趋势见表 6-13。

表 6-13　真空热处理技术的发展趋势[17,40]

具体技术和装置	第一代情况	第二代情况	第三代现状	未来的发展趋势和努力方向
加热技术	真空辐射	真空辐射 负压或载气加热	负压或载气加热、 低温正压对流加热	低温正压对流加热， 提高加热的效率 实现真空局部加热
冷却技术	负压冷却 加压冷却	加压冷却（2bar） 高压冷却（5bar）	高压冷却（5bar） 增压冷却（10～20bar）	氢气、氮气、 氦气混合冷却技术， 气体回收技术等
炉体结构	开放型	开放型	密闭型	密闭型结构推广
炉床结构	陶瓷毡、石墨毡	硬质预制	高强度碳质材料	高强度碳质整体结构
进出料机构	台车、吊车或吊架式	分叉式机构	进出辊底式结构	各种形式的无人操作形式
自动 控制	元件手动， PID温控， 继电器控制动作	多采用PID温控， PC单板机控制	智能化仪表＋ PC单板机控制	多种工艺有存储， CRT显示计一台或多台群控

（1）精密热处理技术　包括尺寸形状精密与组织性能精密，其中尺寸形状精密的热处理包括无变形、无表面氧化脱碳的热处理设备、辅助材料及工艺方法；对于变形严格控制的尺寸稳定化处理，使消除内应力到最低程度，满足零件长期使用中不会发生尺寸改变；合理安排热处理与机加工的顺序以减小热处理变形。

组织性能的精密热处理。包括精确控制炉内的温度与气氛的均匀性，炉内的加热时间，满足生产零件在组织性能具有较高的均一性。

（2）真空热处理技术的发展展望　根据美国及发达国家 2020 年发展远景的规划与预测，未来的热处理工业要有一流的质量，生产出零变化率的产品零件，在整个工艺编制与运行过程中，零分散度是典型的，能量利用率提高到 80% 以上，工作环境良好，清洁无污染，生产中采用标准的闭环控制系统，智能控制系统决定产品的性能，综合技术的结果使工艺时间减少 50%，成本降低 75%。可见上述设想为真空热处理技术的发展提供了广阔的舞台和机遇，同时也是一种挑战，这要求真空和热处理技术必须不断地更新与提高，以满足各种零件的性能需要。发展真空热处理技术是工业发达国家广泛采用的迅速发展的一种高效、节能、清洁无污染的先进热处理技术，在工业发达国家中真空热处理设备及生产能力占热处理生产的 20%～25%，其主要技术发展趋势如下。

① 国外广泛采用高压气淬技术代替真空油淬处理，免除油淬后的清洗工序，提高零件的表面质量，便于连续性自动化生产。国外已开发 $(20～40)×10^5$ 的高压气淬炉等，使其应用领域进一步扩大，工作温度达 2200℃ 的高温高压气淬炉，用于高温烧结、晶体生产、宝石制造、物理试验等。

② 广泛采用计算机微电子技术与网络技术，研制开发高压气淬真空炉智能控制系统的网络管理系统，实现真空热处理工艺与设备的柔性化生产和连续式作业，进行质量与工艺过程的自动化控制。

③ 自动化程度和控制精度高，近年来向智能化（拟实技术＋CAD＋数据库专家系统）控制发展，主要技术指标如下。

　　a. 炉温均匀性：$≤±3℃$。

　　b. 充气压力：$(5～20)×10^5 Pa$（He＋N_2）混合气控制冷却及回收技术。

　　c. 加热温度：2500℃（最高）。

　　d. 压升率：$<6.67×10^{-1} Pa/h$。

　　e. 真空度：$1×10^{-2}～1×10^{-4} Pa$。

④ 真空连续热处理生产线及智能控制系统。

⑤ 真空等温热处理技术与设备及智能控制系统。

⑥ 燃气真空炉设备技术的研制和开发。

⑦ 流态化真空炉技术的研制和开发。

⑧ 热壁式真空渗碳技术的研制开发和应用。解决了真空渗碳积炭黑的弊病，开发了自动烧炭黑系统，由于采用陶瓷纤维隔热材料热壁式结构，加热元件能量消耗减少 60%，温度均匀性改善，渗碳层深度均匀。

⑨ 真空感应加热技术研制开发。

⑩ 真空脱脂清洗技术的开发。

⑪ 真空烧结新技术，研制开发了多种性能优异，温度可用于 1400℃、1650℃、2300℃，工作压力 $(60～100)×10^5 Pa$ 的真空高温高压烧结炉，当前真空高温高压烧结炉的特点和发展趋势如下：

　　a. 特殊的加热元件布置和多层气密绝缘层使炉温均匀性可达到小于 4℃，能量与气体消耗量低；

　　b. 加热系统快速响应和特殊设计的加压气体充入方式，热区温度均匀性稳定在小于 $±2℃$，充入氩气，压力可达 $60×10^5～100×10^5 Pa$；

　　c. 在整个热区直接对流冷却循环，提高冷却速率，提高热交换能力，使冷却时间缩短；

　　d. 采用先进的机械设计和控制设备与器件，可以移出组件现场快速检查和修理，便于维护保养；

　　e. 设备系统安全，有连锁功能；

　　f. 馈电监控系统避免温度过热和打弧；

　　g. 温度控制及加热室内壁绝缘优良；

　　h. 设置有烧结气氛、温度传感器控制装置。

　　⑫ 真空离子注入、真空离子涂覆技术和设备研制发展迅速，并且形成了一个大的产业市场，其技术开发潜力巨大，前景广阔。

　　⑬ 在计算机技术的推动下，真空热处理工艺 CAD 和真空炉设计 CAD 技术广泛应用，促使真空热处理工艺最佳化和真空炉研制结构的优化设计。

　　⑭ 真空热处理设备制造的专业化生产。

参考文献

[1] 包耳，田绍洁主编. 真空热处理 [M]. 1版. 沈阳：辽宁科学技术出版社，2009.

[2] 阎承沛编著. 真空与可控气氛热处理 [M]. 1版. 北京：化学工业出版社，2006.

[3] 唐殿福，卯石钢主编. 钢的化学热处理 [M]. 1版. 沈阳：辽宁科学技术出版社，2009.

[4] 王德文编著. 提高模具寿命应用技术实例 [M]. 1版. 北京：机械工业出版社，2004.

[5] 王忠诚编著. 热处理工实用手册 [M]. 1版. 北京：机械工业出版社，2013.

[6] 马伯龙编著. 机械制造工艺装备件热处理技术 [M]. 1版. 北京：机械工业出版社，2010.

[7] 马登杰，韩立民编著. 真空热处理原理与工艺 [M]. 1版. 北京：机械工业出版社，1988.

[8] 王忠诚，王东编著. 汽车零件热处理实用技术 [M]. 1版. 北京：机械工业出版社，2013.

[9] 孟繁杰，黄国靖. 热处理设备 [M]. 1版. 北京：机械工业出版社，1988.

[10] 汪庆华编著. 热处理工程师指南 [M]. 1版. 北京：机械工业出版社，2011.

[11] 中国机械工程学会热处理分会编. 热处理工程师手册 [M]. 1版. 北京：机械工业出版社，1999.

[12] 王忠诚，孙向东编著. 汽车零部件热处理技术 [M]. 1版. 北京：化学工业出版社，2007.

[13] 支道光编著. 实用热处理工艺守则 [M]. 1版. 北京：机械工业出版社，2013.

[14] 潘邻. 表面改性热处理技术与应用 [M]. 1版. 北京：机械工业出版社，2006.

[15] 曾祥模主编. 热处理炉 [M]. 1版. 西安：西北工业大学出版社，1989.

[16] 热处理手册编委会. 热处理手册. 3卷 [M]. 2版. 北京：机械工业出版社，2002.

[17] 吉泽升，张雪龙，武云启编著. 热处理炉 [M]. 1版. 哈尔滨：哈尔滨工业大学出版社，1999.

[18] 马伯龙编著. 热处理设备及其使用与维修 [M]. 1版. 北京：机械工业出版社，2011.

[19] 齐宝森，陈路宾，王忠诚等. 化学热处理技术 [M]. 1版. 北京：化学工业出版社，2007

[20] 夏立方，高彩桥. 钢的渗氮 [M]. 1版. 北京：机械工业出版社，1989.

[21] 中国机械工程学会热处理专业学会. 渗氮和氮碳共渗 [M]. 1版. 北京：机械工业出版社，1989.

[22] 冯益柏主编. 热处理设备选用手册 [M]，1版. 北京：化学工业出版社，2013.

[23] 赵昌盛 编著. 模具材料与热处理手册. 北京：机械工业出版社，2008.

[24] [日] 杉山道生. 新型真空热处理炉. 国外热处理，1989（5），P9～13.

[25] 孙盛玉，戴雅康编著. 热处理裂纹分析图谱 [M]，1版. 大连：大连出版社，2002.

[26] 王忠诚，李扬，尚子民. 模具热处理实用手册 [M]，1版. 北京：化学工业出版社，2010.

[27] 金荣植编著. 模具热处理及其常见缺陷与对策 [M]. 1版. 北京：机械工业出版社，2014.

[28] 李泉华 主编. 热处理实用技术 [M]. 2版. 北京：机械工业出版社，2007.

[29] 赵步青编著. 模具热处理工艺500例 [M]. 1版. 北京：机械工业出版社，2008.

[30] 上海工具厂编. 刀具热处理 [M]. 1版. 上海：上海人民出版社，1971.

[31] 热处理手册编委会编. 热处理手册. 2卷 [M]. 2版. 北京：机械工业出版社，2003.

[32] 杨满编. 实用热处理技术手册 [M]. 1版. 北京：机械工业出版社，2010.

[33] 王忠诚编著. 热处理工操作简明手册 [M]. 1版. 北京：化学工业出版社，2008.

[34] 曾珊琪，丁毅主编. 模具寿命与失效 [M]. 1版. 北京：化学工业出版社，2005.

[35] 陈蕴博，汤志强 编著. 冷作模具用材及热处理 [M]. 1版. 北京：机械工业出版社，1986.

[36] 刘宗昌编著. 钢件的淬火开裂与防止方法 [M]. 2版. 北京：冶金工业出版社，2008.

[37] 姜祖赓，陈再枝，任民恩，张震亚 编著 模具钢 [M]. 1版. 北京：冶金工业出版社，1988.

［38］王忠诚，王东编著．热处理常见缺陷分析与对策［M］．2版．北京：化学工业出版社，2012.

［39］大和久重雄著．热处理150问［M］．1版．杨佩璋，梁国明译．北京：北京科学技术出版社，1986.

［40］樊新民编著．热处理工实用技术手册［M］．2版．南京：江苏科学技术出版社，2010.

［41］王广生等编著．金属热处理缺陷分析及案例［M］．2版．北京：机械工业出版社，2012.

［42］马伯龙，王建林编著．实用热处理技术及应用［M］．1版．北京：机械工业出版社，2009.

［43］刘杰等．真空热处理炉缺陷的分析及措施［J］．热处理技术与装备：2014（10）：58～60.

［44］樊东黎，徐跃明，佟晓辉编著．热处理工程师手册［M］．1版．北京：机械工业出版社，2005.

［45］孙春华．40CrNi钢齿轮微变形真空热处理工艺与实践［J］．金属热处理：1993（10）：41.

［46］李泉华编著．热处理技术400问解析［M］．1版．北京：机械工业出版社，2002.

［47］王忠诚，齐宝森，李扬编著．典型零件热处理技术［M］．1版．北京：化学工业出版社，2011.

［48］许天已，王忠诚编著．钢铁零件制造与热处理100例［M］．1版．北京：化学工业出版社，2006.

［49］模具实用技术丛书编委会编．模具材料与使用寿命［M］．1版．北京：机械工业出版社，2000.

［50］姚艳书，唐殿福主编．工具钢及其热处理［M］．1版．沈阳：辽宁科学技术出版社，2009.

［51］龙天粱，卢春萍．真空热处理工艺的应用实例分析［J］．现代制造工程：2003（8）：56～58.

［52］龙兆胜．细长零件的真空淬火［J］．金属热处理：1993（9）：33.

［53］热处理手册编委会编．热处理手册．1卷［M］．2版．北京：机械工业出版社，2003.

［54］孙强等．智能型真空渗碳淬火炉研制及应用［J］．金属热处理：2012（1）：126～130.